普通高等教育统计与大数据专业“十三五”规划教材

多元统计分析

陈钰芬　陈骥　主编

清華大学出版社
北　京

内容简介

本书系统地介绍了多元统计分析技术的基本思想和方法原理，以社会、经济、商务等领域的实际问题为案例，结合SAS软件，介绍各种方法的SAS操作、实现过程与结果解释，帮助读者理解并掌握多元统计分析的基本方法，熟练应用软件进行数据分析，提高对实际数据的分析挖掘能力。

本书内容重点突出、习题设置合理、教学资源丰富，适合作为普通高等学校统计学专业或大数据相关专业本科生、经济管理类或社科类专业研究生的教材，也可作为从事社会、经济、管理等研究和实践工作的人士进行量化研究的参考书。

图书在版编目(CIP)数据

多元统计分析 / 陈钰芬，陈骥 主编. —北京：清华大学出版社，2020(2024.3重印)
普通高等教育统计与大数据专业"十三五"规划教材
ISBN 978-7-302-54668-9

Ⅰ.①多… Ⅱ.①陈… ②陈… Ⅲ.①多元分析－统计分析－高等学校－教材 Ⅳ.①O212.4

中国版本图书馆CIP数据核字(2019)第294840号

责任编辑：崔　伟
封面设计：马筱琨
版式设计：思创景点
责任校对：成凤进
责任印制：宋　林

出版发行：清华大学出版社
网　　址：https://www.tup.com.cn，https://www.wqxuetang.com
地　　址：北京清华大学学研大厦A座　　**邮　　编**：100084
社 总 机：010-83470000　　**邮　　购**：010-62786544
投稿与读者服务：010-62776969，c-service@tup.tsinghua.edu.cn
质 量 反 馈：010-62772015，zhiliang@tup.tsinghua.edu.cn
印 装 者：涿州市般润文化传播有限公司
经　　销：全国新华书店
开　　本：185mm×260mm　　**印　　张**：16.5　　**字　　数**：402千字
版　　次：2020年8月第1版　　**印　　次**：2024年3月第4次印刷
定　　价：59.00元

产品编号：083806-02

前　　言

随着大数据、云计算和人工智能时代的来临，多元统计分析这门集数学、统计学和计算机科学为一体的数据科学在全世界范围内迅速兴起。多元统计分析方法是处理多变量数据不可缺少的重要技术和方法，是大数据分析的重要工具。

多元统计分析是以概率统计为基础，应用线性代数的基本原理和方法，结合计算机对实际资料和信息进行分析挖掘的一种统计分析技术。它的应用性极强，在自然科学、社会科学、经济管理等各领域得到了越来越广泛的应用。

本书是浙江省一流学科、浙江省优势特色学科、浙江省一流专业的建设成果之一，由作者结合二十多年的教学和科研工作经验编写而成，着重突出以下特点。

（1）注重统计基本思想。本书以深入浅出的方式简要阐述了多元统计分析的基本思想，有助于学生深刻理解多元分析的基本思想方法。

（2）阐明统计基本原理。多元统计方法的数学原理较为抽象，为便于学生阅读并较好地理解，本书对各种方法的基本原理进行了详细的推导，在不失严谨的前提下，略过了一些复杂程度高但又不影响方法原理理解的数学推导，读者只需掌握初步的微积分、线性代数和概率统计知识，便能理解。

（3）突出实际案例应用。本着深入浅出的宗旨，在系统介绍多元分析基本理论和方法的同时，结合社会、经济、商务等领域的研究实例，把多元分析的方法与实际应用结合起来，努力把我们在实践中应用多元分析的经验和体会融入其中。

（4）结合 SAS 软件实现。多元统计分析的应用离不开计算机，本书案例主要运用 SAS 软件实现，在每种方法后结合实例介绍 SAS 软件的实现过程与结果解释。所有案例数据都是能获取的真实数据，这有利于将 SAS 软件更好地融入各章的内容中，使读者能深切地体会多元统计分析的意义，便于读者进入应用领域。

（5）习题设置合理。为使读者掌握本书内容，又考虑到这门课程的应用性和实践性，每章都给出一些思考与练习题，这些习题安排侧重对基本概念的理解和知识点的实际应用，并不注重解题的数学技巧和难度。

（6）教学资源丰富。为方便教学，本书提供教学课件、案例与习题数据以及习题答案。教师可扫描下页二维码，审核通过后，即可获取。除此之外，各章“SAS 实现与应用案例”部分还提供了微课视频，方便学生掌握 SAS 软件的操作方法，提高解决问题的能力。

本书旨在让学生理解并掌握多元统计分析的基本方法，熟练应用软件进行数据分析，适合作为统计学专业本科生和非统计学专业研究生的教材，也可作为大数据或其他专业学生学习多元统计分析的教材或教学参考书，还可作为从事社会、经济、管理等研究和实践的人士进行量化研究的参考书。

本书共分 10 章。第 1 章、第 2 章主要介绍一元统计推广到多元统计的内容，阐述了多元正态分布的基本概念及其统计推断。第 3 章至第 10 章介绍了各种多元统计分析技术，这部分内容具有很强的实用性，特别是介绍了各种降维技术，将原始的多个指标化为少数几个综合指标，便于对数据进行分析挖掘。

本书由浙江工商大学陈钰芬教授和陈骥教授担任主编，具体编写分工为：李双博编写第 1～2 章，陈钰芬编写第 3～8 章，陈骥编写第 9～10 章。在本书的编写过程中，博士生陈思超、硕士生苏可和吴苏霞对数据处理和案例资料搜集进行了大量细致繁琐的工作。我们也参考和吸收了一些同类教材的成果，在此一并感谢！

由于编者水平有限，书中谬误之处在所难免，恳请读者批评指正。

教学资源　　案例与习题数据　　SAS 在线安装视频

陈钰芬

2020 年 5 月

目　录

第1章

多元正态分布

1.1 随机向量

在多元统计分析中，多元正态分布占有相当重要的地位。就理论而言，多元正态分布有相当优良的性质，因此多元统计分析的许多重要理论和方法或直接或间接地建立在正态分布的基础上，而围绕多元正态分布，已经建立了一套行之有效的统计推断方法。就实践而言，在实际中遇到的许多随机向量都服从或近似服从正态分布。

在研究许多实际问题时，往往会遇到多指标问题，即在一个问题中涉及多个随机变量。由于这些指标之间往往有某种联系，因此需要把这些指标作为一个总体来研究。多元统计分析研究的就是多指标的总体。

1.1.1 随机向量的定义

假定我们每次同时观测一个个体的 p 个指标，将这 p 个指标(即变量)放在一起得到一个 p 维随机向量 $\boldsymbol{X}=(X_1, X_2, \cdots, X_p)'$，表示同一次观测的 p 个变量，而由这 p 个需要观测的指标的个体所构成的总体，我们称为 p 元总体。每次观测得到一个样品，全体 n 个样品形成一个样本。

定义1.1 p 个随机变量$X_1, X_2, \cdots, X_p$所组成的向量$\boldsymbol{X}=(X_1, X_2, \cdots, X_p)'$称为随机向量。

注: 如无特殊说明，本书中所称向量均指列向量。

假定我们一共进行了 n 次观测，得到的数据放在一起排成一个 $n\times p$ 矩阵，称为样本数据阵(或样本资料阵)，记为

$$\boldsymbol{X}=\begin{bmatrix} x_{11} & x_{12} & \cdots & x_{1p} \\ x_{21} & x_{22} & \cdots & x_{2p} \\ \vdots & \vdots & \vdots & \vdots \\ x_{n1} & x_{n2} & \cdots & x_{np} \end{bmatrix}$$

横看矩阵的第 i 行，$\boldsymbol{X}'_{(i)}=(x_{i1}, x_{i2}, \cdots, x_{ip})$ $(i=1, \cdots, n)$表示第 i 个样品的观测值。在具体观测之前，它是一个 p 维的随机向量。

竖看矩阵的第 j 列，

$$\boldsymbol{X}_j=\begin{bmatrix}x_{1j}\\x_{2j}\\\vdots\\x_{nj}\end{bmatrix},\ (j=1,\ 2,\ \cdots,\ p)$$

表示对第 j 个变量的 n 次观测。在具体观测之前，它是一个 n 维的随机向量。

利用这样的记号，我们可以将样本数据阵表示为

$$\boldsymbol{X}=\begin{bmatrix}\boldsymbol{X}'_{(1)}\\\boldsymbol{X}'_{(2)}\\\vdots\\\boldsymbol{X}'_{(n)}\end{bmatrix}=(\boldsymbol{X}_1,\ \boldsymbol{X}_2,\ \cdots,\ \boldsymbol{X}_p)$$

在观测之前，它是一个随机阵。而一旦观测值取定，$\boldsymbol{X}$ 就是一个数据矩阵。

多元统计分析中所涉及的很多方法都是充分运用各种手段从样本资料阵中提取信息，因此本书中需要运用随机向量或是多个随机向量构成的随机阵的一些性质。需要注意的是，本章中的多元样本是指简单随机样本，即不同样品的观测值之间是相互独立的，但是对多元样本中的每个样品而言，p 个指标的观测值之间往往是有相依关系的。不同样品的观测值之间有相依关系的一般属于多元时间序列分析研究的范畴。

1.1.2 随机向量的分布

随机向量可以由它的分布函数来完全描述。

定义1.2 设 $\boldsymbol{X}=(X_1,\ X_2,\ \cdots,\ X_p)'$ 为 p 维随机向量，其联合分布函数为

$$F(x_1,\ \cdots,\ x_p)=P(X_1\leqslant x_1,\ \cdots,\ X_p\leqslant x_p)$$

记为 $\boldsymbol{X}\sim F$。

定义1.3 如果存在非负函数 $f(x_1,\ \cdots,\ x_p)$，使得对一切 $(x_1,\ \cdots,\ x_p)\in\mathbf{R}^p$，联合分布函数均可表示为

$$F(x_1,\ \cdots,\ x_p)=\int_{-\infty}^{x_1}\cdots\int_{-\infty}^{x_p}f(t_1,\ \cdots,\ t_p)\,\mathrm{d}t_1\cdots\mathrm{d}t_p$$

则称 $\boldsymbol{X}$ 为连续型随机向量，称 $f(x_1,\ \cdots,\ x_p)$ 为 $\boldsymbol{X}$ 的联合概率密度函数，简称为密度函数或者分布密度。

密度函数有以下两条重要性质：

(1) $\forall\,(x_1,\ \cdots,\ x_p)\in\mathbf{R}^p,\ f(x_1,\ \cdots,\ x_p)\geqslant 0$；

(2) $\int_{-\infty}^{+\infty}\cdots\int_{-\infty}^{+\infty}f(t_1,\ \cdots,\ t_p)\,\mathrm{d}t_1\cdots\mathrm{d}t_p=1$。

事实上，一个 p 维变量的函数 $f(x_1,\ \cdots,\ x_p)$ 能作为p中某个随机向量的分布密度当且仅当以上两条性质成立时。

对于随机向量，有时我们关注的是部分分量的分布信息，因此还需要定义边缘分布。

定义1.4 设 $\boldsymbol{X}=(X_1,\ X_2,\ \cdots,\ X_p)'$为 p 维随机向量，其联合分布函数为 $F(x_1,\ \cdots,\ x_p)$。$\boldsymbol{X}$ 的 q 个分量所组成的子向量$(X_{i_1},\ \cdots,\ X_{i_q})'$的分布称为 $\boldsymbol{X}$ 的边缘(或边际)分布。

如果我们将 $\boldsymbol{X}$ 划分为 q 维子向量$\boldsymbol{X}^{(1)}$与 $p-q$ 维子向量$\boldsymbol{X}^{(2)}$，那么$\boldsymbol{X}^{(1)}$的边缘分布为

$$\begin{aligned}F^{(1)}(x_1, \cdots, x_q) &= P(X_1 \leqslant x_1, \cdots, X_q \leqslant x_q) \\ &= P(X_1 \leqslant x_1, \cdots, X_q \leqslant x_q, X_{q+1} \leqslant \infty, \cdots, X_p \leqslant \infty) \\ &= F(x_1, \cdots, x_q, \infty, \cdots, \infty)\end{aligned}$$

当 $\boldsymbol{X}$ 有分布密度时，$\boldsymbol{X}^{(1)}$ 也有分布密度，其边缘密度为

$$f^{(1)}(x_1, \cdots, x_q) = \int_{-\infty}^{+\infty} \cdots \int_{-\infty}^{+\infty} f(x_1, \cdots, x_p)\, \mathrm{d}t_{q+1} \cdots \mathrm{d}t_p$$

在概率论中，我们学习过随机变量的条件分布与独立性等相关概念，随机向量中也有类似概念。

定义1.5　如果我们将 $\boldsymbol{X}$ 划分为 q 维子向量 $\boldsymbol{X}^{(1)}$ 与 $p-q$ 维子向量 $\boldsymbol{X}^{(2)}$，那么在给定 $\boldsymbol{X}^{(2)}$ 时，$\boldsymbol{X}^{(1)}$ 的分布称为条件分布。如果 $\boldsymbol{X}$ 有密度函数 $f(\boldsymbol{x}^{(1)}, \boldsymbol{x}^{(2)})$，那么给定 $\boldsymbol{X}^{(2)}$ 时，$\boldsymbol{X}^{(1)}$ 的密度函数为

$$f_1(\boldsymbol{x}^{(1)} \mid \boldsymbol{x}^{(2)}) = f(\boldsymbol{x}^{(1)}, \boldsymbol{x}^{(2)}) / f_2(\boldsymbol{x}^{(2)})$$

其中，$f_2(\boldsymbol{x}^{(2)})$ 是 $\boldsymbol{X}^{(2)}$ 的边缘密度。

定义1.6　若 p 个随机向量 $\boldsymbol{X}_1, \cdots, \boldsymbol{X}_p$ 的联合分布等于各自边缘分布的乘积，则称 $\boldsymbol{X}_1, \cdots, \boldsymbol{X}_p$ 是相互独立的。需要注意的是，如果 $\boldsymbol{X}_1, \cdots, \boldsymbol{X}_p$ 相互独立，那么其中任意两个随机向量两两独立，但是反之不真。

1.1.3　随机向量的数字特征

设 $\boldsymbol{X} = (X_1, X_2, \cdots, X_p)'$，$\boldsymbol{Y} = (Y_1, Y_2, \cdots, Y_q)'$ 为两个随机向量。

若 $E(X_i) = \mu_i$ 存在，则称

$$E(\boldsymbol{X}) = \begin{bmatrix} E(X_1) \\ \vdots \\ E(X_p) \end{bmatrix} = \begin{bmatrix} \mu_1 \\ \vdots \\ \mu_p \end{bmatrix}$$

为随机向量 $\boldsymbol{X}$ 的均值向量。

根据定义容易验证均值向量具有以下性质：

$$E(\boldsymbol{AX}) = \boldsymbol{A}E(\boldsymbol{X})$$
$$E(\boldsymbol{AXB}) = \boldsymbol{A}E(\boldsymbol{X})\boldsymbol{B}$$

其中 $\boldsymbol{A}$，$\boldsymbol{B}$ 为大小适合矩阵运算的常数矩阵。

若 X_i 与 X_j 的协方差存在 $(i, j = 1, \cdots, p)$，则称

$$\begin{aligned} D(\boldsymbol{X}) &= E\Big[\big(\boldsymbol{X} - E(\boldsymbol{X})\big)\big(\boldsymbol{X} - E(\boldsymbol{X})\big)'\Big] \\ &= \begin{bmatrix} D(X_1) & \operatorname{cov}(X_1, X_2) & \cdots & \operatorname{cov}(X_1, X_p) \\ \operatorname{cov}(X_2, X_1) & D(X_2) & \cdots & \operatorname{cov}(X_2, X_p) \\ \vdots & \vdots & \vdots & \vdots \\ \operatorname{cov}(X_p, X_1) & \operatorname{cov}(X_p, X_2) & \cdots & D(X_p) \end{bmatrix} \end{aligned}$$

为随机向量 $\boldsymbol{X}$ 的协方差阵。

若 X_i 与 Y_j 的协方差存在 $(i = 1, \cdots, p;\ j = 1, \cdots, q)$，则称

$$\operatorname{cov}(\boldsymbol{X},\boldsymbol{Y})=E\left[\left(\boldsymbol{X}-E(\boldsymbol{X})\right)\left(\boldsymbol{Y}-E(\boldsymbol{Y})\right)'\right]$$

$$=\begin{bmatrix}\operatorname{cov}(X_1,Y_1) & \operatorname{cov}(X_1,Y_2) & \cdots & \operatorname{cov}(X_1,Y_q)\\ \operatorname{cov}(X_2,Y_1) & \operatorname{cov}(X_2,Y_2) & \cdots & \operatorname{cov}(X_2,Y_q)\\ \vdots & \vdots & \vdots & \vdots\\ \operatorname{cov}(X_p,Y_1) & \operatorname{cov}(X_p,Y_2) & \cdots & \operatorname{cov}(X_p,Y_q)\end{bmatrix}$$

为随机向量 $\boldsymbol{X}$ 和 $\boldsymbol{Y}$ 的协方差阵。当 $\boldsymbol{X}=\boldsymbol{Y}$ 时，$\operatorname{cov}(\boldsymbol{X},\boldsymbol{Y})$ 即为 $D(\boldsymbol{X})$。当 $\operatorname{cov}(\boldsymbol{X},\boldsymbol{Y})=0$ 时，称 $\boldsymbol{X}$ 与 $\boldsymbol{Y}$ 不相关。如果 $\boldsymbol{X}$ 与 $\boldsymbol{Y}$ 独立，则 $\boldsymbol{X}$ 与 $\boldsymbol{Y}$ 不相关。反之不真。

若X_i与X_j的协方差存在($i, j=1, \cdots, p$)，则可以计算X_i与X_j的相关系数

$$r_{ij}=\frac{\operatorname{cov}(X_i, X_j)}{\sqrt{D(X_i)D(X_j)}}$$

将这 $p\times p$ 个相关系数排列成一个方阵$\boldsymbol{R}=(r_{ij})_{p\times p}$，称为 $\boldsymbol{X}$ 的相关阵。

若记X_i的方差 $D(X_i)$为σ_{ii}，则我们称$\boldsymbol{V}^{1/2}=\operatorname{diag}(\sqrt{\sigma_{11}}, \cdots, \sqrt{\sigma_{pp}})$为标准差矩阵。协方差矩阵与相关阵有如下关系：

$$\boldsymbol{\Sigma}=\boldsymbol{V}^{1/2}\boldsymbol{R}\,\boldsymbol{V}^{1/2}\text{或 }\boldsymbol{R}=(\boldsymbol{V}^{1/2})^{-1}\boldsymbol{\Sigma}\,(\boldsymbol{V}^{1/2})^{-1}。$$

根据协方差阵的定义，可以验证其具有以下性质：

(1) 随机向量 $\boldsymbol{X}$ 的协方差阵是对称非负定矩阵；

(2) $\operatorname{cov}(\boldsymbol{AX}, \boldsymbol{BY})=\boldsymbol{A}\operatorname{cov}(\boldsymbol{X},\boldsymbol{Y})\boldsymbol{B}$，其中 $\boldsymbol{A}$，$\boldsymbol{B}$ 为大小适合矩阵运算的常数矩阵。

1.2 多元正态分布概述

1.2.1 多元正态分布的定义

在一元统计中，我们知道若 $X\sim N(0, 1)$，则 X 的任意线性变换为$Y=\sigma X+\boldsymbol{\mu}\sim N(\boldsymbol{\mu}, \sigma^2)$。利用这一性质，我们可以由标准正态分布来定义一般正态分布。事实上，我们将这种方式推广到多元情况，可以得到多元正态分布的一种定义。

设$X_1, \cdots, X_m$为 m 个相互独立标准正态变量，$\boldsymbol{X}=(X_1, \cdots, X_m)$为这 m 个随机变量构成的随机向量；设 $\boldsymbol{\mu}$ 为 p 维常数向量，$\boldsymbol{A}$ 为 $p\times m$ 维常数矩阵，则称 $\boldsymbol{Y}=\boldsymbol{AX}+\boldsymbol{\mu}$ 的分布为 p 元正态分布，或称 $\boldsymbol{Y}$ 为 p 维正态随机向量，记为$\boldsymbol{Y}\sim N_p(\boldsymbol{\mu}, \boldsymbol{A}\boldsymbol{A}')$。

大家知道一元正态随机变量的密度函数为

$$f(x)=\frac{1}{\sqrt{2\pi}\sigma}\mathrm{e}^{\frac{-(x-\mu)^2}{2\sigma^2}}\ (\sigma>0, -\infty<x<\infty) \tag{1.1}$$

我们可以将式(1.1)改写为

$$f(x)=\frac{1}{(2\pi)^{1/2}\,|\sigma^2|^{1/2}}\exp\left[-\frac{1}{2}(\boldsymbol{x}-\boldsymbol{\mu})'(\sigma^2)^{-1}(\boldsymbol{x}-\boldsymbol{\mu})\right]$$

类似一元情况，我们给出 p 维正态分布的密度函数。

设 $\boldsymbol{X}\sim N_p(\boldsymbol{\mu}, \boldsymbol{\Sigma})$，且 $\boldsymbol{\Sigma}$ 正定(为了保证$\boldsymbol{\Sigma}^{-1}$存在)，那么 $\boldsymbol{X}$ 的联合密度函数为

$$f(\boldsymbol{x})=\frac{1}{(2\pi)^{p/2}\left|\boldsymbol{\Sigma}\right|^{1/2}}\exp\left[-\frac{1}{2}(\boldsymbol{x}-\boldsymbol{\mu})'(\boldsymbol{\Sigma})^{-1}(\boldsymbol{x}-\boldsymbol{\mu})\right]$$

例 1.1 设 $\boldsymbol{X}=\begin{bmatrix}X_1\\X_2\end{bmatrix}$服从二元正态分布，利用参数$\mu_1=E(X_1)$，$\mu_2=E(X_2)$，$\sigma_1=\sqrt{D(X_1)}$，$\sigma_2=\sqrt{D(X_2)}$，$\rho=\frac{\operatorname{cov}(X_1, X_2)}{\sigma_1\sigma_2}$来表示 $\boldsymbol{X}$ 的联合密度。

解：我们可以将协方差矩阵写作

$$\boldsymbol{\Sigma}=\begin{bmatrix}\sigma_1^2 & \rho\sigma_1\sigma_2\\ \rho\sigma_1\sigma_2 & \sigma_2^2\end{bmatrix}$$

从而其行列式为

$$\left|\boldsymbol{\Sigma}\right|=\sigma_1^2\sigma_2^2(1-\rho^2)$$

其逆矩阵为

$$\boldsymbol{\Sigma}^{-1}=\frac{1}{\sigma_1^2\sigma_2^2(1-\rho^2)}\begin{bmatrix}\sigma_2^2 & -\rho\sigma_1\sigma_2\\ -\rho\sigma_1\sigma_2 & \sigma_1^2\end{bmatrix}$$

将其带入密度公式中，可以得到 $\boldsymbol{X}$ 的联合密度为

$$f(x_1, x_2)=\frac{1}{2\pi\sigma_1\sigma_2\sqrt{1-\rho^2}}\exp\left\{-\frac{1}{2(1-\rho^2)}\left[\left(\frac{x_1-\mu_1}{\sigma_1}\right)^2-2\rho\left(\frac{x_1-\mu_1}{\sigma_1}\right)\left(\frac{x_2-\mu_2}{\sigma_2}\right)+\left(\frac{x_2-\mu_2}{\sigma_2}\right)^2\right]\right\}$$

从密度函数的表达式可以看出，此密度函数的最高点坐标是(μ_1, μ_2)。如果用与 xy 平面平行的平面去截二元正态密度函数曲面，所得截面为一个椭圆，称为概率密度等高线。

我们可以利用 SAS 系统绘制二维正态分布曲面的图形以及等高线图，具体如图 1-1～图 1-6 所示。

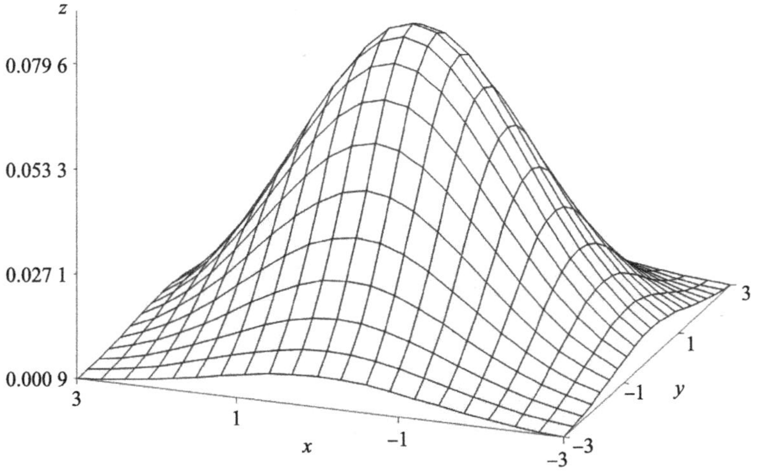

图 1-1　曲面图($\sigma_{11}^2=\sigma_{22}^2=2$, $\rho_{12}=0$)

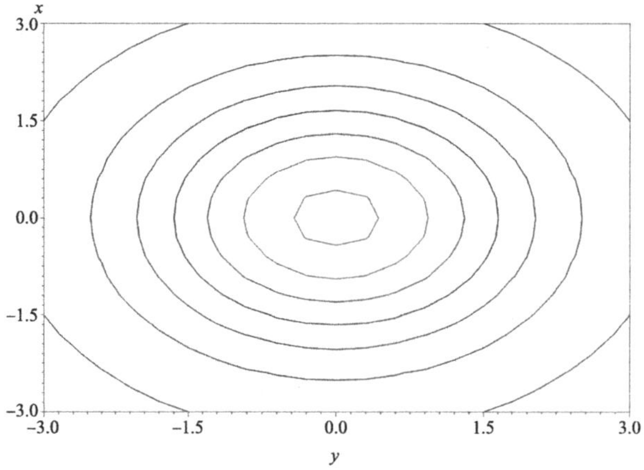

图 1-2　等高线图($\sigma_{11}^2=\sigma_{22}^2=2$，$\rho_{12}=0$)

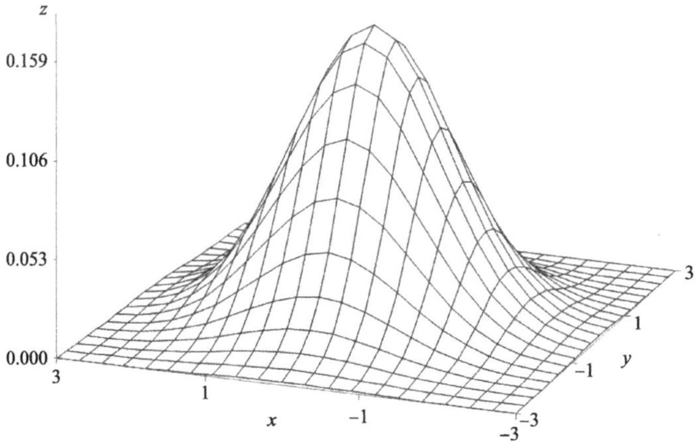

图 1-3　曲面图($\sigma_{11}^2=\sigma_{22}^2=1$，$\rho_{12}=0$)

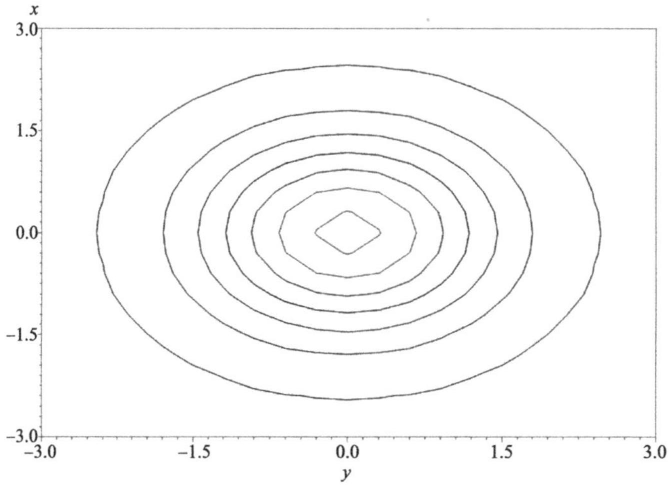

图 1-4　等高线图($\sigma_{11}^2=\sigma_{22}^2=1$,$\rho_{12}=0$)

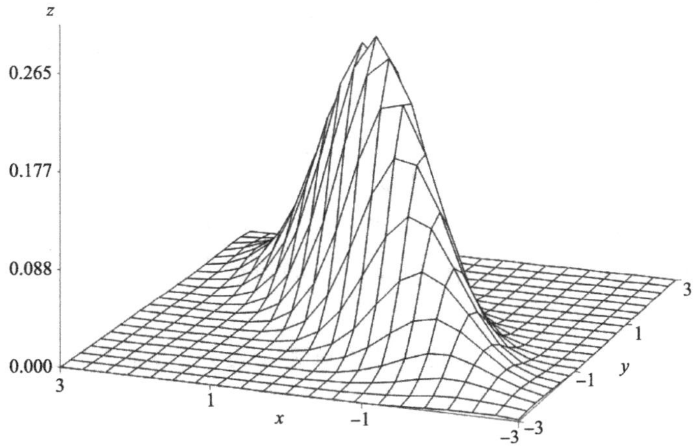

图 1-5　曲面图($\sigma_{11}^2=\sigma_{22}^2=1$, $\rho_{12}=0.8$)

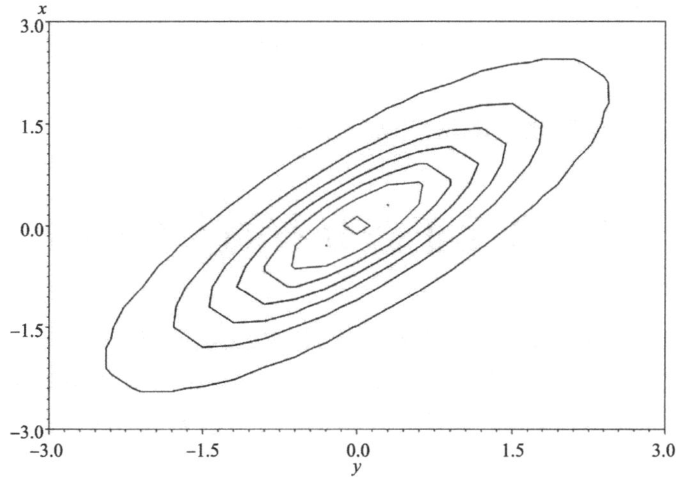

图 1-6　等高线图($\sigma_{11}^2=\sigma_{22}^2=1$, $\rho_{12}=0.8$)

图 1-1 与图 1-3 给出不同方差大小的正态图形，可以看出：方差较大时，密度函数曲面较为平缓；而方差较小时，(x_1, x_2)的取值更加集中在均值附近。这一点从图 1-2 和图 1-4 的相应等高线图也可以参照比对。图 1-5 给出当x_1与x_2有较强的相关性时，密度函数曲面较为陡立，而图 1-6 的等高线图可以看出强相关性的等高线比弱相关性的等高线的离心率要大。

1.2.2　多元正态变量的基本性质

多元正态分布在多元统计中占有十分重要的地位，许多重要理论与方法都建立在多元正态分布的性质之上。本节不加证明地给出多元正态变量的一些基本性质，以方便后文对正态分布及相关分布的处理。

设 $\boldsymbol{X}=(X_1, \cdots, X_p)' \sim N_p(\boldsymbol{\mu}, \boldsymbol{\Sigma})$。

(1) 若 $\boldsymbol{\Sigma}$ 为对角矩阵，则 X_1，…，X_p 相互独立。

(2) $\boldsymbol{X}$ 的任意边缘分布仍然为正态分布。特别的，如果将 $\boldsymbol{X}$，$\boldsymbol{\mu}$，$\boldsymbol{\Sigma}$ 作如下划分：

$$\boldsymbol{X}=\begin{bmatrix}\boldsymbol{X}^{(1)}\\ \boldsymbol{X}^{(2)}\end{bmatrix}\begin{matrix}q\\ p-q\end{matrix}\qquad \boldsymbol{\mu}=\begin{bmatrix}\boldsymbol{\mu}^{(1)}\\ \boldsymbol{\mu}^{(2)}\end{bmatrix}\qquad \boldsymbol{\Sigma}=\begin{bmatrix}\boldsymbol{\Sigma}_{11} & \boldsymbol{\Sigma}_{12}\\ \boldsymbol{\Sigma}_{21} & \boldsymbol{\Sigma}_{22}\end{bmatrix}$$

其中，$\boldsymbol{X}^{(1)}$ 与 $\boldsymbol{\mu}^{(1)}$ 为 q 维向量，$\boldsymbol{X}^{(2)}$ 与 $\boldsymbol{\mu}^{(2)}$ 为 $p-q$ 维向量，$\boldsymbol{\Sigma}_{11}$ 为 $q\times q$ 维矩阵，$\boldsymbol{\Sigma}_{12}$ 为 $q\times(p-q)$ 维矩阵，$\boldsymbol{\Sigma}_{21}$ 为 $(p-q)\times q$ 维矩阵，$\boldsymbol{\Sigma}_{22}$ 为 $(p-q)\times(p-q)$ 维矩阵，则 $\boldsymbol{X}^{(1)}\sim N_q(\boldsymbol{\mu}^{(1)},\boldsymbol{\Sigma}_{11})$，$\boldsymbol{X}^{(2)}\sim N_{p-q}(\boldsymbol{\mu}^{(2)},\boldsymbol{\Sigma}_{22})$。顺便指出，$\boldsymbol{X}^{(1)}$ 与 $\boldsymbol{X}^{(2)}$ 相互独立当且仅当 $\boldsymbol{\Sigma}_{12}$ 为零矩阵。

注意› 如果一个随机向量的任意边缘分布都是正态分布，并不能推出它本身是多元正态分布。例如，考虑密度函数

$$f(x_1,x_2)=\frac{1}{2\pi}\mathrm{e}^{-\frac{1}{2}(x_1^2+x_2^2)}\left[1+x_1x_2\mathrm{e}^{-\frac{1}{2}(x_1^2+x_2^2)}\right]$$

所对应的随机向量 $(\boldsymbol{X}_1,\boldsymbol{X}_2)$。经过计算可以得出，$\boldsymbol{X}_1\sim N(0,1)$，$\boldsymbol{X}_2\sim N(0,1)$，但是它们的联合密度显然不是正态的。

(3) 设 $\boldsymbol{A}$ 是 $s\times p$ 阶常数矩阵，$\boldsymbol{d}$ 为 s 维常数向量，则 $\boldsymbol{AX}+\boldsymbol{d}$ 也服从正态分布，且 $\boldsymbol{AX}+\boldsymbol{d}\sim N_s(\boldsymbol{A\mu}+\boldsymbol{d},\boldsymbol{A\Sigma A}')$。

(4) 若 $\boldsymbol{\Sigma}$ 为正定阵，则 $(\boldsymbol{X}-\boldsymbol{\mu})'\boldsymbol{\Sigma}^{-1}(\boldsymbol{X}-\boldsymbol{\mu})\sim\chi^2(p)$。

1.3 多元正态分布的参数估计

在1.1.3节中我们给出了随机向量的数字特征。在实际应用中，均值向量和协方差矩阵等数字特征通常是未知的，需要利用样本来估计。本节考察多元正态总体的均值向量和协方差矩阵的估计，采用最常见的，也是具有较好性质的极大似然估计法给出其估计量，并给出极大似然估计法的性质。

1.3.1 多元样本的数字特征

考虑 p 元正态总体 $\boldsymbol{X}\sim N_p(\boldsymbol{\mu},\boldsymbol{\Sigma})$，设 $\boldsymbol{X}_{(1)}$，…，$\boldsymbol{X}_{(n)}$ 为来自这个 p 元正态总体的简单随机样本，其中 $\boldsymbol{X}_{(i)}=(x_{i1},\cdots,x_{ip})'(i=1,\cdots,n)$。

样本均值向量 $\bar{\boldsymbol{X}}$ 的定义为

$$\bar{\boldsymbol{X}}=\frac{1}{n}\sum_{i=1}^{n}\boldsymbol{X}_{(i)}=(\bar{x}_1,\cdots,\bar{x}_p)'=\frac{1}{n}\boldsymbol{X}'\boldsymbol{1}_n \tag{1.2}$$

在式(1.2)中，$\bar{x}_i=\dfrac{1}{n}\sum\limits_{b=1}^{n}x_{bi}(i=1,\cdots,p)$，$\boldsymbol{1}_n$ 是一个 n 维的分量全为 1 的向量。

样本离差阵的定义为

$$\begin{aligned}\boldsymbol{A}&=\sum_{b=1}^{n}(\boldsymbol{X}_{(b)}-\bar{\boldsymbol{X}})(\boldsymbol{X}_{(b)}-\bar{\boldsymbol{X}})'\\&=\boldsymbol{X}'\boldsymbol{X}-n\bar{\boldsymbol{X}}\bar{\boldsymbol{X}}'\end{aligned}$$

$$=\boldsymbol{X}'\left[\boldsymbol{I}_n-\frac{1}{n}\boldsymbol{1}_n\boldsymbol{1}_n'\right]\boldsymbol{X}$$

$$=(a_{ij})_{p\times p} \tag{1.3}$$

在式(1.3) 中，$a_{ij}=\sum_{b=1}^{n}(x_{bi}-\bar{x}_i)(x_{bj}-\bar{x}_j)\ (i,j=1,\cdots,p)$。

样本协方差阵的定义为

$$\boldsymbol{S}=\frac{1}{n-1}\boldsymbol{A}=(s_{ij})_{p\times p}\text{（或者}\boldsymbol{S}^*=\frac{1}{n}\boldsymbol{A}\text{）}$$

此时，$s_{ij}=\dfrac{1}{n-1}\sum_{b=1}^{n}(x_{bi}-\bar{x}_i)(x_{bj}-\bar{x}_j)\ (i,j=1,\cdots,p)$。

样本相关阵的定义为

$$\boldsymbol{R}=(r_{ij})_{p\times p} \tag{1.4}$$

在式(1.4)中，$r_{ij}=\dfrac{s_{ij}}{\sqrt{s_{ii}}\sqrt{s_{jj}}}=\dfrac{a_{ij}}{\sqrt{a_{ii}}\sqrt{a_{jj}}}\ (i,j=1,\cdots,p)$。

1.3.2　均值向量和协方差矩阵的极大似然估计

设$\boldsymbol{X}_{(1)},\cdots,\boldsymbol{X}_{(n)}$为来自 p 元正态总体$N_p(\boldsymbol{\mu},\boldsymbol{\Sigma})$的简单随机样本，利用极大似然法可以求出 $\boldsymbol{\mu}$ 和 $\boldsymbol{\Sigma}$ 的参数估计分别为$\hat{\boldsymbol{\mu}}=\bar{\boldsymbol{X}}$，$\hat{\boldsymbol{\Sigma}}=\boldsymbol{S}^*$。

$\hat{\boldsymbol{\mu}}$ 和 $\hat{\boldsymbol{\Sigma}}$ 具有如下基本性质：

$E\bar{\boldsymbol{X}}=\boldsymbol{\mu}$，即$\bar{\boldsymbol{X}}$是$\boldsymbol{\mu}$的无偏估计。但是$E\boldsymbol{S}^*=\dfrac{n-1}{n}\boldsymbol{\Sigma}$，因此$\boldsymbol{\Sigma}$的极大似然估计不是无偏估计。在上文的定义中，我们将$\boldsymbol{S}=\dfrac{1}{n-1}\boldsymbol{A}$定义为样本协方差阵，就是因为$\boldsymbol{S}$是$\boldsymbol{\Sigma}$的无偏估计。

可以证明$\bar{\boldsymbol{X}}$，$\boldsymbol{S}$是$\boldsymbol{\mu}$，$\boldsymbol{\Sigma}$的具有最小方差的无偏估计，也即$\bar{\boldsymbol{X}}$，$\boldsymbol{S}$是$\boldsymbol{\mu}$，$\boldsymbol{\Sigma}$的有效估计。此外，$\bar{\boldsymbol{X}}$，$\boldsymbol{S}$还是$\boldsymbol{\mu}$，$\boldsymbol{\Sigma}$的相合估计以及充分统计量。关于如何利用极大似然法求得 $\boldsymbol{\mu}$ 和 $\boldsymbol{\Sigma}$ 的参数估计以及$\bar{\boldsymbol{X}}$，$\boldsymbol{S}$的统计性质的证明，有兴趣的读者可以阅读相关文献了解①。

样本均值向量和样本离差阵在正态总体下还有一些重要性质。

定理1.1　设$\bar{\boldsymbol{X}}$和$\boldsymbol{A}$分别为 p 元正态总体$N_p(\boldsymbol{\mu},\boldsymbol{\Sigma})$的样本均值向量和样本离差阵，则

(1) $\bar{\boldsymbol{X}}\sim N_p\left(\boldsymbol{\mu},\dfrac{1}{n}\boldsymbol{\Sigma}\right)$；

(2) 若设$\boldsymbol{Z}_1,\cdots,\boldsymbol{Z}_{n-1}$独立同$N_p(\boldsymbol{0},\boldsymbol{\Sigma})$分布，则$\boldsymbol{A}$与$\sum_{t=1}^{n-1}\boldsymbol{Z}_t\boldsymbol{Z}_t'$同分布；

(3) $\bar{\boldsymbol{X}}$与$\boldsymbol{A}$相互独立；

(4) $\boldsymbol{A}$为正定阵的充要条件是$n>p$。

注意› 这时$\boldsymbol{A}$是随机矩阵，因此“$\boldsymbol{A}$为正定阵”这句话的含义实际上是“$\boldsymbol{A}$为正定阵”这个事件的概率为 1。

---

① 高惠璇. 应用多元统计分析[M]. 北京：北京大学出版社，2005.

1.4 常用分布与抽样分布

在数理统计中我们学习过，为了了解总体，我们对总体抽样得到样本，然后对样本进行加工，得到一个不包含未知量的样本的函数，这个样本函数我们一般称为统计量。在多元统计中也有类似的概念，比如我们前面介绍的样本均值向量 $\bar{\boldsymbol{X}}$ 和样本离差阵 $\boldsymbol{A}$ 等都是不含未知量的样本的函数，因此它们都是统计量。统计量的分布称为抽样分布。

在一元正态总体中，用于检验参数 μ，σ^2 的抽样分布有 χ^2 分布、t 分布以及 F 分布。这些抽样分布推广到多元正态总体中，与之对应的分布为 Wishart 分布、Hotelling T^2 分布以及 Wilks 分布。

1.4.1 Wishart 分布

如果从一元正态总体 $N(\mu, \sigma^2)$ 中抽取 n 个简单随机样本 $X_1, \cdots, X_n$，我们用样本方差

$$s^2 = \frac{1}{n-1}\sum_{i=1}^{n}(X_i - \bar{X})$$

来估计 σ^2，此时 $\frac{1}{\sigma^2}\sum_{i=1}^{n}(X_i - \bar{X}) \sim \chi^2(n-1)$。因此，可以得到 $\frac{(n-1)s^2}{\sigma^2} \sim \chi^2(n-1)$。那么对 p 元正态总体，样本协方差阵 $\boldsymbol{S} = \frac{1}{n-1}\boldsymbol{A}$ 又有怎样的分布呢？

这里先简要介绍一下如何定义随机矩阵的分布。设随机矩阵

$$\boldsymbol{X} = \begin{bmatrix} X_{11} & X_{12} & \cdots & X_{1p} \\ X_{21} & X_{22} & \cdots & X_{2p} \\ \vdots & \vdots & \vdots & \vdots \\ X_{n1} & X_{n2} & \cdots & X_{np} \end{bmatrix}$$

将该矩阵的列向量(或者行向量)一个接一个地连接起来，组成一个长向量，这种操作一般称为将矩阵拉直为向量。这个拉直向量的分布就定义为随机矩阵 $\boldsymbol{X}$ 的分布。随机矩阵的分布还有其他不同的定义，本书中所指的随机矩阵的分布都是以拉直向量的分布来定义的。当 $\boldsymbol{X}$ 为对称阵时，只需要考虑下三角部分组成的长向量的分布，即$(X_{11}, X_{21}, \cdots, X_{n1}, X_{22}, \cdots, X_{n2}, \cdots, X_{nn})$的分布。

定义1.7 设 $\boldsymbol{X}_{(b)} \sim N_p(\boldsymbol{\mu}_b, \boldsymbol{\Sigma})(b=1, \cdots, n)$是相互独立的 n 个 p 维正态变量，记 $\boldsymbol{X} = (\boldsymbol{X}_{(1)}, \cdots, \boldsymbol{X}_{(n)})'$ 为一个 $n\times p$ 矩阵，则称随机阵 $\boldsymbol{W} = \sum_{b=1}^{n}\boldsymbol{X}_{(b)}\boldsymbol{X}'_{(b)} = \boldsymbol{X}'\boldsymbol{X}$ 的分布为自由度为 n 的 p 维非中心 Wishart 分布，记为 $\boldsymbol{W} \sim W_p(n, \boldsymbol{\Sigma}, \Delta)$。其中，$\Delta$ 一般称为非中心参数，$\Delta = \sum_{b=1}^{n}\boldsymbol{\mu}_b\boldsymbol{\mu}'_b$。当 $\boldsymbol{\mu}_b = 0$ 时，我们一般称为中心 Wishart 分布，记为 $\boldsymbol{W} \sim W_p(n, \boldsymbol{\Sigma})$。

当 $p=1$，$\boldsymbol{\mu}_b=0$ 时，$\boldsymbol{X}_{(b)} \sim N(0, \sigma^2)$，此时 $\boldsymbol{W} = W_1(n, \sigma^2) = \sum_{b=1}^{n}X_{(b)}^2 \sim \sigma^2\chi^2(n)$。也

就是说，$W_1(n, 1)$ 就是 $\chi^2(n)$。因此，Wishart 分布是 χ^2 分布在多元正态情形下的推广。

下面我们不加证明地给出 Wishart 分布的几条性质。

(1) 设 $\boldsymbol{X}_{(b)} \sim N_p(\boldsymbol{\mu}, \boldsymbol{\Sigma})(b=1, \cdots, n)$ 相互独立，则样本离差阵 $\boldsymbol{A}$ 服从 Wishart 分布，即

$$\boldsymbol{A} = \sum_{b=1}^{n} (\boldsymbol{X}_{(b)} - \bar{\boldsymbol{X}})(\boldsymbol{X}_{(b)} - \bar{\boldsymbol{X}})' \sim W_p(n-1, \boldsymbol{\Sigma})$$

(2) 设 $\boldsymbol{W}_i \sim W_p(n_i, \boldsymbol{\Sigma})\ (i=1, \cdots, k)$ 相互独立，若令 $n = n_1 + \cdots + n_k$，则有

$$\sum_{i=1}^{k} \boldsymbol{W}_i \sim W_p(n, \boldsymbol{\Sigma})$$

这个性质一般称为 Wishart 分布关于自由度 n 具有可加性，这点与 χ^2 分布类似。

(3) 设 p 阶随机阵 $\boldsymbol{W} \sim W_p(n, \boldsymbol{\Sigma})$，$\boldsymbol{C}_{m \times p}$ 为常数矩阵，则

$$\boldsymbol{C}\boldsymbol{W}\boldsymbol{C}' \sim W_m(n, \boldsymbol{C}\boldsymbol{\Sigma}\boldsymbol{C}')$$

特别地，如果取 $\boldsymbol{C}$ 为向量 $\boldsymbol{l} = (l_1, \cdots, l_p)'$，则有 $\boldsymbol{l}'\boldsymbol{W}\boldsymbol{l} \sim W_1(n, \boldsymbol{l}'\boldsymbol{\Sigma}\boldsymbol{l})$，也即 $\dfrac{\boldsymbol{l}'\boldsymbol{W}\boldsymbol{l}}{\boldsymbol{l}'\boldsymbol{\Sigma}\boldsymbol{l}} \sim \chi^2(n)$。

1.4.2　Hotelling T^2 分布

在一元统计中我们学过，若 $X \sim N(0, 1)$，$Y \sim \chi^2(n)$，且 X 与 Y 独立，则随机变量 $t = \dfrac{X}{\sqrt{Y/n}}$ 服从自由度为 n 的 t 分布，也称为学生分布。我们还学过，如果将 t 平方，就得到

$$t^2 = \frac{nX^2}{Y} \sim F(1, n)$$

即 $t^2(n)$ 服从第一自由度为 1、第二自由度为 n 的中心 F 分布。下面仿照一元情形将 t^2 的分布推广到 p 元总体的情形。

定义1.8　设 $\boldsymbol{W} \sim W_p(n, \boldsymbol{\Sigma})$，$\boldsymbol{X} \sim N_p(0, \boldsymbol{\Sigma})$，$n \geqslant p$，$\boldsymbol{\Sigma} > 0$，且 $\boldsymbol{W}$ 与 $\boldsymbol{X}$ 相互独立，则称随机变量 $T^2 = n\boldsymbol{X}'\boldsymbol{W}^{-1}\boldsymbol{X}$ 所服从的分布称为第一自由度为 p，第二自由度为 n 的 Hotelling T^2 分布，记为

$$T^2 \sim T^2(p, n)$$

注意› 我们可以证明 T^2 分布只与 n，p 有关，与 $\boldsymbol{\Sigma}$ 无关，因此在表示 T^2 分布的记号中没有 $\boldsymbol{\Sigma}$。

T^2 分布与 F 分布也有一定的关系。在一元统计中，如果 $t = \dfrac{X}{\sqrt{Y/n}} \sim t(n)$，则有 $t^2 = \dfrac{X^2}{Y/n} \sim F(1, n)$。推广到 p 元情形，这个关系是 $\dfrac{n-p+1}{pn} T^2(p, n) = F(p, n-p+1)$。这一点的证明以及更多相关性质的介绍可以参看相关文献①。下面我们不加证明给出 T^2 分布的两条重要性质。这两条性质在多元正态总体的假设检验中将会用到。

(1) 设 $\boldsymbol{X}_{(b)}(b=1, \cdots, n)$ 是从 p 维正态总体 $N_p(\boldsymbol{\mu}, \boldsymbol{\Sigma})$ 中抽取的 n 个随机样本，$\bar{\boldsymbol{X}}$ 为样本均值向量，$\boldsymbol{A}$ 为样本离差阵，则统计量

---

① 高惠璇. 应用多元统计分析[M]. 北京：北京大学出版社，2005.

$$T^2=(n-1)\left[\sqrt{n}(\bar{\boldsymbol{X}}-\boldsymbol{\mu})\right]'\boldsymbol{A}^{-1}\left[\sqrt{n}(\bar{\boldsymbol{X}}-\boldsymbol{\mu})\right]$$
$$=n(n-1)(\bar{\boldsymbol{X}}-\boldsymbol{\mu})'\boldsymbol{A}^{-1}(\bar{\boldsymbol{X}}-\boldsymbol{\mu})\sim T^2(p,n-1)$$

(2) 设有两个 p 维正态总体$N_p(\boldsymbol{\mu}_1,\boldsymbol{\Sigma})$，$N_p(\boldsymbol{\mu}_2,\boldsymbol{\Sigma})$，从这两个总体中抽出容量分别为$n_1$和$n_2$的两个样本。记$\bar{\boldsymbol{X}}_1$，$\bar{\boldsymbol{X}}_2$为两样本的均值向量，$\boldsymbol{S}_1$，$\boldsymbol{S}_2$为两样本协方差阵，并记

$$\boldsymbol{S}_p=\frac{n_1\boldsymbol{S}_1+n_2\boldsymbol{S}_2}{n_1+n_2-2}$$

若$\boldsymbol{\mu}_1=\boldsymbol{\mu}_2$，则

$$\frac{n_1n_2}{n_1+n_2}(\bar{\boldsymbol{X}}_1-\bar{\boldsymbol{X}}_2)'\boldsymbol{S}_p^{-1}(\bar{\boldsymbol{X}}_1-\bar{\boldsymbol{X}}_2)\sim T^2(p,n_1+n_2-2)$$

1.4.3 Wilks Λ 分布

我们在数理统计中学过，若 $X\sim\chi^2(m)$，$Y\sim\chi^2(n)$，且 X 与 Y 相互独立，则

$$F=\frac{X/m}{Y/n}\sim F(m,n)$$

在一元统计中 F 分布主要用来做方差齐性检验，两个总体的样本方差的比在原假设下是服从 F 分布的。在多元总体中，样本的协方差阵是一个矩阵，不能再简单相除得到统计量了。因此，我们考虑用与协方差阵有关的一个量来描述总体的离散程度(或者称为变异度)。这样的参数我们一般称为广义方差。有哪些数量指标来描述广义方差呢？一般而言，多用矩阵的行列式、迹或者特征值来描述。目前最常用的是利用行列式定义的。有了广义方差的定义，再仿照 F 分布的定义，称两个广义方差之比的统计量为 Wilks Λ 统计量。

定义1.9 设 $\boldsymbol{X}\sim N_p(\boldsymbol{\mu},\boldsymbol{\Sigma})$，则称协方差阵的行列式$|\boldsymbol{\Sigma}|$为 $\boldsymbol{X}$ 的广义方差。再设$\boldsymbol{A}_1\sim W_p(n_1,\boldsymbol{\Sigma})$，$\boldsymbol{A}_2\sim W_p(n_2,\boldsymbol{\Sigma})$ $(\boldsymbol{\Sigma}>0,n_1\geqslant p)$，且$\boldsymbol{A}_1$与$\boldsymbol{A}_2$独立，则称

$$\Lambda=\frac{|\boldsymbol{A}_1|}{|\boldsymbol{A}_1+\boldsymbol{A}_2|}$$

为 Wilks 统计量或 Λ 统计量，其所遵从的分布称为 Wilks 分布，记为 $\Lambda\sim\Lambda(p,n_1,n_2)$。

Wilks 分布比较复杂，在不同的情形下许多学者对其精确分布及近似分布都进行了深入的研究。当 p 或者n_2比较小而$n_1>p$ 时，可以通过 F 分布得到Λ 统计量的精确分布，具体情况如表 1-1 所示。

表 1-1 $\Lambda\sim\Lambda(p,n_1,n_2)$与 F 分布的关系$(n_1>p)$

p	n_2	统计量 F	F 的自由度
任意	1	$\frac{(n_1-p+1)}{p}\cdot\frac{(1-\Lambda)}{\Lambda}$	p,n_1-p+1
任意	2	$\frac{(n_1-p)}{p}\cdot\frac{(1-\sqrt{\Lambda})}{\sqrt{\Lambda}}$	$2p,2(n_1-p)$
1	任意	$\frac{(1-\Lambda)}{\Lambda}\cdot\frac{n_1}{n_2}$	n_2,n_1
2	任意	$\frac{(1-\sqrt{\Lambda})}{\sqrt{\Lambda}}\cdot\frac{(n_1-1)}{n_2}$	$2n_2,2(n_1-1)$

当$n_2>2$，$p>2$时，我们有这样的近似分布：

$$\text{当} n_1\to\infty，-\left[n_1-\frac{1}{2}(p-n_2+1)\right]\ln\Lambda\sim\chi^2(pn_2)。$$

此外，类似于 F 分布中 $F(n, m)$ 与$\dfrac{1}{F(m, n)}$同分布，Λ 分布也有一个类似的性质：若$n_2<p$，则 $\Lambda(p, n_1, n_2)=\Lambda(n_2, p, n_1+n_2-p)$。

【课后练习】

1. 设(X_1, X_2, X_3)的联合密度为

$$f(x_1, x_2, x_3)=\begin{cases}\dfrac{1-\sin x\sin y\sin z}{8\pi^2} & 0\leqslant x\leqslant 2\pi，0\leqslant y\leqslant 2\pi，0\leqslant z\leqslant 2\pi \\ 0 & \text{其他}\end{cases}$$

(1) 求X_1的边缘密度。

(2) 求(X_1, X_2)的边缘密度。

(3) 试证明X_1，X_2，X_3两两独立但不互相独立。

2. 设

$$\boldsymbol{A}=\begin{bmatrix}1/\sqrt{3} & 1/\sqrt{3} & 1/\sqrt{3} \\ 1/\sqrt{2} & -1/\sqrt{2} & 0 \\ 1/\sqrt{6} & 1/\sqrt{6} & -2/\sqrt{6}\end{bmatrix}$$

(1) 试证明 $\boldsymbol{A}$ 是一个正交矩阵(即 $\boldsymbol{A}\boldsymbol{A}'=\boldsymbol{I}_3$)。

(2) 已知 $X\sim N_3(\mu\boldsymbol{I}_3, \sigma^2\boldsymbol{I}_3)$，设$\boldsymbol{Y}=(Y_1, Y_2, Y_3)'=\boldsymbol{AX}$，试证明

① $Y_2^2+Y_3^2+Y_4^2=\sum\limits_{i=1}^{3}(X_i-\overline{X})^2$，其中 $\overline{X}=\dfrac{1}{3}(X_1+X_2+X_3)$；

② $Y_1\sim N\left(\sqrt{3}\mu, \sigma^2\right)$，$Y_2$，$Y_3\sim N(0, \sigma^2)$；

③ Y_1，Y_2，Y_3 相互独立。

第2章

均值向量与协方差阵的检验

在一元统计中，我们已经学习过关于正态总体 $N(\mu, \sigma^2)$ 的均值与方差的检验，了解到常用的检验方法有 μ 检验、t 检验、F 检验和χ^2 检验等。在实际应用中，对某一客观事物的考察往往需要多个指标。例如，为了考察某企业的生产经营状况，需要综合考察其资本结构、盈利能力、成长能力等多个维度。对于多指标的正态总体$N_p(\boldsymbol{\mu}, \boldsymbol{\Sigma})$，有些实际问题需要对 $\boldsymbol{\mu}$ 和 $\boldsymbol{\Sigma}$ 进行统计推断。在本章中会介绍 $\boldsymbol{\mu}$ 和 $\boldsymbol{\Sigma}$ 在不同情形下的假设检验。虽然本章中的方法多是单指标情形的直接推广，但是由于多指标问题的复杂性，本章只重点介绍检验统计量的形式以及如何利用这些统计量做检验，对于这些检验问题的理论推证全部省略，有兴趣的读者可以参看相关的参考文献。本章最后还将介绍有关检验的 SAS 上机实现方法。

2.1 均值向量的检验

2.1.1 单指标检验回顾

首先我们回顾一下假设检验的基本步骤：

(1) 根据问题提出待检验的统计假设H_0 和H_1。

(2) 选取一个合适的统计量并得出它的抽样分布。

(3) 给定显著性水平 α，通过统计量的抽样分布确定临界值，进而得到拒绝域，建立判别准则。

(4) 根据样本观测值计算统计量的值，看是否落在拒绝域中，从而对假设检验做出统计判断，并给出具体的解释。

下面我们具体回顾一下单指标均值检验是怎么做的。假定从总体 $N(\mu, \sigma^2)$ 中抽出样本$x_1, x_2, \cdots, x_n$,要做如下假设检验：

$$H_0:\mu=\mu_0 \quad H_1:\mu\neq\mu_0$$

当σ^2 已知时，检验统计量为

$$\mu=\sqrt{n}\ \frac{(\bar{x}-\mu_0)}{\sigma} \tag{2.1}$$

在式(2.1)中，$\bar{x}=\frac{1}{n}\sum_{i=1}^{n}x_i$ 为样本均值。如果原假设成立，则μ 服从标准正态分布，进一步

得到拒绝域为 $|\mu|>z_{\alpha/2}$，$z_{\alpha/2}$ 为标准正态分布的上 $\alpha/2$ 分位数。我们也可以选用

$$\mu^2=n(\bar{x}-\mu_0)'(\sigma^2)^{-1}(\bar{x}-\mu_0)$$

作为检验统计量，由于在原假设下 μ 服从标准正态分布，因此 μ^2 服从自由度为 1 的 χ^2 分布，从而拒绝域为 $\mu^2>\chi_1^2(\alpha/2)$。

当 σ^2 未知时，首先用

$$S^2=\sum_{i=1}^{n}\frac{(x_i-\bar{x})^2}{n-1}$$

作为 σ^2 的估计，然后用统计量

$$t=\sqrt{n}\,\frac{(\bar{x}-\mu_0)}{S}$$

作为检验统计量。如果原假设成立，则 t 服从自由度为 $n-1$ 的 t 分布，拒绝域为 $|t|>t_{n-1}(\alpha/2)$，$t_{n-1}(\alpha/2)$ 为 t_{n-1} 的上 $\alpha/2$ 分位数。类似于 σ^2 已知的情形，我们也可以选用

$$t^2=n(\bar{x}-\mu_0)'(S^2)^{-1}(\bar{x}-\mu_0)$$

作为检验统计量。当原假设为真时，t^2 服从第一自由度为1、第二自由度为 $n-1$ 的 F 分布，简记为 $t^2\sim F_{1,n-1}$，拒绝域为 $t^2>F_{1,n-1}(\alpha)$，$F_{1,n-1}(\alpha)$ 为 $F_{1,n-1}$ 的上 $\alpha/2$ 分位数。

2.1.2　多元均值检验

设总体 $\boldsymbol{X}\sim N_p(\boldsymbol{\mu},\boldsymbol{\Sigma})$，随机样本为 $\boldsymbol{X}_{(\alpha)}(\alpha=1,\cdots,n)$，我们要检验这组随机样本的均值是否为某一个指定的向量 $\boldsymbol{\mu}_0$，即

$$H_0:\boldsymbol{\mu}=\boldsymbol{\mu}_0$$

$$H_1:\boldsymbol{\mu}\neq\boldsymbol{\mu}_0$$

检验方法与单指标均值检验类似，也根据协方差阵是否已知分两种情况讨论。

1. 协方差阵 $\boldsymbol{\Sigma}$ 已知

类似于一元的形式，我们采用的检验统计量为

$$\chi_0^2=n(\bar{\boldsymbol{X}}-\boldsymbol{\mu}_0)'\boldsymbol{\Sigma}^{-1}(\bar{\boldsymbol{X}}-\boldsymbol{\mu}_0)$$

我们可以证明当原假设为真时，χ_0^2 服从自由度为 p 的 χ^2 分布。直观上来看，χ_0^2 越大意味着样本均值 $\bar{\boldsymbol{X}}$ 与 $\boldsymbol{\mu}_0$ 的差距越大，因此拒绝域应取 χ_0^2 较大的部分。

当给定显著性水平 α 后，根据样本计算出 χ_0^2 的值，然后查 χ^2 分布表得到临界值 $\chi_p^2(\alpha)$ 满足

$$P\left(\chi_0^2>\chi_p^2(\alpha)\right)=\alpha$$

拒绝域即为 $\{\chi_0^2>\chi_p^2(\alpha)\}$。

利用统计计算软件（如 SAS）还可以计算出显著性概率值（也称为 p 值）。在许多统计计算软件中，主要是利用 p 值来给出假设检验的结果。因此下面要介绍 p 值的概念，并具体指出如何利用 p 值给出检验结果。

由于在原假设为真时，$\chi_0^2\sim\chi^2(p)$，而由样本值可计算出 χ_0^2 的值，记为 d。我们称概率值

$$p=P(\chi_0^2\geqslant d)$$

为显著性概率值，或简称为 p 值。

在这个例子中，p 值的直观意义可以这样理解。首先，检验统计量χ_0^2反映了 $\bar{\boldsymbol{X}}$ 与$\boldsymbol{\mu}_0$的偏差大小，而χ_0^2较大时，我们倾向于拒绝原假设。现在根据观测数据我们计算得到χ_0^2的值是d，而如果原假设成立，可以根据χ_0^2的分布计算出 $p=P(\chi_0^2 \geqslant d)$ 的值。如果p值很小，比如$p=0.02<\alpha=0.05$，则说明相对于 $\chi^2(p)$ 分布，根据观测数据计算得到χ_0^2的值d是偏大的，这也就意味着在$\alpha=0.05$的显著性水平下有足够的证据拒绝原假设，即认为$\boldsymbol{\mu}$与$\boldsymbol{\mu}_0$有显著差异。

另一方面，如果 p 值较大，比如 $p=0.24 \geqslant \alpha=0.05$，则说明相对于 $\chi^2(p)$ 分布，根据观测数据计算得到χ_0^2的值 d 并不大，这也就意味着在 $\alpha=0.05$ 的显著性水平下没有足够的证据拒绝原假设，即认为 $\boldsymbol{\mu}$ 与$\boldsymbol{\mu}_0$ 没有显著差异。

2. 协方差阵 $\boldsymbol{\Sigma}$ 未知

由于协方差阵未知，我们需要先估计协方差阵。因为$\hat{\boldsymbol{\Sigma}}^{-1}=\dfrac{1}{n-1}\boldsymbol{A}$ 是 $\boldsymbol{\Sigma}$ 的无偏估计，因此类似于单指标时的思路，我们先考察

$$\begin{aligned} T^2 &= n(\bar{\boldsymbol{X}}-\boldsymbol{\mu}_0)'\hat{\boldsymbol{\Sigma}}^{-1}(\bar{\boldsymbol{X}}-\boldsymbol{\mu}_0) \\ &= n(n-1)(\bar{\boldsymbol{X}}-\boldsymbol{\mu}_0)'\boldsymbol{A}^{-1}(\bar{\boldsymbol{X}}-\boldsymbol{\mu}_0) \end{aligned}$$

的分布。根据1.4.2 节 Hotelling T^2 分布的性质(1)

$$T^2 \sim T^2(p, n-1)$$

再利用T^2 分布与 F 分布的性质(参见1.4.2 节)，我们将检验统计量取为

$$F=\frac{n-p}{(n-1)p}T^2$$

在原假设下，$F \sim F(p, n-p)$，拒绝域为$\{F>F_\alpha(p, n-p)\}$，$F_\alpha(p, n-p)$ 为分布 $F(p, n-p)$ 的上 α 分位数。

也许有读者会有疑问，既然多元正态随机向量的每一个分量都是一元正态随机变量，那么对这 p 个分量分别做均值的假设检验问题与本节介绍的对均值向量直接做假设检验问题有什么区别呢？由于 p 个分量之间往往有相互依赖的关系，分开做假设检验会忽略这种依赖信息。因此，分开做假设检验会由于信息缺失而不准确。在实际工作中，我们往往会将一元检验与多元检验联合使用。当实际工作要求做全面检查时，我们多考虑使用多元检验；当实际工作要求着重检查某个指标或者要求分析各指标之间的关系与差异时，我们多考虑使用一元检验。

2.1.3 两正态总体均值向量的检验

在许多实际问题中，除了2.1.2 节中介绍的纵向比较，有时也需要横向比较。比如，两所大学的新生录取成绩是否有明显差异；不同行业之间的工资水平是否有明显差异；不同地区之间的物价水平是否有明显差异。这些问题都可以归结为检验两个总体的均值向量是否相等的问题。我们一般称这种问题为两样本问题。两样本问题又可以根据协方差矩阵是否相等分为两种情形。

1. 两样本协方差矩阵相等(但未知)时均值向量的检验

设$\boldsymbol{X}_{(\alpha)}(\alpha=1,\cdots,n_1)$为来自 p 元正态总体$N_p(\boldsymbol{\mu}_1,\boldsymbol{\Sigma})$的容量为$n_1$ 的样本，$\boldsymbol{Y}_{(\alpha)}(\alpha=1,\cdots,n_2)$为来自 p 元正态总体$N_p(\boldsymbol{\mu}_2,\boldsymbol{\Sigma})$的容量为$n_2$ 的样本，两样本相互独立，$n_1>p$，$n_2>p$，$\boldsymbol{\Sigma}$ 未知。需要进行的假设检验是

$$H_0:\boldsymbol{\mu}_1=\boldsymbol{\mu}_2$$

$$H_1:\boldsymbol{\mu}_1\neq\boldsymbol{\mu}_2$$

与单总体均值检验类似，我们采用的检验统计量形式为

$$T^2=\frac{1}{1/n_1+1/n_2}(\bar{\boldsymbol{X}}-\bar{\boldsymbol{Y}})'\hat{\boldsymbol{\Sigma}}^{-1}(\bar{\boldsymbol{X}}-\bar{\boldsymbol{Y}}) \tag{2.2}$$

在式(2.2)中，$\bar{\boldsymbol{X}}=\frac{1}{n_1}\sum_{i=1}^{n_1}\boldsymbol{X}_i$，$\bar{\boldsymbol{Y}}=\frac{1}{n_1}\sum_{i=1}^{n_2}\boldsymbol{Y}_i$。协方差阵$\boldsymbol{\Sigma}$的估计采用$\hat{\boldsymbol{\Sigma}}=\frac{\boldsymbol{A}_x+\boldsymbol{A}_y}{n_1+n_2-2}$，其中，$\boldsymbol{A}_x$ 与$\boldsymbol{A}_y$ 分别是两个总体的样本离差阵。

当原假设成立时，利用1.4.1 节 Wishart 分布的性质(1) 与T^2 统计量的定义可以得到

$$T^2\sim T^2_{p,\,n_1+n_2-2}$$

再利用T^2 与 F 分布的关系(参看1.4.2 节) 我们可以得到

$$F^*=\frac{n_1+n_2-p-1}{(n_1+n_2-2)p}T^2\sim F_{p,\,n_1+n_2-p-1}$$

我们取F^* 作为检验统计量。如果F^* 的值较大，意味着T^2 的值较大，也就说明两个总体的距离较远，倾向于拒绝原假设，因此拒绝域取为F^* 的值较大的区域，即当给定显著性水平α 后，若$F^*>F_{p,\,n_1+n_2-p-1}(\alpha)$，则拒绝原假设，否则没有充分的理由拒绝原假设。

2. 协方差阵不相等的情形

假设从两个正态总体$N_p(\boldsymbol{\mu}_1,\boldsymbol{\Sigma}_1)$和$N_p(\boldsymbol{\mu}_2,\boldsymbol{\Sigma}_2)$中分别抽取容量为$n_1$ 和n_2 的两个样本。当这两个样本协方差不相等时并没有统一的办法处理，下面介绍两种较为简单的情形。

如果$n_1=n_2$，我们可以采取成对数据处理的技巧。令

$$\boldsymbol{Z}_{(i)}=\boldsymbol{X}_{(i)}-\boldsymbol{Y}_{(i)}$$

这样可以将两样本均值检验问题化为单样本均值检验问题，即我们做假设检验

$$H_0:\boldsymbol{\mu}_Z=\boldsymbol{0}\qquad H_1:\boldsymbol{\mu}_Z\neq\boldsymbol{0}$$

然后我们对 $\boldsymbol{Z}$ 采用上一节的方法进行假设检验。

如果$\boldsymbol{\Sigma}_1$ 和$\boldsymbol{\Sigma}_2$ 相差很大时，我们考虑利用T^2 统计量的近似分布来构造检验统计量。T^2 统计量的形式是

$$T^2=(\bar{\boldsymbol{X}}-\bar{\boldsymbol{Y}})'\left[\frac{\boldsymbol{A}_x}{n_1(n_1-1)}+\frac{\boldsymbol{A}_y}{n_2(n_2-1)}\right]^{-1}(\bar{\boldsymbol{X}}-\bar{\boldsymbol{Y}}) \tag{2.3}$$

在式(2.3)中，$\bar{\boldsymbol{X}}$，$\bar{\boldsymbol{Y}}$，$\boldsymbol{A}_x$，$\boldsymbol{A}_y$ 的含义与前文相同。记

$$\boldsymbol{S}_*=\frac{\boldsymbol{A}_x}{n_1(n_1-1)}+\frac{\boldsymbol{A}_y}{n_2(n_2-1)}$$

再令

$$f^{-1}=(n_1^3-n_1^2)^{-1}\left[(\bar{\boldsymbol{X}}-\bar{\boldsymbol{Y}})'\boldsymbol{S}_*^{-1}\left(\frac{\boldsymbol{A}_x}{n_1-1}\right)\boldsymbol{S}_*^{-1}(\bar{\boldsymbol{X}}-\bar{\boldsymbol{Y}})\right]^2T^{-4}$$

$$+(n_2^3-n_2^2)^{-1}\left[(\bar{\boldsymbol{X}}-\bar{\boldsymbol{Y}})'\boldsymbol{S}_*^{-1}\left(\frac{\boldsymbol{A}_y}{n_2-1}\right)\boldsymbol{S}_*^{-1}(\bar{\boldsymbol{X}}-\bar{\boldsymbol{Y}})\right]^2 T^{-4}$$

可以证明：当原假设为真时，$\left(\dfrac{f-p+1}{fp}\right)T^2$ 近似服从$F_{p,\,f-p+1}$ 分布，进而可以做假设检验。

2.1.4 多正态总体均值向量的检验 —— 多元方差分析

在许多实际问题中，我们要研究的总体往往不止两个。例如要研究不同地区物价水平时，如果将一个地区看做一个总体，此时要研究的总体可以多达几十甚至上百个，此时就需要运用多元方差分析的知识。为了更好地理解多元方差分析，我们首先回顾一元方差分析的相关知识。

假定有 r 个正态总体 $N(\boldsymbol{\mu}_1,\sigma^2)$，…，$N(\boldsymbol{\mu}_r,\sigma^2)$，从各个正态总体中抽取样本如下：

$$\boldsymbol{X}_1^{(1)},\cdots,\boldsymbol{X}_{n_1}^{(1)}\sim N(\boldsymbol{\mu}_1,\sigma^2)$$
$$\boldsymbol{X}_1^{(2)},\cdots,\boldsymbol{X}_{n_2}^{(2)}\sim N(\boldsymbol{\mu}_2,\sigma^2)$$
$$\vdots$$
$$\boldsymbol{X}_1^{(r)},\cdots,\boldsymbol{X}_{n_r}^{(r)}\sim N(\boldsymbol{\mu}_r,\sigma^2)$$

在方差分析的问题中，我们假定 r 个正态总体的方差相等。需要检验的假设是

$$H_0:\boldsymbol{\mu}_1=\cdots=\boldsymbol{\mu}_r$$
$$H_1:\text{存在 } i\neq j\text{，使得}\boldsymbol{\mu}_i\neq\boldsymbol{\mu}_j$$

为了构造检验统计量，我们先定义以下平方和

$$\text{总偏差平方和 SST}=\sum_{i=1}^{r}\sum_{j=1}^{n_i}(\boldsymbol{X}_j^{(i)}-\bar{\boldsymbol{X}})^2$$

$$\text{组内偏差平方和 SSE}=\sum_{i=1}^{r}\sum_{j=1}^{n_i}(\boldsymbol{X}_j^{(i)}-\bar{\boldsymbol{X}}_i)^2$$

$$\text{组间偏差平方和 SSA}=\sum_{i=1}^{r}n_i(\bar{\boldsymbol{X}}_i-\bar{\boldsymbol{X}})^2$$

其中，$\bar{\boldsymbol{X}}_i=\dfrac{1}{n_i}\sum_{j=1}^{n_i}\boldsymbol{X}_j^{(i)}$ 是第 i 组的样本均值，$\bar{\boldsymbol{X}}=\dfrac{1}{n}\sum_{i=1}^{r}\sum_{j=1}^{n_i}\boldsymbol{X}_j^{(i)}$ 是总均值，总样本量 $n=n_1+\cdots+n_r$。此时，通过代数运算我们得知如下平方和分解公式成立：

$$\text{SST}=\text{SSE}+\text{SSA}$$

从直观上考察，如果原假设成立，在总偏差平方和 SST 不变的条件下，组间偏差平方和相对于组内偏差平方和应该偏小，因此检验统计量取为

$$F=\frac{\text{SSA}/(r-1)}{\text{SSE}/(n-r)}$$

拒绝域为$\{F>F_\alpha\}$，其中的F_α通过 $P(F>F_\alpha)=\alpha$ 确定。

我们将上述方法推广到 r 个 p 元正态总体$N_p(\boldsymbol{\mu}_1,\boldsymbol{\Sigma})$，…，$N_p(\boldsymbol{\mu}_r,\boldsymbol{\Sigma})$，从这 r 个总体中抽取的独立样本为

$$\boldsymbol{X}_1^{(1)}, \cdots, \boldsymbol{X}_{n_1}^{(1)} \sim N(\boldsymbol{\mu}_1, \boldsymbol{\Sigma})$$
$$\boldsymbol{X}_1^{(2)}, \cdots, \boldsymbol{X}_{n_2}^{(2)} \sim N(\boldsymbol{\mu}_2, \boldsymbol{\Sigma})$$
$$\vdots$$
$$\boldsymbol{X}_1^{(r)}, \cdots, \boldsymbol{X}_{n_r}^{(r)} \sim N(\boldsymbol{\mu}_r, \boldsymbol{\Sigma})$$

总样本数 $n=n_1+n_2+\cdots+n_r$。需要检验的假设是

$$H_0: \boldsymbol{\mu}_1=\cdots=\boldsymbol{\mu}_r \qquad H_1: 存在\ i \neq j，使得 \boldsymbol{\mu}_i \neq \boldsymbol{\mu}_j$$

前文所叙述的 3 个平方和现在成为了矩阵的形式：

$$总离差阵\ \boldsymbol{T}=\sum_{i=1}^{r}\sum_{j=1}^{n_i}(\boldsymbol{X}_j^{(i)}-\bar{\boldsymbol{X}})^2$$

$$组内离差阵\ \boldsymbol{A}=\sum_{i=1}^{r}\sum_{j=1}^{n_i}(\boldsymbol{X}_j^{(i)}-\bar{\boldsymbol{X}}_i)^2$$

$$组间离差阵\ \boldsymbol{B}=\sum_{i=1}^{r} n_i(\bar{\boldsymbol{X}}_i-\bar{\boldsymbol{X}})^2$$

这三者之间仍然有 $\boldsymbol{T}=\boldsymbol{A}+\boldsymbol{B}$ 成立。

由于 $\boldsymbol{T}$，$\boldsymbol{A}$，$\boldsymbol{B}$ 三者都是矩阵，我们采用1.4.3节所用的广义方差来度量矩阵大小。类似一元情形，我们取检验统计量为

$$\Lambda=\frac{|\boldsymbol{A}|}{|\boldsymbol{A}+\boldsymbol{B}|}$$

可以证明在原假设成立的情况下，Λ 的分布就是 Wilks Λ 分布，即 $\Lambda \sim \Lambda(p, n-r, r-1)$。

注意› 此处，分母是组内离差阵的行列式，因此拒绝域为 $\{\Lambda<\lambda_\alpha\}$，其中，$\lambda_\alpha$ 通过 $P(\Lambda<\lambda_\alpha)=\alpha$ 确定。

由于 Wilks Λ 分布本身很复杂，我们也可以采用1.4.3节的方法用 χ^2 分布或 F 分布来近似。具体在哪些情形下如何近似已经在1.4.3 节中总结，这里不再赘述。

2.2　协方差阵的检验

前一节讨论了多元正态分布均值的检验问题，这一类问题主要是考察不同总体的平均水平是否有不同。本节主要考察不同总体平均水平波动大小的问题。协方差阵可以反映波动程度大小，因此这类问题可以转化为协方差阵的检验问题。

2.2.1　单个正态总体协方差阵的检验

假设 $\boldsymbol{X}_1, \cdots, \boldsymbol{X}_n$ 是来自 p 元正态总体 $N_p(\boldsymbol{\mu}, \boldsymbol{\Sigma})$ 的一个样本，$\boldsymbol{\Sigma}_0$ 是已知的给定矩阵，且 $\boldsymbol{\Sigma}_0>0$。考虑假设检验问题：

$$H_0: \boldsymbol{\Sigma}=\boldsymbol{\Sigma}_0$$
$$H_1: \boldsymbol{\Sigma}\neq\boldsymbol{\Sigma}_0$$

我们用的检验统计量是

$$\lambda=\exp\left[\operatorname{tr}\left(-\frac{1}{2}\boldsymbol{A}\boldsymbol{\Sigma}_0^{-1}\right)\right]\left|\boldsymbol{A}\boldsymbol{\Sigma}_0^{-1}\right|\left(\frac{\mathrm{e}}{n}\right)^{np/2}$$

这个检验统计量的抽样分布很难得到，通常我们采用 λ 的相关近似分布来得到拒绝域。当样本容量 n 很大时，如果原假设成立，那么 $-2\ln\lambda$ 的极限分布是$\chi^2\left[\frac{p(p+1)}{2}\right]$。同时，如果给定检验水平 α，当样本容量 n 很大时，我们可以由样本值计算出 λ 的值。当 $-2\ln\lambda > \chi^2_\alpha\left[\frac{p(p+1)}{2}\right]$，即 $\lambda < \exp\left(-\frac{\chi^2_\alpha}{2}\right)$时，拒绝$H_0$。

2.2.2 多总体协方差阵的检验

与均值检验类似，在实际应用中也有横向比较多个总体的协方差阵是否相同的需求。因此，本节我们考虑多总体协方差阵检验的问题。

与均值向量的检验类似，假定 r 个 p 元正态总体$N_p(\boldsymbol{\mu}_1, \boldsymbol{\Sigma}_1)$，…，$N_p(\boldsymbol{\mu}_r, \boldsymbol{\Sigma}_r)$，从这 r 个总体中抽取的独立样本为

$$\begin{gathered}\boldsymbol{X}_1^{(1)}, \cdots, \boldsymbol{X}_{n_1}^{(1)} \sim N(\boldsymbol{\mu}_1, \boldsymbol{\Sigma}_1)\\ \boldsymbol{X}_1^{(2)}, \cdots, \boldsymbol{X}_{n_2}^{(2)} \sim N(\boldsymbol{\mu}_2, \boldsymbol{\Sigma}_2)\\ \vdots\\ \boldsymbol{X}_1^{(r)}, \cdots, \boldsymbol{X}_{n_r}^{(r)} \sim N(\boldsymbol{\mu}_r, \boldsymbol{\Sigma}_r)\end{gathered}$$

总样本数 $n = n_1 + n_2 + \cdots + n_r$。需要检验的假设是

$$H_0: \boldsymbol{\Sigma}_1 = \cdots = \boldsymbol{\Sigma}_r$$

$$H_1: \text{存在 } i \neq j\text{，使得}\boldsymbol{\Sigma}_i \neq \boldsymbol{\Sigma}_j$$

我们所采用的检验统计量是

$$M = (n-r)\ln\left|\frac{\boldsymbol{A}}{n-r}\right| - \sum_{t=1}^{r}(n_t-1)\ln\left|\frac{\boldsymbol{A}_t}{n_t-1}\right|$$

其中，$\boldsymbol{A}_t = \sum_{i=1}^{n_t}(\boldsymbol{X}_i^{(t)} - \bar{\boldsymbol{X}}_t)(\boldsymbol{X}_i^{(t)} - \bar{\boldsymbol{X}}_t)'$ 为第 t 个总体的组内样本离差阵，$\bar{\boldsymbol{X}}_t = \frac{1}{n_t}\sum_{i=1}^{n_t}\boldsymbol{X}_i^{(t)}$，$t=1, 2, \cdots, r$ 为第 t 个总体的样本均值，$\boldsymbol{A} = \sum_{t=1}^{r}\boldsymbol{A}_t$ 为 r 个总体的样本离差阵的和。

当样本容量 n 很大时，如果原假设H_0 为真，M 的近似分布为

$$(1-d)M \sim \chi^2(f) \tag{2.4}$$

在式(2.4)中，$f = \frac{1}{2}p(p+1)(r-1)$

$$d = \begin{cases}\dfrac{2p^2+3p-1}{6(p+1)(r-1)}\left[\sum_{i=1}^{r}\dfrac{1}{(n_i-1)} - \dfrac{1}{(n-r)}\right] & \text{当}n_i\text{不全相等}\\[2ex] \dfrac{(2p^2+3p-1)(r-1)}{6(p+1)(n-r)} & \text{当}n_i\text{全部相等}\end{cases}$$

2.2.3 多个正态总体的均值向量和协方差阵同时检验

本小节我们考虑介绍一种稍微复杂但是比较常见的情形，即同时检验 r 个总体的均值和协方差是否相同。具体说来，问题背景与前两小节类似。假定有 r 个 p 元正态总体

$N_p(\boldsymbol{\mu}_1,\boldsymbol{\Sigma}_1),\cdots,N_p(\boldsymbol{\mu}_r,\boldsymbol{\Sigma}_r)$，$\boldsymbol{X}_i^{(t)}$ 为来自第 t 个总体的随机样本($t=1,\cdots,r$；$i=1,\cdots,n_t$)。检验问题为

$$H_0:\boldsymbol{\mu}^{(1)}=\boldsymbol{\mu}^{(2)}=\cdots=\boldsymbol{\mu}^{(r)}\text{，且}\boldsymbol{\Sigma}_1=\boldsymbol{\Sigma}_2=\cdots=\boldsymbol{\Sigma}_r$$

$$H_1:\boldsymbol{\mu}^{(i)}\,(i=1,\cdots,r)\text{ 与 }\boldsymbol{\Sigma}_i\,(i=1,\cdots,r)\text{ 至少有一组不全相等}$$

我们所采用的统计量与上一节略有不同，形式为

$$M^*=(n-r)\ln\left|\frac{\boldsymbol{T}}{(n-r)^p}\right|-\sum_{t=1}^{r}(n_t-1)\ln\left|\frac{\boldsymbol{A}_t}{(n_t-1)^p}\right|$$

$\boldsymbol{A}_t$ 与上一节相同，仍为第 t 个总体的样本离差阵，$\boldsymbol{T}=\sum\limits_{i=1}^{r}\sum\limits_{j=1}^{n_i}(\boldsymbol{X}_j^{(i)}-\bar{\boldsymbol{X}})^2$ 为总离差阵(参见 2.1.4 节)。当样本容量 n 很大时，在原假设成立时有这样的近似分布：

$$(1-b)M^*\sim\chi^2(f)$$

其中，

$$f=\frac{1}{2}p(p+3)(k-1)$$

$$b=\left(\sum_{i=1}^{r}\frac{1}{n_i-1}-\frac{1}{n-r}\right)\left[\frac{2p^2+3p-1}{6(p+3)(r-1)}\right]-\frac{p-r+2}{(n-r)(p+3)}$$

2.3　SAS 实现与应用案例

1. 案例背景

全面评价上市公司的经营状况有很多方法，本例中采用《国有资本金效绩评价规则》中竞争性工商企业的评价指标体系，即对上市公司考察其 8 大基本指标：净资产收益率、总资产报酬率、总资产周转率、流动资产周转率、资产负债率、已获利息倍数、销售增长率和资本积累率。表 2-1 的数据来自 3 个行业 35 家上市公司2018年年报数据，均以合并会计报表为依据计算得到。净资产收益率与资产负债率直接取自会计年报，其余各指标计算公式如下：

微课视频

$$\text{总资产报酬率}=\frac{\text{利润总额}+\text{财务费用}}{(\text{年初总资产}+\text{年末总资产})/2}\times100\%$$

$$\text{总资产周转率}=\frac{\text{主营业务收入}}{(\text{年初总资产}+\text{年末总资产})/2}$$

$$\text{流动资产周转率}=\frac{\text{主营业务收入}}{(\text{年初流动资产}+\text{年末流动资产})/2}$$

$$\text{已获利息倍数}=\frac{\text{利润总额}+\text{财务费用}}{\text{财务费用}}$$

$$\text{销售增长率}=\frac{\text{本年主营业务收入}-\text{上年主营业务收入}}{\text{上年主营业务收入}}\times100\%$$

$$\text{资本积累率}=\frac{\text{年末所有者权益}-\text{年初所有者权益}}{\text{年初所有者权益}}\times100\%$$

如果将不同的行业看做不同的总体，那么以上 35 家上市公司的数据就可以认为来自 3 个总体，下面我们尝试对这 3 个不同行业上市公司的经营状况进行比较。

2. 指标数据

35 家上市公司 2018 年的年报数据如表 2-1 所示。

表 2-1 35 家上市公司2018年年报数据

行业	公司简称	股票代码	净资产收益率	总资产报酬率	资产负债率	总资产周转率	流动资产周转率	已获利息倍数	销售增长率	资本积累率
交通运输业	盐田港	000 088	7.31	5.79	24.82	0.04	0.35	124.59	17.38	9.82
	五洲交通	600 368	12.43	7.44	66.68	0.16	0.51	2.52	0.76	-0.85
	山东高速	600 350	10.38	8.07	57.26	0.11	0.74	5.98	-15.09	0.16
	东莞控股	000 828	17.27	12.55	40.72	0.15	0.77	-42.05	11.87	14.83
	中原高速	600 020	4.06	5.38	77.64	0.11	0.98	1.65	-7.79	-24.20
	宁沪高速	600 377	17.71	13.31	39.05	0.20	1.70	15.72	0.20	13.36
	深高速	600 548	22.85	13.16	52.46	0.03	0.21	5.31	1.51	23.75
	申通地铁	600 834	2.08	3.02	45.94	0.28	1.75	2.02	-0.03	0.82
	铁龙物流	600 125	9.29	8.02	40.60	1.70	3.08	16.20	33.85	7.71
	广深铁路	601 333	2.72	3.16	18.60	0.54	3.03	38.29	8.84	0.56
	中远海能	600 026	0.37	2.68	53.84	0.20	1.71	1.37	27.13	3.56
	宁波海运	600 798	7.05	8.28	39.86	0.34	2.63	5.16	20.29	18.86
	天津港	600 717	3.81	4.86	38.63	0.34	1.45	5.45	-7.89	0.86
信息传输、软件和信息技术服务业	中国联通	600 050	2.86	2.19	41.50	0.06	0.43	88.64	-17.03	3.23
	天威视讯	002 238	7.17	4.75	26.40	0.38	0.86	-10.96	-4.94	1.64
	科大讯飞	002 230	6.94	4.48	46.34	0.55	1.05	-38.53	45.54	3.26
	富瀚微	300 613	5.52	2.30	13.04	0.36	0.44	-0.99	-8.28	9.25
	同花顺	300 033	20.23	14.66	19.15	0.33	0.38	-8.56	-1.62	5.39
	汇纳科技	300 609	13.36	12.30	13.59	0.43	0.53	-29.46	22.67	11.71
	远光软件	002 063	9.10	7.15	13.05	0.49	0.67	-20.52	8.47	11.79
	长亮科技	300 348	4.50	2.28	31.96	0.56	1.03	5.36	23.63	4.97
	久远银海	002 777	12.51	9.05	10.59	0.53	0.63	-23.11	24.78	92.85
	东华软件	002 065	8.86	6.13	42.08	0.56	0.66	9.35	16.66	2.77
	四维图新	002 405	6.96	5.01	19.67	0.22	0.53	-15.59	-1.30	7.69
	华东电脑	600 850	13.63	6.09	59.97	1.22	1.25	-52.37	10.70	12.24
电气机械和器材制造业	格力电器	000 651	33.36	13.01	63.10	0.73	0.92	-31.98	29.05	38.68
	美的集团	000 333	25.66	10.78	64.94	0.94	1.37	15.14	7.83	11.49
	飞科电器	603 868	34.46	31.89	29.58	1.14	1.60	-72.16	3.10	8.02
	亿纬锂能	300 014	17.07	7.99	63.10	0.50	1.16	7.49	31.13	15.79
	欧普照明	603 515	22.67	15.08	40.85	1.17	1.53	-76.71	15.60	19.35
	九阳股份	002 242	20.70	14.32	42.50	1.35	1.92	-79.70	12.22	6.91
	杭电股份	603 618	4.75	4.05	59.64	0.83	1.19	2.50	4.96	10.49
	海信家电	000 921	19.79	7.37	63.86	1.51	2.25	46.21	7.76	11.32
	白云电器	603 861	7.45	4.84	50.92	0.52	0.83	9.29	17.77	-7.56
	特变电工	600 089	6.38	3.81	57.90	0.44	0.81	5.93	4.42	14.59

3. SAS 程序

```
proc univariate data=lizi normal;
var jzcsyl zzcbcl zcfzl zzczzl ldzczzl yhlxbs xszzl zbjll;
by a;
run;
proc GLM;
class a;
model jzcsyl zcfzl ldzczzl xszzl=a;
means a/bon;
run;
proc GLM;
class a;
model jzcsyl zcfzl ldzczzl xszzl=a;
means a/hovtest=bartlett;
run;
proc GLM;
class a;
model jzcsyl zcfzl ldzczzl xszzl=a;
means a/hovtest=levene;
run;
```

4. SAS 程序说明与输出说明

本部分内容省略了数据步的输入。第一部分是对各个变量进行正态性检验。“proc univariate”表示采用 univariate 过程步。var 语句是指定分析变量，by 语句指定了以 a 变量即行业变量进行分组。

前两节所介绍的假设检验方法都是基于正态性假设，因此首先我们需要对各数据是否服从多元正态分布进行检验。遗憾的是，在常见的软件中往往只能进行单个变量的正态性检验，多元正态检验的实现较为困难。在实际工作中，往往通过对每个变量的正态性检验来对整体向量的分布作出判断。一般情况下，如果数据量较大且没有明显的证据表明所得数据不服从多元正态分布时，我们认为数据就来自多元正态总体。在本例中，表 2-2 汇总了对每一个变量进行正态性检验的结果。SAS 系统中一共给出了 4 种正态性检验的统计量，它们分别是 Shapiro-Wilk 统计量、Kolmogorov-Smirnov 统计量、Cramer-von Mises 统计量和 Anderson-Darling 统计量。由于在本例中样本量比较小，3 个行业的样本量分别为 $n_1=13$，$n_2=12$ 和 $n_3=10$，因此我们选择 Shapiro-Wilk 统计量。

表 2-2　每个变量的正态性检验结果

指标		Shapiro-Wilk	
		统计量	*P* 值
净资产收益率	第一行业	0.931 809	0.359 8
	第二行业	0.927 556	0.354 9
	第三行业	0.928 107	0.429 5
总资产报酬率	第一行业	0.900 933	0.137 7
	第二行业	0.890 505	0.119 6
	第三行业	0.812 352	0.020 5

（续表）

指标		Shapiro-Wilk	
		统计量	*P* 值
资产负债率	第一行业	0.963 277	0.803 3
	第二行业	0.899 233	0.155 0
	第三行业	0.854 927	0.066 5
总资产周转率	第一行业	0.600 361	<0.000 1
	第二行业	0.835 126	0.024 2
	第三行业	0.942 637	0.582 7
流动资产周转率	第一行业	0.914 545	0.211 6
	第二行业	0.907 388	0.197 5
	第三行业	0.938 619	0.537 7
已获利息倍数	第一行业	0.689 874	0.000 4
	第二行业	0.821 970	0.016 8
	第三行业	0.867 204	0.092 7
销售增长率	第一行业	0.961 605	0.778 2
	第二行业	0.966 308	0.868 6
	第三行业	0.870 140	0.100 3
资本积累率	第一行业	0.906 605	0.165 2
	第二行业	0.465 201	<0.000 1
	第三行业	0.891 881	0.178 0

从 p 值可以看出，3 个行业均可以认为符合正态分布的指标是净资产收益率、资产负债率、流动资产周转率和销售增长率。因此，我们后面将只对这 4 个指标进行分析比较。这 4 个指标分别反映了企业的获利能力、资本结构、流动资产利用效率以及企业的发展态势，可以认为是对企业经营状况的一个比较全面的反映。

接下来进入均值检验的步骤。“proc GLM”表示采用 GLM 过程步。class 语句是分类语句，model 语句是用来规定因素对结果的效应，这里是考察不同的分类下 4 个指标是否相同。means 语句表示希望得到不同分类的均值情况，选项“bon”表示进行两两比较的 Bonferroni 检验。运行程序后得到的结果很丰富。我们将部分结果汇总在表 2-3 中。

表 2-3 方差分析表

源	分析变量	平方和	均方	自由度	*F* 统计量	*P* 值
模型	净资产收益率	724.885 7	362.442 8	2	6.32	0.004 9
	资产负债率	3 862.369 7	1 931.184 9	2	8.52	0.001 1
	流动资产周转率	4.001 2	2.000 6	2	4.42	0.020 2
	销售增长率	230.400 0	115.200 0	2	0.54	0.589 5
误差	净资产收益率	1 834.616 2	57.331 8	32		
	资产负债率	7 257.204 0	226.787 6	32		
	流动资产周转率	14.489 6	0.452 8	32		
	销售增长率	6 861.860 3	214.433 1	32		

（续表）

源	分析变量	平方和	均方	自由度	F 统计量	P 值
校正合计	净资产收益率	2 559.501 8		34		
	资产负债率	11 119.573 7		34		
	流动资产周转率	18.490 8		34		
	销售增长率	7 092.260 3		34		

表 2-3 给出了 4 个指标的方差来源，包括模型(行业)、误差以及校正的总的方差来源，还给出了自由度、均方、F 统计量的值以及 p 值。从 p 值来看，3 个行业的净资产收益率、资产负债率以及流动资产周转率都有显著差别，而销售增长率没有显著差别。那么这 3 个行业的 3 个指标究竟有怎样的差别呢？在“结果”窗口的“均值”选项卡下，可以查看到每个指标中 3 个行业两两比较是否有显著差异。我们将一些重要结果汇总在表 2-4 中。

表 2-4　3 个行业两两比较的结果

比较		分析变量			
		净资产收益率	资产负债率	流动资产周转率	销售增长率
3-2	均值间差值	9.926	7.785	0.653 0	3.444
	下限	1.735	−8.218	−0.074 9	−12.397
	上限	18.117	23.788	1.380 9	19.285
	是否显著	是	否	否	否
3-1	均值间差值	10.204	25.527	−0.096 6	6.382
	下限	2.158	9.237	−0.811 7	−9.180
	上限	18.250	41.818	0.618 5	21.943
	是否显著	是	是	否	否
2-1	均值间差值	0.278	−17.742	−0.749 6	2.938
	下限	−7.380	−32.973	−1.430 2	−11.872
	上限	7.936	−2.511	−0.069 1	17.748
	是否显著	否	是	是	否

表 2-4 中上、下限指的是 95%置信区间的上、下限，而是否显著指的是在 95%置信水平下两个行业相比是否有显著差异。因此，当这个置信区间包含 0 时，应认为两个行业的均值相比没有显著差异，反之则应认为有显著差异。以第三行业(电气机械和器材制造业)与第二行业(信息传输、软件和信息技术服务业)比较为例，两者的资产负债率、流动资产周转率与销售增长率均没有显著差异，而制造业的净资产收益率要高于信息服务业，似乎说明在2018年制造业的盈利能力要强于信息服务业，这从数据方面可能也说明了2018年信息服务业遭遇了寒冬。

将上文程序中 means 语句修改为“means a/hovtest=bartlett;”可以进行方差齐性的检验，得到的结果如表 2-5 所示。

表 2-5 Bartlett 方差齐性检验

	源	自由度	卡方	P>卡方
净资产收益率	a	2	5.780 2	0.055 6
	源	自由度	卡方	P>卡方
资产负债率	a	2	0.854 1	0.652 4
	源	自由度	卡方	P>卡方
流动资产周转率	a	2	15.713 5	0.000 4
	源	自由度	卡方	P>卡方
销售增长率	a	2	2.788 2	0.248 1

从表 2-5 可以看出，在0.05置信水平下，可以认为 3 个行业的净资产收益率、资产负债率以及销售增长率的方差是相等的，但是流动资产周转率的方差在 3 个行业间不相等。再将 means 语句改为“means a/hovtest=levene;”可以得到表 2-6 所示的结果。

表 2-6 Levene 方差齐性检验组均值的平方离差 ANOVA

	源	自由度	平方和	均方	F 值	P>F
净资产收益率	a	2	35 487.3	17 743.7	4.38	0.020 9
	误差	32	129 720	4 053.8		
	源	自由度	平方和	均方	F 值	P>F
资产负债率	a	2	75 556.4	37 778.2	0.53	0.595 3
	误差	32	2 292 983	71 655.7		
	源	自由度	平方和	均方	F 值	P>F
流动资产周转率	a	2	4.802 0	2.401 0	7.28	0.002 5
	误差	32	10.560 5	0.330 0		
	源	自由度	平方和	均方	F 值	P>F
销售增长率	a	2	207 308	103 654	1.55	0.228 0
	误差	32	2 141 412	66 919.1		

表 2-6 说明在0.05置信水平下，资产负债率与销售增长率的误差平方在 3 个行业间没有显著差异，而净资产收益率和流动资产周转率的误差平方在 3 个行业间有显著差异。结合表 2-5，这似乎说明，除了行业因素，还有别的因素对净资产收益率有影响。

5. 结果分析

从表 2-7 中可以看出，3 个行业中，电气机械和器材制造业表现稍好于交通运输业与信息传输、软件和信息技术服务业。原因可能在于信息技术服务业前几年发展迅猛，进入企业过多，导致企业所能获得的平均资本不足，造成了不良局面，以致整个行业不景气，获利能力不足。而表 2-7 中所列举的上市制造业企业都是具有成熟运营能力的企业，其获利能力与成长能力都比较稳定，整体运营能力更强。

表 2-7 3 个行业各个指标描述统计量的估计

行业	样本量	净资产收益率		资产负债率		流动资产周转率		销售增长率	
		均值	标准差	均值	标准差	均值	标准差	均值	标准差
1	13	9.026	6.890	45.854	15.956	1.455	0.983	7.002	14.520
2	12	9.303	4.858	28.112	16.132	0.705	0.281	9.940	17.647
3	10	19.229	10.569	53.639	12.199	1.358	0.476	13.384	10.030

【课后练习】

一、简答题

1. p 值是什么？试以两样本协方差矩阵相等（但未知）时均值向量的检验为例说明如何利用 p 值做假设检验。

2. 试谈 Wilks 统计量在多元方差分析中的重要意义。

二、上机分析题

1. 人均 GDP、三产比重、工业生产者出厂价格指数、人均可支配收入和人口增长这 5 个指标从不同侧面可以较好地说明一个地区的经济社会发展状况。数据 EXE2_1 选取内蒙古、广西、贵州、云南、西藏、甘肃、青海、宁夏和新疆 9 个内陆边远省区及少数民族聚居区的相关指标，试比较这些地区的社会经济发展状况与全国平均水平有无显著差异（假定这 5 个指标服从五元正态分布）。

2. 数据 EXE2_2 中选取某两个地区各 6 个单位的 5 项财务评价指标（分别记为X_1，X_2，X_3，X_4和X_5）。在评分结果表中，序号 1～6 为第一个地区单位代号，7～12 为第二个地区单位代号。试比较两个地区基层单位的财务状况是否有差异（假定这两个地区的 5 个指标都服从正态分布且协方差矩阵相等）。

第3章

聚类分析

3.1 聚类分析的基本概念

微课视频

聚类分析是研究"物以类聚"的一种方法，又称为群分析。人类认识世界的过程中，往往首先将被认识的对象进行分类。在生产和科学活动中，人们面临的问题往往是比较复杂的，如果能把相似的东西归成类，处理起来就大为方便。因此，分类学成为人类认识世界的基础学科。在古老的分类学中，人们主要靠经验和专业知识实现分类。随着生产技术和科学的发展，人类的认识不断加深，分类越来越细，要求也越来越高，以致有时光凭经验和专业知识不能进行确切的分类，往往需要定性和定量分析相结合去分类，于是数学工具逐渐被引入分类学中，形成聚类分析。

聚类分析是研究分类问题的一种多元统计方法。所谓类，就是指相似元素的集合，所以聚类分析的目的就是把相似的事物归成类，根据相似的程度将研究目标进行分类。聚类分析主要研究如何度量事物之间的相似性，以及怎样构造聚类的具体方法以达到分类的目的。

聚类分析根据分类对象的不同分为 Q 型和 R 型两大类。Q 型分析是对样品进行分类，即从实际问题中观测得到了 n 个样品，要根据某相似性原则，将这 n 个样品进行归类。例如一个班上有 n 个学生，根据期末考试成绩进行分类，分为优、良、中、差四类。全国各地区的经济发展程度按 GDP、人均 GDP、人均收入、人均社会消费品零售额等指标进行分类。不同企业经济效益的比较，可按企业的资金利税率、劳动生产率、销售收入利税率等指标分类。通过 Q 型分析可以综合利用多个变量的信息对样品进行分类，分类结果直观，比其他传统的分类方法更细致、全面、合理。R 型分析是对变量进行分类，即对所考察的 p 个指标 x_1，x_2，…，x_p，根据 n 个观测值，由某相似性原则，将这 p 个指标进行分类。通过 R 型分析，可以了解变量之间的亲疏程度，根据变量的分类结果以及它们之间的关系，选择主要变量进行回归分析或 Q 型聚类分析。

聚类分析的应用十分广泛。例如在市场研究中，通常要进行市场细分，就是根据消费者明显的不同特性把市场分割为许多个消费者群，每一个消费者群称为一个细分市场。在每个消费者群之内，消费者的要求和愿望基本相同，而在各个不同的消费者群之间，消费者的要求和愿望存在显著差异。通过市场细分，可以帮助企业找到适合自己特色并使企业具有竞争力的目标市场，将其作为自己的重点开发目标。由于影响市场的因素很多，如产品的质量、价格、款式，消费者的年龄、收入、消费观念，等等，所以要对多个变量进行分析，以对顾客进行分类组合。这些问题可以通过聚类分析得以解决。

在市场研究中，聚类分析除了可以用来细分市场外，还可以应用于许多其他的研究。例如：产品分类、产品销售情况分类、选择试验市场、确定分层抽样的层次、分析消费者的性格特征和行为形态，等等。在社会经济领域中存在大量的分类问题，都可以应用聚类分析得到满意的结果。聚类分析的内容非常丰富，有系统聚类法、动态聚类法、模糊聚类法三种。本章主要介绍常用的系统聚类法和动态聚类法。

3.2　距离和相似系数

微课视频

3.2.1　变量的类型

为了将样品（或变量）进行分类，就需要研究样品（或变量）之间的关系。对于样品，通常用距离来衡量相似性。若每个样品用 P 个变量来描述，故每一个样品可以看作 P 维空间的一个点，并在空间定义距离，距离较近的点归为一类，距离较远的点归为不同的类。对于变量，常用相似系数来衡量。性质越接近的变量，它们的相似系数的绝对值越接近于 1；而彼此无关的变量，其相似系数的绝对值越接近于 0。距离和相似系数有各种各样的定义，而这些定义与变量的类型关系极大，因此下面先介绍变量的类型。

例如：若我们需要将下列 5 个人进行分类，对每个人做了如表 3-1 所示的统计。

表 3-1　样本基本信息

编号	身高/厘米	体重/千克	性别	职业
1	170	61	男	教师
2	175	65	男	干部
3	173	62	男	工人
4	162	53	女	干部
5	158	48	女	教师

此例中，每个人称为样品，共有 5 个样品。每个样品观察 4 个变量。其中，身高和体重是定量变量，性别和职业是定性变量。

在实际问题中，遇到的变量有定量的和定性的，因此变量可分为以下三种类型：定量变量——变量度量时有明确的数量表示，通常用连续的量来表示，如长度、速度、利润、产量等；有序变量——变量度量时没有明确的数量表示，而是划分一些等级，等级之间有次序关系，如产品质量等级、学生成绩评定等；名义变量——变量度量时既没有数量表示，也没有次序关系，如颜色、性别、职业等。

不同类型的变量，在定义距离时，其方法有很大差异。实际研究中比较多的是定量变量，本章主要讨论定量变量的情形。

3.2.2 距离

设有 n 个样品，每个样品测得 p 项指标(变量)x_1，x_2，…，x_p，原始数据矩阵为

$$\boldsymbol{X}=\begin{bmatrix} x_{11} & x_{12} & \cdots & x_{1p} \\ x_{21} & x_{22} & \cdots & x_{2p} \\ \vdots & \vdots & \vdots & \vdots \\ x_{n1} & x_{n2} & \cdots & x_{np} \end{bmatrix}$$

其中，$x_{ij}(i=1, 2, \cdots, n; j=1, 2, \cdots, p)$为第 i 个样品的第 j 个变量的观测数据。令 d_{ij} 表示样品 x_i 与 x_j 的距离，常用的距离有如下 4 种。

1. 明考斯基(Minkowski)距离

明考斯基距离是多元统计中最常见的一种距离形式，又称明氏距离，其计算公式为

$$\begin{aligned} d_{ij} &= \left[|x_{i1}-x_{j1}|^k + |x_{i2}-x_{j2}|^k + \cdots + |x_{ip}-x_{jp}|^k \right]^{\frac{1}{k}} \\ &= \left[\sum_{l=1}^{p} |x_{il}-x_{jl}|^k \right]^{\frac{1}{k}} \end{aligned} \tag{3.1}$$

当 $k=1$ 时，即为绝对值距离，又称为街区距离，用公式表示为

$$d_{ij}=\sum_{l=1}^{p} \left| x_{il}-x_{jl} \right| \tag{3.2}$$

当 $k=2$ 时，即为欧氏距离(Euclidean distance)，它是 p 维空间中两个点之间的真实距离，是最容易直观理解的距离度量方法。在聚类分析中，通常采用欧氏距离，用公式表示为

$$d_{ij}=\left[\sum_{l=1}^{p} |x_{il}-x_{jl}|^2 \right]^{\frac{1}{2}} \tag{3.3}$$

当 $k=\infty$时，即为切比雪夫距离，用公式表示为

$$d_{ij}=\max_{1 \leqslant l \leqslant p} | x_{il}-x_{jl} | \tag{3.4}$$

式(3.1)到式(3.4)中，其数值与指标的量纲有关。当各变量的测量值相差悬殊时，常发生“大数吃小数”的现象，为消除量纲的影响，通常先将每个变量进行标准化。

2. 标准化的欧氏距离

由于变量 x_1，x_2，…，x_p 之间的量纲不一样，为消除量纲的影响，引入标准化的欧氏距离。用公式表示为

$$\begin{aligned} d_{ij} &= \sqrt{\left(\frac{x_{i1}-x_{j1}}{\sqrt{s_{11}}}\right)^2 + \left(\frac{x_{i2}-x_{j2}}{\sqrt{s_{22}}}\right)^2 + \cdots + \left(\frac{x_{ip}-x_{jp}}{\sqrt{s_{pp}}}\right)^2} \\ &= \sqrt{\frac{1}{s_{11}}(x_{i1}-x_{j1})^2 + \frac{1}{s_{22}}(x_{i2}-x_{j2})^2 + \cdots + \frac{1}{s_{pp}}(x_{ip}-x_{jp})^2} \\ &= \sqrt{\sum_{l=1}^{p} \frac{(x_{il}-x_{jl})^2}{s_{ll}}} \end{aligned} \tag{3.5}$$

3. 马氏(Mahalanobis)距离

马氏距离是由印度统计学家马哈拉诺比斯于1963年引入的，故称马氏距离。马氏距离

表示数据的协方差距离，它是一种有效计算两个样本集相似度的方法。用公式表示为

$$d_{ij}=\left[(x_{i1}-x_{j1},\ x_{i2}-x_{j2},\ \cdots,\ x_{ip}-x_{jp})\boldsymbol{s}^{-1}\begin{bmatrix}x_{i1}-x_{j1}\\ x_{i2}-x_{j2}\\ \vdots\\ x_{ip}-x_{jp}\end{bmatrix}\right]^{\frac{1}{2}}$$

$$=\left[(x_i-x_j)'\boldsymbol{s}^{-1}(x_i-x_j)\right]^{\frac{1}{2}} \tag{3.6}$$

其中，$\boldsymbol{s}$ 是 p 维随机向量的协方差矩阵。如果协方差矩阵为单位矩阵，马氏距离就简化为欧氏距离;如果协方差矩阵为对角矩阵，马氏距离即为标准化的欧氏距离。马氏距离不受指标量纲及指标间相关性的影响。

4. 兰氏(Canberra)距离

兰氏距离是聚类分析中用于确定样本间距离的一种常见方法，由兰斯(Lance)和威廉姆斯(Williams)最早提出，故称为兰氏距离。

$$d_{ij}=\frac{1}{p}\sum_{l=1}^{p}\frac{|x_{il}-x_{jl}|}{x_{il}+x_{jl}} \tag{3.7}$$

兰氏距离是一个自身标准化的量，克服了明考斯基距离与各指标的量纲有关的缺点。兰氏距离对大的奇异值不敏感，特别适合于高度偏倚的数据，但兰氏距离也没有考虑变量之间的相关性。

3.2.3 相似系数

变量间相似性的测度通常用相似系数来表示。

1. 相关系数

相关系数是衡量两个变量相似性最常用的度量。相关系数取值为−1～1，其绝对数值越接近 1，表示两个变量越相似。相关系数的数值越接近 1，表示两个变量取值的波动一致;越接近−1，表示两个变量波动总是相反。

变量 x_j 和 x_k 的相关系数为

$$r_{jk}=\frac{\sum_{i=1}^{n}(x_{ij}-\bar{x}_j)(x_{ik}-\bar{x}_k)}{\left[\sum_{i=1}^{n}(x_{ij}-\bar{x}_j)^2\sum_{i=1}^{n}(x_{ik}-\bar{x}_k)^2\right]^{\frac{1}{2}}}=\frac{\sigma_{xy}}{\sqrt{s_{xx}s_{yy}}} \tag{3.8}$$

2. 夹角余弦

夹角余弦，也称为余弦相似度，是用向量空间中两个向量夹角的余弦值作为衡量两个变量间差异大小的度量。余弦值越接近 1，表明夹角越接近 0°，也就是两个变量越相似。

$$c_{jk}=\frac{\sum_{i=1}^{n}x_{ij}x_{ik}}{\left(\sum_{i=1}^{n}x_{ij}^2\sum_{i=1}^{n}x_{ik}^2\right)^{\frac{1}{2}}} \tag{3.9}$$

3.3 系统聚类法

将样品进行分类的方法有很多种，系统聚类法是其中最常见的一种，这种方法的基本思想是：先将 n 个样品各自看成一类，然后规定样品之间的“距离”和类与类之间的距离(开始时，由于每个样品自成一类，所以类与类之间的距离和样品之间的距离是“相等”的)。选择距离最小的两类合并成一个新类，计算新类和其他类(各当前类)的距离，再将距离最近的两类合并。这样，每次合并减少一类，直至所有的样品都归成一类为止。系统聚类法具体包括如下步骤：

微课视频 微课视频

(1) 计算 n 个样品两两间的距离 $\{d_{ij}\}$，记作 $D=(d_{ij})$。

(2) 构造 n 个类，每个类只包含一个样品。

(3) 合并距离最近的两类为一新类。

(4) 计算新类与各当前类的距离。

(5) 重复步骤(3)、(4)，合并距离最近的两类为新类，直到所有的类并为一类为止。

(6) 画聚类谱系图。

(7) 决定类的个数和类。

正如样品之间的距离可以有不同的定义方法一样，类与类之间的距离也有各种定义，就产生了不同的系统聚类方法。本节介绍常用的 6 种系统聚类方法，即最短距离法、最长距离法、中间距离法、重心法、类平均法、离差平方和法。系统聚类分析尽管方法很多，但归类的步骤基本是一样的，不同的仅仅是类与类之间的距离有不同的定义方法，从而得到不同的计算距离的公式。

3.3.1 最短距离法

定义类 p 与 q 之间的距离为两类最近样品的距离，即

$$d_{pq}=\min_{i\in p,\, j\in q}\{d_{ij}\}$$

设类 p 与 q 合并成一个新类，记为 k，则 k 与任一类 r 的距离是

$$d_{kr}=\min\{d_{pr},\ d_{qr}\}$$

例 3.1 抽取 5 个人，对每个人观察 2 个指标：x_1(您每月大约喝多少瓶啤酒)，x_2(您对“饮酒是人生的快乐”这句话的看法如何，态度赋值：1 表示非常不赞同，10 表示非常赞同)。观察数据如表 3-2 所示。请用最短距离法对 5 个人分类。

表 3-2 5 个样品的观察数据

样品	1	2	3	4	5
x_1	20	18	10	4	4
x_2	7	10	5	5	3

(1) 计算 5 个样品两两之间的距离 d_{ij}(采用欧氏距离)，记为距离矩阵 $\boldsymbol{D}=(d_{ij})_{n\times n}$。

	②	③	④	⑤
①	3.6	10.2	16.12	16.49
②		9.43	14.87	15.65
③			6	6.32
④				2

(2) 合并距离最小的两类为新类，按顺序定为第 6 类。$d_{45}=2$ 为最小，⑥$=\{4, 5\}$。

(3) 计算新类⑥与各当前类的距离。

$$d_{61}=\min\{d_{41}, d_{51}\}=\min\{16.12, 16.49\}=16.12$$

$$d_{62}=\min\{d_{42}, d_{52}\}=\min\{14.87, 15.65\}=14.87$$

$$d_{63}=\min\{d_{43}, d_{53}\}=\min\{6, 6.32\}=6$$

得距离矩阵如下：

	②	③	⑥
①	3.6	10.2	16.12
②		9.43	14.87
③			6

(4) 重复步骤(2)、(3)，合并距离最近的两类为新类，直到所有的类并为一类为止。即 $d_{12}=3.6$为最小，⑦$=\{1, 2\}$，则

$$d_{73}=\min\{d_{13}, d_{23}\}=\min\{10.2, 9.43\}=9.43$$

$$d_{76}=\min\{d_{16}, d_{26}\}=\min\{16.12, 14.87\}=14.87$$

	⑥	⑦
③	6	9.43
⑥		14.87

(5) $d_{36}=6$ 为最小，⑧$=\{3, 6\}$，则

$$d_{87}=\min\{d_{37}, d_{67}\}=\min\{9.43, 14.87\}=9.43$$

(6) 按聚类的过程画聚类谱系图，如图 3-1 所示。

(7) 决定类的个数与类。

观察图 3-1，我们可以把 5 个样品分为 3 类，即$\{1, 2\}$、$\{3\}$、$\{4, 5\}$。

在实际问题中，有时给出一个阈值 t 作为距离界限，对于整个并类过程只承认并类距离小于 t 的并类为有效并类。在例3.1中，若事先选定 $t=5$，则有效并类为 3 类。若选 $t=7$，则有效并类为 2 类。一般根据样品的具体数据并结合专业知识确定合适的阈值。

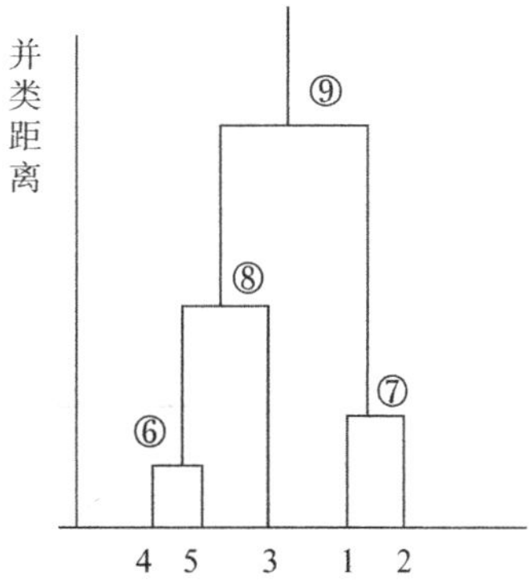

图 3-1 最短距离法聚类谱系图

注意 若阈值选得偏大，则确定的分类数偏少；若阈值选得偏小，则确定的分类数偏多。

3.3.2 最长距离法

定义类 p 与 q 之间的距离为两类最远样品的距离，即

$$d_{pq}=\max_{i\in p,\ j\in q}\{d_{ij}\}$$

设类 p 与 q 合并成一个新类，记为 k，则 k 与任一类 r 的距离是

$$d_{kr}=\max\{d_{pr},\ d_{qr}\}$$

例 3.2 对例3.1用最长距离法进行聚类。

(1) 计算 5 个样品两两之间的距离 d_{ij}(采用欧氏距离)，记为距离矩阵 $\boldsymbol{D}=(d_{ij})_{n\times n}$。

	②	③	④	⑤
①	3.6	10.2	16.12	16.49
②		9.43	14.87	15.65
③			6	6.32
④				2

(2) 合并距离最小的两类为新类，按顺序定为第 6 类。$d_{45}=2$ 为最小，⑥={4, 5}。

(3) 计算新类⑥与各当前类的距离。

$$d_{61}=\max\{d_{41},\ d_{51}\}=16.49$$

$$d_{62}=\max\{d_{42},\ d_{52}\}=15.65$$

$$d_{63}=\max\{d_{43},\ d_{53}\}=6.32$$

得距离矩阵如下：

	②	③	⑥
①	3.6	10.2	16.49
②		9.43	15.65
③			6.32

(4) 重复步骤(2)、(3)，合并距离最近的两类为新类，直到所有的类并为一类为止。即 $d_{12}=3.6$为最小，⑦={1, 2}，则

$$d_{73}=\max\{d_{13},\ d_{23}\}=10.2$$

$$d_{76}=\max\{d_{16},\ d_{26}\}=16.49$$

	⑥	⑦
③	6.32	10.2
⑥		16.49

(5) $d_{36}=6.32$为最小，⑧={3, 6}，则 $d_{87}=\max\{d_{37},\ d_{67}\}=16.49$。

(6) 按聚类的过程画聚类谱系，如图 3-2 所示。

(7) 决定类的个数与类。

观察图 3-2，我们可以把 5 个样品分为 3 类，即{1，2}、{3}、{4，5}。

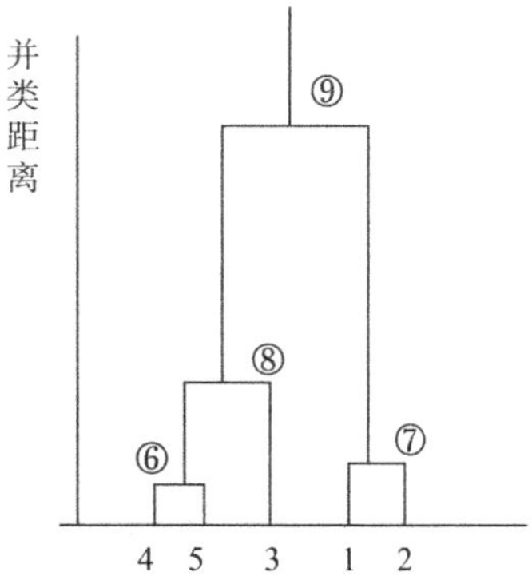

图 3-2　最长距离法聚类谱系图

3.3.3　中间距离法

定义类与类之间的距离既不采用两类之间最近的距离，也不采用两类之间最远的距离，而是采用介于两者之间的距离，故称为中间距离法。

设类 p 与 q 合并成一个新类，记为 k，则 k 与任一类 r 的距离是

$$d_{kr}^2=\frac{1}{2}d_{pr}^2+\frac{1}{2}d_{qr}^2-\frac{1}{4}d_{pq}^2$$

例 3.3　对例3.1用中间距离法进行聚类。

(1) 计算 5 个样品两两之间的距离 d_{ij}（采用欧氏距离）。因为递推公式中是用距离的平方表示的，为方便我们直接使用距离的平方进行计算，在各距离矩阵中都以距离的平方替代。

d_{ij}^2	②	③	④	⑤
①	13	104	260	272
②		89	221	245
③			36	40
④				4

(2) 合并距离最小的两类为新类，按顺序定为第 6 类，即 $d_{45}^2=4$ 为最小，⑥={4，5}。

(3) 计算新类⑥与各当前类的距离。

$$d_{61}^2=\frac{1}{2}d_{41}^2+\frac{1}{2}d_{51}^2-\frac{1}{4}d_{45}^2=\frac{1}{2}\times 260+\frac{1}{2}\times 272-\frac{1}{4}\times 4=265$$

$$d_{62}^2=\frac{1}{2}d_{42}^2+\frac{1}{2}d_{52}^2-\frac{1}{4}d_{45}^2=\frac{1}{2}\times 221+\frac{1}{2}\times 245-\frac{1}{4}\times 4=232$$

$$d_{63}^2=\frac{1}{2}d_{43}^2+\frac{1}{2}d_{53}^2-\frac{1}{4}d_{45}^2=\frac{1}{2}\times 36+\frac{1}{2}\times 40-\frac{1}{4}\times 4=37$$

得距离矩阵如下：

	②	③	⑥
①	13	104	265
②		89	232
③			37

(4) 重复步骤(2)、(3)，合并距离最近的两类为新类，直到所有的类并为一类为止。即 $d_{12}^2=13$ 为最小，⑦={1，2}，则

$$d_{73}^2=\frac{1}{2}d_{13}^2+\frac{1}{2}d_{23}^2-\frac{1}{4}d_{12}^2=\frac{1}{2}\times104+\frac{1}{2}\times89-\frac{1}{4}\times13=93.25$$

$$d_{76}^2=\frac{1}{2}d_{16}^2+\frac{1}{2}d_{26}^2-\frac{1}{4}d_{12}^2=\frac{1}{2}\times265+\frac{1}{2}\times232-\frac{1}{4}\times13=245.25$$

	⑥	⑦
③	37	93.25
⑥		245.25

(5) $d_{36}^2=37$ 为最小，⑧={3，6}，则

$$d_{87}^2=\frac{1}{2}d_{37}^2+\frac{1}{2}d_{67}^2-\frac{1}{4}d_{36}^2=\frac{1}{2}\times93.25+\frac{1}{2}\times245.25-\frac{1}{4}\times37=160$$

(6) 按聚类的过程画聚类谱系图，如图 3-3 所示。

(7) 决定类的个数与类。

观察图 3-3，我们可以把 5 个样品分为 3 类，即{1，2}、{3}、{4，5}。

不难看出，此聚类谱系图的形状和前面两种聚类图一致，只是并类距离不同。而且可以发现，中间距离法的并类距离大致处于最短距离法与最长距离法并类距离的中间。

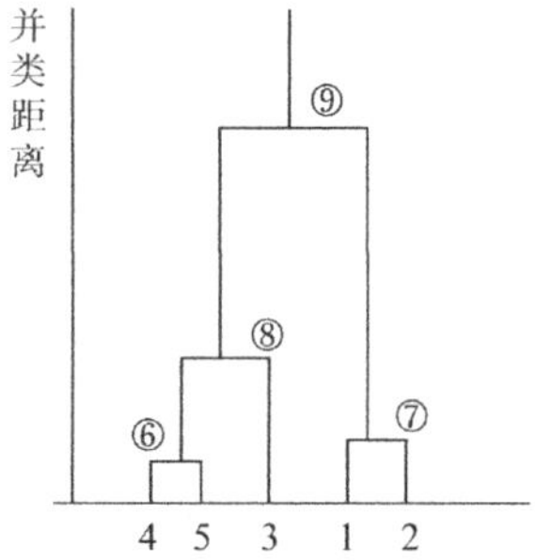

图 3-3 中间距离法聚类谱系图

3.3.4 重心法

从物理学的观点看，一个类用它的重心(该类样品的均值)来代表比较合理。因此，类与类之间的距离就考虑用重心之间的距离表示。设 p 与 q 的重心分别是$\overline{x}_p$ 和$\overline{x}_q$，则类 p 和 q 的距离是 $d_{pq}=d_{\overline{x}_p\overline{x}_q}$。

设聚类到某一步，类 p 与 q 分别有样品 n_p、n_q 个，将 p 和 q 合并为 k，则 k 类的样品个数为 $n_k=n_p+n_q$，它的重心是$\overline{x}_k=\frac{1}{n_k}(n_p\overline{x}_p+n_q\overline{x}_q)$。某一类 r 的重心是$\overline{x}_r$，它与新类 k 的距离是

$$\begin{aligned}d_{kr}^2&=d_{\overline{x}_k\overline{x}_r}^2=(\overline{x}_r-\overline{x}_k)'(\overline{x}_r-\overline{x}_k)\\&=(\overline{x}_r-\frac{n_p\overline{x}_p+n_q\overline{x}_q}{n_k})'(\overline{x}_r-\frac{n_p\overline{x}_p+n_q\overline{x}_q}{n_k})\\&=\overline{x}_r'\overline{x}_r-2\frac{n_p}{n_k}\overline{x}_r'\overline{x}_p-2\frac{n_q}{n_k}\overline{x}_r'\overline{x}_q+\frac{1}{n_k^2}(n_p^2\overline{x}_p'\overline{x}_p+2n_pn_q\overline{x}_p'\overline{x}_q+n_q^2\overline{x}_q'\overline{x}_q)\end{aligned}$$

利用$\overline{x}_r'\overline{x}_r=\frac{n_p}{n_k}\overline{x}_r'\overline{x}_r+\frac{n_q}{n_k}\overline{x}_r'\overline{x}_r$ 得

$$\begin{aligned}d_{kr}^2=&\frac{n_p}{n_k}(\overline{x}_r-\overline{x}_p')(\overline{x}_r-\overline{x}_p)+\frac{n_q}{n_k}(\overline{x}_r-\overline{x}_q)'(\overline{x}_r-\overline{x}_q)-\frac{n_p}{n_k}\overline{x}_p'\overline{x}_p-\frac{n_q}{n_k}\overline{x}_q'\overline{x}_q\\&+\frac{n_p^2}{n_k^2}\overline{x}_p'\overline{x}_p+\frac{2n_pn_q}{n_k^2}\overline{x}_p'\overline{x}_q+\frac{n_q^2}{n_k^2}\overline{x}_q'\overline{x}_q\\=&\frac{n_p}{n_k}d_{pr}^2+\frac{n_q}{n_k}d_{qr}^2-\frac{n_pn_q}{n_k^2}\overline{x}_p'\overline{x}_p-\frac{n_pn_q}{n_k^2}\overline{x}_q'\overline{x}_q+\frac{2n_pn_q}{n_k^2}\overline{x}_p'\overline{x}_q\end{aligned}$$

$$=\frac{n_p}{n_k}d_{pr}^2+\frac{n_q}{n_k}d_{qr}^2-\frac{n_p n_q}{n_k^2}(\overline{x}_p'\,\overline{x}_p-2\,\overline{x}_p'\,\overline{x}_q+\overline{x}_q'\,\overline{x}_q)$$

$$=\frac{n_p}{n_k}d_{pr}^2+\frac{n_q}{n_k}d_{qr}^2-\frac{n_p n_q}{n_k^2}(\overline{x}_p-\overline{x}_q)'(\overline{x}_p-\overline{x}_q)。$$

故 $d_{kr}^2=\frac{n_p}{n_k}d_{pr}^2+\frac{n_q}{n_k}d_{qr}^2-\frac{n_p n_q}{n_k^2}d_{pq}^2$。

例 3.4 对例3.1用重心法进行聚类。

本例第(1)、(2)步的操作同例3.3中第(1)、(2)的操作，此处不再赘述。

(3) 计算新类⑥与各当前类的距离。

$$d_{61}^2=\frac{1}{2}d_{41}^2+\frac{1}{2}d_{51}^2-\frac{1}{4}d_{45}^2=\frac{1}{2}\times260+\frac{1}{2}\times272-\frac{1}{4}\times4=265$$

$$d_{62}^2=\frac{1}{2}d_{42}^2+\frac{1}{2}d_{52}^2-\frac{1}{4}d_{45}^2=\frac{1}{2}\times221+\frac{1}{2}\times245-\frac{1}{4}\times4=232$$

$$d_{63}^2=\frac{1}{2}d_{43}^2+\frac{1}{2}d_{53}^2-\frac{1}{4}d_{45}^2=\frac{1}{2}\times36+\frac{1}{2}\times40-\frac{1}{4}\times4=37$$

得距离矩阵如下：

	②	③	⑥
①	13	104	265
②		89	232
③			37

(4) 重复步骤(2)、(3)，合并距离最近的两类为新类，直到所有的类并为一类为止。即 $d_{12}^2=13$ 为最小，⑦={1，2}，则

$$d_{73}^2=\frac{1}{2}d_{13}^2+\frac{1}{2}d_{23}^2-\frac{1}{4}d_{12}^2=\frac{1}{2}\times104+\frac{1}{2}\times89-\frac{1}{4}\times13=93.25$$

$$d_{76}^2=\frac{1}{2}d_{16}^2+\frac{1}{2}d_{26}^2-\frac{1}{4}d_{12}^2=\frac{1}{2}\times265+\frac{1}{2}\times232-\frac{1}{4}\times13=245.25$$

	⑥	⑦
③	37	93.25
⑥		245.25

(5) $d_{36}^2=37$ 为最小，⑧={3，6}，则

$$d_{87}^2=\frac{1}{3}d_{37}^2+\frac{2}{3}d_{67}^2-\frac{2}{9}d_{36}^2$$

$$=\frac{1}{3}\times93.25+\frac{2}{3}\times245.25-\frac{2}{9}\times37$$

$$=186.36$$

(6) 按聚类的过程画聚类谱系图，如图 3-4 所示。

(7) 决定类的个数与类。

观察图 3-4，我们可以把 5 个样品分为 3 类，即{1，2}、{3}、{4，5}。

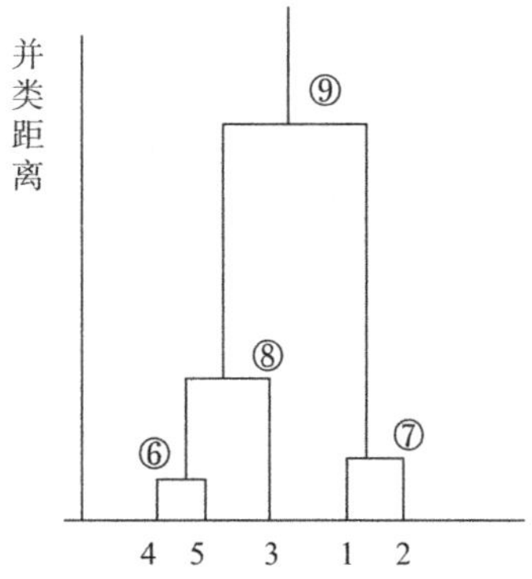

图 3-4　重心法聚类谱系图

3.3.5 类平均法

重心法虽有很好的代表性，但并未充分利用各样品的信息，因此还有一种类平均法。它定义两类之间的距离平方为这两类元素两两之间距离平方的平均，即

$$d_{pq}^2=\frac{1}{n_p n_q}\sum_{i\in p}\sum_{j\in q}d_{ij}^2$$

设聚类到某一步，类 p 与 q 分别有样品 n_p、n_q 个，将 p 和 q 合并为 k，则 k 类的样品个数为 $n_k=n_p+n_q$，k 类与任一类 r 的距离为

$$\begin{aligned}d_{kr}^2&=\frac{1}{n_k n_r}\sum_{i\in r}\sum_{j\in k}d_{ij}^2\\&=\frac{1}{n_k n_r}\left(\sum_{i\in r}\sum_{i\in p}d_{ij}^2+\sum_{i\in r}\sum_{i\in q}d_{ij}^2\right)\\&=\frac{1}{n_k n_r}(n_p n_r d_{pr}^2+n_q n_r d_{qr}^2)\\&=\frac{n_p}{n_k}d_{pr}^2+\frac{n_q}{n_k}d_{qr}^2\end{aligned}$$

例 3.5 对例3.1用类平均法进行聚类。

第(1)、(2)步同例3.3。

(3) 计算新类⑥与各当前类的距离。

$$d_{61}^2=\frac{1}{2}d_{41}^2+\frac{1}{2}d_{51}^2=\frac{1}{2}\times 260+\frac{1}{2}\times 272=266$$

$$d_{62}^2=\frac{1}{2}d_{42}^2+\frac{1}{2}d_{52}^2=\frac{1}{2}\times 221+\frac{1}{2}\times 245=233$$

$$d_{63}^2=\frac{1}{2}d_{43}^2+\frac{1}{2}d_{53}^2=\frac{1}{2}\times 36+\frac{1}{2}\times 40=38$$

得距离矩阵如下：

	②	③	⑥
①	13	104	266
②		89	233
③			38

(4) 重复步骤(2)、(3)，合并距离最近的两类为新类，直到所有的类并为一类为止。即 $d_{12}^2=13$ 为最小，⑦=\{1, 2\}，则

$$d_{73}^2=\frac{1}{2}d_{13}^2+\frac{1}{2}d_{23}^2=\frac{1}{2}\times 104+\frac{1}{2}\times 89=96.5$$

$$d_{76}^2=\frac{1}{2}d_{16}^2+\frac{1}{2}d_{26}^2=\frac{1}{2}\times 265+\frac{1}{2}\times 232=249.5$$

	⑥	⑦
③	38	96.5
⑥		249.5

(5) $d_{36}^2=38$ 为最小，⑧=\{3, 6\}，则

$$d_{87}^2=\frac{1}{3}d_{37}^2+\frac{2}{3}d_{67}^2=\frac{1}{3}\times 96.5+\frac{2}{3}\times 249.5=198.5$$

(6) 按聚类的过程画聚类谱系图，如图 3-5 所示。

(7) 决定类的个数与类。

根据聚类谱系图，我们可以把 5 个样品分为 3 类，即{1, 2}、{3}、{4, 5}。

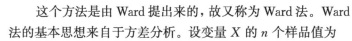

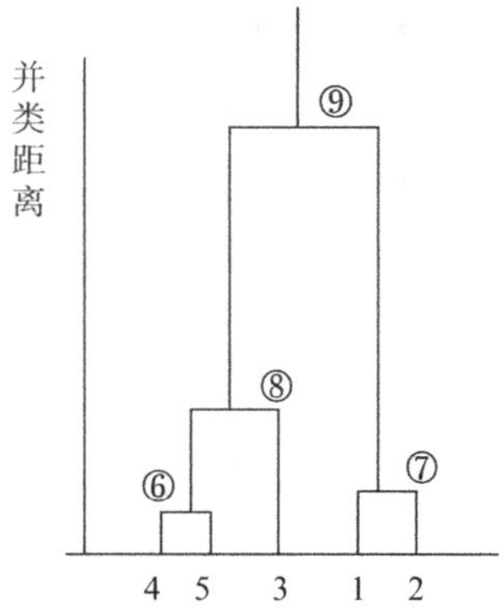

图 3-5　类平均法聚类谱系图

3.3.6　离差平方和法

这个方法是由 Ward 提出来的，故又称为 Ward 法。Ward 法的基本思想来自于方差分析。设变量 X 的 n 个样品值为

$$\begin{bmatrix} x_{11} & x_{12} & \cdots & x_{1p} \\ x_{21} & x_{22} & \cdots & x_{2p} \\ \vdots & \vdots & \vdots & \vdots \\ x_{n1} & x_{n2} & \cdots & x_{np} \end{bmatrix}$$

n 个样品的离差平方和为

$$\sum_{i=1}^{n}(x_{i1}-\bar{x}_1)^2+\sum_{i=1}^{n}(x_{i2}-\bar{x}_2)^2+\cdots+\sum_{i=1}^{n}(x_{ip}-\bar{x}_p)^2=\sum_{i=1}^{n}(X_i-\bar{X})'(X_i-\bar{X})$$

它恰好是样本方差的 n 倍，因此，离差平方和的大小能反映出样品之间的差异程度。直观上容易想到把两群样品聚为一大群，大群的离差平方和将超过原来两群的离差平方和之和。因此有如下数学公式，设类 p 和 q 分别含有 n_p、n_q 个样品，其重心分别为 $\bar{x}_p$、$\bar{x}_q$，其离差平方和分别记为 s_p、s_q，则

$$s_p=\sum_{i\in p}(x_i-\bar{x}_p)'(x_i-\bar{x}_p)$$

$$s_q=\sum_{i\in q}(x_i-\bar{x}_q)'(x_i-\bar{x}_q)$$

如果将 p 和 q 并类得到新类 k，则类 k 的离差平方和为

$$s_k=s_p+s_q+\frac{n_p n_q}{n_p+n_q}d_{\bar{x}_p\bar{x}_q}^2$$

把 s_k 比 s_p+s_q 增加的量记为 Δs_{pq}，则

$$\Delta s_{pq}=\frac{n_p n_q}{n_p+n_q}d_{\bar{x}_p\bar{x}_q}^2$$

定义类 p 和 q 之间的距离为

$$d_{pq}^2=\Delta s_{pq}=\frac{n_p n_q}{n_p+n_q}d_{\bar{x}_p\bar{x}_q}^2$$

则可以推得新类 k 与任一类 r 的距离为

$$d_{kr}^2=\frac{n_p+n_r}{n_k+n_r}d_{pr}^2+\frac{n_q+n_r}{n_k+n_r}d_{qr}^2-\frac{n_r}{n_k+n_r}d_{pq}^2$$

例3.6 对例3.1用离差平方和法聚类。

(1) 计算5个样品(类)两两之间的距离 d_{ij}，记为距离矩阵 $\boldsymbol{D}=(d_{ij})_{n\times n}$。两样品间距离的平方恰为它们之间欧氏距离平方的一半。

$$d_{12}^2=\frac{1}{2}\left[(20-18)^2+(7-10)^2\right]=\frac{1}{2}\times 13=6.5$$

$$d_{13}^2=\frac{1}{2}\left[(20-10)^2+(7-5)^2\right]=\frac{1}{2}\times 104=52$$

	②	③	④	⑤
①	6.5	52	130	136
②		44.5	110.5	122.5
③			18	20
④				2

(2) 合并距离最小的两类为新类，按顺序定为第6类，即 $d_{45}^2=2$ 为最小，⑥={4, 5}。

(3) 计算新类⑥与各当前类的距离，则

$$d_{61}^2=\frac{1+1}{2+1}d_{41}^2+\frac{1+1}{2+1}d_{51}^2-\frac{1}{2+1}d_{45}^2=\frac{2}{3}\times 130+\frac{2}{3}\times 136-\frac{1}{3}\times 2=176.67$$

$$d_{62}^2=\frac{2}{3}(d_{42}^2+d_{52}^2)-\frac{1}{3}d_{45}^2=154.67$$

$$d_{63}^2=\frac{2}{3}(d_{43}^2+d_{53}^2)-\frac{1}{3}d_{45}^2=24.67$$

得距离矩阵如下：

	②	③	⑥
①	6.5	52	176.67
②		44.5	154.67
③			24.67

(4) 重复步骤(2)、(3)，合并距离最近的两类为新类，直到所有的类并为一类为止，则 $d_{12}^2=6.5$ 为最小，⑦={1, 2}。计算新类⑦和各当前类③、⑥的距离。

$$d_{73}^2=\frac{1+1}{2+1}d_{13}^2+\frac{1+1}{2+1}d_{23}^2-\frac{1}{2+1}d_{12}^2=62.17$$

$$d_{76}^2=\frac{1+2}{2+2}d_{16}^2+\frac{1+2}{2+2}d_{26}^2-\frac{2}{2+2}d_{12}^2=\frac{3}{4}\times(176.67+154.67)-\frac{2}{4}\times 6.5=245.26$$

	⑥	⑦
③	24.67	62.17
⑥		245.26

(5) $d_{36}^2=2\,4.67$ 为最小，⑧={3, 6}，则

$$d_{87}^2=\frac{1+2}{3+2}d_{37}^2+\frac{2+2}{3+2}d_{67}^2-\frac{2}{3+2}d_{36}^2=\frac{3}{5}\times 62.17+\frac{4}{5}\times 245.26-\frac{2}{5}\times 24.7=223.62$$

(6) 按聚类的过程画聚类谱系图，如图 3-6 所示。

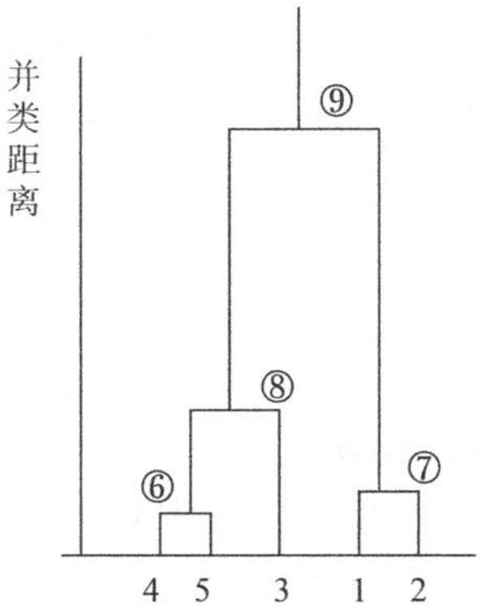

图 3-6　离差平方和法聚类谱系图

(7) 决定类的个数与类。

观察此图，我们可以把 5 个样品分为 3 类，即 {1，2}、{3}、{4，5}。

3.3.7　系统聚类法的统一

1. 系统聚类法的统一公式

聚类分析的方法多种多样，前面介绍了 6 种系统聚类法，这些方法聚类的步骤完全一样，所不同的是类与类之间的距离有不同的定义。为了统一，将 6 种方法的递推公式归纳为

$$d_{kr}^2=\alpha_p d_{pr}^2+\alpha_q d_{qr}^2+\beta d_{pq}^2+\gamma\left|d_{pr}^2-d_{qr}^2\right|$$

不同聚类方法的 α_p，α_q，β，γ 取值如表 3-3 所示。

表 3-3　系统聚类法参数表

方法	α_p	α_q	β	γ
最短距离法	1/2	1/2	0	−1/2
最长距离法	1/2	1/2	0	1/2
中间距离法	1/2	1/2	−1/4	0
重心法	n_p/n_k	n_q/n_k	$-\alpha_p\alpha_q$	0
类平均法	n_p/n_k	n_q/n_k	0	0
离差平方和法	$(n_p+n_r)/(n_k+n_r)$	$(n_q+n_r)/(n_k+n_r)$	$-n_r/(n_k+n_r)$	0

上述例3.1到例3.6中因为分类的样品数较少，用 6 种系统聚类法得到的分类结果相同，只是并类距离不同。然而在一般情况下，用不同的方法聚类的结果是不会完全一致的。究竟选择哪种方法好呢？关于各种方法的优良性质，一直是人们研究的课题。到目前为止，各种方法一般是在某种条件下达到最优，因此，很难说哪种方法更好一些。实际上，往往是将多种方法同时使用，比较结果以后，将结果中的共性取出来。如果用几种方法的某些结果都一样，则说明这样的聚类确实反映了事物的本质，而将有争议的样品再用其他的方法，如判别分析进行归类。

微课视频

2. 系统聚类法的基本性质

为了更好地在不同的聚类结果中做出选择，需要研究系统聚类法的性质。

(1) 单调性。

设 D_k 是系统聚类法中第 K 次并类时的距离，如果 $D_1<D_2<\cdots$，则称并类距离具有单调性。可以证明,除了中间距离法和重心法之外，其他的系统聚类法均满足单调性。

(2) 空间的浓缩或扩张。

两个同阶矩阵 $D(\boldsymbol{A})$和 $D(\boldsymbol{B})$，如果 $D(\boldsymbol{A})$的每一个元素不小于 $D(\boldsymbol{B})$的相应元素，则记为 $D(\boldsymbol{A})\geqslant D(\boldsymbol{B})$。

若有两种系统聚类法 $\boldsymbol{A}$ 和 $\boldsymbol{B}$，在第 K 步的距离矩阵记为 $D(\boldsymbol{A}_K)$和 $D(\boldsymbol{B}_K)$，若有 $D(\boldsymbol{A}_K)\geqslant D(\boldsymbol{B}_K)$对所有 K，则称 $\boldsymbol{A}$ 比 $\boldsymbol{B}$ 使空间扩张或 $\boldsymbol{B}$ 比 $\boldsymbol{A}$ 使空间浓缩。

一般来说，与类平均法相比，最短距离法、重心法使空间浓缩；最长距离法、离差平方和法使空间扩张。太浓缩的方法不够灵敏，太扩张的方法在样本大时容易失真，类平均法比较适中。相比其他方法，类平均法不太浓缩也不太扩张，故类平均法比较常用。但是在实际应用中，由于离差平方和法使空间扩张，得到的聚类谱系图能够清晰直观地显示出类间差异，因此离差平方和法也比较常用。

例 3.7 根据第三产业地区生产总值的 5 项指标，对华东地区 6 省 1 市进行分类，原始数据如表 3-4 所示。

表 3-4 华东地区第三产业地区生产总值

单位:亿元

地区	交通运输和邮政业	批发和零售业	住宿和餐饮业	金融业	房地产业
上海	1 344.5	4 393.4	412.3	5 330.5	1 873.1
江苏	3 097.7	8 070.2	1 406.8	6 783.9	5 016.5
浙江	1 938.2	6 217.3	1 218.5	3 533.1	3 222.5
安徽	875.4	1 910.5	500.6	1 663.6	1 390.5
福建	1 889.7	2 392.8	465.1	2 055.5	1 768.5
江西	866.3	1 415.1	465.6	1 107.1	890.6
山东	3 268.0	9 283.7	1 665.4	3 651.6	3 091.4

数据来源:《中国统计年鉴(2018)》

我们分别用最短距离法、最长距离法、中间距离法、重心法、类平均法、离差平方和法 6 种聚类方法对 7 个地区进行聚类。由于数据存在量纲影响，故利用标准化数据进行聚类。运用 SAS 软件得到的聚类谱系图如图 3-7～图 3-12 所示。

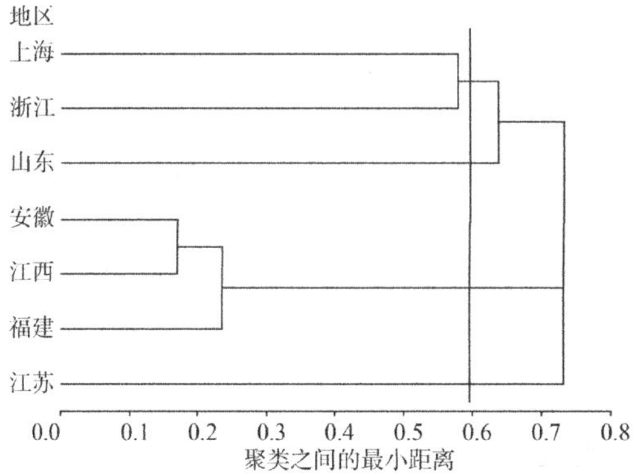

图 3-7 最小距离法聚类谱系图

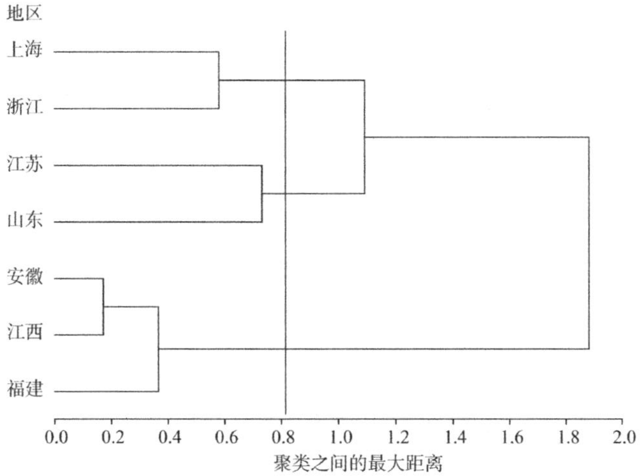

图 3-8　最长距离法聚类谱系图

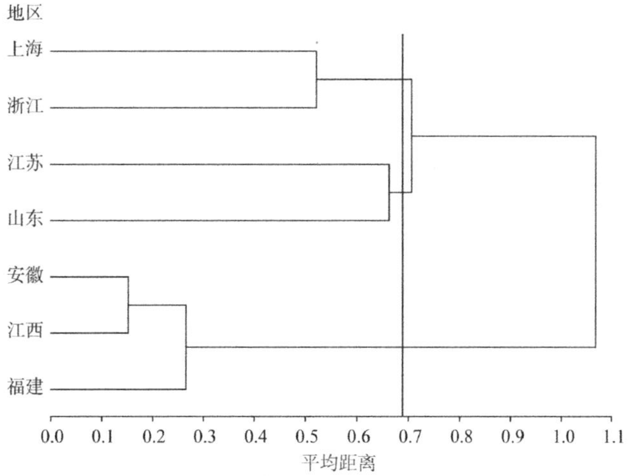

图 3-9　中间距离法聚类谱系图

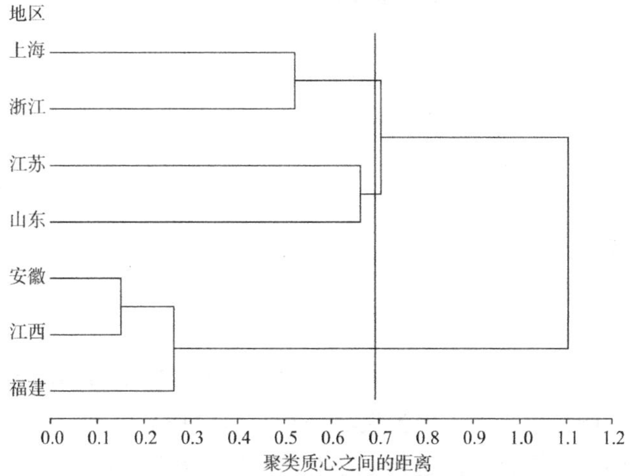

图 3-10　重心法聚类谱系图

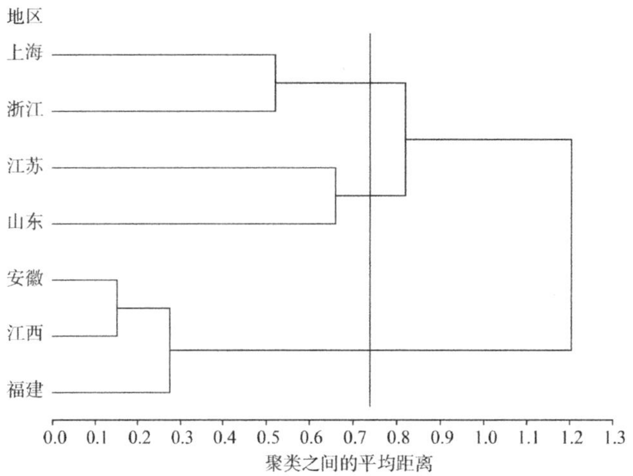

图 3-11 平均距离法聚类谱系图

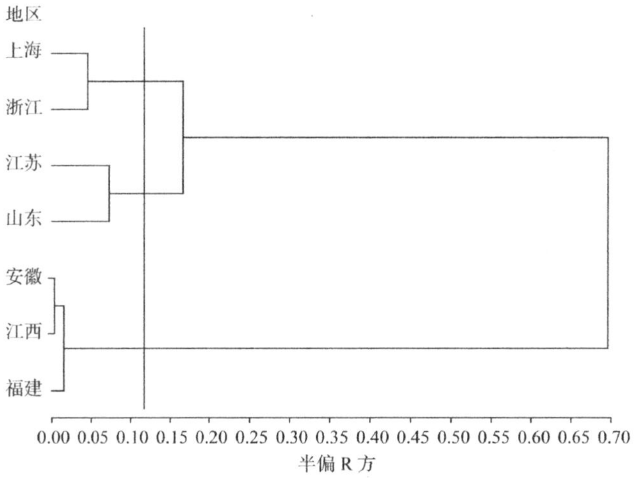

图 3-12 离差平方和法聚类谱系图

6 种方法得到的聚类结果较为一致，7 个地区可以分为三类。第一类：{上海、浙江}，第三产业高度发达地区；第二类：{江苏、山东}，第三产业中等发达地区；第三类：{安徽、江西、福建}，第三产业低度发达地区。

3.3.8 确定类的个数

1. 给定阈值

通过观测聚类谱系图，给出一个合适的阈值 T，要求类与类的距离大于 T，有些样品可能会无法归类或只能自成一类。因为聚类分析只是按样品间(类间)的实际距离并类，而并没有考虑事物之间的本质特征。这种方法有较强的主观性，这也是它的不足之处。

2. R^2 统计量

R^2 统计量定义为 $R^2=1-\frac{P_G}{T}$，其中，T 是数据的总离差平方和，P_G 是组内离差平方和。R^2 比较大，说明分 G 个类时类内的离差平方和比较小，也就是说分 G 类是合适的。但是，分类越多，每个类的类内的离差平方和就越小，R^2 也就越大；所以，我们只能取合适的 G，使得 R^2 足够大，而 G 本身很小，随着 G 的增加，R^2 的增幅不大。比如，假定分 4 类时，$R^2=0.8$；下一次合并分 3 类时，R^2 下降了许多，$R^2=0.32$，则认为分 4 类是合适的。

3. 伪 F 统计量

伪 F 统计量的计算公式定义为

$$F=\frac{(T-P_G)/(G-1)}{P_G/(n-G)}$$

伪 F 统计量用于评价聚为 G 类的效果。如果聚类的效果好，类间的离差平方和相对于类内的离差平方和大，所以应该取伪 F 统计量较大而类数较小的聚类水平。

4. 伪 t^2 统计量

伪 t^2 统计量的计算公式定义为

$$t^2=\frac{B_{KL}}{(W_K+W_L)/(n_K+n_L-2)}$$

其中，W_L 和 W_K 分别是 K 和 L 的类内离差平方和，W_M 是将 K 和 L 合并为第 M 类的离差平方和。$B_{KL}=W_M-W_L-W_K$ 为合并导致的类内离差平方和的增量，用它评价合并第 K 和 L 类的效果。

伪 t^2 统计量大，说明不应该合并这两类，而应取合并前的水平。

3.4　动态聚类法

微课视频

3.4.1　动态聚类法的基本思想

用系统聚类法聚类，样品一旦划到某个类以后就不变了，这就要求分类的方法尽可能准确。系统聚类法是一种比较成功的聚类方法，它可以通过聚类谱系图直接指出由粗到细的多种分类情况。但其计算量大，尤其是在研究的样品较多时，计算距离矩阵、绘制谱系图是十分繁重的工作，而动态聚类法显得更为方便、实用，适用于大型数据表。

动态聚类法又称逐步调整法或逐步聚类法。它的基本思想是：选取若干个样品作为凝聚点，计算每个样品和凝聚点的距离，进行初始分类，然后根据初始分类计算其重心，再进行第二次分类，直到所有样品不再调整为止。其优点是：计算量小，方法简便，可以根据经验，先作主观分类。缺点是：结果受选择凝聚点好坏的影响，分类结果不稳定。

3.4.2　动态聚类法的基本步骤

动态聚类法的基本步骤包括如下三步。

(1) 选择凝聚点。

(2) 初始分类。

对于取定的凝聚点，视每个凝聚点为一类，将每个样品根据定义的距离向最近的凝聚点归类。

(3) 修改分类。

得到初始分类，计算各类的重心，并以这些重心作为新的凝聚点，重新进行分类，重复步骤(2)、(3)，直到分类的结果与上一步的分类结果相同，表明分类已经合理为止。

例 3.8 某商店5位售货员的销售量和受教育程度如表3-5所示。请对这5位售货员分类。

表 3-5 售货员的销售量和受教育程度

售货员	1	2	3	4	5
销售量/千件	1	1	6	8	8
受教育程度	1	2	3	2	0

(1) 选择凝聚点。

计算各样品点两两之间的距离，得到如下的距离矩阵。

	②	③	④	⑤
①	1	$\sqrt{29}$	$\sqrt{50}$	$\sqrt{50}$
②		$\sqrt{26}$	$\sqrt{49}$	$\sqrt{53}$
③			$\sqrt{5}$	$\sqrt{13}$
④				$\sqrt{4}$

$d_{25}=\sqrt{53}$为最大。可选择2和5作为凝聚点。

(2) 初始分类。

对于取定的凝聚点，视每个凝聚点为一类，将每个样品根据定义的距离，向最近的凝聚点归类。

	②G_1	⑤G_2
①	1	$\sqrt{50}$
③	$\sqrt{26}$	$\sqrt{13}$
④	$\sqrt{49}$	$\sqrt{4}$

得到初始分类如下：

$$G_1:\{1,2\};$$

$$G_2:\{3,4,5\}。$$

(3) 修改分类。

计算G_1和G_2的重心： G_1的重心(1，1.5)；

G_2的重心(7.33，1.67)。

以这两个重心点作为凝聚点，再按最小距离原则重新聚类。

	G_1	G_2
①	$\sqrt{0.25}$	$\sqrt{40.52}$
②	$\sqrt{0.25}$	$\sqrt{40.18}$
③	$\sqrt{27.25}$	$\sqrt{3.54}$
④	$\sqrt{49.15}$	$\sqrt{0.56}$
⑤	$\sqrt{51.25}$	$\sqrt{3.24}$

得到分类结果如下：

$$G_1：\{1，2\}$$

$$G_2：\{3，4，5\}$$

修改前后所分的类相同，故可停止修改。5 个售货员可分为两类：{1，2}和{3，4，5}。

3.4.3　凝聚点的选择

动态聚类法的关键是凝聚点的选择。所谓凝聚点，就是一批有代表性的点(样品)，以它作为初始分类时类的核心。凝聚点选择的好坏直接影响分类的结果。若我们只选择两个凝聚点，最终只能分为两类。若选择三个凝聚点，则可分为三类。所以，必须在对样品比较了解的基础上，选择合适的凝聚点，使分类过程简明，分类结果合理。凝聚点的选择通常有以下四种方法。

1. 主观判别法

当人们对所欲分类的问题有一定了解时，根据经验，预先确定分类个数和初始分类，并从每一类中选择一个有代表性的样品作为凝聚点。

2. 重心法

先将样品大致分为若干类，计算每一类的重心，将重心作为凝聚点。

3. 均差法

将样本平均值$(\overline{x}_1，\overline{x}_2，\cdots，\overline{x}_p)$作为第一个凝聚点，然后选定一个正数 d，计算各样品与第一个凝聚点的距离。若距离小于 d，把这个样品归为第一凝聚点的类。如果距离大于 d，就另作一类，此样品作为一个新的凝聚点。后进的样品对所有凝聚点依此计算距离，如果和第 i 个凝聚点的距离为最小($<d$)，归入此类；和所有凝聚点的距离大于 d，就作为另一个新类的凝聚点。这样依此分下去，直至凝聚点个数等于预先给定的类数，或所有样品计算完为止。一般取 $d=cs$，其中 c 为一常数，通常取0.1～1.0，而 $s=\sqrt{\sum_{k=1}^{p}s_k^2}$，$s_k^2$ 为 x_k 对 n 个样品的方差。

4. 密度法

先人为地决定一距离 d，以每个样品为球心，以 d 为半径做小圆球，落在球内的样品个数称为此样品的密度(距离小于 d 的样品数)。选密度最大的样品为第一凝聚点，再看密度次大的样品。若它与第一凝聚点的距离小于 $2d$，取消该点；若它与第一凝聚点的距离大

于或等于 $2d$，则此样品作为第二凝聚点。这样按照样品的密度由大到小一直选下去，每次与已选的任一凝聚点的距离大于或等于 $2d$ 的样品作为新的凝聚点。

例 3.9 从 21 个工厂中各抽一件同类产品，如表 3-6 所示，每个产品测两个质量指标 x_1 和 x_2，要求各厂的产品按质量情况进行分类。

表 3-6 工厂抽测质量指标

工厂号	①	②	③	④	⑤	⑥	⑦	⑧	⑨	⑩	⑪	⑫	⑬	⑭	⑮	⑯	⑰	⑱	⑲	⑳	㉑
x_1	0	0	2	2	4	4	5	6	6	7	−4	−2	−3	−3	−5	1	0	0	−1	−1	−3
x_2	6	5	5	3	4	3	1	2	1	0	3	2	2	0	2	1	−1	−2	−1	−3	−5

用密度法选取凝聚点，过程如下。

(1) 计算每个样品的密度。我们取 $d=2$，求得每个样品的密度如表 3-7。

表 3-7 样品密度

工厂号	①	②	③	④	⑤	⑥	⑦	⑧	⑨	⑩	⑪	⑫	⑬	⑭	⑮	⑯	⑰	⑱	⑲	⑳	㉑
密度	1	2	2	2	1	2	2	2	3	1	2	1	4	1	2	0	2	3	3	1	0

(2) 选密度最大的样品为第一凝聚点。由表 3-7 可知密度最大的是第 13 个样品⑬，所以把样品⑬作为第一凝聚点。

(3) 密度次大的有三个样品点⑨、⑱、⑲，分别计算⑨、⑱、⑲与第一凝聚点⑬的距离。

$$d_{9,13}=9.06=\sqrt{82}>4$$

$$d_{18,13}=5>4$$

$$d_{19,13}=\sqrt{13}=3.61$$

按样品的顺序选⑨作为第二凝聚点。

(4) 计算⑱和第二凝聚点⑨的距离。

$d_{18,9}=\sqrt{45}=6.71>2d$，选⑱作为第三凝聚点。

(5) 密度为 2 的样品点很多，按样品自然顺序来考察，最后还选中②和㉑作为凝聚点，共选 5 个凝聚点。

应用聚类分析时应注意以下问题。

(1) 能用简单分类法进行分类的问题，就不要用聚类分析来分类。不要以为聚类分析一定比简单分类方法更为精确，事实上，若指标及聚类统计量选择得不好，其偏差比简单方法更大。

(2) 应恰当选择用以分类的指标，它是得出分类结果的关键，指标应尽量反映所有的重要结构，但不宜选择过多的指标。

(3) 作为多种尝试，选择认为最佳的分类结果，必要时以判别分析对最后的分类结果进行检验。

(4) 分好类后，每类给予一个名称，以表示该类的特征。

3.5　SAS 实现与应用案例

3.5.1　系统聚类法案例

微课视频　微课视频

1. 案例背景

经济社会综合发展涉及经济增长在内的社会结构、人民生活、科技教育、医疗卫生等多个方面的内容，对一个地区的经济社会综合发展水平进行分析有利于促进该地区经济社会各方面的协调发展。为了全面分析浙江省 11 个地级市的经济社会综合发展水平，现利用2017年相关统计数据，从经济发展、收入消费、产业结构、科教文卫等方面选取 10 个指标(如表 3-8)对全省 11 个地级市进行聚类分析，以划分各地级市综合发展水平的层次。

表 3-8　浙江省各地区综合发展指标体系

一级指标	二级指标	变量名	单位
经济发展	人均地区生产总值	X_1	元
	人均固定资产投资额	X_2	元
收入消费	人均可支配收入	X_3	元
	人均消费品零售额	X_4	元
产业结构	第三产业就业人数占全社会就业人数比重	X_5	%
	第三产业增加值占 GDP 的比重	X_6	%
科教文卫	医疗机构数	X_7	个
	每万人发明专利申请量	X_8	件
	人均公共图书馆馆藏量	X_9	册
	教育经费占公共预算支出比重	X_{10}	%

2. 指标数据

浙江省 11 个地级市 10 个指标的相关数据如表 3-9 所示。

表 3-9　指标数据

地区	人均地区生产总值	人均固定资产投资额	人均可支配收入	人均消费品零售额	第三产业就业人数占全社会就业人数比重	第三产业增加值占 GDP 的比重	医疗机构数	每万人发明专利申请量	人均公共图书馆馆藏量	教育经费占公共预算支出比重
杭州	135 113	6.19	49 832	34 146	0.52	0.63	302	10.43	2.41	0.18
宁波	123 955	6.26	48 233	29 316	0.45	0.45	154	6.72	1.02	0.15
温州	58 854	4.53	43 185	28 627	0.41	0.58	142	2.99	1.22	0.24
嘉兴	94 510	6.46	43 507	25 619	0.37	0.44	75	3.97	1.78	0.21
湖州	82 952	5.78	40 702	24 421	0.38	0.47	58	7.31	0.97	0.20
绍兴	101 588	6.22	45 306	26 459	0.36	0.47	76	4.23	0.85	0.21
金华	69 445	3.95	40 629	26 661	0.34	0.54	131	2.31	0.74	0.20
衢州	61 250	4.80	29 378	16 794	0.33	0.49	75	2.26	1.21	0.15
舟山	104 882	12.42	45 195	28 259	0.47	0.55	30	4.29	1.71	0.13
台州	71 950	4.12	40 439	27 129	0.38	0.50	111	3.01	1.35	0.22
丽水	57 500	4.13	29 329	21 568	0.39	0.51	54	1.52	0.93	0.18

3. SAS 程序

```
proc cluster data=development method=single outtree=tree standard;
id region;
var x1-x10;
run;
proc tree data=tree horizontal graphics;
id region;
run;
proc cluster data=development method=average outtree=tree standard;
id region;
var x1-x10;
run;
proc tree data=tree horizontal graphics;
id region;
run;
proc cluster data=development method=centroid outtree=tree standard;
id region;
var x1-x10;
run;
proc tree data=tree horizontal graphics;
id region;
run;
proc cluster data=development method=ward outtree=tree standard;
id region;
var x1-x10;
run;
proc tree data=tree horizontal graphics;
id region;
run;
```

4. SAS 程序说明

“proc cluster”是一个系统聚类过程，“data=”指定所要分析的数据集。“method=”指定系统聚类方法，包括 single 最短距离法、complete 最长距离法、median 中间距离法、centroid 重心法、average 类平均法和 ward 离差平方和法。“outtree=” 将聚类的过程输出到一个数据集，根据这个数据绘制聚类谱系图。“standard”选项将原始数据标准化为均值为 0、标准差为 1 的数据。“id region”指定以 region 作为各个样品的标签。“var x1-x10”指定变量为 x1-x10，缺省时默认为全部定量变量。“run”指示程序运行。

“proc tree”是一个画聚类谱系图的过程，“data=”指定用来画聚类谱系图的数据集，缺省时默认为 cluster 过程所产生的数据集。“horizontal”选项指定输出水平的树状图，“graphics”选项指示使用高分辨率图形。“id region”指定聚类谱系图中以 region 的变量值作为标签，“run”指示程序运行。

5. SAS 输出说明

系统聚类法所包含的几种方法，输出内容都较为类似，仅在输出聚类历史相关内容时个别统计量有所差异。因篇幅所限，此处仅给出 ward 法的输出结果和最短距离法的聚类历史过程，其余聚类方法的输出结果均可参考这两种方法。

【输出 3-1】

相关矩阵的特征值

	特征值	差分	比例	累积
1	5.33897208	3.44631986	0.5339	0.5339
2	1.89265222	0.71170234	0.1893	0.7232
3	1.18094987	0.47584415	0.1181	0.8413
4	0.70510573	0.24144187	0.0705	0.9118
5	0.46366386	0.25648271	0.0464	0.9581
6	0.20718115	0.05173981	0.0207	0.9789
7	0.15544134	0.11826882	0.0155	0.9944
8	0.03717252	0.01832556	0.0037	0.9981
9	0.01884696	0.01883268	0.0019	1.0000
10	0.00001428		0.0000	1.0000

输出 3-1 给出了离差平方和法的聚类分析统计量，该图包含特征值，解释变异的比重和累计比重。

【输出 3-2】

聚类历史

聚类数	连接聚类		频数	半偏 R 方	R 方	结值
10	湖州市	绍兴市	2	0.0151	.985	
9	金华市	台州市	2	0.0156	.969	
8	衢州市	丽水市	2	0.0183	.951	
7	温州市	CL9	3	0.0220	.929	
6	嘉兴市	CL10	3	0.0262	.903	
5	宁波市	CL6	4	0.0672	.836	
4	CL5	CL7	7	0.1101	.726	
3	CL4	CL8	9	0.1733	.552	
2	杭州市	舟山市	2	0.1801	.372	
1	CL2	CL3	11	0.3721	.000	

输出 3-2 为离差平方和法的聚类过程，“聚类数”是新类形成后类的个数，“连接聚类”是一个聚类过程中相连接的两类，“频数”是新类中包含的样品个数。例如：CL9 由金华市和台州市连接而成，在下一个聚类过程中与温州市连接成为 CL7，此时该类中有三个样品。“半偏 *R* 方”与“*R* 方”这两个统计量是用来帮助确定分类个数的。*R* 方越大，表示类之间区分得越开，聚类效果越好。然而，不能简单地以 *R* 方的大小确定分类个数，还应考察其值的变化，也就是半偏 *R* 方。半偏 *R* 方较大，说明本次并类的效果不好，应当考虑聚类到上一步停止。在本例中，半偏 *R* 方最大为聚为一类时，也就是说，聚为两类是比较合理的。然而，聚类的类数还应结合树状图、经济含义等综合得出。

【输出 3-3】

聚类历史

聚类数	连接聚类		频数	Norm Minimum Distance	结值
10	湖州市	绍兴市	2	0.4186	
9	金华市	台州市	2	0.4262	
8	温州市	CL9	3	0.4348	
7	衢州市	丽水市	2	0.4604	
6	嘉兴市	CL10	3	0.4872	
5	CL8	CL6	6	0.4971	
4	CL5	CL7	8	0.639	
3	宁波市	CL4	9	0.7371	
2	CL3	舟山市	10	0.9944	
1	杭州市	CL2	11	1.255	

输出 3-3 为最短距离法的聚类过程，“Norm Minimum Distance(正规化最短距离)”等于合并的两类之间的距离除以样品间的平均距离。

【输出 3-4】

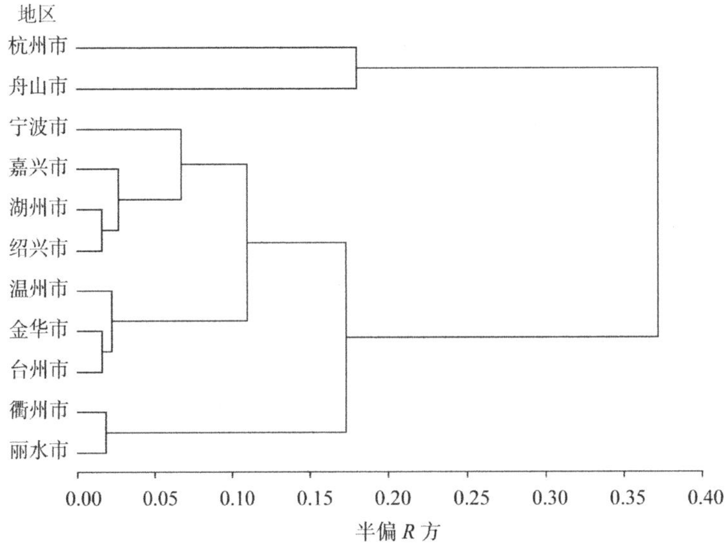

输出 3-4 为树形图，可人为给定一个阈值，以确定聚类类数。例如：给定阈值为0.15时，11 个地区应当聚为 4 类。

6. 分析结果

为得到更具合理性的聚类结果，分别使用最短距离法、类平均法、重心法和离差平方和法将各地区的经济社会综合发展水平聚为 3～5 类，并结合各地区经济社会发展的实际水平确定具体聚类结果。

如图 3-13 所示，最短距离法输出结果表明，11 个地级市若分为三类：第一类仅包括杭州，第二类包括宁波、嘉兴、湖州、绍兴、温州、金华、台州、衢州和丽水，第三类仅包括舟山。若分为四类：第一类仅包括杭州，第二类仅包括宁波，第三类包括嘉兴、湖州、绍兴、温州、金华、台州、衢州和丽水，第四类仅包括舟山。若分为五类：第一类仅包括杭州，第二类仅包括宁波，第三类包括嘉兴、湖州、绍兴、温州、金华和台州，第四类包括衢州和丽水，第五类仅包括舟山。

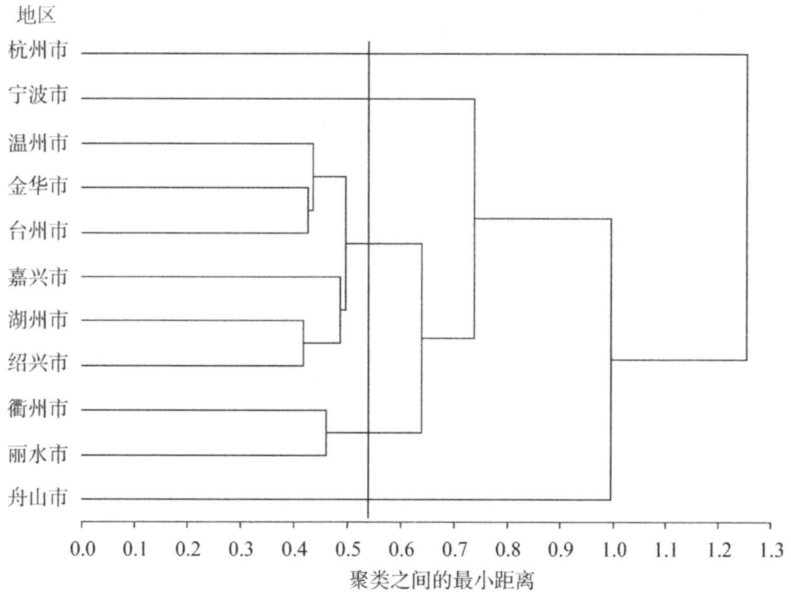

图 3-13　最短距离法树形图

如图 3-14 所示，类平均法输出结果表明，11 个地级市若分为三类：第一类仅包括杭州，第二类包括宁波和舟山，第三类包括嘉兴、湖州、绍兴、温州、金华、台州、衢州和丽水。若分为四类：第一类仅包括杭州，第二类仅包括宁波，第三类仅包括舟山，第四类包括嘉兴、湖州、绍兴、温州、金华、台州、衢州和丽水。若分为五类：第一类仅包括杭州，第二类仅包括宁波，第三类仅包括舟山，第四类包括嘉兴、湖州、绍兴、温州、金华和台州，第五类包括衢州和丽水。

如图 3-15 所示，重心法输出结果表明，11 个地级市若分为三类：第一类仅包括杭州，第二类包括宁波、嘉兴、湖州、绍兴、温州、金华、台州、衢州和丽水，第三类仅包括舟山。若分为四类：第一类仅包括杭州，第二类仅包括宁波，第三类包括嘉兴、湖州、绍兴、温州、金华、台州、衢州和丽水，第四类仅包括舟山。若分为五类：第一类仅包括杭州，第二类仅包括宁波，第三类包括嘉兴、湖州、绍兴、金华、温州和台州，第四包括衢州和丽水，第五类仅包括舟山。

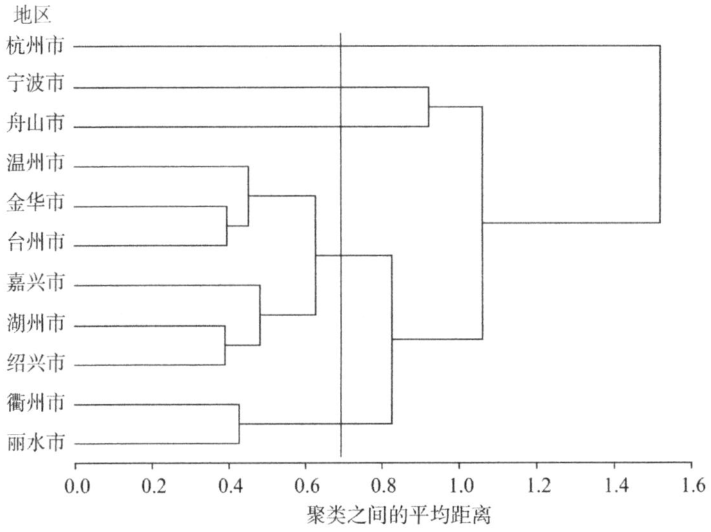

图 3-14 类平均法树形图

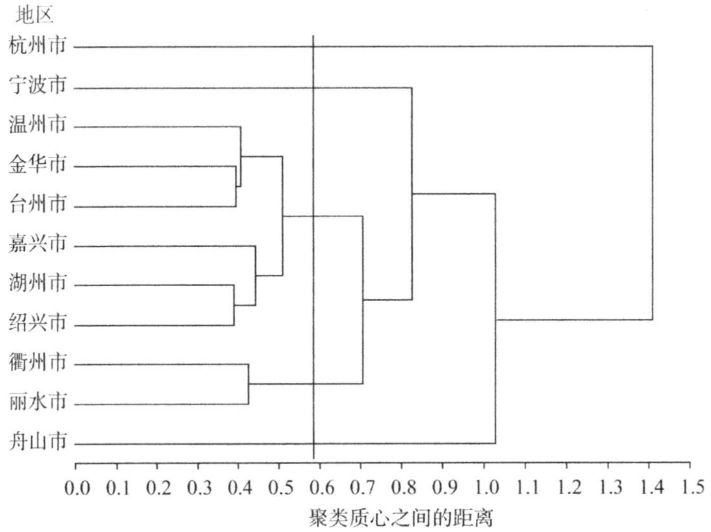

图 3-15 重心法树形图

如图 3-16 所示，Ward 离差平方和法输出结果表明，11 个地级市若分为三类：第一类仅包括杭州，第二类仅包括舟山，第三类包括宁波、嘉兴、湖州、绍兴、温州、金华、台州、衢州和丽水。若分为四类：第一类仅包括杭州，第二类仅包括舟山，第三类包括宁波、嘉兴、湖州、绍兴、温州、金华、台州，第四类包括衢州和丽水。若分为五类：第一类仅包括杭州，第二类仅包括舟山，第三类包括宁波、湖州、绍兴、嘉兴，第四类包括温州、金华和台州，第五类包括衢州和丽水。综合以上分析结果和各地级市的经济社会综合发展现状，将 11 个地级市分为五类更为合理，分别为：高度发展地区、中高度发展地区、中度发展地区、中低度发展地区和低度发展地区。

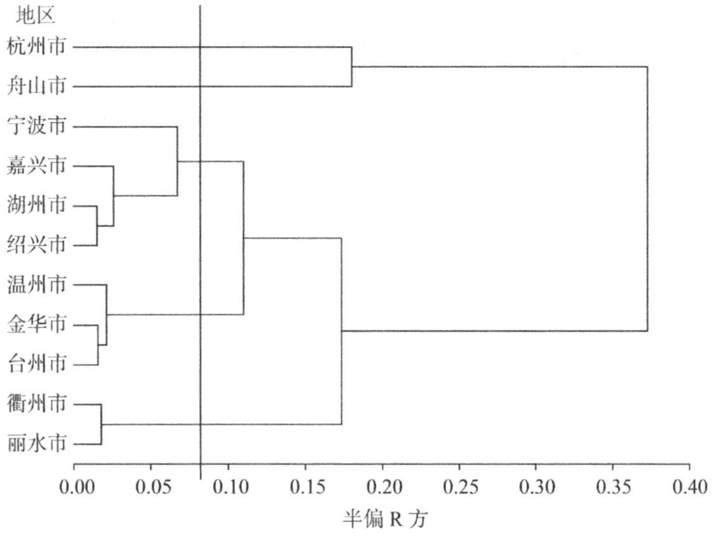

图 3-16 Ward 离差平方和法树形图

高度发展地区仅包括杭州。杭州是浙江省省会，其经济发展、收入消费、产业结构和科教水平均全面发展，无明显短板，社会经济发展水平显著高于其他地区。

中高度发展地区包括宁波、绍兴、嘉兴和湖州。这四个地区在经济发展和收入消费方面较为发达，科教文卫方面也有一定发展，但在产业结构上仍需进一步优化。

中度发展地区仅包含舟山。舟山旅游业发达，第三产业发展迅速，产业结构合理，居民的消费收入水平较高，但科教文卫事业还需进一步加强。

中低度发展地区包括温州、金华和台州。这三个地区产业结构较为合理，居民的收入消费水平较高，但经济发展水平与人口规模不匹配，科教文卫方面也存在短板。

低度发展地区包括衢州和丽水。这两个地区位于浙江省西南部，相对其他地区更靠近内陆，在经济发展、收入消费、产业结构和科教文卫四方面均与其他地区存在较大差距，经济社会综合发展水平较低。

3.5.2 动态聚类法案例

1. 案例背景

提高居民生活质量，是人类历史发展的客观要求，也是人类消费发展的必然规律。生活质量既反映人们的物质生活状况，又反映社会和心理特征，是一个内容广泛的概念，具体包括：经济条件、物质生活、生活环境、精神生活和居民素质等。为客观反映我国各地区居民生活质量状况，从生活环境、公共设施、经济条件、精神生活、物质生活和医疗条件等方面，选取 11 个指标搜集2017年相关数据，利用动态聚类法对我国 30 个地区进行聚类分析，由于西藏和港澳台地区部分指标数据缺失，不予分析，具体如表 3-10 所示。

微课视频　　微课视频

表 3-10 全国各地区居民生活质量测度指标体系

指标名称	变量名	单位
人均地区生产总值	X_1	元
人均可支配收入	X_2	元
人均拥有公共图书馆藏量	X_3	册
人均教育文化娱乐消费支出	X_4	元
人均交通通讯消费支出	X_5	元
每百户计算机拥有量	X_6	台
每百户家用汽车拥有量	X_7	辆
每百户照相机拥有量	X_8	台
每万人公共车辆数	X_9	辆
每千人口医疗卫生机构床位数	X_{10}	个
生活垃圾无害化处理率	X_{11}	%

2. 指标数据

具体的指标数据如表 3-11 和 3-12 所示，建立 SAS 数据集 lifeq。

表 3-11 指标数据(1)

地区	人均地区生产总值	人均可支配收入	人均拥有公共图书馆藏量	人均教育文化娱乐消费支出	人均交通通讯消费支出	每百户计算机拥有量
北京	129 041.64	57 229.8	1.27	3 916.72	5 033.98	101.08
天津	119 134.17	37 022.3	1.07	2 691.52	3 744.54	74.21
河北	45 234.47	21 484.1	0.34	1 578.29	2 290.30	59.48
山西	41 946.03	20 420.0	0.47	1 879.25	1 884.04	55.57
内蒙古	63 646.54	26 212.2	0.71	2 227.80	2 914.92	47.35
辽宁	53 580.32	27 835.4	0.91	2 534.52	3 088.44	60.66
吉林	55 003.79	21 368.3	0.73	1 928.51	2 217.96	52.72
黑龙江	41 970.65	21 205.8	0.57	1 897.99	2 185.53	47.35
上海	126 687.30	58 988.0	3.21	4 685.92	4 057.65	131.07
江苏	106 949.51	35 024.1	1.07	2 747.59	3 496.40	78.75
浙江	91 511.86	42 045.7	1.38	2 844.91	4 306.54	80.75
安徽	43 194.24	21 863.3	0.41	1 700.51	2 102.26	46.23
福建	82 286.09	30 047.7	0.85	1 966.44	2 642.78	67.50
江西	43 284.96	22 031.4	0.53	1 606.79	1 600.74	50.81
山东	72 590.60	26 929.9	0.55	1 948.44	2 568.33	63.29
河南	46 608.25	20 170.0	0.30	1 559.79	1 698.59	50.62
湖北	60 111.98	23 757.2	0.61	1 930.45	1 795.66	53.51
湖南	49 421.22	23 102.7	0.44	2 805.07	2 042.64	50.66
广东	80 316.26	33 003.3	0.78	2 620.37	3 380.02	75.83
广西	37 918.65	19 904.8	0.57	1 585.84	1 878.51	53.16
海南	48 191.58	22 553.2	0.53	1 756.80	1 995.02	48.33
重庆	63 169.85	24 153.0	0.54	1 993.04	2 310.34	51.68
四川	44 543.75	20 579.8	0.46	1 468.17	2 200.03	40.49

（续表）

地区	人均地区生产总值	人均可支配收入	人均拥有公共图书馆藏量	人均教育文化娱乐消费支出	人均交通通讯消费支出	每百户计算机拥有量
贵州	37 823.55	16 703.6	0.39	1 783.35	1 781.59	36.29
云南	34 110.27	18 348.3	0.44	1 573.67	2 033.41	33.77
陕西	57 102.50	20 635.2	0.45	1 857.64	1 760.69	49.81
甘肃	28 407.84	16 011.0	0.57	1 537.13	1 796.54	41.22
青海	43 893.48	19 001.0	0.77	1 686.63	2 409.58	38.80
宁夏	50 492.08	20 561.7	1.06	1 955.59	2 616.83	52.12
新疆	44 506.99	19 975.1	0.61	1 599.29	2 382.62	42.66

表3-12 指标数据(2)

地区	每百户家用汽车拥有量	每百户照相机拥有量	每万人公共车辆数	每千人口医疗卫生机构床位数	生活垃圾无害化处理率
北京	47.96	54.43	26.55	5.56	48.4
天津	43.96	29.65	19.64	4.39	36.8
河北	37.28	19.16	15.34	5.25	41.8
山西	25.08	12.18	9.74	5.33	40.6
内蒙古	36.15	15.55	10.65	5.94	40.2
辽宁	25.44	21.77	13.23	6.83	40.7
吉林	23.20	14.17	11.15	5.66	35.8
黑龙江	15.67	12.67	14.09	6.38	35.5
上海	41.79	47.70	17.94	5.57	43.2
江苏	40.16	28.58	17.42	5.84	43.0
浙江	47.94	23.68	16.93	5.54	40.4
安徽	21.45	11.93	13.61	4.89	42.2
福建	29.04	15.73	15.85	4.66	43.7
江西	24.68	11.33	12.55	5.06	45.2
山东	47.65	26.33	16.36	5.84	42.1
河南	24.96	10.82	12.28	5.85	39.4
湖北	19.04	13.79	12.38	6.37	38.4
湖南	23.30	13.67	14.43	6.59	41.2
广东	31.58	24.61	15.30	4.41	43.5
广西	24.61	11.72	10.74	4.94	39.1
海南	19.58	8.64	13.54	4.54	40.1
重庆	21.27	16.35	11.50	6.71	40.3
四川	22.62	11.00	14.46	6.79	40.0
贵州	23.56	7.77	11.02	6.51	37.0
云南	30.83	13.11	13.60	5.72	38.9
陕西	20.93	15.86	15.63	6.29	39.9
甘肃	19.84	12.75	10.52	5.58	33.3

（续表）

地区	每百户家用汽车拥有量	每百户照相机拥有量	每万人公共车辆数	每千人口医疗卫生机构床位数	生活垃圾无害化处理率
青海	33.70	11.54	14.37	6.40	32.6
宁夏	33.55	12.35	15.26	5.84	40.4
新疆	28.48	15.64	14.58	6.85	40.0

3. SAS 程序

```
proc standard data=lifeq m=0 std=1 out=sv;
var x1-x11;
run;
data a1;
set sv;
if _n_=10 then output;
if _n_=18 then output;
if _n_=27 then output;
run;
proc fastclus maxclusters=3 data=sv seed=a1 mean=stat out=out_data;
var x1-x11;
run;
```

4. SAS 程序说明

“proc standard”是对数据进行标准化的过程，“data=”指定原始数据存放的数据集，“m=”和“std=”分别指定了标准化数据的均值和标准差，“out=”指定输出数据存放的数据集。与系统聚类不同，使用 SAS 软件对原始数据进行动态聚类时无法直接使用 standard 选项。因此，在动态聚类前，必须自行对数据进行标准化。

“data a1”创建一个新数据集保存动态聚类的凝聚点数据，未指定逻辑库时数据集默认保存在“work”逻辑库中。“set sv”调用了标准化处理后的相关数据，“if _n_=”指定在 a1 中要保留的观测(本例中保留第 10、18、27 个观测，即江苏、湖南、甘肃)。本例使用主观判断法选取凝聚点，读者也可自行使用重心法、均值法等其他方法进行选取。

“procfastclus”是一个动态聚类过程，“maxclusters=”指定所允许的最大分类个数。“data=”指定要进行动态聚类的数据集。“seed =” 指定一个 SAS 数据集，其中包括要选择的初始凝聚点。“mean =” 生成一个输出数据集，其中包含每个类的均值和一些统计量。“out =” 生成一个输出数据集，其中包含原始数据和新变量聚类以及与聚类种子的距离。var 语句指定参与聚类过程的变量。

5. SAS 输出说明

【输出 3-5】

FASTCLUS 过程
替换=FULL 半径=0 最大聚类=3 最大迭代=1

初始种子

聚类	x1	x2	x3	x4	x5	x6	x7	x8	x9	x10	x11
1	1.639894328	0.828267213	0.587738385	0.848884906	1.112310499	1.029586100	1.126259270	0.978986201	0.918161425	0.141763588	0.866948676
2	-0.432297219	-0.299965080	-0.580322128	0.927745773	-0.579415451	-0.354652364	-0.657077578	-0.420625877	0.022369824	1.150303505	0.324477894
3	-1.189207481	-0.971118213	-0.339293768	-0.812040221	-0.865788597	-0.819911127	-1.022592258	-0.507012532	-1.149049963	-0.209696148	-2.056366096

输出 3-5 给出了三个初始种子即凝聚点的各项指标数据。

【输出 3-6】

基于最终种子的准则 =	0.6552

聚类汇总						
聚类	频数	均方根标准差	从种子到观测的最大距离	半径超出	最近的聚类	聚类质心间的距离
1	6	1.0795	5.5668		2	5.4352
2	14	0.5718	2.9609		3	1.7155
3	10	0.4787	2.1707		2	1.7155

输出 3-6 为动态聚类完成后每一类的频数、标准差，以及与凝聚点的最大距离等信息。

【输出 3-7】

变量的统计量				
变量	总标准差	标准差内	R 方	RSQ/(1-RSQ)
x1	1.00000	0.45625	0.806193	4.159772
x2	1.00000	0.52168	0.746614	2.946550
x3	1.00000	0.76715	0.452063	0.825027
x4	1.00000	0.62879	0.631892	1.716597
x5	1.00000	0.48924	0.777154	3.487395
x6	1.00000	0.58353	0.682979	2.154367
x7	1.00000	0.73219	0.500866	1.003469
x8	1.00000	0.60347	0.660937	1.949308
x9	1.00000	0.68987	0.556908	1.256866
x10	1.00000	0.94940	0.160804	0.191617
x11	1.00000	0.78992	0.419058	0.721343
OVER-ALL	1.00000	0.67052	0.581406	1.388951

伪 F 统计量 =	18.75

近似期望总体 R 方 =	0.23731

立方聚类准则 =	18.370

输出 3-7 为参与聚类的每一个变量及变量整体的一些相关统计量。

【输出 3-8】

聚类均值											
聚类	x1	x2	x3	x4	x5	x6	x7	x8	x9	x10	x11
1	1.711597082	1.666906572	1.317003679	1.539860856	1.702050176	1.597910687	1.345344587	1.560208430	1.380537692	-0.700760094	0.731330981
2	-0.223202783	-0.261224505	-0.274401517	-0.258063764	-0.270234184	-0.259696064	-0.168146683	-0.225454264	-0.110094343	0.346001123	0.309409261
3	-0.714474352	-0.634429635	-0.406040083	-0.562627245	-0.642902248	-0.595171923	-0.571801395	-0.620489089	-0.674190535	-0.063945516	-0.871971554

【输出 3-9】

聚类标准差											
聚类	x1	x2	x3	x4	x5	x6	x7	x8	x9	x10	x11
1	0.711342973	1.082029913	1.631478265	1.169330555	0.711579839	1.095724316	0.645452630	1.219340246	1.190861924	0.866159065	1.154969177
2	0.432035217	0.297114463	0.386370823	0.515268960	0.504686433	0.381511683	0.859124762	0.400400228	0.516965216	1.032032966	0.525294955
3	0.271590403	0.196255265	0.266853612	0.207343882	0.262384054	0.379821563	0.557435386	0.186993300	0.503832484	0.865340805	0.855725003

输出 3-8 和输出 3-9 分别为聚成三类以后，每一类中每个变量的均值和标准差。

6. 分析结果

如表 3-13 所示，全国 30 个地区(因数据不完整，除西藏和港澳台地区)的居民生活质量通过动态聚类可分为三类。第一类包含 6 个地区，第二类包括 14 个地区，第三类包括 10 个地区。

第一类：北京、天津、上海、江苏、浙江、广东。这 6 个省市是我国经济社会综合发展程度最高的地区，在经济条件、物质生活、文化生活等方面均大幅领先于其他地区，可命名为高生活质量地区。

第二类：河北、内蒙古、辽宁、安徽、福建、江西、山东、湖北、湖南、重庆、四川、陕西、宁夏、新疆。这 14 个地区的居民生活质量有一定发展，但仍存在发展不均衡、发展程度不充分等问题，与高生活质量地区有较大差距，可命名为中等生活质量地区。

第三类：山西、吉林、黑龙江、河南、广西、海南、贵州、云南、甘肃、青海。这 10 个地区的经济发展较为落后，居民生活质量远不如我国其他地区，可命名为低生活质量地区。

表 3-13 全国各地区居民生活质量聚类

类 别	地 区
高生活质量地区	北京、天津、上海、江苏、浙江、广东
中等生活质量地区	河北、内蒙古、辽宁、安徽、福建、江西、山东、湖北、湖南、重庆、四川、陕西、宁夏、新疆
低生活质量地区	山西、吉林、黑龙江、河南、广西、海南、贵州、云南、甘肃、青海

【课后练习】

一、简答题

1. 如何测度样品和变量间的相似性？计算样品之间的距离有哪些公式？它们各有什么特点？
2. Q 型聚类法和 R 型聚类法有什么异同？
3. 简述系统聚类法的基本思想及主要步骤。
4. 简述系统聚类分析的优缺点。
5. Q 型系统聚类法包括哪几种方法，各有什么特点？
6. 简述动态聚类法的基本思想与步骤。

二、计算题

1. 设有 5 位销售员，他们的销售业绩由二维变量 x_1，x_2 表示，具体如表 3-14 所示。

表 3-14 销售员销售业绩

销售员	x_1 销售量/百件	x_2 回收款项/万元
1	1	0
2	2	1

（续表）

销售员	x_1 销售量/百件	x_2 回收款项/万元
3	3	2
4	4	2
5	3	5

（1）用欧氏距离计算样品之间的距离，结果用距离矩阵表示。

（2）采用最短距离法、最长距离法对这 5 位销售员进行分类。写出聚类过程，并画聚类谱系图。

2. 某公司打算选拔市场营销部门的负责人，现考察 5 个候选人在 10 个方面的具体表现，通过评分的方式，经计算得到如表 3-15 所示的欧氏距离矩阵 $\boldsymbol{D}$。

表 3-15　距离矩阵

	②	③	④	⑤
①	5.2	8.6	28.2	26.1
②		43.6	27.4	36.2
③			7.5	15.1
④				6.5

要求：

采用最短距离法对这 5 个候选人进行分类。写出聚类的计算过程，并画聚类谱系图。

3. 5 个地区的两个创新指标数据如表 3-16 所示。规定用欧氏距离计算样品间的距离，经计算得到距离矩阵如表 3-17 所示。已知 5 个地区按创新能力的两个指标，可分成以下两类：G_1＝{①、②}，G_2＝{③、④、⑤}。

表 3-16　创新指标数据

指标	①	②	③	④	⑤
研发强度	5.54	3.12	1.96	1.18	1.65
每万人发明专利授权数	7.88	3.90	1.74	0.68	0.86

表 3-17　距离矩阵

	②	③	④	⑤
①	4.66	7.11	8.42	8.03
②		2.45	3.76	3.38
③			1.32	0.93
④				0.25

请分别用最短距离法、最长距离法、重心法、类平均法计算 G_1 和 G_2 之间的距离。（提示：按照上述各距离的定义计算）

三、上机分析题

1. 数据集 EXE3_1 是反映全国 30 个地区高质量发展的相关指标（见表 3-18）数据，请利用聚类分析对我国各地区高质量发展状况进行分析。

表 3-18 高质量发展测度指标体系

一级指标	二级指标	三级指标	属性
经济高质量发展	发展动力	每万人年研发人员数/人	+
		研发经费投入强度/%	+
		每百家企业拥有网站数/个	+
		每万人年研发人员发明专利授权数/件	+
		人均技术市场成交额/元	+
		有研发机构的规上工业企业单位数占比/%	+
		大学本科及以上学历就业人数占比/%	+
	发展效率	劳动生产率/(元/人)	+
		亩均 GDP/(亿元/万亩)	+
		单位电能创造的 GDP/(亿元/千瓦时)	+
	结构优化	高技术产业主营业务收入占比/%	+
		高新技术企业营业收入占比/%	+
		规上工业企业新产品销售收入占主营业务收入的比重/%	+
	发展效益	人均地区生产总值/元	+
		居民人均可支配收入/元	+
		居民人均消费支出/元	+
	绿色发展	单位 GDP 产生的二氧化硫及氮氧化物排放量/(吨/亿元)	—
		城市污水处理率/%	+
		城市生活垃圾无害化处理率/%	+
		建成区绿化覆盖率/%	+

2. 数据集 EXE3_2 是全球 GDP 排名前 30 名国家的低碳社会发展状况(见表 3-19)相关数据，请利用该数据集对各国的低碳社会发展状况进行聚类分析。

表 3-19 低碳社会测度指标体系

一级指标	观测指标	单位	指标类型
碳生产发展水平	X_1 人均碳排放	吨	逆指标
	X_2 单位 GDP 碳排放	吨/万元	逆指标
	X_3 碳排放强度	吨/万元	逆指标
社会发展水平	X_4 第三产业增加值占 GDP 比重	%	正指标
	X_5 基尼系数	%	适度指标
	X_6 人均森林面积	平方米	正指标
	X_7 教育经费占 GDP 比重	%	正指标
	X_8 高等教育入学率	%	正指标
	X_9 每千人医院床位数	张	正指标

第4章

判别分析

4.1 判别分析的基本思想

微课视频

在社会、经济、管理等领域的研究中经常会遇到根据所调查的数据资料，对所研究的对象进行分类判别。例如在市场研究中，根据商品的多项指标(质量、款式、价格、颜色等)判别消费者对商品“喜欢”与“不喜欢”，可能购买者与非可能购买者之判别，未来市场是畅销或滞销，等等。在区域经济分析时，根据人均GDP、人均国民收入、人均消费水平等多项指标来判定一个地区的经济发展程度所属类型。在医疗诊断中，根据病人的几项检验指标判别他应属于什么病种及采取相应的医疗措施。当病人肺部有明显阴影时，需要判断他是肺结核、肺部良性肿瘤或是肺癌(通过阴影大小、阴影部位、边缘是否光滑、是否有低烧等来判断)。考古学中，根据对人头骨化石的测定判断性别，等等。这方面的例子不胜枚举，都是判别分析可解决的问题。

判别分析是一种应用性很强的统计数据分析方法。它是根据已知类别的样本所提供的信息，总结出分类的规律，建立判别公式和判别准则，判别新的样本点所属类型，是判别个体所属群体的一种统计方法。

下面我们先举一个简单的例子来说明判别分析的基本原理。

例 4.1 根据经验，今天与昨天的湿度差 x_1 及今天的压温差 x_2(气压与温度之差)是预报明天下雨或不下雨的两个重要因素。今测得 $x_1=8.1$，$x_2=2.0$，试问应预报明天下雨还是不下雨?

这个问题是两类判别问题，总体分为两类，用 G_1表示下雨，G_2表示不下雨。为进行预报，应先收集一批资料，从已有的资料中找出规律，再作预报。

我们收集过去10个雨天和非雨天 x_1(湿度差)、x_2(压温差)的数值，如表4-1所示。

表4-1 10个雨天和非雨天的湿度差、压温差统计数据

雨天		非雨天	
湿度差(x_1)	压温差(x_2)	湿度差(x_1)	压温差(x_2)
−1.9	3.2	0.2	6.2
−6.9	10.4	−0.1	7.5
5.2	2.0	0.4	14.6

（续表）

雨天		非雨天	
湿度差(x_1)	压温差(x_2)	湿度差(x_1)	压温差(x_2)
5.0	2.5	2.7	8.3
7.3	0.0	2.1	0.8
6.8	12.7	−4.6	4.3
0.9	−15.4	−1.7	10.9
−12.5	−2.5	−2.6	13.1
1.5	1.3	2.6	12.8
3.8	6.8	−2.8	10.0

如何根据这些资料所提供的信息来判断明天的天气呢？单从 x_1 或 x_2 的大小是难以下结论的，因为它们各自的值大时，可能下雨，也可能不下雨，值小也是如此。为了能看出规律，我们可以在 x_1-x_2 坐标平面上画散点图，以 * 表示雨天，• 表示非雨天，具体如图 4-1 所示。

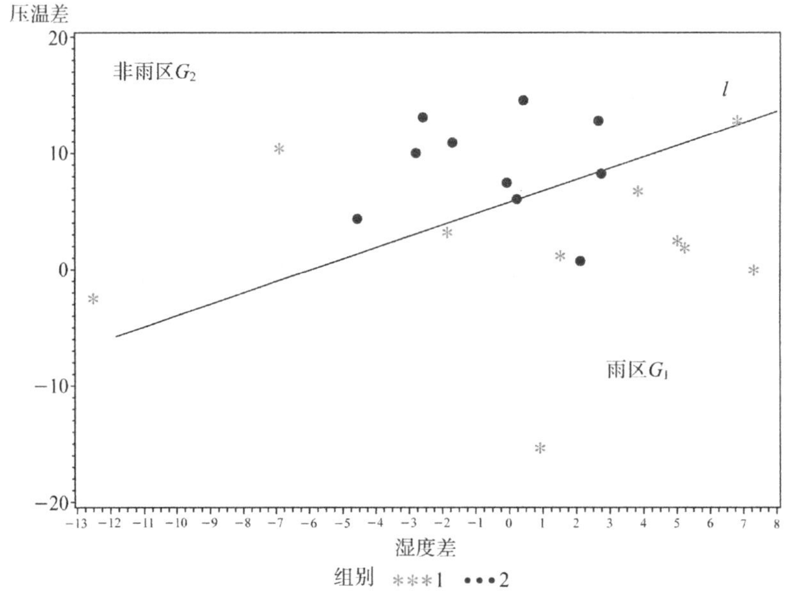

图 4-1　雨天与非雨天散点图

从图 4-1 中我们看到：在直线 l 的上方大部分是非雨天，l 的下方大部分是雨天。若以这条直线为界，就把 x_1-x_2 平面划分成两个互不相交的区域：一部分为雨区，另一部分为非雨区。今测得 $x_1=8.1$，$x_2=2.0$，所对应的点落在 l 下方的雨区，因此就预报明天下雨。

这是一个最简单的判别分析问题，需要判别的类型仅两类，即 $G=2$。为了能进行判别分析，就需要一些能起判别作用的指标(用来作为判别依据的特性)——判别因子。这里 x_1 和 x_2 是两个判别因子。在每一类中各取 10 个样品，观测每个样品的判别因子数值，根据这批数据，将两维样本空间分成两个互不相交的区域。最后根据新样品判别因子的数值，若它落入区域 G_i，就判别此样品属于第 i 类($i=1$，2)。也可以构造判别函数 $\mu(x_1, x_2)$，在此例中即为直线 l 的方程，然后根据新样品的函数值判断其属于哪一类。

从图 4-1 中可以看出，直线 l 的划定往往不那么客观、合理。当两类较为接近时，误判可能性较大。判别分析只能依据历史资料，根据一定的判别准则，客观地寻求一条最佳的分界线，使错判概率最小。

判别分析与聚类分析不同。判别分析是在已知研究对象分为若干个类别，并且已经取得每一类别的一批观测数据，在此基础上寻求分类的规律性，建立判别准则，然后对未知类型的样品进行判别分类。而对聚类分析来说，一批样品划分为几类事先并不知道，需要通过聚类分析来确定类型。

判别分析在半个世纪的发展中，依据不同的原则，形成了不同的方法，其内容特别丰富。判别分析按判别的组数来分，有两组判别分析和多组判别分析；按区分不同总体所用的数学模型来分，有线性判别和非线性判别；按判别时所处理的变量方法不同，有逐步判别、序贯判别，等等。常用的方法有距离判别法、费歇(Fisher)判别法、贝叶斯(Bayes)判别法和逐步判别法。本章主要介绍最常用的距离判别法和费歇判别法。

若已知某事物分为 k 类，即 k 个总体 G_1，G_2，…，G_k，该事物的特征用 p 个指标来描述，每个事物(每个总体)G_i 已观测 n_i 个样品($i=1$，2，…，k)，数据矩阵为

$$\boldsymbol{G}_1:\begin{bmatrix} x_{11}^{(1)} & x_{12}^{(1)} & \cdots & x_{1p}^{(1)} \\ x_{21}^{(1)} & x_{22}^{(1)} & \cdots & x_{2p}^{(1)} \\ \vdots & \vdots & \vdots & \vdots \\ x_{n_1 1}^{(1)} & x_{n_1 2}^{(1)} & \cdots & x_{n_1 p}^{(1)} \end{bmatrix}$$

$$\boldsymbol{G}_2:\begin{bmatrix} x_{11}^{(2)} & x_{12}^{(2)} & \cdots & x_{1p}^{(2)} \\ x_{21}^{(2)} & x_{22}^{(2)} & \cdots & x_{2p}^{(2)} \\ \vdots & \vdots & \vdots & \vdots \\ x_{n_2 1}^{(2)} & x_{n_2 2}^{(2)} & \cdots & x_{n_2 p}^{(2)} \end{bmatrix}$$

$$\vdots$$

$$\boldsymbol{G}_k:\begin{bmatrix} x_{11}^{(k)} & x_{12}^{(k)} & \cdots & x_{1p}^{(k)} \\ x_{21}^{(k)} & x_{22}^{(k)} & \cdots & x_{2p}^{(k)} \\ \vdots & \vdots & \vdots & \vdots \\ x_{n_k 1}^{(k)} & x_{n_k 2}^{(k)} & \cdots & x_{n_k p}^{(k)} \end{bmatrix}$$

希望根据这些信息，建立一个判别准则，对给定的任意一个样本点 x，依据这个准则就能判别它是属于哪个总体，并且判别准则在某种意义下是最优的。

4.2　距离判别法

微课视频　微课视频

4.2.1　两总体情形(两类判别)

距离判别法的基本思想十分简单直观。

设有两个总体 G_1、G_2，待判别新样本点 x。如果能定义样本点 x 到总体 G_1 和 G_2 的距

离 $d(x, G_1)$、$d(x, G_2)$，则可用如下的判别规则进行判别：若样本点 x 到总体 G_1 的距离小于到总体 G_2 的距离，则认为 x 属于总体 G_1，反之，则认为 x 属于总体 G_2；若样本点 x 到总体 G_1 和 G_2 的距离相等，则让它待判。用数学模型可描述为

$$\begin{cases} x \in G_1 & \text{若 } d(x, G_1) < d(x, G_2) \\ x \in G_2 & \text{若 } d(x, G_1) > d(x, G_2) \\ \text{待判} & \text{若 } d(x, G_1) = d(x, G_2) \end{cases}$$

因为马氏距离不受指标量纲及指标间相关性的影响，在判别分析中常采用马氏距离。

设 μ_1，μ_2，$\boldsymbol{\Sigma}_1$，$\boldsymbol{\Sigma}_2$ 分别为总体 G_1 和 G_2 的均值和协方差矩阵，则

$$d^2(x, G_1) = (x - \mu_1)'\boldsymbol{\Sigma}_1^{-1}(x - \mu_1)$$

$$d^2(x, G_2) = (x - \mu_2)'\boldsymbol{\Sigma}_2^{-1}(x - \mu_2)$$

1. 两总体协差阵相等时($\boldsymbol{\Sigma}_1 = \boldsymbol{\Sigma}_2 = \boldsymbol{\Sigma}$)

$$\begin{aligned} & d^2(x, G_2) - d^2(x, G_1) \\ &= (x - \mu_2)'\boldsymbol{\Sigma}_2^{-1}(x - \mu_2) - (x - \mu_1)'\boldsymbol{\Sigma}_1^{-1}(x - \mu_1) \\ &= x'\boldsymbol{\Sigma}^{-1}x - 2x'\boldsymbol{\Sigma}^{-1}\mu_2 + \mu_2'\boldsymbol{\Sigma}^{-1}\mu_2 - (x'\boldsymbol{\Sigma}^{-1}x - 2x'\boldsymbol{\Sigma}^{-1}\mu_1 + \mu_1'\boldsymbol{\Sigma}^{-1}\mu_1) \\ &= 2x'\boldsymbol{\Sigma}^{-1}(\mu_1 - \mu_2) - (\mu_1 + \mu_2)'\boldsymbol{\Sigma}^{-1}(\mu_1 - \mu_2) \\ &= 2\left(x - \frac{\mu_1 + \mu_2}{2}\right)'\boldsymbol{\Sigma}^{-1}(\mu_1 - \mu_2) \end{aligned}$$

令 $\bar{\mu} = \dfrac{\mu_1 + \mu_2}{2}$，$W(x) = (x - \bar{\mu})'\boldsymbol{\Sigma}^{-1}(\mu_1 - \mu_2)$，则

$$d^2(x, G_2) - d^2(x, G_1) = 2W(x)$$

于是判别准则可写成

$$\begin{cases} x \in G_1 & \text{当 } W(x) > 0 \\ x \in G_2 & \text{当 } W(x) < 0 \\ \text{待判} & \text{当 } W(x) = 0 \end{cases}$$

称 $W(x)$ 为判别函数。

令 $a = \boldsymbol{\Sigma}^{-1}(\mu_1 - \mu_2) \triangleq (a_1, a_2, \cdots a_p)'$，则

$$\begin{aligned} W(x) &= (x - \bar{\mu})'a \\ &= a'(x - \bar{\mu}) \\ &= (a_1, a_2, \cdots, a_p)\begin{bmatrix} x_1 - \bar{\mu}_1 \\ x_2 - \bar{\mu}_2 \\ \vdots \\ x_p - \bar{\mu}_p \end{bmatrix} \\ &= a_1(x_1 - \bar{\mu}_1) + a_2(x_2 - \bar{\mu}_2) + \cdots + a_p(x_p - \bar{\mu}_p) \end{aligned}$$

显然，$W(x)$ 是 x_1，x_2，…，x_p 的线性函数，称 $W(x)$ 为线性判别函数，a 为判别系数。

当 μ_1，μ_2，$\boldsymbol{\Sigma}$ 未知时，可通过样本来估计。设 $x_1^{(1)}$，$x_2^{(1)}$，…，$x_{n_1}^{(1)}$ 是从总体 G_1 中取出的样本。$x_1^{(2)}$，$x_2^{(2)}$，…，$x_{n_2}^{(1)}$ 是从总体 G_2 中取出的样本。则

$$\hat{\mu}_1 = \frac{1}{n_1}\sum_{i=1}^{n_1} x_i^{(1)} = \overline{x}^{(1)}$$

$$\hat{\mu}_2 = \frac{1}{n_2}\sum_{i=1}^{n_2} x_i^{(2)} = \overline{x}^{(2)}$$

$$\hat{\boldsymbol{\Sigma}} = \frac{(n_1-1)\boldsymbol{S}_1 + (n_2-1)\boldsymbol{S}_2}{n_1+n_2-2}$$

其中，$\boldsymbol{S}_1$，$\boldsymbol{S}_2$ 为总体 G_1，G_2 的样本协方差矩阵。

此时，线性判别函数为

$$\begin{aligned} W(x) &= \left(x - \frac{\overline{x}^{(1)} + \overline{x}^{(2)}}{2}\right)' \hat{\boldsymbol{\Sigma}}^{-1}(\overline{x}^{(1)} - \overline{x}^{(2)}) \\ &= (\overline{x}^{(1)} - \overline{x}^{(2)})' \hat{\boldsymbol{\Sigma}}^{-1}\left(x - \frac{\overline{x}^{(1)} + \overline{x}^{(2)}}{2}\right) \end{aligned}$$

当 $p=2$ 时，$W(x)$ 为一直线。当 $p>2$ 时，$W(x)$ 为一平面。这条直线或平面把空间的点分为两个部分，一部分属 G_1，另一部分属 G_2。

特别地，当 $p=1$ 时，若两个总体分别为 $N(\mu_1, \sigma^2)$ 和 $N(\mu_2, \sigma^2)$，则判别函数为 $W(x)=(\mu_1-\mu_2)\dfrac{1}{\sigma^2}(x-\bar{\mu})$，其中 $\bar{\mu}=\dfrac{1}{2}(\mu_1+\mu_2)$。不妨设 $\mu_1<\mu_2$，则 $W(x)$ 的符号取决于 $x>\bar{\mu}$ 还是 $x<\bar{\mu}$。因此，判别规则可写成

$$\begin{cases} x \in G_1 & 若\ x<\bar{\mu} \\ x \in G_2 & 若\ x>\bar{\mu} \\ 待判 & 若\ x=\bar{\mu} \end{cases}$$

我们看到用距离判别所得到的准则是颇为合理的，但从图 4-2 可以看出，用这个判别法有时会错判。如 x 来自 G_1，却落入 D_2，被判为属 G_2，记为 $P(2/1)$，类似地有 $P(1/2)$，错判的概率为图中阴影部分的面积。显然，

$$P(2/1)=P(1/2)=1-\Phi\left(\frac{\mu_2-\mu_1}{2\sigma}\right)=\Phi\left(\frac{\mu_1-\mu_2}{2\sigma}\right)。$$

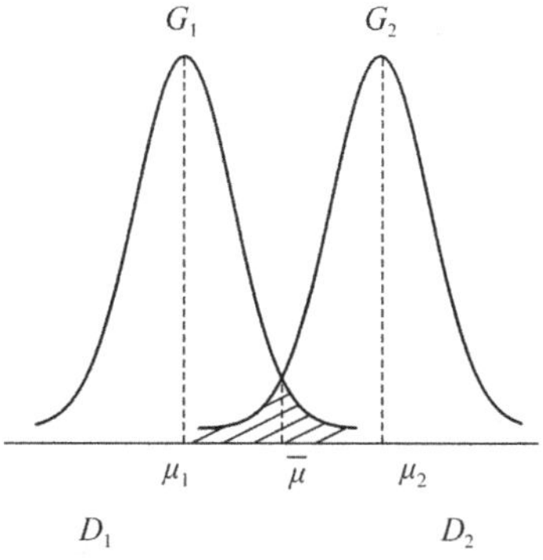

图 4-2　方向相同时两个误判概率

如果两个总体靠得很近，误判的概率很大，此时判别分析的意义就不大。因此，只有当两总体的均值有显著差异时，作判别分析才有意义。另外，落在 $\bar{\mu}$ 附近的样品按上述判

别规则虽可进行判断，但误判的可能性较大。有时可以划定一个待判区域，如在此例中可定义一个 c 和 d，使得 $c<d$，如图 4-3 所示，这时判别规则改为

$$\begin{cases} x \in G_1 & 若\ x \leqslant c \\ x \in G_2 & 若\ x \geqslant d \\ 待判 & 若\ c < x < d \end{cases}$$

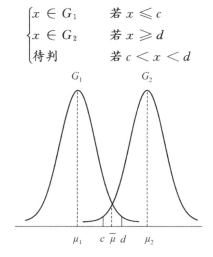

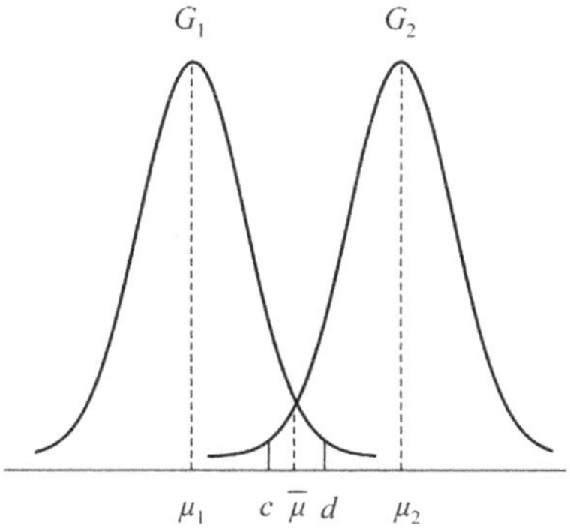

图 4-3　方向相同时两组判别的阈值点

例 4.2　某企业生产新式大衣，将新产品的样品分寄给 9 个城市百货公司的进货员，并附寄调查意见表征求对新产品的评价，评价分质量、款式、颜色三个方面，以 10 分制评分。结果 5 位喜欢，4 位不喜欢，具体评价见表 4-2。

表 4-2　产品评价表

组别	序号	产品特征		
		质量(x_1)	款式(x_2)	颜色(x_3)
喜欢组	1	8	9.5	7
	2	9	8.5	6
	3	7	8.0	9
	4	10	7.5	8.5
	5	8	6.5	7
不喜欢组	1	6	3	5.5
	2	3	4	3.5
	3	4	2	5
	4	3	5	4

(1) 求两类样本均值。

$$\bar{x}^{(1)} = \begin{bmatrix} 8.4 \\ 8.0 \\ 7.5 \end{bmatrix} \quad \bar{x}^{(2)} = \begin{bmatrix} 4.0 \\ 3.5 \\ 4.5 \end{bmatrix} \quad \bar{x}^{(1)} - \bar{x}^{(2)} = \begin{bmatrix} 4.4 \\ 4.5 \\ 3 \end{bmatrix} \quad \frac{\bar{x}^{(1)} + \bar{x}^{(2)}}{2} = \begin{bmatrix} 6.2 \\ 5.75 \\ 6 \end{bmatrix}$$

(2) 计算样本协方差矩阵，从而求出 $\hat{\boldsymbol{\Sigma}}$ 及 $\hat{\boldsymbol{\Sigma}}^{-1}$。

$$\boldsymbol{S}_1 = \frac{1}{4}\begin{bmatrix} 5.2 & -0.5 & -1 \\ -0.5 & 5 & -1.25 \\ -1 & -1.25 & 6 \end{bmatrix} = \begin{bmatrix} 1.3 & -0.125 & -0.25 \\ -0.125 & 1.25 & -0.3125 \\ -0.25 & -0.3125 & 1.5 \end{bmatrix}$$

$$\boldsymbol{S}_2=\frac{1}{3}\begin{bmatrix}6 & -3 & 3.5\\ -3 & 5 & -2.5\\ 3.5 & -2.5 & 2.5\end{bmatrix}=\begin{bmatrix}2 & -1 & 1.167\\ -1 & 1.667 & -0.833\\ 1.167 & -0.833 & 0.833\end{bmatrix}$$

$$\text{故}\ \hat{\boldsymbol{\Sigma}}=\frac{4\boldsymbol{S}_1+3\boldsymbol{S}_2}{5+4-2}=\frac{1}{7}\begin{bmatrix}11.2 & -3.5 & 2.5\\ -3.5 & 10 & -3.75\\ 2.5 & -3.75 & 8.5\end{bmatrix}$$

$$\hat{\boldsymbol{\Sigma}}^{-1}=\begin{bmatrix}0.7160 & 0.2056 & -0.1198\\ 0.2056 & 0.8978 & 0.3356\\ -0.1198 & 0.3356 & 1.0069\end{bmatrix}$$

(3) 求线性判别函数。

$$W(x)=(\overline{x}^{(1)}-\overline{x}^{(2)})'\hat{\boldsymbol{\Sigma}}^{-1}\left(x-\frac{\overline{x}^{(1)}+\overline{x}^{(2)}}{2}\right)$$
$$=3.7166x_1+5.9520x_2+4.0048x_3-81.2956$$

(4) 对已知类别的样品判别分类。

对已知类别的样品(通常成为训练样品) 用线性判别函数进行判别归类，结果如表 4-3 所示。回代率为 100%，全部判对。

表 4-3 回判结果

样品	判别函数 $W(x)$ 的值	原类号	判归类别
1	33.01	1	1
2	26.77	1	1
3	28.38	1	1
4	34.55	1	1
5	15.16	1	1
6	−19.11	2	2
7	−21.24	2	2
8	−32.32	2	2
9	−24.37	2	2

(5) 对待判样品判别归类。

如果有一潜在顾客，他对新产品的质量、款式、颜色分别评价 6、8、8，其评价值为 $W(x)=3.7166\times6+5.9520\times8+4.0048\times8-81.2956=20.66>0$，故他属喜欢组。

2. 两总体协差阵不相等时($\boldsymbol{\Sigma}_1\neq\boldsymbol{\Sigma}_2$)

判别函数 $W(x)=d^2(x,G_2)-d^2(x,G_1)$

$$=(x-\mu_2)'\boldsymbol{\Sigma}_2^{-1}(x-\mu_2)-(x-\mu_1)'\boldsymbol{\Sigma}_1^{-1}(x-\mu_1)$$

它是 x 的二次函数。

若 μ_1，μ_2，$\boldsymbol{\Sigma}_1$，$\boldsymbol{\Sigma}_2$ 未知，可用样本均值和样本协方差矩阵来代替，即

$$W(x)=(x-\overline{x}^{(2)})'\boldsymbol{S}_2^{-1}(x-\overline{x}^{(2)})-(x-\overline{x}^{(1)})\boldsymbol{S}_1^{-1}(x-\overline{x}^{(1)})$$

特别地，当 $p=1$ 时，若两个总体分别为 $N(\mu_1,\sigma_1^2)$ 和 $N(\mu_2,\sigma_2^2)$，判别函数

$$W(x)=\frac{(x-\mu_2)^2}{\sigma_2^2}-\frac{(x-\mu_1)^2}{\sigma_1^2}$$

当 $\mu_1<x<\mu_2$ 时，

$$\begin{aligned}W(x)&=\frac{\mu_2-x}{\sigma_2}-\frac{x-\mu_1}{\sigma_1}\\&=\frac{\sigma_1\mu_2+\sigma_2\mu_1-x(\sigma_1+\sigma_2)}{\sigma_1\sigma_2}\\&=-\frac{\sigma_1+\sigma_2}{\sigma_1\sigma_2}\left(x-\frac{\sigma_1\mu_2+\sigma_2\mu_1}{\sigma_1+\sigma_2}\right)\end{aligned}$$

令 $\mu^*=\dfrac{\sigma_1\mu_2+\sigma_2\mu_1}{\sigma_1+\sigma_2}$，判别规则为

$$\begin{cases}x\in G_1 & \text{当 } x<\mu^* \text{ 时}\\ x\in G_2 & \text{当 } x>\mu^* \text{ 时}\\ \text{待判} & \text{当 } x=\mu^* \text{ 时}\end{cases}$$

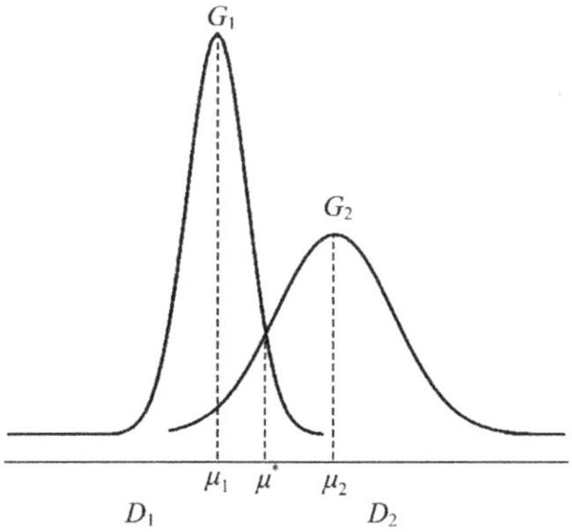

图 4-4　方差不同时两组判别的阈值点

当两总体方差不相等时，直观地看，临界值 μ^* 到 μ_1 和 μ_2 的距离不相等，也即 μ^* 到两个总体的欧氏距离不相等。但是，

$$\mu^*-\mu_1=\frac{\dfrac{\sigma_2\mu_1+\sigma_1\mu_2}{\sigma_1+\sigma_2}-\mu_1}{\sigma_1}=\frac{\mu_2-\mu_1}{\sigma_1+\sigma_2}$$

$$\mu_2-\mu^*=\frac{\mu_2-\dfrac{\sigma_2\mu_1+\sigma_1\mu_2}{\sigma_1+\sigma_2}}{\sigma_2}=\frac{\mu_2-\mu_1}{\sigma_1+\sigma_2}$$

即 μ^* 到两个总体的马氏距离相等。

4.2.2　多总体情形

多个总体时，在思想方法上只是两总体距离判别的推广。

设有 k 个总体 $G_1, G_2, \cdots, G_k$，它们的均值和协方差矩阵分别为 μ_i，$\boldsymbol{\Sigma}_i$，$i=1, 2, \cdots, k$。

从每个总体 G_i 中抽取 n_i 个样品，$i=1, 2, \cdots, k$，每个样品观测 p 个指标。今对任一样品 $x=(x_1, x_2, \cdots, x_p)'$，问 x 属于哪一类？

1. 各总体协差阵相等时 ($\boldsymbol{\Sigma}_1=\boldsymbol{\Sigma}_2=\cdots=\boldsymbol{\Sigma}_k=\boldsymbol{\Sigma}$)

$$d^2(x, G_i)=(x-\mu_i)'\boldsymbol{\Sigma}^{-1}(x-\mu_i)=x'\boldsymbol{\Sigma}^{-1}x-2x'\boldsymbol{\Sigma}^{-1}\mu_i+\mu_i'\boldsymbol{\Sigma}^{-1}\mu_i \tag{4.1}$$

式(4.1)中的第一项 $x'\boldsymbol{\Sigma}^{-1}x$ 与 i 无关，则舍去，得一个等价的函数

$$f_i(x)=-2x'\boldsymbol{\Sigma}^{-1}\mu_i+\mu_i'\boldsymbol{\Sigma}^{-1}\mu_i \tag{4.2}$$

将式(4.2)变形，得 $f_i(x)=-2(x'\boldsymbol{\Sigma}^{-1}\mu_i-\frac{1}{2}\mu_i'\boldsymbol{\Sigma}^{-1}\mu_i)$

则得到线性判别函数为

$$f_i(x)=(x'\boldsymbol{\Sigma}^{-1}\mu_i-\frac{1}{2}\mu_i'\boldsymbol{\Sigma}^{-1}\mu_i) \tag{4.3}$$

判别规则为 $f_l(x)=\max\limits_{1\leqslant i\leqslant k}f_i(x)$，则 $x\in G_l$。

当 $\mu_1, \mu_2, \cdots, \mu_k, \boldsymbol{\Sigma}$ 未知时，可通过样本来估计。设从总体 G_i 中抽取的样本为 $x_1^{(i)}$，$x_2^{(i)}, \cdots, x_{n_i}^{(i)}$，$i=1, 2, \cdots, k$，则

$$\hat{\mu}_i=\frac{1}{n_i}\sum_{l=1}^{n_i}x_l^{(i)}\triangleq\bar{x}^{(i)}$$

$$\hat{\boldsymbol{\Sigma}}=\frac{\sum\limits_{i=1}^{k}(n_i-1)\boldsymbol{S}_i}{\sum\limits_{i=1}^{k}n_i-k}=\frac{(n_1-1)\boldsymbol{S}_1+(n_2-1)\boldsymbol{S}_2+\cdots+(n_k-1)\boldsymbol{S}_k}{n_1+n_2+\cdots+n_k-k}$$

其中，$\boldsymbol{S}_i=\frac{1}{n_i-1}\sum\limits_{l=1}^{n_i}(x_l^{(i)}-\bar{x}^{(i)})(x_l^{(i)}-\bar{x}^{(i)})'$ 为总体 G_i 的样本协方差矩阵。

2. 各总体协差阵不等情形 ($\boldsymbol{\Sigma}_1, \boldsymbol{\Sigma}_2, \cdots, \boldsymbol{\Sigma}_k$ 不相等时)

此时，判别函数为：$W_{ij}(x)=(x-\mu_j)'\sum_j^{-1}(x-\mu_j)-(x-\mu_i)'\sum_i^{-1}(x-\mu_i)$。相应的判别规则为

$$\begin{cases}x\in G_i & \text{当 } W_{ij}(x)>0, i\neq j\\ \text{待判} & \text{当 } W_{ij}(x)=0\end{cases}$$

当 $\mu_i, \boldsymbol{\Sigma}_i(i=1, 2, \cdots, k)$ 未知时，用 $\mu_i, \boldsymbol{\Sigma}_i$ 的估计量代替，$\hat{\mu}_i=\bar{x}^{(i)}$，$\hat{\boldsymbol{\Sigma}}_i=S_i$，即

$$W_{ij}(x)=(x-\bar{x}^{(j)})'\boldsymbol{S}_j^{-1}(x-\bar{x}^{(j)})-(x-\bar{x}^{(i)})\boldsymbol{S}_i^{-1}(x-\bar{x}^{(i)})$$

4.3　贝叶斯判别

微课视频

距离判别只要求知道总体的数字特征，不涉及总体的分布函数，当总体均值和协方差未知时，就用样本的均值和协方差矩阵来估计。距离判别方法简单实用，但没有考虑到每个总体出现的机会大小，即先验概率，没有考虑到错判的损失。贝叶斯判别法正是为了解决这两个问题提出的判别分析方法。

设有总体 $G_i(i=1,2,\cdots,k)$，G_i 具有概率密度函数 $f_i(x)$。并且根据以往的统计分析，知道 G_i 出现的概率为 q_i。即当样本 x_0 发生时，求它属于某一类的概率。由贝叶斯公式计算后验概率，有

$$P(G_i \mid x_0)=\frac{q_i f_i(x_0)}{\sum_j q_j f_j(x_0)}$$

根据最大后验概率准则，采用如下的判别规则：

$$\text{若 } P(G_l \mid x_0)=\frac{q_l f_l(x_0)}{\sum_j q_j f_j(x_0)}=\max_{1\leqslant i\leqslant k}\frac{q_i f_i(x_0)}{\sum_j q_j f_j(x_0)}\text{，则 } x_0\in G_l\text{。} \tag{4.4}$$

式(4.4)中，分母均相同，因此判别规则为

$$\text{若 } q_l f_l(x_0)=\max_{1\leqslant i\leqslant k} q_i f_i(x_0)\text{，则 } x_0\in G_l\text{。}$$

特别地，当总体服从正态分布时，$f_i(x)$ 为正态分布的密度函数，有

$$f_i(x)=\frac{1}{(2\pi\,|\boldsymbol{\Sigma}_i|)^{1/2}}\exp\left[-\frac{1}{2}(x-\mu_i)'\boldsymbol{\Sigma}_i^{-1}(x-\mu_i)\right]$$

则

$$q_i f_i(x)=q_i\frac{1}{(2\pi\,|\boldsymbol{\Sigma}_i|)^{1/2}}\exp\left[-\frac{1}{2}(x-\mu_i)'\boldsymbol{\Sigma}_i^{-1}(x-\mu_i)\right] \tag{4.5}$$

式(4.5)两边取对数，并去掉与 i 无关的项，则等价的判别函数为

$$z_i(x)=\ln[q_i f_i(x)]=\ln q_i-\frac{1}{2}\ln|\boldsymbol{\Sigma}_i|-\frac{1}{2}(x-\mu_i)'\boldsymbol{\Sigma}_i^{-1}(x-\mu_i)$$

问题转化为

$$\text{若 } Z_l(x)=\max_{1\leqslant i\leqslant k}[Z_i(x)]\text{，则 } x\in G_l\text{。}$$

当 k 个总体的协方差矩阵相等，即 $\boldsymbol{\Sigma}_1=\cdots=\boldsymbol{\Sigma}_k=\boldsymbol{\Sigma}$ 时，则判别函数退化为

$$\begin{aligned}m_i(x)&=\ln q_i-\frac{1}{2}(x-\mu_i)'\boldsymbol{\Sigma}^{-1}(x-\mu_i)\\&=\ln q_i-\frac{1}{2}d^2(x,G_i)\end{aligned}$$

问题转化为

$$\text{若 } m_l(x)=\max_{1\leqslant i\leqslant k}[m_i(x)]\text{，则 } x\in G_l\text{。}$$

当先验概率相等时，即 $q_1=\cdots=q_k=\frac{1}{k}$，则 $m_i(x)=-\frac{1}{2}d^2(x,G_i)$ 完全成为距离判别法。

4.4 费歇判别

微课视频

4.4.1 费歇判别的基本思想

费歇判别的基本思想是投影，将 k 组 p 维数据投影到某一个方向，使其投影的组与组之间尽可能地分开。例如图 4-5 中，当使用坐标轴 x 时，很难将两总体的数据分开，而将坐标旋转至 μ 时，可以根据 μ 值的大小区别两个总体。

设有 k 个总体 $G_1, G_2, \cdots, G_k$，从每个总体 G_i 中抽取 n_i 个样品，$i=1, 2, \cdots, k$。每个样品观测 p 个指标，有如下数据矩阵：

$$
\begin{array}{c}
\boldsymbol{G}_1: \begin{bmatrix} x_{11}^{(1)} & x_{12}^{(1)} & \cdots & x_{1p}^{(1)} \\ x_{21}^{(1)} & x_{22}^{(1)} & \cdots & x_{2p}^{(1)} \\ \vdots & \vdots & \vdots & \vdots \\ x_{n_1 1}^{(1)} & x_{n_1 2}^{(1)} & \cdots & x_{n_1 p}^{(1)} \end{bmatrix} \\
\vdots \quad \vdots \quad \vdots \quad \vdots \quad \vdots \\
\boldsymbol{G}_k: \begin{bmatrix} x_{11}^{(k)} & x_{12}^{(k)} & \cdots & x_{1p}^{(k)} \\ x_{21}^{(k)} & x_{22}^{(k)} & \cdots & x_{2p}^{(k)} \\ \vdots & \vdots & \vdots & \vdots \\ x_{n_k 1}^{(k)} & x_{n_k 2}^{(k)} & \cdots & x_{n_k p}^{(k)} \end{bmatrix}
\end{array}
$$

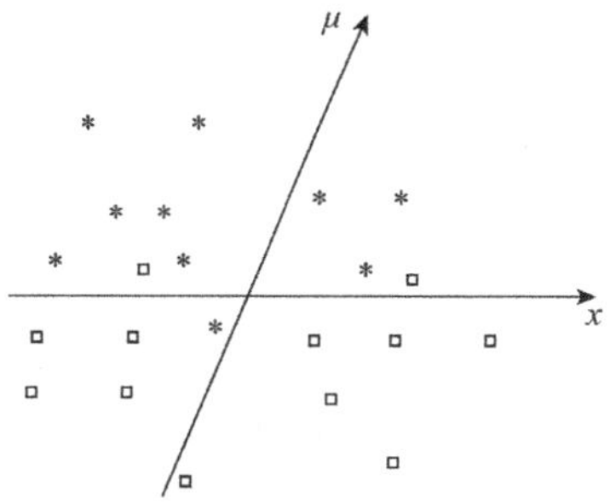

图 4-5 投影到方向 μ 时再判别

费歇判别的任务，就是根据这 k 个数据矩阵，在最优判别准则下，确定判别函数

$$y = c_1 x_1 + c_2 x_2 + \cdots + c_p x_p = \alpha' x$$

使组与组之间被最大限度地区分开来。这里 $\alpha = (c_1, c_2, \cdots, c_p)'$，称为判别系数。

4.4.2 两总体费歇判别法

1. 费歇判别函数的导出

将属于不同两总体的样品测值代入判别函数中去，得到

$$y_i^{(1)} = c_1 x_{i1}^{(1)} + c_2 x_{i2}^{(1)} + \cdots + c_p x_{ip}^{(1)} = \alpha' x_i^{(1)} \quad (i=1, 2, \cdots, n_1)$$

$$y_i^{(2)} = c_1 x_{i1}^{(2)} + c_2 x_{i2}^{(2)} + \cdots + c_p x_{ip}^{(2)} = \alpha' x_i^{(2)} \quad (i=1, 2, \cdots, n_2)$$

$$\overline{y}^{(1)} = \frac{1}{n} \sum_{i=1}^{n_1} y_i^{(1)}$$

$$\overline{y}^{(2)} = \frac{1}{n} \sum_{i=1}^{n_2} y_i^{(2)}$$

即

$$\overline{y}^{(1)} = c_1 \overline{x}_1^{(1)} + c_2 \overline{x}_2^{(1)} + \cdots + c_p \overline{x}_p^{(1)} = \sum_{k=1}^{p} c_k \overline{x}_k^{(1)} \tag{4.6}$$

$$\overline{y}^{(2)} = c_1 \overline{x}_1^{(2)} + c_2 \overline{x}_2^{(2)} + \cdots + c_p \overline{x}_p^{(2)} = \sum_{k=1}^{p} c_k \overline{x}_k^{(2)} \tag{4.7}$$

为了使判别函数能够很好地区分来自不同总体 G_1 和 G_2 的样品，自然希望：

(1) 来自不同总体的两个平均值 $\overline{y}^{(1)}$ 和 $\overline{y}^{(2)}$ 的差异越大越好。

(2) 来自同一总体的各个样品之间的差异越小越好，即 $y_i^{(1)}$ $(i=1, 2, \cdots, n_1)$ 的离差平方和 $\sum_{i=1}^{n_1} (y_i^{(1)} - \overline{y}^{(1)})^2$ 越小越好，同样地，$y_i^{(2)}$ $(i=1, 2, \cdots, n_2)$ 的离差平方和 $\sum_{i=1}^{n_2} (y_i^{(2)} - \overline{y}^{(2)})^2$ 越小越好。

记 $Q=(\overline{y}^{(1)}-\overline{y}^{(2)})^2$，$R=\sum_{i=1}^{n_1}(y_i^{(1)}-\overline{y}^{(1)})^2+\sum_{i=1}^{n_2}(y_i^{(2)}-\overline{y}^{(2)})^2$

综合(1)、(2)，可知：

$$I=\frac{Q}{R}\text{越大越好，即 } I=\frac{Q}{R}\rightarrow \max$$

利用微积分求极大值的必要条件，可求出使 I 达到最大值的 c_1，c_2，…，c_p。为此，将上式两边取对数，得

$$\ln I=\ln Q-\ln R$$

令
$$\frac{\partial \ln I}{\partial c_k}=0 \quad (k=1,2,\cdots,p)$$

由于
$$\frac{\partial \ln I}{\partial c_k}=\frac{1}{Q}\frac{\partial Q}{\partial c_k}-\frac{1}{R}\frac{\partial R}{\partial c_k}=0$$

故
$$\frac{1}{I}\frac{\partial Q}{\partial c_k}=\frac{\partial R}{\partial c_k}$$

而
$$\begin{aligned}Q&=(\overline{y}^{(1)}-\overline{y}^{(2)})^2\\&=\left[\sum_{k=1}^{p}c_k(\overline{x}_k^{(1)}-\overline{x}_k^{(2)})\right]^2\\&\triangleq\left(\sum_{k=1}^{p}c_kd_k\right)^2\end{aligned}$$

其中，$d_k=\overline{x}_k^{(1)}-\overline{x}_k^{(2)}\quad(k=1,2,\cdots,p)$。

即 $\begin{bmatrix}d_1\\d_2\\\vdots\\d_p\end{bmatrix}=\begin{bmatrix}\overline{x}_1^{(1)}-\overline{x}_1^{(2)}\\\overline{x}_2^{(1)}-\overline{x}_2^{(2)}\\\vdots\\\overline{x}_p^{(1)}-\overline{x}_p^{(2)}\end{bmatrix}=(\overline{x}^{(1)}-\overline{x}^{(2)})$ 为两类总体的样本均值差。

因此，$\dfrac{\partial Q}{\partial c_k}=2\left(\sum_{l=1}^{p}c_ld_l\right)d_k$。

而
$$\begin{aligned}R&=\sum_{i=1}^{n_1}(y_i^{(1)}-\overline{y}^{(1)})^2+\sum_{i=1}^{n_2}(y_i^{(2)}-\overline{y}^{(2)})^2\\&=\sum_{i=1}^{n_1}\left[\sum_{k=1}^{p}c_k(x_{ik}^{(1)}-\overline{x}_k^{(1)})\right]^2+\sum_{i=1}^{n_2}\left[\sum_{k=1}^{p}c_k(x_{ik}^{(2)}-\overline{x}_k^{(2)})\right]^2\\&=\sum_{i=1}^{n_1}\left[\sum_{k=1}^{p}c_k(x_{ik}^{(1)}-\overline{x}_k^{(1)})\cdot\sum_{l=1}^{p}c_l(x_{il}^{(1)}-\overline{x}_l^{(1)})\right]\\&\quad+\sum_{i=1}^{n_2}\left[\sum_{k=1}^{p}c_k(x_{ik}^{(2)}-\overline{x}_k^{(2)})\cdot\sum_{l=1}^{p}c_l(x_{il}^{(2)}-\overline{x}_l^{(2)})\right]\\&=\sum_{k=1}^{p}\sum_{l=1}^{p}c_kc_l\sum_{i=1}^{n_1}(x_{ik}^{(1)}-\overline{x}_k^{(1)})(x_{il}^{(1)}-\overline{x}_l^{(1)})+\sum_{i=1}^{n_2}(x_{ik}^{(2)}-\overline{x}_k^{(2)})(x_{il}^{(2)}-\overline{x}_l^{(2)})\\&\triangleq\sum_{k=1}^{p}\sum_{l=1}^{p}c_kc_ls_{kl}\end{aligned}$$

其中，$s_{kl}=\sum_{i=1}^{n_1}(x_{ik}^{(1)}-\overline{x}_k^{(1)})(x_{il}^{(1)}-\overline{x}_l^{(1)})+\sum_{i=1}^{n_2}(x_{ik}^{(2)}-\overline{x}_k^{(2)})(x_{il}^{(2)}-\overline{x}_l^{(2)})$

故 $$\frac{\partial R}{\partial c_k}=2\sum_{l=1}^{p}c_l s_{kl}=2c_1 s_{k1}+2c_2 s_{k2}+\cdots+2c_p s_{kp}$$

$$\frac{2}{I}\left(\sum_{l=1}^{p}c_l d_l\right)d_k=2\sum_{l=1}^{p}c_l s_{kl}\quad(k=1,2,\cdots,p)$$

令 $\beta=\frac{1}{I}\sum_{l=1}^{p}c_l d_l$，$\beta$ 是常数因子，不依赖于 k，它对方程组只起共同扩大倍数的作用，不影响判别结果。不妨取 $\beta=1$，于是得到

$$\sum_{l=1}^{p}c_l s_{kl}=d_k\quad(k=1,2,\cdots,p)$$

$$s_{k1}c_1+s_{k2}c_2+\cdots+s_{kp}c_p=d_k$$

即 $$\begin{cases}s_{11}c_1+s_{12}c_2+\cdots+s_{1p}c_p=d_1\\ s_{21}c_1+s_{22}c_2+\cdots+s_{2p}c_p=d_2\\ \qquad\vdots\\ s_{p1}c_1+s_{p2}c_2+\cdots+s_{pp}c_p=d_p\end{cases}$$

用矩阵表示为

$$\begin{bmatrix}s_{11}&s_{12}&\cdots&s_{1p}\\ s_{21}&s_{22}&\cdots&s_{2p}\\ \vdots&\vdots&\vdots&\vdots\\ s_{p1}&s_{p2}&\cdots&s_{pp}\end{bmatrix}\cdot\begin{bmatrix}c_1\\ c_2\\ \vdots\\ c_p\end{bmatrix}=\begin{bmatrix}d_1\\ d_2\\ \vdots\\ d_p\end{bmatrix}$$

因此得到

$$\begin{bmatrix}c_1\\ c_2\\ \vdots\\ c_p\end{bmatrix}=\begin{bmatrix}s_{11}&s_{12}&\cdots&s_{1p}\\ s_{21}&s_{22}&\cdots&s_{2p}\\ \vdots&\vdots&\vdots&\vdots\\ s_{p1}&s_{p2}&\cdots&s_{pp}\end{bmatrix}^{-1}\cdot\begin{bmatrix}d_1\\ d_2\\ \vdots\\ d_p\end{bmatrix}$$

简记为 $\boldsymbol{\alpha}=\boldsymbol{E}^{-1}\boldsymbol{d}$。

2. 两总体费歇判别的基本步骤

(1) 建立判别函数。

$$y(x)=\boldsymbol{\alpha}'x$$

$$\boldsymbol{\alpha}=\begin{bmatrix}c_1\\ c_2\\ \vdots\\ c_p\end{bmatrix}=\boldsymbol{E}^{-1}(\bar{x}^{(1)}-\bar{x}^{(2)})$$

这里的 $\boldsymbol{E}$ 为两总体的样本积差阵(离差平方和矩阵)之和，即

$$\begin{aligned}\boldsymbol{E}&=\begin{bmatrix}s_{11}&s_{12}&\cdots&s_{1p}\\ s_{21}&s_{22}&\cdots&s_{2p}\\ \vdots&\vdots&\vdots&\vdots\\ s_{p1}&s_{p2}&\cdots&s_{pp}\end{bmatrix}\\ &\triangleq A_1+A_2\\ &=(n_1-1)\boldsymbol{S}_1+(n_2-1)\boldsymbol{S}_2\end{aligned}$$

其中，$\boldsymbol{S}_1$，$\boldsymbol{S}_2$ 为总体 G_1，G_2 的样本协方差矩阵。

(2) 计算判别临界值。

$$y_c=\begin{cases}\dfrac{\overline{y}^{(1)}+\overline{y}^{(2)}}{2} & \text{两总体方差相等时}\\[2ex] \dfrac{\hat{\sigma}_2\,\overline{y}^{(1)}+\hat{\sigma}_1\,\overline{y}^{(2)}}{\hat{\sigma}_1+\hat{\sigma}_2} & \text{两总体方差不相等时}\end{cases}$$

其中，$\hat{\sigma}_1=\sqrt{\dfrac{1}{n_1-1}\sum_{i=1}^{n_1}(y_i^{(1)}-\overline{y}^{(1)})^2}$，$\hat{\sigma}_2=\sqrt{\dfrac{1}{n_2-1}\sum_{i=1}^{n_2}(y_i^{(2)}-\overline{y}^{(2)})^2}$。

(3) 建立判别准则。

若由原始数据求得的$\overline{y}^{(1)}$ 和 $\overline{y}^{(2)}$，若满足$\overline{y}^{(1)}>\overline{y}^{(2)}$，则判别准则为

$$\begin{cases}x\in G_1 & \text{若 } y(x)>Y_c\\ x\in G_2 & \text{若 } y(x)<Y_c\\ \text{待判} & \text{若 } y(x)=Y_c\end{cases}$$

例 4.3 某外贸公司为推销某一新产品，为保险起见，在新产品大量上市前将该产品的样品寄往 12 个国家的进口代理商，并附意见调查表，要求对该产品给予评估，评估的因素有式样、包装及耐久性三项。评分表用 10 分制，最后要求说明是否愿意购买。12 个代理商的调查结果如表 4-4 所示。若第 13 个国家的进口代理商评分为(9，5，8)，问该代理商是否愿意购买此产品。

表 4-4　产品调查结果

组别	序号	产品特征		
		质量(x_1)	款式(x_2)	颜色(x_3)
购买组	1	9	8	7
	2	7	6	6
	3	10	7	8
	4	8	4	5
	5	9	9	3
	6	8	6	7
	7	7	5	6
非购买组	1	6	4	4
	2	3	6	6
	3	6	3	3
	4	2	4	5
	5	1	2	2

解：(1) 求两总体的样本均值$\overline{x}^{(1)}$ 和 $\overline{x}^{(2)}$。

$$\overline{x}^{(1)}=\begin{bmatrix}8.29\\6.43\\6.00\end{bmatrix},\ \overline{x}^{(2)}=\begin{bmatrix}\overline{x}_1^{(2)}\\\overline{x}_2^{(2)}\\\overline{x}_3^{(2)}\end{bmatrix}=\begin{bmatrix}3.20\\3.80\\4.00\end{bmatrix}$$

(2) 求两总体样本均值之差。

$$\boldsymbol{d}=\overline{x}^{(1)}-\overline{x}^{(2)}=\begin{bmatrix}5.09\\2.63\\2.00\end{bmatrix}$$

(3) 求两总体的样本离差平方和矩阵 $\boldsymbol{E}$。

先求各 s_{kl}，如

$$s_{11}=\sum_{i=1}^{7}(x_{1i}^{(1)}-\overline{x}_1^{(1)})^2+\sum_{i=1}^{5}(x_{1i}^{(2)}-\overline{x}_1^{(2)})^2=22.228\ 57$$

$$s_{12}=\sum_{i=1}^{7}(x_{1i}^{(1)}-\overline{x}_1^{(1)})(x_{2i}^{(1)}-\overline{x}_2^{(1)})+\sum_{i=1}^{5}(x_{1i}^{(2)}-\overline{x}_1^{(2)})(x_{2i}^{(2)}-\overline{x}_2^{(2)})=8.342\ 88$$

$$\boldsymbol{E}=\begin{bmatrix}22.228\ 57 & 8.342\ 88 & 2\\ & 26.514\ 27 & 6\\ & & 26\end{bmatrix}$$

求 $\boldsymbol{E}$ 的逆矩阵得

$$\boldsymbol{E}^{-1}=\begin{bmatrix}0.051\ 01 & & \\ -0.016\ 00 & 0.044\ 81 & \\ -0.000\ 23 & -0.009\ 11 & 0.040\ 58\end{bmatrix}$$

(4) 求判别系数。

$$\boldsymbol{\alpha}=(c_1,c_2,c_3)'=\boldsymbol{E}^{-1}\boldsymbol{d}$$

$$\boldsymbol{\alpha}=\begin{bmatrix}c_1\\c_2\\c_3\end{bmatrix}=\begin{bmatrix}0.051\ 01 & -0.016\ 00 & -0.000\ 23\\ -0.016\ 00 & 0.044\ 81 & -0.009\ 11\\ -0.000\ 23 & -0.009\ 11 & 0.040\ 58\end{bmatrix}\cdot\begin{bmatrix}d_1\\d_2\\d_3\end{bmatrix}=\begin{bmatrix}0.216\ 92\\0.018\ 20\\0.056\ 04\end{bmatrix}$$

(5) 得判别函数。

$$y(x)=\boldsymbol{\alpha}'x=0.216\ 92x_1+0.018\ 2x_2+0.056\ 04x_3$$

(6) 将样本均值 $\overline{x}^{(1)}$ 和 $\overline{x}^{(2)}$ 代入判别函数，得

$$\begin{aligned}\overline{y}^{(1)}&=\boldsymbol{\alpha}'\overline{x}^{(1)}\\&=0.216\ 92\times 8.29+0.018\ 2\times 6.43+0.056\ 04\times 6\\&=2.251\ 533\end{aligned}$$

$$\overline{y}^{(2)}=\boldsymbol{\alpha}'\overline{x}^{(2)}=0.987\ 464$$

判别临界值

$$y_c=\frac{\overline{y}^{(1)}+\overline{y}^{(2)}}{2}=1.62$$

则判别准则为

$$\begin{cases}x\in G_1 & 若\ y(x)>y_c\\ x\in G_2 & 若\ y(x)<y_c\\ 待判 & 若\ y(x)=y_c\end{cases}$$

(7) 对已知类别的样品判别分类。

对已知类别的样品(训练样品)用线性判别函数进行判别归类，结果如表 4-5 所示。回代率为 100% 判对。

表 4-5　训练样品的判别结果

组别	样品	判别函数 $y(x)$ 的值	原类号	判归类别
购买组	1	2.49	1	1
	2	1.96	1	1
	3	2.74	1	1
	4	2.09	1	1
	5	2.28	1	1
	6	2.24	1	1
	7	1.95	1	1
非购买组	1	1.16	2	2
	2	1.10	2	2
	3	1.52	2	2
	4	0.79	2	2
	5	0.37	2	2

(8) 对待判样品判别归类。

对待判样品 $x=(9,5,8)$ 代入判别函数得

$$y(x)=0.216\,92\times9+0.018\,2\times5+0.056\,04\times8=2.491\,6>y_c$$

故 x 属购买组 G_1。

3. 两总体费歇判别与回归分析的关系

在两类判别中，费歇判别与回归模型是等价的，设有两个总体 G_1 和 G_2，从两个总体中分别抽取 n_1 和 n_2 个样品，每个样品观测 p 个指标。

$$\begin{array}{ll} G_1 & X_1^{(1)},\ X_2^{(1)},\ \cdots,\ X_{n_1}^{(1)} \\ G_2 & X_1^{(2)},\ X_2^{(2)},\ \cdots,\ X_{n_2}^{(2)} \end{array}$$

我们虚构一个因变量 y，y 的取值定义如下：

$$y_j^{(l)}=\begin{cases}\dfrac{n_2}{n_1+n_2},\ l=1,\ j=1,\ 2,\ \cdots n_1\\[2ex] -\dfrac{n_1}{n_1+n_2},\ l=2,\ j=1,\ 2,\ \cdots n_2\end{cases}$$

这样定义仅仅是为了使 $\bar{y}=\dfrac{1}{n_1+n_2}\sum\limits_{l=1}^{2}\sum\limits_{j=1}^{n_l}y_j^{(l)}=0$，从而在推导过程中带来一些方便。我们考虑建立回归方程

$$\hat{y}=\boldsymbol{\alpha}+\boldsymbol{\beta}'\boldsymbol{X}$$

可以证明：判别函数中的系数向量 $\boldsymbol{\alpha}$ 与回归方程中回归系数 $\boldsymbol{\beta}$ 是相等的(只差一个常数倍)。$\boldsymbol{X}$ 和 $\boldsymbol{Y}$ 用数据矩阵表示为

$$\boldsymbol{X}=\begin{bmatrix} x_{11}^{(1)} & x_{12}^{(1)} & \cdots & x_{1p}^{(1)} \\ \vdots & \vdots & \cdots & \vdots \\ x_{n_1 1}^{(1)} & x_{n_1 2}^{(1)} & \cdots & x_{n_1 p}^{(1)} \\ x_{11}^{(2)} & x_{12}^{(2)} & \cdots & x_{1p}^{(2)} \\ \vdots & \vdots & \vdots & \vdots \\ x_{n_2 1}^{(2)} & x_{n_2 2}^{(2)} & \cdots & x_{n_2 p}^{(2)} \end{bmatrix}$$

$$\boldsymbol{Y}=\begin{bmatrix} \left.\begin{matrix} \dfrac{n_2}{n_1+n_2} \\ \vdots \\ \dfrac{n_2}{n_1+n_2} \end{matrix}\right\} n_1 \text{ 个} \\ \left.\begin{matrix} -\dfrac{n_1}{n_1+n_2} \\ \vdots \\ -\dfrac{n_1}{n_1+n_2} \end{matrix}\right\} n_2 \text{ 个} \end{bmatrix}$$

回归系数

$$\boldsymbol{\beta}=(b_1, b_2, \cdots, b_p)'$$

由回归方程的理论，$\boldsymbol{\beta}$ 是下列方程组的解：

$$\sum_{l=1}^{2}\sum_{j=1}^{n_l}(x_j^{(l)}-\bar{x})(x_j^{(l)}-\bar{x})'\boldsymbol{\beta}=\sum_{l=1}^{n}\sum_{j=1}^{n_l}(x_j^{(l)}-\bar{x})(y_j^{(l)}-0)$$

其中，$\bar{x}$ 是总均值，$\bar{x}=\dfrac{n_1\overline{x}^{(1)}+n_2\overline{x}^{(2)}}{n_1+n_2}$。

而

$$\begin{aligned}&\sum_{l=1}^{2}\sum_{j=1}^{n_l}(x_j^{(l)}-\bar{x})(x_j^{(l)}-\bar{x})' \\ &=\sum_{l=1}^{2}\sum_{j=1}^{n_l}(x_j^{(l)}-\overline{x}^{(l)}+\overline{x}^{(l)}-\bar{x})\cdot(x_j^{(l)}-\overline{x}^{(l)}+\overline{x}^{(l)}-\bar{x})' \\ &=\sum_{l=1}^{2}\sum_{j=1}^{n_l}(x_j^{(l)}-\overline{x}^{(l)})(x_j^{(l)}-\overline{x}^{(l)})'+\sum_{l=1}^{2}\sum_{j=1}^{n_l}(\overline{x}^{(l)}-\bar{x})(\overline{x}^{(l)}-\bar{x})' \\ &=\boldsymbol{E}+\frac{n_1n_2}{n_1+n_2}(\overline{x}^{(1)}-\overline{x}^{(2)})(\overline{x}^{(1)}-\overline{x}^{(2)})'\end{aligned}$$

利用$y_j^{(l)}$ 的定义

$$\sum_{l=1}^{2}\sum_{j=1}^{n_l}y_j^{(l)}(x_j^{(l)}-\bar{x})=\frac{n_1n_2}{n_1+n_2}(\overline{x}^{(1)}-\overline{x}^{(2)})$$

于是　$\boldsymbol{E\beta}+\dfrac{n_1n_2}{n_1+n_2}(\overline{x}^{(1)}-\overline{x}^{(2)})(\overline{x}^{(1)}-\overline{x}^{(2)})'\boldsymbol{\beta}=\dfrac{n_1n_2}{n_1+n_2}(\overline{x}^{(1)}-\overline{x}^{(2)})$

得

$$\boldsymbol{E\beta}=(\overline{x}^{(1)}-\overline{x}^{(2)})\cdot c$$

其中，$c=\dfrac{n_1n_2}{n_1+n_2}[1-(\overline{x}^{(1)}-\overline{x}^{(2)})'\boldsymbol{\beta}]$ 为一常数。即 $\boldsymbol{\beta}=\boldsymbol{E}^{-1}(\overline{x}^{(1)}-\overline{x}^{(2)})\cdot c=\boldsymbol{\alpha}\cdot c$。

与前面解得的判别系数 $\boldsymbol{\alpha}$ 相比较只差一个常数，这不会影响判别的结果。因此，在两类费歇判别中可以用二值回归分析方法求解线性判别函数。

例 4.4 对例4.3 用回归分析求解判别系数。

解：(1) 定义因变量 y。

首先虚构因变量 y 的值，见表 4-6。

表 4-6 用于求解回归方程的数据

x_1	x_2	x_3	y
9	8	7	0.416 7
7	6	6	0.416 7
10	7	8	0.416 7
8	4	5	0.416 7
9	9	3	0.416 7
8	6	7	0.416 7
7	5	6	0.416 7
4	4	4	−0.583 3
3	6	6	−0.583 3
6	3	3	−0.583 3
2	4	5	−0.583 3
1	2	2	−0.583 3

(2) 求回归系数。

根据表 4-6 的数据，用普通最小二乘估计得到的回归方程为

$$y=-1.073\,6+0.135\,1x_1+0.011\,3x_2+0.034\,9x_3$$

即得到回归系数 $\boldsymbol{\beta}=\begin{bmatrix}0.135\,1\\0.011\,3\\0.034\,9\end{bmatrix}$

(3) 求判别函数。

$$y(x)=0.135\,1x_1+0.011\,3x_2+0.034\,9x_3$$

$$\begin{aligned}\overline{y}^{(1)}&=0.135\,1\,\overline{x}_1^{(1)}+0.011\,3\,\overline{x}_2^{(1)}+0.034\,9\,\overline{x}_3^{(1)}\\&=0.135\,1\times 8.29+0.011\,3\times 6.43+0.034\,9\times 6=1.402\,0\\\overline{y}^{(2)}&=0.135\,1\,\overline{x}_1^{(2)}+0.011\,3\,\overline{x}_2^{(2)}+0.034\,9\,\overline{x}_3^{(2)}\\&=0.135\,1\times 3.2+0.011\,3\times 3.8+0.034\,9\times 4=0.614\,9\end{aligned}$$

(4) 计算判别临界值。

$$y_c=\frac{\overline{y}^{(1)}+\overline{y}^{(2)}}{2}=1.008\,4$$

(5) 判别规则

$$\begin{cases}x\in G_1 & 若\ y(x)>y_c\\x\in G_2 & 若\ y(x)<y_c\\待判 & 若\ y(x)=y_c\end{cases}$$

(6) 根据判别函数和判别规则进行判别。

对新样品 $x=(9,5,8)$，计算判别函数的值：

$$y(x)=0.1351\times 9+0.0113\times 5+0.0349\times 8=1.5516>y_c$$

故 $x\in G_1$，即为购买者，与前面的判别结果一致。

此例中，$c=\dfrac{n_1n_2}{n_1+n_2}[1-(\overline{x}^{(1)}-\overline{x}^{(2)})'\boldsymbol{\beta}]$

$$=\frac{5\times 7}{12}\left[1-(5.09\quad 2.63\quad 2.00)\begin{bmatrix}0.135\\0.011\\0.035\end{bmatrix}\right]=0.6207$$

因此，$\boldsymbol{\alpha}=\dfrac{1}{c}\cdot\boldsymbol{\beta}=\dfrac{1}{0.6207}\begin{bmatrix}0.1351\\0.0113\\0.0349\end{bmatrix}=\begin{bmatrix}0.2176\\0.0182\\0.0562\end{bmatrix}$

故费歇判别函数为

$$y(x)=0.2176x_1+0.0182x_2+0.0562x_3$$

4.4.3 多总体费歇判别法

1. 费歇判别函数

费歇判别法实际上是致力于寻找一个最能反映组和组之间差异的投影方向，即寻找线性判别函数 $y(x)=c_1x_1+\cdots+c_px_p$。

设有k个总体$G_1,G_2,\cdots,G_k$，它们的均值和协方差矩阵分别为$\boldsymbol{\mu}_i$，$\boldsymbol{\Sigma}_i(i=1,2,\cdots,k)$。从每个总体 G_i 中分别抽取 n_i 个样品，得 k 组 p 维样本观察值，$n_1+n_2+\cdots+n_k=n$。

$$G_1:\begin{bmatrix}x_{11}^{(1)} & x_{12}^{(1)} & \cdots & x_{1p}^{(1)}\\ x_{21}^{(1)} & x_{22}^{(1)} & \cdots & x_{2p}^{(1)}\\ \vdots & \vdots & \vdots & \vdots\\ x_{n_11}^{(1)} & x_{n_12}^{(1)} & \cdots & x_{n_1p}^{(1)}\end{bmatrix}，记作\begin{bmatrix}\boldsymbol{X}_1^{(1)}\\ \boldsymbol{X}_2^{(1)}\\ \vdots\\ \boldsymbol{X}_{n_1}^{(1)}\end{bmatrix}$$

$$G_2:\begin{bmatrix}x_{11}^{(2)} & x_{12}^{(2)} & \cdots & x_{1p}^{(2)}\\ x_{21}^{(2)} & x_{22}^{(2)} & \cdots & x_{2p}^{(2)}\\ \vdots & \vdots & \vdots & \vdots\\ x_{n_21}^{(2)} & x_{n_22}^{(2)} & \cdots & x_{n_2p}^{(2)}\end{bmatrix}，记作\begin{bmatrix}\boldsymbol{X}_1^{(2)}\\ \boldsymbol{X}_2^{(2)}\\ \vdots\\ \boldsymbol{X}_{n_2}^{(2)}\end{bmatrix}$$

$$\vdots$$

$$G_k:\begin{bmatrix}x_{11}^{(k)} & x_{12}^{(k)} & \cdots & x_{1p}^{(k)}\\ x_{21}^{(k)} & x_{22}^{(k)} & \cdots & x_{2p}^{(k)}\\ \vdots & \vdots & \vdots & \vdots\\ x_{n_k1}^{(k)} & x_{n_k2}^{(k)} & \cdots & x_{n_kp}^{(k)}\end{bmatrix}，记作\begin{bmatrix}\boldsymbol{X}_1^{(k)}\\ \boldsymbol{X}_2^{(k)}\\ \vdots\\ \boldsymbol{X}_{n_k}^{(k)}\end{bmatrix}$$

在 $\mathbf{R}^p$ 空间寻找某一投影方向$\boldsymbol{\alpha}$，使得 k 组数据投影到$\boldsymbol{\alpha}$ 方向后能最大限度地显现组和组之间的差异。这时，上述数据的投影为

$$G_1:\begin{bmatrix}\boldsymbol{\alpha}'\boldsymbol{X}_1^{(1)}\\\boldsymbol{\alpha}'\boldsymbol{X}_2^{(1)}\\\vdots\\\boldsymbol{\alpha}'\boldsymbol{X}_{n_1}^{(1)}\end{bmatrix}\text{，记作}\begin{bmatrix}\boldsymbol{y}_1^{(1)}\\\boldsymbol{y}_2^{(1)}\\\vdots\\\boldsymbol{y}_{n_1}^{(1)}\end{bmatrix}$$

$$G_2:\begin{bmatrix}\boldsymbol{\alpha}'\boldsymbol{X}_1^{(2)}\\\boldsymbol{\alpha}'\boldsymbol{X}_2^{(2)}\\\vdots\\\boldsymbol{\alpha}'\boldsymbol{X}_{n_2}^{(2)}\end{bmatrix}\text{，记作}\begin{bmatrix}\boldsymbol{y}_1^{(2)}\\\boldsymbol{y}_2^{(2)}\\\vdots\\\boldsymbol{y}_{n_2}^{(2)}\end{bmatrix}$$

$$\vdots$$

$$G_k:\begin{bmatrix}\boldsymbol{\alpha}'\boldsymbol{X}_1^{(k)}\\\boldsymbol{\alpha}'\boldsymbol{X}_2^{(k)}\\\vdots\\\boldsymbol{\alpha}'\boldsymbol{X}_{n_k}^{(k)}\end{bmatrix}\text{，记作}\begin{bmatrix}\boldsymbol{y}_1^{(k)}\\\boldsymbol{y}_2^{(k)}\\\vdots\\\boldsymbol{y}_{n_k}^{(k)}\end{bmatrix}$$

第 i 个总体的样本均值向量 $\bar{\boldsymbol{X}}_i=\dfrac{1}{n_i}\sum_{j=1}^{n_i}\boldsymbol{X}_j^{(i)}$，

综合的样本均值向量 $\bar{\boldsymbol{X}}_i=\dfrac{1}{n}\sum_{i=1}^{k}n_i\bar{\boldsymbol{X}}_i$；

第 i 个总体样本组内离差平方和 $\boldsymbol{V}_i=\sum_{j=1}^{n_i}(\boldsymbol{X}_j^{(i)}-\bar{\boldsymbol{X}}_i)(\boldsymbol{X}_j^{(i)}-\bar{\boldsymbol{X}}_i)'$，

总的组内离差平方和 $\boldsymbol{E}=\boldsymbol{V}_1+\boldsymbol{V}_2+\cdots+\boldsymbol{V}_k=\sum_{i=1}^{k}\sum_{j=1}^{n_i}(\boldsymbol{X}_j^{(i)}-\bar{\boldsymbol{X}}_i)(\boldsymbol{X}_j^{(i)}-\bar{\boldsymbol{X}}_i)'$，

组间离差平方和 $\boldsymbol{B}=\sum_{i=1}^{k}n_i(\bar{\boldsymbol{X}}_i-\bar{\boldsymbol{X}})(\bar{\boldsymbol{X}}_i-\bar{\boldsymbol{X}})'$。

投影到 $\boldsymbol{\alpha}$ 方向后，

第 i 个总体的样本均值为 $\bar{y}_i=\dfrac{1}{n_i}\sum_{j=1}^{n_i}\boldsymbol{y}_j^{(i)}=\dfrac{1}{n_i}\sum_{j=1}^{n_i}\boldsymbol{\alpha}'\boldsymbol{X}_j^{(i)}=\boldsymbol{\alpha}'\bar{\boldsymbol{X}}^{(i)}$，

所有 k 组数据的样本总均值 $\bar{y}=\dfrac{1}{n}\sum_{i=1}^{k}n_i\bar{\boldsymbol{y}}_i=\dfrac{1}{n}\boldsymbol{\alpha}'\sum_{i=1}^{k}n_i\bar{\boldsymbol{X}}^{(i)}$；

第 i 个总体样本组内离差平方和 $V_i=\sum_{j=1}^{n_i}(\boldsymbol{y}_j^{(i)}-\bar{\boldsymbol{y}}_i)^2$，

总的组内离差平方和 $\text{SSE}=\sum_{i=1}^{k}\sum_{j=1}^{n_i}(\boldsymbol{y}_j^{(i)}-\bar{\boldsymbol{y}}_i)^2=\boldsymbol{\alpha}'\sum_{i=1}^{k}\sum_{j=1}^{n_i}(\boldsymbol{X}_j^{(i)}-\bar{\boldsymbol{X}}_i)'(\boldsymbol{X}_j^{(i)}-\bar{\boldsymbol{X}}_i)\boldsymbol{\alpha}=\boldsymbol{\alpha}'\boldsymbol{E}\boldsymbol{\alpha}$，

组间离差平方和 $\text{SSG}=\sum_{i=1}^{k}n_i(\bar{\boldsymbol{y}}_i-\bar{\boldsymbol{y}})^2=\boldsymbol{\alpha}'\sum_{i=1}^{k}n_i(\bar{\boldsymbol{X}}_i-\bar{\boldsymbol{X}})(\bar{\boldsymbol{X}}_i-\bar{\boldsymbol{X}})'\boldsymbol{\alpha}=\boldsymbol{\alpha}'\boldsymbol{B}\boldsymbol{\alpha}$。

如果判别分析是有效的，则所有样品的线性组合 $y(x)=c_1x_1+\cdots+c_px_p$ 满足组内离差平方和小，而组间离差平方和大。则

$$\Delta(\boldsymbol{\alpha})=\frac{\boldsymbol{B}_0}{\boldsymbol{E}_0}=\frac{\boldsymbol{\alpha}'\boldsymbol{B}\boldsymbol{\alpha}}{\boldsymbol{\alpha}'\boldsymbol{E}\boldsymbol{\alpha}}=\max$$

寻求 $\boldsymbol{\alpha}$，使得 $\Delta(\boldsymbol{\alpha})$ 达到最大。由矩阵知识知，$\Delta(\boldsymbol{\alpha})$ 的最大值就是 $\boldsymbol{E}^{-1}\boldsymbol{B}$ 的最大特征根 λ_1，而 λ_1 所对应的特征向量即 $\boldsymbol{\alpha}_1=(c_{11},\cdots,c_{p1})'$。

费歇判别函数是 $\hat{y}_1(x)=\hat{c}_{11}x_1+\cdots+\hat{c}_{p1}x_p$。

然而，如果组数 k 太大，原始数据向量的维数 p 太多，仅用一个线性判别函数不能很好地区分各个总体，这时需要寻找第二个甚至第三个线性判别函数。$\Delta(\boldsymbol{\alpha})=\dfrac{\boldsymbol{B}_0}{\boldsymbol{E}_0}=\dfrac{\boldsymbol{\alpha}'\boldsymbol{B}\boldsymbol{\alpha}}{\boldsymbol{\alpha}'\boldsymbol{E}\boldsymbol{\alpha}}$ 的次大值就是 $\boldsymbol{E}^{-1}\boldsymbol{B}$ 的第二大特征根 λ_2，而 λ_2 所对应的特征向量 $\boldsymbol{\alpha}_2=(c_{12},\cdots,c_{p2})'$ 构成第二个判别函数的系数 $\boldsymbol{\alpha}_2=(c_{12},\cdots,c_{p2})'$，可得到第二个费歇判别函数 $\hat{y}_2(x)=\hat{c}_{12}x_1+\cdots+\hat{c}_{p2}x_p$。

依此类推，可得到 $m(m<k)$ 个线性函数。

2. 费歇判别函数个数的选择

设 $\lambda_1\geqslant\lambda_2\geqslant\cdots\geqslant\lambda_s$ 为 $\boldsymbol{E}^{-1}\boldsymbol{B}$ 的 $s(\leqslant\min(k-1,p))$ 个非零特征根，$\Delta(\boldsymbol{\alpha}_i)=\lambda_i$ 表明第 i 个判别函数 $y_i(x)$ 对区分各组的贡献率大小。y_i 的贡献率为 $\dfrac{\lambda_i}{\sum_{i=1}^{s}\lambda_i}$。

前 m 个判别函数 $y_1(x)$，$y_2(x)$，…，$y_m(x)$ 的累计贡献率为 $\dfrac{\sum_{i=1}^{m}\lambda_i}{\sum_{i=1}^{s}\lambda_i}$。

在实际应用中，通常我们并不需要所有 s 个判别函数。若前 m 个判别函数的累计贡献率已经达到了较高的比例(如 75% ～ 95%)，则可采用 m 个判别函数进行判别。

3. 多总体费歇判别的基本步骤

在确定了需要使用 m 个判别函数 $y_1(x)$，$y_2(x)$，…，$y_m(x)$ 之后，以 m 个线性判别函数得到的函数值为新的变量，再进行距离判别。

$d^2(x,G_j)=\sum_{i=1}^{m}\left[y_i(x)-y_i(\bar{x}_j)\right]^2$ 为 $\left[y_1(x),y_2(x),\cdots,y_m(x)\right]'$ 到组 G_j 的样本均值 $y_i(\bar{x}_j)=\left[y_1(\bar{x}_j),y_2(\bar{x}_j),\cdots,y_m(\bar{x}_j)\right]'$ 的平方欧氏距离，$j=1,2,\cdots,k$。

相应的判别规则为

$$\text{若 } d(x,G_l)=\min_{1\leqslant j\leqslant k}d(x,G_j)\text{，则 } x\in G_l\text{。}$$

4.5 SAS 实现与应用案例

4.5.1 ST 和非 ST 企业的距离判别

微课视频　　微课视频

1. 案例背景

自2013 年 12 月 31 日起，新三板正式接受全国企业挂牌，使中小高新技术企业的资金融通问题得到了有效缓解。但是新三板企业，尤其是成长型企业，仍处在快速成长的发展阶段，还尚未成熟，容易遇到各种各样的经营问题。2018 年上半年，新三板企业净利润相比2017 年同期降低了11.7%，同比下滑了1.6%，整体企业发展形势并不乐观。截至2018 年 10 月 9 日，新三板市场新增 ST (special treatment)公司114家，数量已创历史新高。我们可以根据现有的ST和非ST企业的经营状况，总结判别规律，以判断其他公司所属类别，准确预测财务危机，从而有针对性地采取措施防范风险。为了便于识别，把“ST 企业”作为第一类企业，把“非 ST 企业”作为第二类企业。

根据公司价值的一般理论，公司价值主要由盈利报酬能力、资产管理能力、股东回报能力、偿付债务能力、成长能力等诸多素决定，这些能力与要素最终都将影响企业财务绩效。

对 ST 企业收集它们的财务数据，同时对非 ST 企业也收集同一时期的数据。数据指标体系包含了盈利能力、运营能力、发展能力、偿债能力 4 个方面，具体的指标如表 4-7 所示。

表 4-7　指标体系

财务能力	财务指标	解释	编号
盈利能力	总资产收益率	净利润 / 平均资产总额	x_1
	净资产收益率	净利润 / 平均净资产	x_2
	营业净利率	净利润 / 营业收入	x_3
营运能力	应收账款周转率	当期销售净收入 / 平均应收账款余额	x_4
	总资产周转率	总营业额 / 总资产值	x_5
	流动资产周转率	主营业务收入净额 / 平均流动资产总额	x_6
发展能力	主营业务收入增长率	(主营业务收入 − 上期主营业务收入)/ 上期主营业务收入	x_7
	研发强度	研发支出 / 主营业务收入	x_8
偿债能力	流动比率	流动资产合计 / 流动负债合计	x_9
	速动比率	(流动资产 − 存货)/ 流动负债	x_{10}
	现金比率	(货币资金 + 有价证券)/ 流动负债	x_{11}

2. 训练样本和判别样本数据

训练样本的指标数值如表 4-8 所示。

表 4-8　训练样本数据

企业编号	总资产收益率	净资产收益率	营业净利率	应收账款周转率	总资产周转率	流动资产周转率	主营业务收入增长率	R&D 强度	流动比率	速动比率	现金比率	类别
企业 1	−0.32	−1.58	−0.38	5.64	0.96	1.19	0.26	0.14	0.91	0.50	0.25	非 ST
企业 2	−0.09	−0.22	−0.10	1.90	0.90	1.00	−0.57	0.08	3.53	2.78	0.46	非 ST
企业 3	−0.17	−0.20	−0.18	4.79	1.13	1.84	−0.27	0.00	9.46	9.46	8.24	非 ST
企业 4	−0.02	−0.14	1.00	−0.47	−0.02	−0.06	−1.02	0.00	0.33	0.32	0.08	非 ST
企业 5	−0.15	−0.31	−0.15	2.19	1.04	1.46	−0.22	0.00	1.37	1.29	0.41	非 ST
企业 6	−0.15	−0.17	−0.23	11.33	0.71	0.86	−0.35	0.16	6.27	5.77	2.16	非 ST
企业 7	0.00	0.00	0.00	6.56	0.51	4.14	0.17	0.00	0.83	0.82	0.09	非 ST
企业 8	0.12	0.44	0.13	3.59	0.89	1.89	0.32	0.00	0.69	0.62	0.22	非 ST
企业 9	−0.04	−0.05	−0.04	17.55	0.99	1.19	0.39	0.19	11.36	10.76	8.78	非 ST
企业 10	0.04	0.08	0.01	15.77	3.31	4.64	0.40	0.00	1.47	1.22	0.16	非 ST
企业 11	−0.07	−0.08	−0.11	2.46	0.62	0.65	−0.36	0.09	4.72	4.40	0.45	非 ST

（续表）

企业编号	总资产收益率	净资产收益率	营业净利率	应收账款周转率	总资产周转率	流动资产周转率	主营业务收入增长率	R&D 强度	流动比率	速动比率	现金比率	类别
企业 12	-0.22	-0.30	-6.43	1.49	0.03	0.11	-0.91	0.86	1.02	0.13	0.02	非 ST
企业 13	-0.27	-0.28	-0.56	6.48	0.56	1.27	0.07	0.06	8.08	8.05	5.81	非 ST
企业 14	-0.15	-0.70	-0.53	10.31	0.25	1.16	0.23	0.07	0.55	0.54	0.30	非 ST
企业 15	0.02	0.02	0.07	3.69	0.25	0.26	0.16	0.00	15.03	1.63	0.12	非 ST
企业 16	-0.05	-0.10	-0.04	3.83	1.46	1.91	-0.02	0.05	1.83	1.52	0.33	非 ST
企业 17	0.08	0.10	0.10	7.08	0.78	1.03	0.25	0.03	5.37	3.46	2.11	非 ST
企业 18	0.02	0.02	0.03	2.17	0.69	1.01	-0.03	0.02	5.09	3.56	0.10	非 ST
企业 19	0.04	0.15	0.08	4.28	0.45	1.15	0.94	0.02	0.53	0.28	0.02	非 ST
企业 20	0.18	0.23	0.30	1.59	0.55	0.69	0.08	0.00	11.03	10.92	3.90	非 ST
企业 21	0.03	0.03	0.10	0.43	0.30	0.39	-0.40	0.14	28.21	26.95	0.92	非 ST
企业 22	0.03	0.06	0.05	3.01	0.51	0.97	0.56	0.02	0.89	0.45	0.02	非 ST
企业 23	-0.01	-0.03	-0.01	2.70	0.70	1.07	0.22	0.04	1.02	0.68	0.10	非 ST
企业 24	0.01	0.03	0.02	1.81	0.54	0.68	0.01	0.01	1.36	1.01	0.27	非 ST
企业 25	0.15	0.21	0.12	2.73	1.14	1.31	0.46	0.06	3.18	2.51	0.17	非 ST
企业 26	0.04	0.08	0.02	112.32	1.98	4.25	0.04	0.00	0.91	0.69	0.35	非 ST
企业 27	0.06	0.11	0.07	1.24	0.75	0.85	-0.25	0.05	2.09	1.92	0.22	非 ST
企业 28	0.04	0.08	0.09	1.55	0.50	0.79	0.09	0.05	1.49	1.19	0.16	非 ST
企业 29	0.03	0.06	0.05	1.67	0.39	0.48	-0.26	0.15	1.87	1.33	0.64	非 ST
企业 30	-0.01	-0.01	-0.04	0.69	0.19	0.22	-0.68	0.16	2.28	2.07	0.12	非 ST
企业 31	-0.65	9.36	-1.99	0.62	0.30	0.34	0.11	0.19	0.64	0.43	0.04	ST
企业 32	-0.85	-4.79	-1.28	4.26	0.69	0.77	-0.21	0.10	0.71	0.71	0.49	ST
企业 33	-0.37	0.45	-0.15	25.53	2.66	6.87	0.36	0.00	0.18	0.17	0.02	ST
企业 34	-0.29	-1.06	-1.72	2.51	0.14	0.19	-0.50	0.00	0.71	0.68	0.61	ST
企业 35	-0.07	-0.24	-0.22	1.52	0.35	0.94	-0.39	0.00	0.70	0.57	0.01	ST
企业 36	-0.07	-1.06	-0.17	25.72	0.44	0.87	1.74	0.00	0.62	0.26	0.18	ST
企业 37	-0.31	-1.17	-1.70	1.17	0.21	0.21	-0.80	0.00	1.15	1.15	0.01	ST
企业 38	-0.82	-8.70	-1.87	10.35	0.47	2.90	-0.06	0.00	0.12	0.12	0.04	ST
企业 39	-0.16	-1.33	-4.54	144.24	0.04	0.37	-0.90	0.00	0.11	0.01	0.00	ST
企业 40	-0.04	-0.36	-12.89	0.07	0.00	0.03	-0.94	0.00	0.55	0.38	0.13	ST
企业 41	-0.28	-0.55	-8.57	0.72	0.08	0.13	-0.91	0.00	0.34	0.34	0.02	ST
企业 42	-1.27	-4.40	-1.97	3.96	1.24	2.11	-0.49	0.00	0.42	0.23	0.00	ST
企业 43	-0.16	-0.23	-0.72	6.02	0.25	0.64	-0.54	0.00	1.44	0.36	0.01	ST
企业 44	-0.04	-0.07	-1.08	1.06	0.04	0.06	-0.87	0.00	1.62	1.36	0.00	ST
企业 45	-0.74	5.38	-7.29	35.67	0.15	0.66	-0.39	0.00	0.25	0.22	0.00	ST
企业 46	-0.07	-0.19	-0.16	3.27	0.42	0.63	-0.28	0.00	1.03	0.91	0.04	ST
企业 47	-0.31	-0.94	-0.37	8.39	1.32	10.23	0.33	0.00	0.17	0.11	0.00	ST
企业 48	-0.03	-0.03	-0.12	1.21	0.86	9.02	-0.91	0.00	0.28	0.23	0.01	ST
企业 49	-0.51	-3.85	-0.91	2.54	0.85	1.20	-0.47	0.00	0.59	0.40	0.04	ST
企业 50	-0.07	-0.23	-0.22	2.72	0.35	0.94	-0.38	0.00	0.70	0.57	0.01	ST

判别样本的数据如表 4-9 所示。

表 4-9 判别样本数据

企业编号	总资产收益率	净资产收益率	营业净利率	应收账款周转率	总资产周转率	流动资产周转率	主营业务收入增长率	R&D 强度	流动比率	速动比率	现金比率
企业 51	−0.04	−0.08	−0.12	0.64	0.30	0.37	−0.21	0.03	1.94	1.70	0.58
企业 52	0.42	0.62	0.74	1.76	0.46	0.46	0.73	0.00	2.61	1.50	0.08
企业 53	0.07	0.29	0.07	1.91	0.84	0.92	0.53	0.02	1.23	0.84	0.06
企业 54	0.01	0.02	0.01	2.61	1.03	1.22	0.27	0.02	2.08	1.69	0.52
企业 55	0.16	0.20	0.24	11.40	0.68	1.20	0.19	0.02	3.50	3.10	0.33
企业 56	0.20	0.24	0.20	52.60	0.88	2.11	0.32	0.00	2.08	1.28	1.01
企业 57	0.10	0.11	2.38	0.19	0.04	0.05	0.00	0.30	7.38	6.58	0.03
企业 58	0.14	0.24	0.27	2.02	0.42	0.84	0.01	0.00	2.87	2.53	0.40
企业 59	−0.02	−0.02	−0.06	4.05	0.36	0.62	1.06	0.00	6.45	5.92	2.89
企业 60	0.02	0.06	0.02	4.04	0.71	1.52	0.41	0.01	1.03	0.77	0.15
企业 61	0.12	0.13	0.33	1.03	0.34	0.44	0.33	0.00	10.39	9.64	4.12
企业 62	0.11	0.16	0.19	1.80	0.42	0.58	1.22	0.06	2.49	2.16	0.68
企业 63	−0.11	−0.41	−0.16	9.39	0.57	0.58	0.48	0.00	1.20	0.34	0.06
企业 64	0.04	0.04	0.09	8.25	0.30	0.43	1.06	0.00	5.50	5.48	5.13
企业 65	0.23	0.30	0.14	10.57	1.61	2.01	0.51	0.02	4.99	3.46	0.24
企业 66	0.01	0.01	0.01	4.35	0.87	1.37	0.26	0.04	4.87	3.83	2.23
企业 67	0.06	0.09	0.07	6.23	0.81	1.50	0.08	0.01	2.60	1.90	0.12
企业 68	0.05	0.12	0.06	6.97	0.86	1.93	−0.22	0.01	0.89	0.73	0.14
企业 69	0.09	0.17	0.12	2.50	0.60	0.78	0.07	0.00	1.62	1.37	0.43
企业 70	−0.02	−0.03	1.00	−1.21	−0.02	−0.04	−1.41	0.00	1.82	1.82	1.46
企业 71	0.09	0.12	0.08	6.81	1.08	1.37	0.22	0.09	2.93	2.27	0.44
企业 72	0.05	0.06	0.09	4.35	0.60	1.70	0.01	0.03	2.45	1.73	0.59
企业 73	0.09	0.09	1.00	0.47	0.08	0.10	−0.73	0.21	8.23	7.96	5.38
企业 74	0.18	0.23	0.35	2.98	0.49	0.67	0.00	0.10	3.04	2.21	0.89
企业 75	0.10	0.15	0.20	3.04	0.49	0.82	0.14	0.05	2.82	2.22	0.71
企业 76	0.05	0.06	0.20	5.58	0.27	0.52	−0.13	0.02	7.63	3.76	0.12
企业 77	0.05	0.05	0.57	0.68	0.09	0.09	−0.72	0.00	80.55	44.29	25.66
企业 78	−0.27	−0.28	−5.83	73.26	0.04	0.11	8.18	4.00	8.80	8.28	5.01
企业 79	0.16	0.21	0.17	2.05	0.89	1.10	0.05	0.07	3.10	3.08	0.13
企业 80	0.07	0.08	0.06	4.06	1.07	1.52	0.07	0.05	4.37	3.63	1.87
企业 81	−0.04	−0.07	−0.06	32.47	0.64	1.96	−0.20	0.05	1.17	0.83	0.57
企业 82	0.06	0.08	0.07	3.28	0.84	0.97	0.12	0.11	4.66	3.70	0.57
企业 83	0.23	0.29	0.27	17.16	0.85	2.19	0.07	0.03	2.33	1.67	0.71
企业 84	0.17	0.19	0.32	2.19	0.54	0.61	−0.08	0.21	11.09	10.71	6.99

（续表）

企业编号	总资产收益率	净资产收益率	营业净利率	应收账款周转率	总资产周转率	流动资产周转率	主营业务收入增长率	R&D强度	流动比率	速动比率	现金比率
企业 85	0.28	0.35	0.32	2.69	0.79	0.80	0.21	0.11	4.44	4.21	2.85
企业 86	0.07	0.16	0.17	18.04	0.40	1.89	0.41	0.00	0.78	0.75	0.59
企业 87	0.05	0.06	0.09	5.66	0.56	0.85	0.04	0.11	3.73	2.89	0.37
企业 88	−0.18	−3.06	−0.19	6.25	1.04	1.54	0.00	0.00	0.76	0.45	0.13
企业 89	−0.08	2.53	−0.21	26.40	0.31	2.68	0.26	0.00	0.31	0.29	0.10
企业 90	−0.16	−0.33	−0.63	1.41	0.27	0.47	0.05	0.00	1.03	0.96	0.06
企业 91	−0.26	−0.44	−1.28	1.74	0.21	0.27	−0.60	0.00	1.47	0.80	0.02
企业 92	−0.60	0.77	−0.82	7.14	1.09	1.66	−0.51	0.00	0.25	0.24	0.01
企业 93	−0.52	−2.60	−0.44	9.29	1.29	1.74	−0.23	0.00	0.69	0.41	0.05
企业 94	−0.80	2.10	−45.39	0.79	0.02	0.02	−0.96	0.00	0.47	0.19	0.02
企业 95	−0.13	−0.16	−0.68	3.81	0.20	0.35	−0.56	0.00	2.72	2.40	0.05
企业 96	−0.29	−0.62	−5.81	4.50	0.05	0.20	−0.49	0.00	0.40	0.12	0.01
企业 97	−0.20	−1.83	−1.01	4.10	0.20	0.63	−0.02	0.00	0.62	0.54	0.02
企业 98	−0.31	1.97	−0.26	19.08	1.26	1.74	0.13	0.00	0.51	0.49	0.34

3. SAS 程序

```
Proc discrim data=classified list listerr testdata=unclassified
out=classified_out testout=unclassified_out outstat=os pool=yes method=normal;
Class type;
Var X1-X11;
Run;
```

4. SAS 程序说明

“Proc discrim”是一个距离判别过程，选项“list”是指输出所有训练样本的判别结果，选项“listerr”是指列出训练样本中所有误判的结果，选项“data=classified”是指已分类的数据集是“classified”，选项“testdata=unclassified”是指要分类的数据集是“unclassified”，选项“out=classified_out”是指已分类数据的回判结果生成为“classified_out”，选项“testout=unclassified_out”是指要分类数据的判别结果生成为“unclassified_out”，选项“outstat=os”是指计算过程中的一些统计量生成为“os”数据集。

此外，选项“method=normal”是指各总体均服从于多元正态分布，可缺省。选项“pool=yes”是指采用合并的协方差矩阵，当各总体协方差矩阵相等时得出线性判别函数；如果各总体协方差矩阵不相等时，则使用选项“pool=no”可得出二次判别函数；默认是选项“pool=yes”。

在考虑先验概率时，需使用priors语句，该语句缺省时为“priors equal”，表示默认各组的先验概率相等。如果希望各组先验概率与训练样本中各组所占比例相等，可增加语句“priors proportional”，亦可增加语句来指定先验概率。例如:priors ‘ST’=0.1 ‘非 ST’=0.9。

Class 语句指定分组变量。Var 语句是指定要分析的变量。

5. 输出结果与分析

【输出 4-1】

DISCRIM 过程

总样本大小	50	总自由度	49
变量	11	分类内自由度	48
分类	2	分类间自由度	1

读取的观测数	50
使用的观测数	50

分类水平信息					
TYPE	变量名称	频数	权重	比例	先验概率
ST	ST	20	20.0000	0.400000	0.500000
非ST	__ST	30	30.0000	0.600000	0.500000

合并协方差矩阵信息	
协方差矩阵秩	协方差矩阵的行列式的自然对数
11	5.67801

【输出 4-2】

到 TYPE 的广义平方距离		
从 TYPE	ST	非ST
ST	0	6.59359
非ST	6.59359	0

以下对象的线性判别函数: TYPE			
变量	标签	ST	非ST
常数		-2.92421	-2.07285
X1	总资产收益率	-6.80562	1.51080
X2	净资产收益率	0.03062	-0.04370
X3	营业净利率	-0.56583	-0.08834
X4	应收账款周转率	0.01389	0.00481
X5	总资产周转率	0.56413	3.05703
X6	流动资产周转率	0.59758	-0.10940
X7	主营业务收入增长率	-1.25878	-0.60597
X8	RandD强度	-4.33727	7.92585
X9	流动比率	0.19914	0.42368
X10	速动比率	-0.08679	-0.23302
X11	现金比率	-0.14221	0.17651

根据输出 4-2 可以写出具体的判别函数和判别规则。

第一类的判别函数为

$$f_1(x) = -2.924\,2 - 6.805\,6x_1 + 0.030\,6x_2 - 0.565\,8x_3 + 0.013\,9x_4 + 0.564\,1x_5 + 0.597\,6x_6 - 1.258\,8x_7 - 4.337\,3x_8 + 0.199\,1x_9 - 0.086\,8x_{10} - 0.142\,2x_{11}$$

第二类判别函数为

$$f_2(x) = -2.072\,9 + 1.510\,8x_1 - 0.043\,7x_2 - 0.088\,3x_3 + 0.004\,8x_4 + 3.057x_5 - 0.109\,4x_6 - 0.606x_7 + 7.925\,9x_8 + 0.423\,7x_9 - 0.233x_{10} + 0.176\,5x_{11}$$

判别规则为

若 $f_1(x) > f_2(x)$，企业属于 ST 类型。

也可以写成判别函数：$W(X) = f_1(x) - f_2(x)$

判别规则为

$$\begin{cases} W(x) > 0 & \text{企业属于 ST 类型} \\ W(x) < 0 & \text{企业属于非 ST 类型} \end{cases}$$

回代结果如表 4-10 所示。

表 4-10　回代结果

企业	原始类型	判别类型		$f_1(x)$	$f_2(x)$	ST	非 ST
企业 1	非 ST	非 ST		−0.087 0	1.635 2	0.151 6	0.848 4
企业 2	非 ST	非 ST		−0.343 1	2.349 0	0.063 5	0.936 5
企业 3	非 ST	非 ST		0.364 8	4.385 4	0.017 6	0.982 4
企业 4	非 ST	非 ST		−2.111 9	−1.534 9	0.359 6	0.640 4
企业 5	非 ST	非 ST		0.069 8	1.249 7	0.235 1	0.764 9
企业 6	非 ST	非 ST		−0.484 5	3.000 8	0.029 7	0.970 3
企业 7	非 ST	ST	*	−0.211 1	−0.846 9	0.653 8	0.346 2
企业 8	非 ST	非 ST		−2.469 0	0.611 5	0.043 9	0.956 1
企业 9	非 ST	非 ST		−2.361 0	5.978 4	0.000 2	0.999 8
企业 10	非 ST	非 ST		1.303 8	7.796 3	0.001 5	0.998 5
企业 11	非 ST	非 ST		−1.088 7	1.658 6	0.060 3	0.939 7
企业 12	非 ST	非 ST		−0.074 6	6.020 5	0.002 2	0.997 8
企业 13	非 ST	非 ST		0.138 7	2.163 2	0.116 7	0.883 3
企业 14	非 ST	非 ST		−1.211 6	−0.978 4	0.441 9	0.558 1
企业 15	非 ST	非 ST		−0.106 3	4.622 1	0.008 8	0.991 2
企业 16	非 ST	非 ST		−0.496 0	2.995 0	0.029 6	0.970 4
企业 17	非 ST	非 ST		−2.373 0	2.296 1	0.009 3	0.990 7
企业 18	非 ST	非 ST		−1.388 3	1.446 8	0.055 5	0.944 5
企业 19	非 ST	非 ST		−3.414 1	−1.001 9	0.082 2	0.917 8
企业 20	非 ST	非 ST		−2.975 6	2.533 5	0.004 0	0.996 0
企业 21	非 ST	非 ST		0.304 1	6.000 3	0.003 4	0.996 6
企业 22	非 ST	非 ST		−2.861 8	−0.493 4	0.085 6	0.914 4

（续表）

企业	原始类型	判别类型		$f_1(x)$	$f_2(x)$	ST	非 ST
企业 23	非 ST	非 ST		−2.097 3	0.426 6	0.074 2	0.925 8
企业 24	非 ST	非 ST		−2.191 7	−0.008 2	0.101 2	0.898 8
企业 25	非 ST	非 ST		−2.992 0	2.470 5	0.004 2	0.995 8
企业 26	非 ST	非 ST		2.066 3	4.364 3	0.091 1	0.908 9
企业 27	非 ST	非 ST		−2.072 6	1.208 0	0.036 2	0.963 8
企业 28	非 ST	非 ST		−2.641 6	0.135 4	0.058 6	0.941 4
企业 29	非 ST	非 ST		−2.762 8	1.056 5	0.021 5	0.978 5
企业 30	非 ST	非 ST		−2.154 3	0.645 3	0.057 4	0.942 6
企业 31	ST	ST		2.366 7	−0.738 5	0.957 1	0.042 9
企业 32	ST	ST		4.188 0	0.137 9	0.982 9	0.017 1
企业 33	ST	ST		5.217 8	4.693 5	0.628 0	0.372 0
企业 34	ST	ST		0.854 6	−1.339 7	0.899 7	0.100 3
企业 35	ST	非 ST	*	−0.954 6	−0.775 0	0.455 2	0.544 8
企业 36	ST	非 ST	*	−3.348 8	−1.557 0	0.142 8	0.857 2
企业 37	ST	ST		1.514 4	−1.024 4	0.926 8	0.073 2
企业 38	ST	ST		5.706 8	−1.533 5	0.999 3	0.000 7
企业 39	ST	ST		4.124 8	−0.496 2	0.990 2	0.009 8
企业 40	ST	ST		5.893 7	−0.234 9	0.997 8	0.002 2
企业 41	ST	ST		5.123 6	−0.845 9	0.997 5	0.002 5
企业 42	ST	ST		9.367 8	0.384 6	0.999 9	0.000 1
企业 43	ST	ST		0.088 7	−0.673 4	0.681 8	0.318 2
企业 44	ST	ST		−0.658 9	−1.022 9	0.590 0	0.410 0
企业 45	ST	ST		7.922 7	−1.942 6	0.999 9	0.000 1
企业 46	ST	非 ST	*	−1.249 8	−0.533 6	0.328 2	0.671 8
企业 47	ST	ST		5.974 9	0.342 5	0.996 4	0.003 6
企业 48	ST	ST		4.422 8	0.155 8	0.986 2	0.013 8
企业 49	ST	ST		2.880 6	0.317 0	0.928 5	0.071 5
企业 50	ST	非 ST	*	−0.950 4	−0.769 9	0.455 0	0.545 0

在表 4-10 中出现 *，表明判别结果与训练样本中的分类不一致。如企业 7 实际属于非 ST 类别，但模型分析结果显示其属于 ST 类别；同样，观测企业 35 实际属于 ST 类别，但模型分析结果显示其属于非 ST 类别。

【输出 4-3】

DISCRIM 过程
以下校准数据的分类汇总: WORK.CLASSIFIED
使用以下项的重新替换汇总: 线性判别函数

分入"TYPE"的观测数和百分比			
从 TYPE	ST	非ST	合计
ST	16 80.00	4 20.00	20 100.00
非ST	1 3.33	29 96.67	30 100.00
合计	17 34.00	33 66.00	50 100.00
先验	0.5	0.5	

"TYPE"的出错数估计			
	ST	非ST	合计
比率	0.2000	0.0333	0.1167
先验	0.5000	0.5000	

输出 4-3 表明：在训练样本中，20 家 ST 企业中有 16 家企业判断为 ST 类别，4 家企业判断为非 ST 类别，错判率为 20%；30 家非 ST 企业中有 1 家企业判断为 ST 类别，29 家企业判断为非 ST 类别，错判率为3.33%；合计的错判率为 11.67%。

【输出 4-4】

DISCRIM 过程
以下检验数据的分类汇总: WORK.UNCLASSIFIED
使用以下项的分类汇总: 线性判别函数

检验数据的观测概略	
读取的观测数	48
使用的观测数	48

分入"TYPE"的观测数和百分比			
	ST	非ST	合计
合计	9 18.75	39 81.25	48 100.00
先验	0.5	0.5	

输出 4-4 表明待判的 48 家企业中，9 家企业属于 ST 类别，39 家企业属于非 ST 类别。表 4-11 是对 16 家待判企业的判别结果。

表 4-11 判别样本的判别结果

编号	类别	编号	类别	编号	类别
企业 51	非 ST	企业 67	非 ST	企业 83	非 ST
企业 52	非 ST	企业 68	非 ST	企业 84	非 ST
企业 53	非 ST	企业 69	非 ST	企业 85	非 ST
企业 54	非 ST	企业 70	非 ST	企业 86	非 ST

（续表）

编号	类别	编号	类别	编号	类别
企业 55	非 ST	企业 71	非 ST	企业 87	非 ST
企业 56	非 ST	企业 72	非 ST	企业 88	非 ST
企业 57	非 ST	企业 73	非 ST	企业 89	ST
企业 58	非 ST	企业 74	非 ST	企业 90	ST
企业 59	非 ST	企业 75	非 ST	企业 91	ST
企业 60	非 ST	企业 76	非 ST	企业 92	ST
企业 61	非 ST	企业 77	非 ST	企业 93	ST
企业 62	非 ST	企业 78	非 ST	企业 94	ST
企业 63	非 ST	企业 79	非 ST	企业 95	ST
企业 64	非 ST	企业 80	非 ST	企业 96	ST
企业 65	非 ST	企业 81	非 ST	企业 97	ST
企业 66	非 ST	企业 82	非 ST	企业 98	非 ST

4.5.2 鸢尾花类型的费歇判别

1. 案例背景

微课视频　　微课视频

费歇判别最著名的例子是费歇在1936 年利用该方法对三种鸢尾花进行判别。鸢尾花是法国的国花，setosa，versico-lor，virginica 是三个最有名的品种，三种花的外形非常相像，但是可以通过花萼长、花萼宽、花瓣长、花瓣宽的不同来判别花属于哪一种类型。具体的指标体系如表 4-12 所示，类别“1”代表 setosa 鸢尾花，“2”代表 versico-lor 鸢尾花，“3”代表 virginica 鸢尾花。

表 4-12　指标体系

指标	编号
类别	TYPE
花萼长	X1
花萼宽	X2
花瓣长	X3
花瓣宽	X4

2. 指标数据

各指标的具体数据如表 4-13 所示。

表 4-13　指标数据

序号	类别	花萼长	花萼宽	花瓣长	花瓣宽	序号	类别	花萼长	花萼宽	花瓣长	花瓣宽
1	1	50	33	14	2	76	3	58	27	51	19
2	3	64	28	56	22	77	2	57	29	42	13
3	2	65	28	46	15	78	3	72	30	58	16
4	3	67	31	56	24	79	1	54	34	15	4

（续表）

序号	类别	花萼长	花萼宽	花瓣长	花瓣宽	序号	类别	花萼长	花萼宽	花瓣长	花瓣宽
5	3	63	28	51	15	80	1	52	41	15	1
6	1	46	34	14	3	81	3	71	30	59	21
7	3	69	31	51	23	82	3	64	31	55	18
8	2	62	22	45	15	83	3	60	30	48	18
9	2	59	32	48	18	84	3	63	29	56	18
10	1	46	36	10	2	85	2	49	24	33	10
11	2	61	30	46	14	86	2	56	27	42	13
12	2	60	27	51	16	87	2	57	30	42	12
13	3	65	30	52	20	88	1	55	42	14	2
14	2	56	25	39	11	89	1	49	31	15	2
15	3	65	30	55	18	90	3	77	26	69	23
16	3	58	27	51	19	91	3	60	22	50	15
17	3	68	32	59	23	92	1	54	39	17	4
18	1	51	33	17	5	93	2	66	29	46	13
19	2	57	28	45	13	94	2	52	27	39	14
20	3	62	34	54	23	95	2	60	34	45	16
21	3	77	38	67	22	96	1	50	34	15	2
22	2	63	33	47	16	97	1	44	29	14	2
23	3	67	33	57	25	98	2	50	20	35	10
24	3	76	30	66	21	99	2	55	24	37	10
25	3	49	25	45	17	100	2	58	27	39	12
26	1	55	35	13	2	101	1	47	32	13	2
27	3	67	30	52	23	102	1	46	31	15	2
28	2	70	32	47	14	103	3	69	32	57	23
29	2	64	32	45	15	104	2	62	29	43	13
30	2	61	28	40	13	105	3	74	28	61	19
31	1	48	31	16	2	106	2	59	30	42	15
32	3	59	30	51	18	107	1	51	34	15	2
33	2	55	24	38	11	108	1	50	35	13	3
34	3	63	25	50	19	109	3	56	28	49	20
35	3	64	32	53	23	110	2	60	22	40	10
36	1	52	34	14	2	111	3	73	29	63	18
37	1	49	36	14	1	112	3	67	25	58	18
38	2	54	30	45	15	113	1	49	31	15	1
39	3	79	38	64	20	114	2	67	31	47	15
40	1	44	32	13	2	115	2	63	23	44	13
41	3	67	33	57	21	116	1	54	37	15	2
42	1	50	35	16	6	117	2	56	30	41	13
43	2	58	26	40	12	118	2	63	25	49	15
44	1	44	30	13	2	119	2	61	28	47	12
45	3	77	28	67	20	120	2	64	29	43	13

（续表）

序号	类别	花萼长	花萼宽	花瓣长	花瓣宽	序号	类别	花萼长	花萼宽	花瓣长	花瓣宽
46	3	63	27	49	18	121	2	51	25	30	11
47	1	47	32	16	2	122	2	57	28	41	13
48	2	55	26	44	12	123	3	65	30	58	22
49	2	50	23	33	10	124	3	69	31	54	21
50	3	72	32	60	18	125	1	54	39	13	4
51	1	48	30	14	3	126	1	51	35	14	3
52	1	51	38	16	2	127	3	72	36	61	25
53	3	61	30	49	18	128	3	65	32	51	20
54	1	48	34	19	2	129	2	61	29	47	14
55	1	50	30	16	2	130	2	56	29	36	13
56	1	50	32	12	2	131	2	69	31	49	15
57	3	61	26	56	14	132	3	64	27	53	19
58	3	64	28	56	21	133	3	68	30	55	21
59	1	43	30	11	1	134	2	55	25	40	13
60	1	58	40	12	2	135	1	48	34	16	2
61	1	51	38	19	4	136	1	48	30	14	1
62	2	67	31	44	14	137	1	45	23	13	3
63	3	62	28	48	18	138	3	57	25	50	20
64	1	49	30	14	2	139	1	57	38	17	3
65	1	51	35	14	2	140	1	51	38	15	3
66	2	56	30	45	15	141	2	55	23	40	13
67	2	58	27	41	10	142	2	66	30	44	14
68	1	50	34	16	4	143	2	68	28	48	14
69	1	46	32	14	2	144	1	54	34	17	2
70	2	60	29	45	15	145	1	51	37	15	4
71	2	57	26	35	10	146	1	52	35	15	2
72	1	57	44	15	4	147	3	58	28	51	24
73	1	50	36	14	2	148	2	67	30	50	17
74	3	77	30	61	23	149	3	63	33	60	25
75	3	63	34	56	24	150	1	53	37	15	2

3. SAS 程序

```
Proc candisc data=flower out=flower_out;
class a;
var x1-x4;
run;
Proc plot data=flower_out;
plot can2*can1=A;
run;
```

4. SAS 程序说明

“proc candisc”是一个典型判别过程，输出数据集选项“out=flower_out”要求生成一个包含原始数据和典型变量得分即 can1 和 can2 的 SAS 数据集，并命名为 flower_out。

"proc plot"是一个图形过程。语句"plot can2* can1=type"要求作散点图，can2 为垂直变量，can1 为水平变量，用变量 type 的值作为散点的标记。

5. 输出结果与分析

【输出 4-5】

特征值: Inv(E)*H = CanRsq/(1-CanRsq)			
特征值	差分	比例	累积
32.1919	31.9065	0.9912	0.9912
0.2854		0.0088	1.0000

费歇判别中，最多可以得到 $\min(k-1, p)$ 个判别函数，其中 k 为类别数，p 为变量个数。因此，在本案例中，共可以得到两个判别函数。

由输出 4-5 可知，矩阵 $\boldsymbol{E}^{-1}\boldsymbol{B}$ 最大的特征值为32.191 9，它的方差贡献率为99.12%，即第一判别函数解释了99.12% 的方差，第二判别函数解释了0.88% 的方差，这两个判别函数能解释全部的方差。根据判别函数个数的选取规则，选取一个判别函数就可以了。

【输出 4-6】

原始典型系数		
变量	Can1	Can2
X1	-.0829377642	0.0024102149
X2	-.1534473068	0.2164521235
X3	0.2201211656	-.0931921210
X4	0.2810460309	0.2839187853

由输出 4-6 可以得到中心化的费歇判别函数为

$$y_1 = -0.0829(x_1 - 58.433) - 0.1524(x_2 - 30.573) + 0.2201(x_3 - 37.580) + 0.2810(x_4 - 11.993)$$

$$y_2 = 0.0024(x_1 - 58.433) + 0.2165(x_2 - 30.573) - 0.0932(x_3 - 37.580) + 0.2839(x_4 - 11.993)$$

根据该判别函数可以计算出每个观测的判别函数得分(y_1，y_2)。

【输出 4-7】

典型变量上的类均值		
A	Can1	Can2
1	-7.607599927	0.215133017
2	1.825049490	-0.727899622
3	5.782550437	0.512766605

输出 4-7 的表格反映了判别函数在各组的重心。根据结果，判别在 TYPE=1 这一组的重心为(−7.607 6，0.215 1)，在 TYPE=2 这一组的重心为(1.825 0，−0.727 9)，在 TYPE=3 这一组的重心为(5.782 6，0.512 8)。

【输出 4-8】

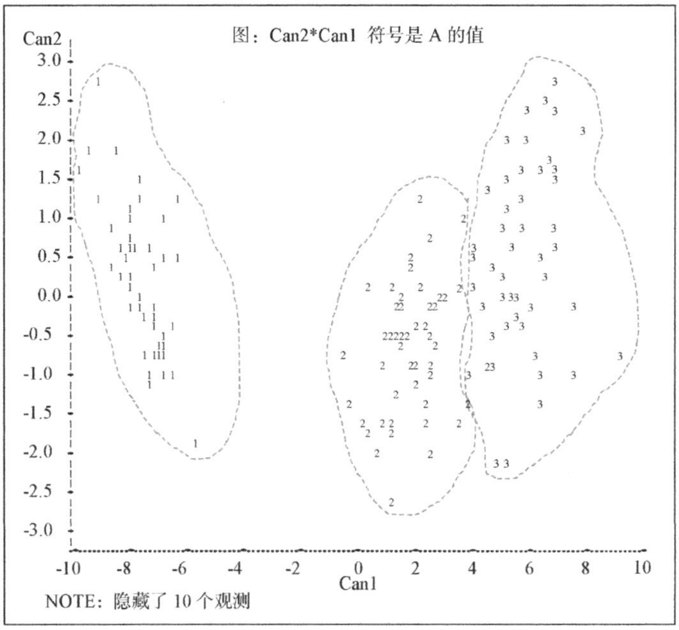

输出 4-8 是将 150 个样品的判别函数得分（y_1，y_2）做散点图得到的结果，图中 can1 和 can2 分别指 y_1，y_2，“1”代表 setosa 鸢尾花，“2”代表 versico-lor 鸢尾花，“3”代表 virginica 鸢尾花。图中显示有 10 个隐藏点，这是由于这些样本点与图中的某个样本点几乎重叠，因而未能被标出。

从输出 4-8 中可以看出，三组分离的效果非常好，且分离的很大程度显示在 can1 上，这与一个判别函数解释的方差贡献率相符合。因此，对于一个新的待判样本，通过计算判别得分，在图中标出坐标点，就可以判断出新样本点的所属类型。

【课后练习】

一、简答题

1. 简述判别分析的基本思想。

2. 简述判别分析与聚类分析的区别与联系。

3. 简述距离判别法的基本思想，并写出两总体协方差矩阵相等时的判别函数和判别规则。

4. 距离判别法中的线性判别函数在什么情况下适用？

5. 简述费歇判别的基本思想、判别步骤及判别规则。

6. 简述距离判别和费歇判别的异同。

二、计算题

1. 已知 $n_1 = n_2 = 40$，两类样本均值为

$$\bar{\boldsymbol{x}}^{(1)}=\begin{bmatrix}18.56\\5.98\end{bmatrix},\ \bar{\boldsymbol{x}}^{(2)}=\begin{bmatrix}25.34\\4.12\end{bmatrix}。$$

样本协方差矩阵为

$$\boldsymbol{S}_1=\begin{bmatrix}8.120 & 4.458\\ & 4.350\end{bmatrix},\ \boldsymbol{S}_2=\begin{bmatrix}9.661 & 3.720\\ & 3.410\end{bmatrix}。$$

试求：

(1) $\boldsymbol{\Sigma}$ 的估计$\hat{\boldsymbol{\Sigma}}$；

(2) 线性判别函数 $y(x)$；

(3) 对于一个待判样品 $x=(20.12,5.11)$，试判断其类别；

(4) 在 x_1Ox_2 坐标系中，画出直线 $y(x)=0$，标出区域 G_1 和 G_2，并描出样品点 $x=(20.12,5.11)$，以验证第(3) 小题的判别结果。

2. 某银行为了识别客户信贷情况，将客户信贷信息分为三类：G_1(信用优良)，G_2(信用一般)，G_3(信用差)。现已搜集每一类型的典型地区的样本资料，使用距离判别法，利用相关软件进行判别分析，输出线性判别函数结果如表 4-14 所示。请根据输出结果，写出线性判别函数和判别规则。

表 4-14 三类客户信贷信息的输出线性判别函数结果

	1	2	3
常数	−280.66	−47.56	−32.94
X_1	−28.70	−9.70	−4.91
X_2	28.70	3.91	0.62
X_3	37.50	27.20	18.80
X_4	34.30	27.30	32.83
X_5	67.80	19.20	−2.08

三、上机分析题

1. 对我国各地区城镇居民的生活质量选用 4 个指标：X_1(全年人均消费支出)，X_2(全年人均可支配收入)，X_3(人均居住面积)，X_4(人均公共绿地面积) 进行分析。若我们把居民的生活质量分为两类：G_1(生活质量好)，G_2(生活质量差)，现选取生活质量好、生活质量差的地区各 5 个作为两组样品，对 5 个待判地区进行判别归类(训练样本存放在 EXE4_1TS，判别样本存放在 EXE4_1DS)。

2. 某地区将农村经济类型分为三类：G_1(较富裕类型)，G_2(中等类型)，G_3(较贫困类型)。每种类型以 5 个指标为依据：x_1(土地生产率)=农村社会总产值/总土地面积(百元/亩)，x_2(劳动生产率)=农村社会总产值/农村劳动力(百元/劳动力)，x_3(人均收入)=农村经济纯收入/农业人口(百元)，x_4(费用水平)=总费用/总收入，x_5(农村工业比重)=农村工业产值/农村社会总产值。每种类型分别有容量为 $n_1=5$，$n_2=8$，$n_3=4$ 的样本(每个个体以县为单位)。请根据 EXE4_2 中的数据建立判别模型并评价该模型的判别效果。

第 5 章

主成分分析

5.1 主成分分析的基本思想

微课视频

在实际问题中，某一社会经济现象的变化，往往受到诸多因素的影响。当分析这类影响因素时，我们可以列出大量的指标或数据，众多的数据构成了一个数据海洋，一方面为我们分析与解决问题提供更多信息，但另一方面也增加了处理问题的复杂性。当指标太多、因素过繁，并且各个变量又具有一定的相关性时，往往令人抓不住主要矛盾，而且也难以建立有效的数量分析模型或预测决策模型。例如，我们分析同学的学习情况，影响学习成绩的因素有：X_1 智力，X_2 勤奋程度，X_3 效率，X_4 学习方法，X_5 对教师的适应性，X_6 兴趣，X_7 特长，X_8 自信心，X_9 理解能力，X_{10} 志向，X_{11} 家庭，X_{12} 身体状况，X_{13} 毅力。这些变量之间相关程度较高，很难作出准确判断。人们自然希望用较少的变量来代替原来较多的变量，而这些较少的变量尽可能地反映原来变量的信息。

主成分分析就是把原有的多个指标转化成少数几个代表性较好的综合指标，这少数几个指标能够反映原来指标大部分的信息(85% 以上)，并且各个指标之间保持独立，避免出现重叠信息。主成分分析主要起着降维和简化数据结构的作用。

设对某项社会经济现象的分析共有 p 个指标 X_1，X_2，…，X_p，每个指标进行了 n 次观察，共有 $n\times p$ 个观察数据。这 p 个指标之间往往又存在着相关关系，如何从这些数据中抓住事物的内在规律呢？主成分分析，就是从 p 个指标中找出少数几个(m 个)综合性指标 Y_1，Y_2，…，$Y_m(m<p)$，这 m 个指标尽可能地反映原来 p 个指标的信息，又彼此独立。Y_1 尽可能地反映原 p 个变量的信息，这里的“信息”用方差来表示，Y_1 的方差越大，表示它所包含的信息越多。如果 Y_1 不足以代表原 p 个变量，就考虑采用 Y_2。为了最有效地代表原变量的信息，Y_1 已有的信息，就不再出现在 Y_2 中，即 $\mathrm{cov}(Y_1, Y_2)=0$，依此类推，构造出 Y_3，Y_4，…，Y_m。直到 Y_1，Y_2，…，Y_m 足以代表原 p 个变量为止。

英国统计学家 M.Scott 在1961 年对 157 个英国城镇发展水平进行调查，原始测量的变量有 57 个，而通过主成分分析发现，只需 5 个新的综合变量就能以 95% 表示原数据的变异情况。这样，对问题的研究从 57 维降到 5 维，可以想象，用 5 个变量对系统进行任何分析都比 57 维更快捷、更高效。

另一项非常著名的工作是美国的统计学家 Stone 在1947 年关于国民经济的研究，他曾利用美国1929— 1938 年的数据，得到了 17 个反映国民收入与支出的变量要素。在进行主成分分析后，竟以97.4％的精度，用3个新变量取代了原17个变量。根据经济学知识，Stone对这3个新变量命名为总收入Y_1、总收入变化率Y_2和经济发展趋势Y_3(是时间t的线性项)。更有意思的是，这3个变量其实都是可以直接测量的。Stone将他得到的主成分与实际总收入X、总收入变化率ΔX以及时间因素t做相关分析，得到表5-1所示的相关系数。

表 5-1　主成分和各变量的相关系数

变量	Y_1	Y_2	Y_3
X	0.995	−0.041	0.057
ΔX	−0.056	0.948	−0.124
t	−0.369	−0.282	−0.836

因此，以Y_1对应X、Y_2对应ΔX、Y_3对应t是合理的，完全可以通过X、ΔX、t来取代原来的17个变量，问题得到了极大的简化。

经过主成分分析，主要是简化数据结构，寻找综合因子。可以通过对综合变量的分析，反映原来各变量之间的关系，也可以对样品进行排序。在经济学上对市场进行需求分析、消费者动向调查，对企业经济效益综合评价，以及对学生成绩综合评定、教师综合考评、公司职员考评，乃至一个国家综合国力的研究，都可以运用主成分分析予以解决。

5.2　主成分分析的数学模型及几何意义

微课视频

5.2.1　数学模型

一般经济研究中分析n个样品(经济单位或年份)，p项观测指标(变量)X_1，X_2，…，X_p，得到原始数据资料阵

$$\boldsymbol{X}=\begin{bmatrix} x_{11} & x_{12} & \cdots & x_{1p} \\ x_{21} & x_{22} & \cdots & x_{2p} \\ \vdots & \vdots & \vdots & \vdots \\ x_{n1} & x_{n2} & \cdots & x_{np} \end{bmatrix} \triangleq (X_1, X_2, \cdots, X_p)$$

其中，

$$\boldsymbol{X}_i=\begin{bmatrix} x_{1i} \\ x_{2i} \\ \vdots \\ x_{ni} \end{bmatrix} \quad (i=1, 2, \cdots, p)$$

用数据矩阵$\boldsymbol{X}$的p个向量(即p个指标向量)$\boldsymbol{X}_1$，$\boldsymbol{X}_2$，…，$\boldsymbol{X}_p$作线性组合(即综合指标向量)为

$$\begin{cases} Y_1 = a_{11}\boldsymbol{X}_1 + a_{21}\boldsymbol{X}_2 + \cdots + a_{p1}\boldsymbol{X}_p \\ Y_2 = a_{12}\boldsymbol{X}_1 + a_{22}\boldsymbol{X}_2 + \cdots + a_{p2}\boldsymbol{X}_p \\ \qquad\vdots \\ Y_p = a_{1p}\boldsymbol{X}_1 + a_{2p}\boldsymbol{X}_2 + \cdots + a_{pp}\boldsymbol{X}_p \end{cases}$$

简写成

$$Y_i = a_{1i}\boldsymbol{X}_1 + a_{2i}\boldsymbol{X}_2 + \cdots + a_{pi}\boldsymbol{X}_p \quad (i = 1, 2, \cdots, p)$$

上述方程中要求系数平方和为 1，即

$$a_{1i}^2 + a_{2i}^2 + \cdots + a_{pi}^2 = 1 \quad (i = 1, 2, \cdots, p)$$

且系数 a_{ij} 由下列原则决定：

(1) Y_i 与 $Y_j(i \neq j, i, j = 1, 2, \cdots, p)$ 互不相关，即 $\text{cov}(Y_i, Y_j) = 0$；

(2) Y_1 是 $X_1, X_2, \cdots, X_p$ 的一切线性组合(系数满足上述方程组) 中方差最大的，Y_2 是与 Y_1 不相关的 $X_1, X_2, \cdots, X_p$ 的一切线性组合中方差最大的，Y_p 是与 $Y_1, Y_2, \cdots, Y_{p-1}$ 都不相关的 $X_1, X_2, \cdots, X_p$ 的一切线性组合中方差最大的；

(3) 主成分的方差依次递减，重要性依次递减，即 $\text{var}(Y_1) > \text{var}(Y_2) > \cdots > \text{var}(Y_p)$ 。

5.2.2 几何意义

为便于对主成分分析的理解，从 $p = 2$ 最简单的情形入手。

假设有 n 个样品，每个样品都观察了两个变量(X_1, X_2)，这 n 对数据的散点图如图 5-1，散点图的分布大致为一个椭圆。若在椭圆长轴方向取坐标 Y_1，在椭圆短轴方向取坐标 Y_2。这相当于在平面上做一坐标变换，如果用新的坐标(Y_1, Y_2) 表示样品点，则样品点在 Y_1 坐标轴上的变化幅度最大，而在 Y_2 坐标轴上的变化幅度较小。或者说，Y_1 的方差最大，Y_2 的方差较小。变量(X_1, X_2) 的信息大部分集中在新变量 Y_1 上，使 n 个点的波动大致可归结为 Y_1 轴上的波动。如果该椭圆相当扁平，这种波动只归结于 Y_1 方向上而忽略 Y_2 方向应该认为是合理的。这样，二维问题就降为一维，即取 Y_1 作为(X_1, X_2) 的综合指标，也称(X_1, X_2) 的主成分。这个主成分 Y_1 已将 X_1, X_2 两指标的主要信息反映出来了。与此类似，三维变量可以降为二维或一维，p 维变量可以降为 m 维($m < p$)。这就是主成分分析的基本思路。实践证明，原变量之间相关程度越高，主成分分析的效果越好。

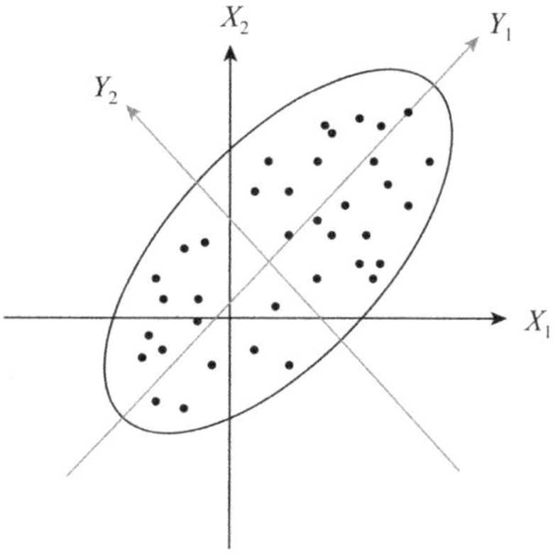

图 5-1　主成分的几何解释

5.3　主成分的推导与计算

微课视频

5.3.1　主成分的推导

设有 n 个样品，每个样品观测 p 个指标，原始数据矩阵为

$$\begin{bmatrix} x_{11} & x_{12} & \cdots & x_{1p} \\ x_{21} & x_{22} & \cdots & x_{2p} \\ \vdots & \vdots & \vdots & \vdots \\ x_{n1} & x_{n2} & \cdots & x_{np} \end{bmatrix}$$

1. 第一主成分的推导

$$F_1 = a_{11}x_1 + \cdots + a_{p1}x_p = \boldsymbol{\alpha}_1' X$$

$$\mathrm{var}(F_1) = \mathrm{var}(\boldsymbol{\alpha}_1' X) = \boldsymbol{\alpha}_1' \boldsymbol{\Sigma} \boldsymbol{\alpha}_1$$

寻找合适的单位向量 $\boldsymbol{\alpha}_1$，使 F_1 的方差达到最大。根据数学分析中条件极值的求法引入拉格朗日(Lagrange) 乘数，可将问题转化为求 $Q=\boldsymbol{\alpha}_1'\boldsymbol{\Sigma}\boldsymbol{\alpha}_1-\lambda(\boldsymbol{\alpha}_1'\boldsymbol{\alpha}_1-1)$ 的极大值，其中 λ 是拉格朗日乘数。

由极值的必要条件

$$\frac{\partial Q}{\partial \boldsymbol{\alpha}_1} = 2\boldsymbol{\Sigma}\boldsymbol{\alpha}_1 - 2\lambda\boldsymbol{\alpha}_1 = 0$$

得到 $\boldsymbol{\Sigma}\boldsymbol{\alpha}_1=\lambda\boldsymbol{\alpha}_1$，表明 λ 应为 $\boldsymbol{\Sigma}$ 的特征值，而 $\boldsymbol{\alpha}_1$ 为 λ 对应的单位特征向量。而且 $\mathrm{var}(F_1)=\boldsymbol{\alpha}_1'\boldsymbol{\Sigma}\boldsymbol{\alpha}_1=\boldsymbol{\alpha}_1'\lambda\boldsymbol{\alpha}_1=\lambda$，可见 λ 应取 $\boldsymbol{\Sigma}$ 的最大特征根 λ_1。

2. 第二主成分的推导

如果第一主成分反映原变量的信息不够，则需要寻找与 F_1 保持独立的第二主成分 F_2。

$$F_2 = a_{12}x_1 + \cdots + a_{p2}x_p = \boldsymbol{\alpha}_2' X$$

寻找合适的单位向量 $\boldsymbol{\alpha}_2$，使 F_2 方差最大。

$$\mathrm{var}(F_2) = \mathrm{var}(\boldsymbol{\alpha}_2' X) = \boldsymbol{\alpha}_2'\boldsymbol{\Sigma}\boldsymbol{\alpha}_2$$

$$\mathrm{cov}(F_1, F_2) = \boldsymbol{\alpha}_1'\boldsymbol{\Sigma}\boldsymbol{\alpha}_2 = \boldsymbol{\alpha}_2'\boldsymbol{\Sigma}\boldsymbol{\alpha}_1 = \boldsymbol{\alpha}_2'\lambda\boldsymbol{\alpha}_1 = \lambda\boldsymbol{\alpha}_2'\boldsymbol{\alpha}_1 = 0$$

引入拉格朗日乘数，可将问题转化为求 $Q=\boldsymbol{\alpha}_2'\boldsymbol{\Sigma}\boldsymbol{\alpha}_2-\lambda(\boldsymbol{\alpha}_2'\boldsymbol{\alpha}_2-1)-2\rho\boldsymbol{\alpha}_2'\boldsymbol{\alpha}_1$ 的极大值，其中，λ 和 ρ 是拉格朗日乘数。

由极值的必要条件 $\dfrac{\partial Q}{\partial \boldsymbol{\alpha}_2}=2\boldsymbol{\Sigma}\boldsymbol{\alpha}_2-2\lambda\boldsymbol{\alpha}_2-2\rho\boldsymbol{\alpha}_1=0$，得到

$$\boldsymbol{\Sigma}\boldsymbol{\alpha}_2 - \lambda\boldsymbol{\alpha}_2 - \rho\boldsymbol{\alpha}_1 = 0 \tag{5.1}$$

用 $\boldsymbol{\alpha}_1'$ 左乘式(5.1) 得

$$\boldsymbol{\alpha}_1'\boldsymbol{\Sigma}\boldsymbol{\alpha}_2 - \lambda\boldsymbol{\alpha}_1'\boldsymbol{\alpha}_2 - \rho\boldsymbol{\alpha}_1'\boldsymbol{\alpha}_1 = 0$$

因而 $\rho=0$，式(5.1) 可以写作

$$\boldsymbol{\Sigma}\boldsymbol{\alpha}_2 - \lambda\boldsymbol{\alpha}_2 = 0$$

表明 λ 应为 $\boldsymbol{\Sigma}$ 的特征值，而 $\boldsymbol{\alpha}_2$ 为 λ 对应的单位特征向量。而且 $\mathrm{var}(F_2)=\boldsymbol{\alpha}_2'\boldsymbol{\Sigma}\boldsymbol{\alpha}_2=\boldsymbol{\alpha}_2'\lambda\boldsymbol{\alpha}_2=\lambda$，这时 λ 不能再取 λ_1 了，应取 λ_2。依此类推，可以求得各个主成分。

综上可知，X 的协方差矩阵 $\boldsymbol{\Sigma}$ 的最大特征根 λ_1 所对应的单位特征向量为 $(a_{11}, a_{21}, \cdots, a_{p1})$，且 λ_1 就是 F_1 的方差。

X 的协方差矩阵 $\boldsymbol{\Sigma}$ 的第二个特征根 λ_2 所对应的单位特征向量为 $(a_{12}, a_{22}, \cdots, a_{p2})$，且 λ_2 就是 F_2 的方差。

X 的协方差矩阵 $\boldsymbol{\Sigma}$ 的第 k 个特征根 λ_k 所对应的单位特征向量为 $(a_{1k}, a_{2k}, \cdots, a_{pk})$，且 λ_k 就是 F_k 的方差。

实际中 $\boldsymbol{\Sigma}$ 通常未知，可用样本协方差矩阵 $\boldsymbol{S}$ 估计。

5.3.2 主成分的计算

微课视频

1. 主成分的计算步骤

设有 n 个样品，每个样品观测 p 个指标，原始数据矩阵为

$$\begin{bmatrix} x_{11} & x_{12} & \cdots & x_{1p} \\ x_{21} & x_{22} & \cdots & x_{2p} \\ \vdots & \vdots & \vdots & \vdots \\ x_{n1} & x_{n2} & \cdots & x_{np} \end{bmatrix}$$

求解主成分分析的步骤如下：

(1) 求样本均值 $\overline{X}=(\overline{x}_1, \overline{x}_2, \cdots, \overline{x}_p)'$ 和样本协方差矩阵 $\boldsymbol{S}$。

(2) 求解特征方程 $|\boldsymbol{S}-\lambda\boldsymbol{I}|=0$，其中 $\boldsymbol{I}$ 是单位矩阵。

$$\begin{bmatrix} s_{11}-\lambda & s_{12} & \cdots & s_{1p} \\ s_{21} & s_{22}-\lambda & \cdots & s_{2p} \\ \vdots & \vdots & \vdots & \vdots \\ s_{p1} & s_{p2} & \cdots & s_{pp}-\lambda \end{bmatrix}=0$$

解得 p 个特征根 $\lambda_1, \lambda_2, \cdots, \lambda_p(\lambda_1 \geqslant \lambda_2 \geqslant \cdots \geqslant \lambda_p)$。

(3) 求 λ_k 所对应的单位特征向量 $\boldsymbol{\alpha}_k(k=1, 2, \cdots, p)$，即求解方程组 $(\boldsymbol{S}-\lambda_k\boldsymbol{I})\boldsymbol{\alpha}_k=0$，其中 $\boldsymbol{\alpha}_k=(a_{1k}, a_{2k}, \cdots, a_{pk})'$。

$$\begin{bmatrix} s_{11}-\lambda_k & s_{12} & \cdots & s_{1p} \\ s_{21} & s_{22}-\lambda_k & \cdots & s_{2p} \\ \vdots & \vdots & \vdots & \vdots \\ s_{p1} & s_{p2} & \cdots & s_{pp}-\lambda_k \end{bmatrix}\begin{bmatrix} a_{1k} \\ a_{2k} \\ \cdots \\ a_{pk} \end{bmatrix}=0$$

再加上单位向量的条件 $a_{1k}^2+a_{2k}^2+\cdots+a_{pk}^2=1$，解得 $\boldsymbol{\alpha}_k=(a_{1k}, a_{2k}, \cdots, a_{pk})'$。

(4) 写出主成分的表达式。

注意图 5-1，我们已把主成分 Y_1，Y_2 的坐标原点放在均值点 $(\overline{x}_1, \overline{x}_2)$ 所在处，从而使 Y_1 和 Y_2 成为中心化的变量，即主成分的样本均值都为零。因此，Y_k 可以表示为

$$Y_k=a_{1k}(x_1-\overline{x}_1)+a_{2k}(x_2-\overline{x}_2)+\cdots+a_{pk}(x_p-\overline{x}_p) \quad (k=1, 2, \cdots, p)$$

上述求解步骤表明：$x_1, x_2, \cdots, x_p$ 的主成分就是以样本协差阵 $\boldsymbol{S}$ 的特征向量为系数

的线性组合，它们互不相关，其方差为 $\boldsymbol{S}$ 的特征根。

2. 主成分含义的解释

通过分析主成分的表达式中原变量前的系数来解释各主成分的含义。一般地，第一主成分中全体原变量前的系数为正，可以将第一主成分理解为各指标的加权和，可赋予它“大小因子”的名称；第二主成分及以后的各个主成分，原变量前的系数有正有负，要仔细观察哪些变量前的系数为正，而哪些变量前的系数为负，这些变量的实际含义是什么，据此来解释主成分的实际含义。在实际问题中，要结合具体情况进行解释。

主成分的含义解释一般带有模糊性，不像原始变量的含义那么清楚、确切，这是变量降维过程中付出的代价。

3. 主成分的重要性

第 k 个主成分 Y_k 的方差为 λ_k，表示样本点在 Y_k 方向上的分散程度，其值大小说明了这个主成分在分析样本数据时所起作用的大小。λ_k 越大，表示 Y_k 所包含的信息越多，此主成分越重要。

第 k 个主成分 Y_k 的方差贡献率为 $\dfrac{\lambda_k}{\sum\limits_{k=1}^{p}\lambda_k}$，是 Y_k 的方差 λ_k 占全部方差 $\sum\limits_{k=1}^{p}\lambda_k$ 的比值，表示第 k 个主成分 Y_k 反映了原变量多少比例的信息。

由于 $\lambda_1 \geqslant \lambda_2 \geqslant \cdots \geqslant \lambda_p$，所以有 $\mathrm{var}(Y_1) \geqslant \mathrm{var}(Y_2) \geqslant \cdots \geqslant \mathrm{var}(Y_p)$。了解这一点也就可以明白为什么主成分的次序是按特征根取值大小的顺序排列的。

4. 主成分个数的选择

利用主成分的目的是减少变量的个数，所以在实际应用时，一般不是取 p 个主成分，而是根据累积贡献率的大小取前面 m 个($m < p$)。m 取多大，这是一个很实际的问题。前 m 个主成分的累积贡献率为 $\dfrac{\sum\limits_{k=1}^{m}\lambda_k}{\sum\limits_{k=1}^{p}\lambda_k}$，表示前 m 个主成分累积反映了全体原变量多少的信息。如果前 m 个主成分的累积贡献率达到 80% ～ 85%，表明前 m 个主成分基本包含了全体原变量所具有的大部分信息，这样既减少了变量的个数，又便于对实际问题的分析和研究。

但实际应用中，究竟保留几个主成分合适，累积方差贡献率的选取原则不一定适用，要结合具体情况看主成分主要用于解决什么问题。一般地，当主成分用于综合评价时，保留一个主成分；主成分用于图解样品和变量时，保留两个主成分；主成分回归分析中，要求保留的主成分能反映原变量 95% 以上的信息；在其他应用场合，要特别注意被提取的主成分必须都能够给出符合实际背景和意义的解释。因为主成分分析的主要目的是降维，但如果主成分的含义无法得到合理的解释，那么在后续分析中，对于不明确实际含义的变量进行分析，将变得毫无意义。除了主成分回归中，主成分仅仅是用于避免共线性问题而导致的回归参数估计问题，主成分的含义不需要解释，其他的应用场合，必须对主成分含义进行合理解释，否则只能舍弃。

例 5.1 表 5-2 是 8 个学生两门课程的成绩表，对此数据进行主成分分析。

表 5-2 学生成绩

语文(x_1)	100	90	70	70	85	55	55	45
数学(x_2)	65	85	70	90	65	45	55	65

解：(1) 求样本均值和样本协方差矩阵。

$$\bar{x}_1 = 71.25,\ \bar{x}_2 = 67.5$$

$$\boldsymbol{S} = \begin{bmatrix} 323.4 & 103.1 \\ 103.1 & 187.5 \end{bmatrix}$$

(2) 求解特征方程 $|\boldsymbol{S} - \lambda \boldsymbol{I}| = 0$。

$$\begin{vmatrix} 323.4 - \lambda & 103.1 \\ 103.1 & 187.5 - \lambda \end{vmatrix} = 0$$

$$(323.4 - \lambda)(187.5 - \lambda) - 103.1^2 = 0$$

化简得：$\lambda^2 - 510.9\lambda + 50\ 007.9 = 0$

解得：$\lambda_1 = 378.9,\ \lambda_2 = 132$

(3) 求特征向量。

λ_1 所对应的单位特征向量 $(\boldsymbol{S} - \lambda_1 \boldsymbol{I})\boldsymbol{\alpha}_1 = 0$，其中 $\boldsymbol{\alpha}_1 = \begin{bmatrix} a_{11} \\ a_{21} \end{bmatrix}$。

$$\begin{cases} (323.4 - 378.9)a_{11} + 103.1a_{21} = 0 \\ 103.1a_{11} + (187.5 - 378.9)a_{21} = 0 \end{cases}$$

$$a_{11}^2 + a_{21}^2 = 1$$

解得：$(a_{11},\ a_{21}) = (0.88,\ 0.47)$

λ_2 所对应的单位特征向量 $(\boldsymbol{S} - \lambda_2 \boldsymbol{I})\boldsymbol{\alpha}_2 = 0$，其中 $\boldsymbol{\alpha}_2 = \begin{bmatrix} \alpha_{12} \\ \alpha_{22} \end{bmatrix}$。

$$\begin{cases} (323.4 - 132)a_{12} + 103.1a_{22} = 0 \\ 103.1a_{12} + (187.5 - 132)a_{22} = 0 \end{cases}$$

$$a_{12}^2 + a_{22}^2 = 1$$

解得：$(a_{12},\ a_{22}) = (-0.47,\ 0.88)$

(4) 得到主成分的表达式。

第一主成分：$Y_1 = 0.88(x_1 - 71.25) + 0.47(x_2 - 67.5)$

第二主成分：$Y_2 = -0.47(x_1 - 71.25) + 0.88(x_2 - 67.5)$

(5) 解释主成分的含义。

在 Y_1 的表达式中，x_1 和 x_2 前面的系数都为正，因此 Y_1 可看成是 x_1 和 x_2 的加权和，表示该学生成绩的好坏。x_1 的权数是0.88，x_2 的权数是0.47，这说明主成分 Y_1 作为语文和数学两门课程成绩的综合指标，其中语文和数学并非同等重要，前者比后者重要，因为 s_{11} 比 s_{22} 大。由于 Y_1 是 x_1 和 x_2 的加权和，故当语文成绩 x_1 和数学成绩 x_2 都较高时，主成分 Y_1 的得分也较高，表明该生成绩较好。反之，当语文成绩 x_1 和数学成绩 x_2 都较低时，主成分 Y_1 的得分也较低，表明该生成绩较差。把 8 个样品两个变量$(x_1,\ x_2)$的原始数据代入

Y_1 的表达式，可计算得到第一主成分的得分，按此顺序对样品进行排序。

观察 Y_2 的表达式，语文成绩 x_1 前面的系数为负，数学成绩 x_2 前面的系数为正，因此第二主成分 Y_2 表示学生两科成绩的均衡性。当某生语文成绩偏高而数学成绩偏低时，Y_2 得分为负。当某生语文成绩偏低而数学成绩偏高时，Y_2 得分为正。当 $|Y_2|$ 较大时，表明该生两科成绩不平衡；当 $|Y_2|$ 接近零时，表明该生两科成绩较均衡。

(6) 比较主成分的重要性。

第一主成分 Y_1 的方差为 $\lambda_1=378.9$，第二主成分 Y_2 的方差为 $\lambda_2=132$。第一主成分的方差贡献率 $\frac{\lambda_1}{\lambda_1+\lambda_2}=\frac{378.9}{378.9+132}=74.16\%$，表明第一主成分 Y_1 反映了 x_1，$x_2$74.16% 的信息；第二主成分 Y_2 的方差贡献率 $\frac{\lambda_2}{\lambda_1+\lambda_2}=\frac{132}{378.9+132}=25.84\%$，表明第一主成分综合原变量信息的能力越强。第二主成分在总方差中所占比例较小，说明这 8 位同学两科成绩相对较为均衡。

此例中，$74.16\%+25.84\%=100\%$，表明 Y_1 和 Y_2 保持了原变量全部的信息。主成分 Y_1 和 Y_2 的方差总和为 $\lambda_1+\lambda_2=378.9+132=510.9$，而原变量 x_1 和 x_2 的方差总和为 $s_{11}+s_{22}=323.4+187.5=510.9$，即总方差保持不变。

(7) 主成分 Y_1 和 Y_2 相互独立。

两主成分 Y_1 和 Y_2 相互独立，它们所反映的信息不重叠。容易验证，(a_{11},a_{21}) 和 (a_{12},a_{22}) 相互正交，即相互垂直。

$$\begin{aligned}(a_{11}+a_{21}\mathrm{i})\cdot(\cos 90°+\mathrm{i}\sin 90°)&=(0.88+0.47\mathrm{i})\cdot\mathrm{i}=-0.47+0.88\mathrm{i}\\&=a_{12}+a_{22}\mathrm{i}\end{aligned}$$

下面再举一个三变量主成分分析的例子。

例 5.2 表 5-3 是 10 名学生的身高 x_1、胸围 x_2、体重 x_3 的数据，对此进行主成分分析。

表 5-3　学生身高、胸围和体重数据

身高(x_1)/厘米	胸围(x_2)/厘米	体重(x_3)/千克
149.5	69.5	38.5
162.5	77.0	55.5
162.7	78.5	50.8
162.2	87.5	65.5
156.5	74.5	49.0
156.1	74.5	45.5
172.0	76.5	51.0
173.2	81.5	59.5
159.5	74.5	43.5
157.7	79.0	53.5

解：(1) 求样本均值和样本协方差矩阵。

$$\begin{bmatrix}\bar{x}_1\\\bar{x}_2\\\bar{x}_3\end{bmatrix}=\begin{bmatrix}161.2\\77.3\\51.2\end{bmatrix}\qquad \boldsymbol{S}=\begin{bmatrix}46.67 & & \\17.12 & 21.11 & \\30.00 & 32.58 & 55.53\end{bmatrix}$$

(2) 求解协方差矩阵的特征方程 $|\boldsymbol{S}-\lambda\boldsymbol{I}|=0$。

$$\begin{vmatrix} 46.67-\lambda & 17.12 & 30.00 \\ 17.12 & 21.11-\lambda & 32.58 \\ 30.00 & 32.58 & 55.53-\lambda \end{vmatrix}=0$$

(3) 解得三个特征值和对应的单位特征向量。

$$\lambda_1=98.15 \quad \lambda_2=23.60 \quad \lambda_3=1.56$$

$$(a_{11}, a_{21}, a_{31})=(0.56, 0.42, 0.71)$$

$$(a_{12}, a_{22}, a_{32})=(0.81, -0.33, -0.48)$$

$$(a_{13}, a_{23}, a_{33})=(0.03, 0.85, -0.53)$$

(4) 根据特征向量写出三个主成分的表达式。

$$Y_1=0.56(x_1-161.2)+0.42(x_2-77.3)+0.71(x_3-51.2)$$

$$Y_2=0.81(x_1-161.2)-0.33(x_2-77.3)-0.48(x_3-51.2)$$

$$Y_3=0.03(x_1-161.2)+0.85(x_2-77.3)-0.53(x_3-51.2)$$

(5) 三个主成分的方差贡献率分别如下。

$$\frac{\lambda_1}{\sum_{i=1}^{3}\lambda_i}=\frac{98.15}{98.15+23.60+1.56}=\frac{98.15}{123.31}=79.6\%$$

$$\frac{\lambda_2}{\sum_{i=1}^{3}\lambda_i}=\frac{23.60}{123.31}=19.1\%$$

$$\frac{\lambda_3}{\sum_{i=1}^{3}\lambda_i}=\frac{1.56}{123.31}=1.3\%$$

(6) 由于第三个主成分的贡献率极小，故可以舍去，只保留前面两个主成分，从而变量的维数从 3 维降为 2 维。前两个主成分的累积贡献率为

$$\frac{\lambda_1+\lambda_2}{\sum_{i=1}^{3}\lambda_i}=\frac{121.75}{123.31}=98.7\%$$

表示前两个主成分反映了原变量98.7% 的信息。

(7) 现在我们来解释前两个主成分的意义。Y_1 的表达式中，原变量前面的系数都为正，因此，Y_1 是身高、胸围、体重三个变量的加权和，表示学生体型。当一个学生的身高、胸围、体重的数值都较大时，Y_1 的得分较高。把10 个学生的数据代入Y_1 的表达式，就可以算出10 个学生 Y_1 的得分，并可以按该得分的高低将他们排序，以反映学生体型胖瘦的顺序。

Y_2 的表达式中，身高 x_1 前面的系数为正，而胸围 x_2 和体重 x_3 前面的系数为负。因此，Y_2 是身高和胸围、体重的比较，反映学生体形特征。如果一个学生的身高值较大，而胸围、体重值较小，则该生 Y_2 的得分较高，表明该生的身材呈细长形。反之，若 Y_2 的得分较低，表明该生的身材呈矮胖形。当 $|Y_2|$ 接近零时，表明该生的身材比较匀称。

例5.3 国外有一个比较著名的对考试成绩作主成分分析的例子。对 88 个学生 5 门不同课程的考试成绩进行分析，要求用合适的方法对这 5 门课程成绩进行平均，以对 88 个学

生的成绩进行评比。常规的方法是用简单算术平均，但有时这种方法并不合适。比如说有些课程比较重要，或者有些课程的成绩波动幅度较大。因此要寻求一种最佳的加权平均方法来评价学生成绩的好坏。这5门课程是：Mechanics(x_1)，Vectors(x_2)，Algebra(x_3)，Analysis(x_4)，Statistics(x_5)。其中，Mechanics和Vectors是闭卷考试，Algebra、Analysis和Statistics是开卷考试。下表5-4给出了88个学生5门课程的考试成绩(省略了大部分数据)。

表5-4 5门课程的考试成绩

Mechanics	Vectors	Algebra	Analysis	Statistics
77	82	67	67	81
63	78	80	70	81
75	73	71	66	81
55	72	63	70	68
63	63	65	70	63

经计算，得到5个主成分的表达式如下

$$Y_1=0.532\,7x_1+0.420\,8x_2+0.322\,5x_3+0.342\,2x_4+0.563\,9x_5$$

$$Y_2=0.484\,6x_1+0.540\,5x_2-0.173\,5x_3-0.221\,0x_4-0.627\,8x_5$$

$$Y_3=-0.672\,7x_1+0.719\,7x_2+0.080\,9x_3-0.100\,5x_4+0.113\,3x_5$$

$$Y_4=-0.153\,8x_1-0.037\,3x_2+0.560\,0x_3+0.621\,6x_4-0.524\,4x_5$$

$$Y_5=0.071\,5x_1-0.107\,3x_2+0.738\,7x_3-0.661\,5x_4-0.008\,5x_5$$

5个主成分的方差分别为307.83，125.83，54.78，34.23和21.87。前两个主成分各自的贡献率和累积贡献率为

$$\frac{\lambda_1}{\sum_{i=1}^{5}\lambda_i}=\frac{307.83}{544.58}=56.53\%$$

$$\frac{\lambda_2}{\sum_{i=1}^{5}\lambda_i}=\frac{125.83}{544.58}=23.11\%$$

$$56.53\%+23.11\%=79.63\%$$

一般经验认为，当前面几个主成分的累积贡献率达到75%～85%时，后面的几个主成分便可以舍去。故在此例中，只需取前面两个主成分就够了。在Y_1的表达式中，原变量前面的系数都为正，因此Y_1是5门课程考分的加权和，表示学生成绩的好坏。Y_1的得分高，则表示学生的学习成绩好。我们可以按Y_1的得分将88个学生排序。观察Y_2的表达式，x_1和x_2前面的系数为正，而x_3，x_4，x_5前面的系数为负，因此Y_2是闭卷考试课程成绩和开卷考试课程成绩的比较。

5.3.3 *R*型分析

当原始数据存在量纲影响时，方差的大小并不能真正反映出这个变

微课视频

量所包含信息的多少，协方差也并不能准确反映变量间的相关程度，导致基于协方差矩阵计算而得的主成分不能有效地降维。

例 5.4 设 $x=(x_1, x_2, x_3)'$ 的协方差矩阵为

$$\boldsymbol{\Sigma}=\begin{bmatrix}16 & 2 & 30\\ 2 & 1 & 4\\ 30 & 4 & 100\end{bmatrix}$$

经计算，$\boldsymbol{\Sigma}$ 的特征值为：$\lambda_1=109.793$，$\lambda_2=6.469$，$\lambda_3=0.738$，相应的主成分分别为

$$y_1=0.305x_1+0.041x_2+0.951x_3$$
$$y_2=0.944x_1+0.120\,2x_2-0.308x_3$$
$$y_3=-0.127x_1+0.992x_2-0.002x_3$$

第一主成分的方差贡献率为

$$\frac{\lambda_1}{\sum_{i=1}^{3}\lambda_i}=\frac{109.783}{117}=93.8\%$$

根据第一主成分的方差贡献率，主成分降维的效果非常好，仅一个主成分就反映了原 3 个变量93.8% 的信息。但是仔细观察三个主成分的表达式，可以发现：第一主成分 y_1 主要反映了方差最大的变量 x_3 的信息，第二主成分 y_2 主要反映了方差次大的变量 x_1 的信息，第三主成分 y_3 主要反映了方差最小的变量 x_2 的信息。也就是说，如果只保留一个主成分，并没有综合反映全体原变量的信息，因此主成分分析没有达到降维的效果。导致这一结果的原因是协方差矩阵中 x_1，x_2，x_3 的方差相差比较悬殊，这可能是由于量纲的影响。

在解决实际问题时，尤其对经济问题，所涉及的变量往往用不同的计量单位，或者虽然计量单位相同，但数量级相差悬殊，所以在计算之前需要先消除量纲的影响。消除量纲的方法有很多，最常用的是标准化变换。由于标准化变换之后，变量的协方差矩阵就是原变量的相关系数矩阵 $\boldsymbol{R}$，即 $\boldsymbol{S}$ 和 $\boldsymbol{R}$ 相同，所以用标准化变量进行主成分分析相当于从原变量的相关系数矩阵 $\boldsymbol{R}$ 出发进行主成分分析。统计学上称这种分析法为 R 型分析，与之相对应，由协方差矩阵出发的主成分分析称为 S 型分析。一般来说，S 型分析和 R 型分析的结果是不同的。这种差异有时很大，甚至影响用于解释数据的主成分个数的选取，各主成分的解释也因此有很大的差别。在一般情况下，若各变量的量纲不同，通常采用 R 型分析更为合理，并使得主成分有现实经济意义，便于解释。

R 型分析的求解步骤与 S 型分析类似。x_1，x_2，…，x_p 的主成分就是以样本相关系数矩阵 $\boldsymbol{R}$ 的特征根所对应的单位特征向量为系数的线性组合。

(1) 求样本相关系数矩阵 $\boldsymbol{R}$。

$$\boldsymbol{R}=\begin{bmatrix}1 & r_{12} & \cdots & r_{1p}\\ r_{21} & 1 & \cdots & r_{2p}\\ \vdots & \vdots & \vdots & \vdots\\ r_{p1} & r_{p2} & \cdots & 1\end{bmatrix}$$

(2) 求解特征方程 $|\boldsymbol{R}-\lambda\boldsymbol{I}|=0$，其中 $\boldsymbol{I}$ 为单位矩阵。

$$\begin{vmatrix} 1-\lambda & r_{12} & \cdots & r_{1p} \\ r_{21} & 1-\lambda & \cdots & r_{2p} \\ \vdots & \vdots & \vdots & \vdots \\ r_{p1} & r_{p2} & \cdots & 1-\lambda \end{vmatrix}=0$$

解得 p 个特征根 $\lambda_1, \lambda_2, \cdots, \lambda_p(\lambda_1 \geqslant \lambda_2 \geqslant \cdots \geqslant \lambda_p)$。

(3) 求特征根 λ_k 所对应的单位特征向量 $\boldsymbol{\alpha}_k(k=1, 2, \cdots, p)$。

即求解方程组 $(\boldsymbol{R}-\lambda_k \boldsymbol{I})\boldsymbol{\alpha}_k=0$，其中 $\boldsymbol{\alpha}_k=(a_{1k}, a_{2k}, \cdots, a_{pk})'$。

$$\begin{bmatrix} 1-\lambda_k & r_{12} & \cdots & r_{1p} \\ r_{21} & 1-\lambda_k & \cdots & r_{2p} \\ \vdots & \vdots & \vdots & \vdots \\ r_{p1} & r_{p2} & \cdots & 1-\lambda_k \end{bmatrix}\begin{bmatrix} a_{1k} \\ a_{2k} \\ \vdots \\ a_{pk} \end{bmatrix}=0$$

再加上单位向量的条件 $a_{1k}^2+a_{2k}^2+\cdots+a_{pk}^2=1$，解得 $\boldsymbol{\alpha}_k=(a_{1k}, a_{2k}, \cdots, a_{pk})'$。

(4) 写出主成分表达式 $Y_k=a_{1k}x_1+a_{2k}x_2+\cdots+a_{pk}x_p$，方便起见，这里的 $x_1, x_2, \cdots, x_p$ 是指已经过标准化处理的变量。

在 R 型主成分分析的实际应用中，由于标准化变量的方差是 1，所以形成一个习惯约定：一般认为方差大于 1 的主成分重要，而方差小于 1 的主成分不重要，但这个约定不是严格的和一成不变的。当变量个数不多时，方差小于 1 的主成分仍具有相当程度的贡献率，即仍然较为重要。

5.4　主成分的相关结构与性质

微课视频

5.4.1　主成分的相关结构

根据主成分的推导、主成分重要性的比较，可以总结得到以下结论：

(1) 主成分 Y_k 的方差 λ_k 反映了第 k 个主成分 Y_k 所起作用的大小。

(2) 主成分的方差贡献率为 $\dfrac{\lambda_k}{\sum_{k=1}^{p}\lambda_k}$，表示第 k 个主成分 Y_k 反映了原变量 $X_1, X_2, \cdots, X_p$ 多少的信息。

(3) 主成分 Y_k 与每一个原变量 X_i 之间的相关系数为 $r_{iY_k}=a_{ik}\sqrt{\dfrac{\lambda_k}{s_{ii}}}$。

证明：
$$\rho(Y_k, X_i)=\frac{\operatorname{cov}(Y_k, X_i)}{\sqrt{\operatorname{var}(Y_k)\operatorname{var}(X_i)}}=\frac{\operatorname{cov}(\boldsymbol{\alpha}_k'X, \boldsymbol{e}_i'X)}{\sqrt{\lambda_k s_{ii}}}$$

式中：$\boldsymbol{\alpha}_k'=(a_{1k}, a_{2k}, \cdots, a_{pk})$；$\boldsymbol{e}_i'=(0, 0, \cdots 0, 1, 0, \cdots, 0)$ 为单位向量，其中第 i 个分量为 1，其余为 0。

而 $\mathrm{cov}(\boldsymbol{\alpha}'_k X, \boldsymbol{e}'_i X) = \boldsymbol{\alpha}'_k \mathrm{var}(X)\boldsymbol{e}_i = \boldsymbol{\alpha}'_k \sum \boldsymbol{e}_i = \boldsymbol{e}'_i \sum \boldsymbol{\alpha}_k = \boldsymbol{e}'_i \lambda_k \boldsymbol{\alpha}_k = \lambda_k a_{ik}$

所以

$$\rho(Y_k, X_i) = r_{iY_k} = a_{ik}\sqrt{\frac{\lambda_k}{s_{ii}}}$$

我们把主成分 Y_k 与原变量 X_i 的相关系数 $\rho(Y_k, X_i) = r_{iY_k}$ 称作因子负荷量(factor loading)，表示第 i 个原变量在第 k 个主成分上的因子负荷量。

对例5.2 进行计算，第一主成分 Y_1 与原变量 x_1，x_2，x_3 的相关系数依次是

$$r_{1Y_1} = a_{11}\sqrt{\frac{\lambda_1}{s_{11}}} = 0.56 \times \sqrt{\frac{98.15}{46.67}} = 0.812$$

$$r_{2Y_1} = a_{21}\sqrt{\frac{\lambda_1}{s_{22}}} = 0.42 \times \sqrt{\frac{98.15}{21.11}} = 0.906$$

$$r_{3Y_1} = a_{31}\sqrt{\frac{\lambda_1}{s_{33}}} = 0.71 \times \sqrt{\frac{98.15}{55.53}} = 0.944$$

这表明第一主成分 Y_1 与三个原变量密切相关，但相关程度上也存在差别。同样，我们也很容易计算第二主成分 Y_2 与三个原变量之间的相关系数

$$r_{1Y_2} = a_{12}\sqrt{\frac{\lambda_2}{s_{11}}} = 0.81 \times \sqrt{\frac{23.60}{46.67}} = 0.576$$

$$r_{2Y_2} = a_{22}\sqrt{\frac{\lambda_2}{s_{22}}} = -0.33 \times \sqrt{\frac{23.60}{21.11}} = -0.349$$

$$r_{3Y_2} = a_{32}\sqrt{\frac{\lambda_2}{s_{33}}} = -0.48 \times \sqrt{\frac{23.60}{55.53}} = -0.313$$

可见，第二主成分 Y_2 与三个原变量之间的相关系数较第一主成分 Y_1 与原变量的相关系数要小，Y_2 与原变量有中等程度的相关。

(4) 主成分对每一个原变量的方差贡献。

数学上的推理表明，上述每个相关系数的平方都是相应的主成分对原变量的方差贡献率。即 Y_k 对 X_i 的方差贡献为

$$r_{iY_k}^2 = a_{ik}^2 \frac{\lambda_k}{s_{ii}}$$

例如：$r_{1Y_1}^2 = a_{11}^2 \dfrac{\lambda_1}{s_{11}} = 0.56^2 \times \dfrac{98.15}{46.67} = 0.659$，即主成分 Y_1 对原变量 x_1 的方差贡献率是 65.9%，表明 Y_1 反映了原变量 x_1 65.9% 的信息。

把计算得到的全部9个相关系数以及它们的平方(方差贡献率) 分别排列成表5-5与表5-6。

表 5-5　例5.2 主成分和原始变量的相关系数

r_{ij}	Y_1	Y_2	Y_3
x_1	0.812	0.576	0.005
x_2	0.906	−0.349	0.231
x_3	0.944	−0.313	−0.089

表 5-6　例5.2 主成分和原始变量的相关系数平方

r_{ij}^2	Y_1	Y_2	Y_3
x_1	0.659	0.332	0.000
x_2	0.821	0.122	0.053
x_3	0.891	0.098	0.008

下面分析表 5-6 的结果。从横行来看，Y_1 反映了 x_1 65.9% 的信息，Y_2 反映了 x_1 33.2% 的信息，而 Y_3 反映了 x_1 0% 的信息；横行之和为1，表明全部主成分 Y_1、Y_2 和 Y_3 反映了原变量 x_1 100% 的信息。因此，从横行看有

$$\sum_{k=1}^{p} r_{iY_k}^2 = 1$$

从纵向看，前面我们已经分析过，Y_1 的方差为 $\lambda_1 = 98.15$，表明 Y_1 反映了原变量 x_1，x_2，x_3 共 $\frac{\lambda_1}{\lambda_1+\lambda_2+\lambda_3} = \frac{98.15}{98.15+23.6+1.56} = 79.6\%$ 的信息，其中 Y_1 反映了 $x_1$65.9% 的信息，反映了 $x_2$82.1% 的信息，反映了 $x_3$89.1% 的信息。可以验证，把 Y_1 对每个 x_i 的方差贡献率乘以每个 x_i 的方差 s_{ii}，即为 Y_1 的方差。

$$\begin{aligned} & 65.9\% s_{11} + 82.1\% s_{22} + 89.1\% s_{33} \\ & = 0.659 \times 46.67 + 0.821 \times 21.11 + 0.891 \times 55.53 \\ & = 30.76 + 17.33 + 49.48 \\ & = 98.15 = \lambda_1 \end{aligned}$$

类似地，可用表 5-6 求出 Y_2 和 Y_3 的方差(即 λ_2 和 λ_3)。因此从纵向看，有

$$\sum_{i=1}^{p} r_{iY_k}^2 s_{ii} = \lambda_k$$

我们再来计算例5.3 的主成分与原变量的相关系数和方差贡献率，得到表 5-7 和 5-8。

表 5-7　例5.3 主成分和原始变量的相关系数

r_{ij}	Y_1	Y_2	Y_3	Y_4	Y_5
x_1	0.782 7	0.455 1	−0.416 9	−0.075 4	0.028 0
x_2	0.674 1	0.553 6	0.486 4	−0.020 0	−0.045 8
x_3	0.737 6	−0.253 7	0.078 1	0.427 4	0.450 3
x_4	0.741 6	−0.306 1	−0.091 9	0.449 4	−0.382 0
x_5	0.788 1	−0.561 0	0.066 8	−0.244 5	−0.003 2

表 5-8　例5.3 主成分和原始变量的相关系数平方

r_{ij}^2	Y_1	Y_2	Y_3	Y_4	Y_5
x_1	0.612 6	0.207 2	0.173 8	0.005 7	0.000 8
x_2	0.454 4	0.306 5	0.236 6	0.000 4	0.002 1
x_3	0.544 1	0.064 3	0.006 1	0.182 7	0.202 8
x_4	0.549 9	0.093 7	0.008 4	0.202 0	0.146 0
x_5	0.621 1	0.314 7	0.004 5	0.059 8	0.000 0

观察表 5-8 的结果，第一主成分 Y_1 反映了 x_1 61.26% 的信息，反映了 x_2 45.44% 的信

息，反映了 x_3 54.41% 的信息，以及 x_4 和 x_5 54.99% 和62.11% 的信息。前两个主成分 Y_1 和 Y_2 反映了 x_1 81.98% 的信息，反映了 x_2 76.09% 的信息，反映了 x_3 60.84% 的信息。若只取两个主成分，则 x_3 的信息损失最多，损失量为0.61%＋18.27%＋20.28%＝39.16%。Y_5 对全体原变量的方差贡献不大，只有 $\frac{\lambda_5}{\sum_{k=1}^{5}\lambda_k}=\frac{21.87}{544.58}=4.02\%$，但若舍去 Y_5，则 x_3 的信息损失达20.28%。

5.4.2 主成分的性质

根据前述主成分的重要性分析及主成分的相关结构，可以总结得到主成分有以下性质。

（1）主成分的协差阵为对角阵。

$$\operatorname{var}(Y)=\boldsymbol{\Lambda}=\begin{bmatrix}\lambda_1 & & & \\ & \lambda_2 & & \\ & & \ddots & \\ & & & \lambda_p\end{bmatrix}$$

λ_k 是第 k 个主成分 Y_k 的方差。

（2）总方差保持不变。

$$\lambda_1+\lambda_2+\cdots+\lambda_p=s_{11}+s_{22}+\cdots+s_{pp}$$

若进行 R 型分析，则 $\lambda_1+\lambda_2+\cdots+\lambda_p=p$。

（3）Y_k 与 x_i的相关系数

$$\rho(Y_k,\ x_i)=r_{iY_k}=\alpha_{ik}\sqrt{\frac{\lambda_k}{s_{ii}}}\quad(i,\ k=1,\ 2,\ \cdots,\ p)$$

若是 R 型分析，则有 $\rho(Y_k,\ x_i)=r_{iY_k}=a_{ik}\sqrt{\lambda_k}\ (i,\ k=1,\ 2,\ \cdots,\ p)$。

（4）Y_k 对 X_i 的贡献率为 $\rho^2(Y_k,\ x_i)$。

$$\sum_{i=1}^{p}\rho^2(Y_k,\ x_i)s_{ii}=\sum_{i=1}^{p}r_{iY_k}^2 s_{ii}=\lambda_k$$

对于 R 型分析，则有 $\sum_{i=1}^{p}\rho^2(Y_k,\ x_i)=\sum_{i=1}^{p}r_{iY_k}^2=\lambda_k$。

（5）全部 p 个主成分反映每一变量全部的信息。

$$\sum_{k=1}^{p}\rho^2(Y_k,\ x_i)=\sum_{k=1}^{p}r_{iY_k}^2=1$$

5.5 主成分的应用

微课视频

5.5.1 用主成分图解样品和变量

在对一个变量系统进行简化时，有一个特殊情况尤其引起人们的关注，如果能将一个

p 维变量系统有效地降至 2 维，就可以在一个平面上描绘每一个样品点，以直接观察样本群点的分布特点和结构。所以，主成分分析使高维数据点的可见性成为可能。在数据信息的分析过程中，对直观图象的观察是一种重要的分析手段，它可以更好地协助系统分析人员的思维与判断，及时发现大规模复杂数据群中的普遍规律与特殊现象，大大提高数据信息的分析效率。将抽象空间或高维不可见空间中的信息以及一些更复杂的现象转换成直观的平面图示，这种面思维的工作方式，能极大地提高决策人员的洞察力，增加决策者的知识，是实现决策支持系统高效率的最佳途径之一。

主成分分析在对多变量数据系统进行最佳简化的同时，还可以通过图解样品的方法，提供许多重要的信息。例如，数据群点的重心位置(或称平均水平)，数据变异的最大方向，群点的散布范围等。

1. 图解样品(对样品分类)

进行主成分分析后，若能以两个主成分代表原变量大部分的信息，即把 p 维变量有效地降为 2 维，我们就可以在平面上分析每一个样品点。图解样品的步骤如下：

(1) 对每个样品分别求第一主成分 Y_1 和第二主成分 Y_2 的得分。

(2) 建立以 Y_1 和 Y_2 为轴的直角坐标系。以 Y_1 为横坐标，Y_2 为纵坐标，在坐标系中描出各个样品点(画散点图)。

(3) 解释坐标系的各个象限。散点图能清楚直观地显示数据的分布特征，并能反映个别样品的特征。

例5.3 中对 88 个学生的成绩进行主成分分析，我们求出 88 个学生前两个主成分 Y_1 和 Y_2 的得分，然后以 Y_1 为横坐标、Y_2 为纵坐标画散点图(图 5-2)，对样品进行图解。

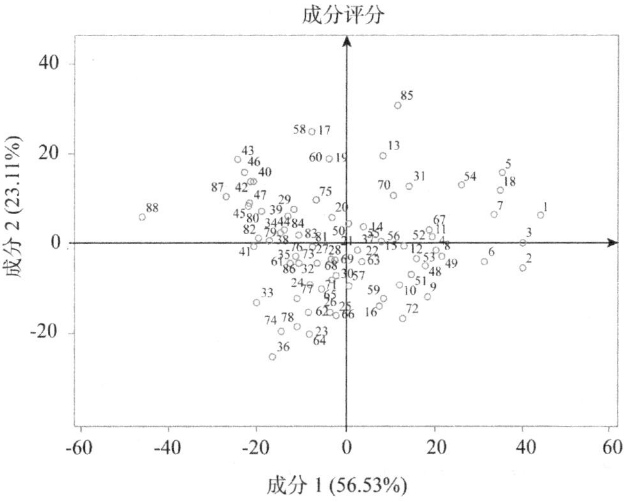

图 5-2　例5.3 图解样品

注意图 5-2 中的样品点，在 Y_1 轴方向上散布较宽，在 Y_2 轴方向上散布较窄，这是因为主成分 Y_1 的方差大于主成分 Y_2 的方差。图中的样品点呈现出 Y_1 与 Y_2 不相关的形态，这与主成分之间不相关的性质一致。

我们可以根据散点图对样品进行分类，按图上的集中情况把全部样品分成若干个组。以数据群点的重心位置(样本平均值) 作为每一组的代表点。

2. 图解变量(对变量分类)

进行主成分分析后，若能以两个主成分代表原变量大部分的信息，以第一主成分与各原变量的相关系数 $\rho(Y_1, x_i)$ 为横轴，第二主成分与各原变量的相关系数 $\rho(Y_2, x_i)$ 为纵轴，建立直角坐标系。然后以 $\rho(Y_1, x_i)$ 为横坐标，以 $\rho(Y_2, x_i)$ 为纵坐标，在坐标系中描出各变量 x_i 对应的点。仍使用对 88 个学生成绩进行主成分分析的例子。例如，对于 x_1，对应的 $\rho(Y_1, x_1)=r_{1Y_1}=0.782\ 7$，$\rho(Y_2, x_1)=r_{1Y_2}=0.455\ 1$。以上面的两个相关系数为坐标，在坐标系里描出变量 x_1 的点。同样可以描出其余 4 个变量对应的点，如图 5-3 所示。

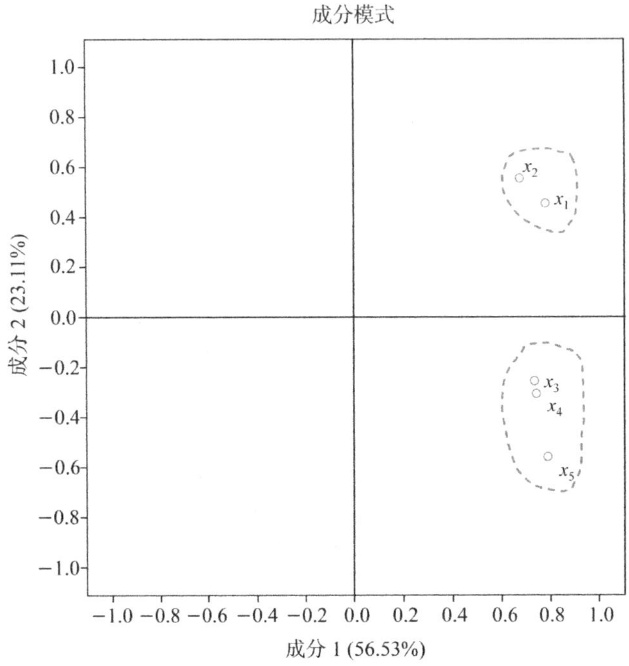

图 5-3　例5.3 图解变量

对于变量 x_1 来说，由于 $r_{1Y_1}^2+r_{1Y_2}^2$ 是主成分 Y_1 和 Y_2 对它的方差贡献率，可见这个贡献率就是图 5-3 中点 1 到原点0.0 的距离的平方。对于其他几个变量也是如此。这表明，在图 5-3 中，表示变量的点距原点越远，该变量被主成分 Y_1 和 Y_2 解释得越充分。从图 5-3 中可以看出，点 5 距原点最远，点 1 次之，表明变量 x_5 被主成分 Y_1 和 Y_2 解释得最充分，变量 x_1 次之。点 3 距原点最近，表明 x_3 被主成分 Y_1 和 Y_2 解释得最不充分。也就是说，若用两个主成分，x_3 的信息损失量最大，这与前面的分析结果一致。

根据图 5-3 中表示变量的点在坐标系中所处的位置，我们可以对变量进行分类。因此，可以将变量分为两类，x_1 和 x_2 为一类，x_3、x_4 和 x_5 为另一类，这与实际相吻合。

5.5.2　主成分分析用于综合评价

在对一个系统进行评价时，评价的指标往往有多个，如 p 个指标 $x_1, x_2, \cdots, x_p$。多指标综合评价的方法有多种，如德尔菲法、层次分析法等。采用主成分分析建立综合评价函数的方法，是基于客观数据分析得出权数，不受主观因素的影响，这克服了其他评价方法中人为确定权数的缺陷，使综合评价结果客观合理。下面介绍用主成分分析进行系统评估的方法。

通过主成分分析得到综合指标 $Y_1=a_{11}x_1+a_{21}x_2+\cdots+a_{p1}x_p$，利用第一主成分 Y_1 作为综合评价指标。由于第一主成分 Y_1 的方差最大，反映原变量的信息最多，对应 Y_1 的方向上数据变异最大，即样本点的散布被拉得最开，最容易判别出样本点的排列顺序和类别。且第一主成分 Y_1 往往是各指标的加权和，能够综合反映各个原变量的信息，可以通过计算 Y_1 的得分对样本点进行排序比较。

但是，利用第一主成分 Y_1 进行综合评价有以下三个前提条件：

(1) Y_1 与全体原变量都正相关，即 $r_{iY_1}=a_{i1}\sqrt{\lambda_1}>0(i=1, 2, \cdots, p)$。这就要求保证 λ_1 所对应的单位特征向量的各元素都为正。否则，若 Y_1 与一部分原变量正相关，与另一部分原变量负相关，那么 Y_1 的得分就不再是各个原变量的加总，因此以 Y_1 得分大小进行排序就不合理。

(2) 各 a_{i1} 在数值上的分布都较为均匀，即 Y_1 与 $x_1, x_2, \cdots, x_p$ 的相关程度基本近似。当出现某一 $a_{j1}\approx 0$ 时，用 Y_1 作为评估指标须慎重，要防止遗漏 x_j 上的重要信息。

(3) Y_1 的方差贡献率较大，即 Y_1 要能反映原变量大部分的信息。

当第一主成分 Y_1 的方差贡献率比较小，即 Y_1 反映原变量的信息还不够充分时，常常有人采取以下方法进行处理。

通过主成分分析，取前面 m 个主成分 $Y_1, Y_2, \cdots, Y_m$，以每个主成分 Y_i 的方差贡献率 $\alpha_i=\dfrac{\lambda_i}{\sum_{i=1}^{p}\lambda_i}$ 为权，构造综合评价函数

$$F=\alpha_1Y_1+\alpha_2Y_2+\cdots+\alpha_mY_m$$

计算出每个样品的 m 个主成分得分，再计算出综合评价函数的得分，按 F 值的大小对样品进行排序比较或分类。这一考虑的理由是，综合评价函数 F 是 m 个主成分的线性组合，各个权数 α_i 不是人为确定的，而是根据主成分的方差贡献率 α_i 的大小确定。方差越大的变量越重要，以 α_i 作为权数是合理的。

实际上，这一方法并不合理，因为 $F_i(i=2, \cdots, m)$ 的系数通常有正有负，其实际含义违背了综合评价的本意。在采用主成分分析方法进行综合评价时要慎用。

如例5.3 中，第一主成分 Y_1 表示学生成绩的好坏，可按 Y_1 得分对学生进行排名。第二主成分 Y_2 是闭卷考和开卷考成绩的比较，表示学生记忆力和理解能力的相对比较，闭卷考试成绩好于开卷考试者，Y_2 得分为正，反之则为负。如果把 Y_1 和 Y_2 加权起来，闭卷考试的两门课加重了权数，而开卷考试的三门课减小了权数，很明显闭卷考成绩好的学生更占优势。

5.5.3　主成分回归

在建立经济模型时，为避免遗漏重要因素，我们通常试图寻找所有影响被解释变量的重要因素作为解释变量。当解释变量的个数较多时，由于解释变量之间往往存在高度相关关系，很容易导致共线性问题。

存在严重共线性问题的数据，在回归分析中被称为病态数据。此时建立回归方程，由于$|X'X|\approx 0$，常规的普通最小二乘估计$\hat{\beta}$的均方误差$E(\|\hat{\beta}-\beta\|^2)$将变得很大，即估计值波动较大，使模型估计失真，经常出现某些回归系数的符号与实际不相符或很重要的自变量前的回归系数检验却不显著的情况，因而最小二乘估计$\hat{\beta}$不再是一个好的估计了。

主成分回归分析，是解决共线性问题的一种方法。主成分回归利用自变量之间的高度相关性，先对自变量进行主成分分析降维，消除回归模型中的多重共线性，以主成分作为自变量进行回归分析，然后根据主成分表达式将原变量代回得到的新模型。

主成分回归分析的步骤如下。

1. 对全体自变量进行主成分分析

设有因变量y，p个自变量$x_1, x_2, \cdots, x_p$，要建立y关于$x_1, x_2, \cdots, x_p$的回归方程$y=f(x)$。

对$x_1, x_2, \cdots, x_p$进行主成分分析，取m个主成分，使之能反映p个原变量95%以上的信息，得到m个主成分的表达式

$$\begin{aligned} F_1 &= a_{11}x_1 + a_{21}x_2 + \cdots + a_{p1}x_p \\ F_2 &= a_{12}x_1 + a_{22}x_2 + \cdots + a_{p2}x_p \\ &\vdots \\ F_m &= a_{1m}x_1 + a_{2m}x_2 + \cdots + a_{pm}x_p \end{aligned} \tag{5.2}$$

2. 以主成分为自变量，建立回归模型

以主成分$F_1, F_2, \cdots, F_m$作为新的自变量，建立y关于$F_1, F_2, \cdots, F_m$的回归模型

$$y_i = \gamma_1 F_{i1} + \gamma_2 F_{i2} + \cdots + \gamma_m F_{im} + \varepsilon_i$$

因为主成分是相互独立的，所以消除了回归模型中的多重共线性，可运用普通最小二乘估计得到y关于$F_1, F_2, \cdots, F_m$的回归方程。

$$\hat{y} = \hat{\gamma}_1 F_1 + \hat{\gamma}_2 F_2 + \cdots + \hat{\gamma}_m F_m \tag{5.3}$$

3. 得到最终的回归方程

把主成分的表达式(5.2)代入回归方程(5.3)，即可得到最终的回归方程

$$\hat{y} = \hat{f}(x_1, x_2, \cdots, x_p)$$

5.6 SAS实现与应用案例

微课视频

5.6.1 区域经济发展的综合分析

微课视频

1. 案例背景

衡量一个地区的经济发展水平，不能只考虑地区生产总值，要综合宏观经济发展状况、人民生活水平、医疗卫生状况、教育科技发展水平、信息通信水平等方面的状况。为了比较我国30个大陆省份(西藏部分指标数据缺失，不予分析)经济发展水平和主要影响因素，选取以下10个指标进行主成分分析，指标体系如表5-9所示。

表 5-9　指标体系表

一级指标	二级指标	符号	单位
宏观经济环境	人均地区生产总值	X_1	元
	第三产业产值所占比重	X_2	%
	人均进出口总额	X_3	美元
人民生活	人均可支配收入	X_4	元
	人均地方财政收入	X_5	元
科技信息	每万从业人员有效发明专利数	X_6	项
	人均研发经费支出	X_7	万元
	互联网普及率	X_8	%
教育医疗	每千人口医生数	X_9	人
	人均财政性教育经费支出	X_{10}	元

2. 指标数据

搜集2017 年各指标数据如表 5-10 和 5-11 所示。

表 5-10　指标数据表(1)

地区	人均地区生产总值	第三产业产值所占比重	人均进出口额	人均可支配收入	人均地方财政收入
北京	129 679.90	73.51	14 911.10	57 229.80	25 138.87
天津	119 616.00	54.42	7 253.69	37 022.30	14 898.55
河北	45 146.16	39.16	662.37	21 484.10	4 291.91
山西	41 883.53	46.60	463.80	20 420.00	5 035.71
内蒙古	63 615.89	49.31	549.62	26 212.20	6 731.47
辽宁	53 627.33	48.99	2 276.26	27 835.40	5 481.50
吉林	54 915.68	41.98	682.37	21 368.30	4 449.65
黑龙江	41 930.84	52.29	496.44	21 205.80	3 278.25
上海	127 315.60	64.19	19 690.65	58 988.00	27 606.29
江苏	107 044.90	45.06	7 362.31	35 024.10	10 186.60
浙江	91 591.79	46.54	6 680.22	42 045.70	10 269.49
安徽	43 096.58	37.08	857.55	21 863.30	4 486.16
福建	82 300.49	38.39	4 373.05	30 047.70	7 183.64
江西	43 196.81	38.81	962.14	22 031.40	4 851.76
山东	72 544.35	43.71	2 629.02	26 929.90	6 091.09
河南	46 467.35	37.95	811.91	20 170.00	3 553.63
湖北	60 048.37	40.45	784.65	23 757.20	5 497.94
湖南	49 316.01	43.16	525.36	23 102.70	4 011.59
广东	80 412.86	46.88	9 011.37	33 003.30	10 147.70
广西	37 794.15	39.12	1 171.14	19 904.80	3 295.45
海南	48 130.01	49.27	1 119.87	22 553.20	7 270.51
重庆	63 172.35	43.96	2 165.85	24 153.00	7 325.10
四川	44 413.56	42.07	820.53	20 579.80	4 297.20
贵州	37 679.47	38.85	227.93	16 703.60	4 490.76
云南	33 982.48	42.15	489.69	18 348.30	3 913.98

（续表）

地区	人均地区生产总值	第三产业产值所占比重	人均进出口额	人均可支配收入	人均地方财政收入
陕西	57 014.82	37.51	1 046.68	20 635.20	5 224.53
甘肃	28 300.91	49.62	192.69	16 011.00	3 094.67
青海	43 791.45	41.96	110.37	19 001.00	4 107.49
宁夏	50 426.40	41.78	739.00	20 561.70	6 115.06
新疆	44 367.81	40.01	845.03	19 975.10	5 979.28

表 5-11　指标数据表(2)

地区	每万从业人员有效发明专利数	人均研发经费支出	互联网普及率	每千人口医生数	人均财政性教育经费支出
北京	101.65	0.68	78	4.35	4 465.18
天津	51.91	0.35	62	2.64	2 802.49
河北	14.23	0.05	54	2.55	1 694.23
山西	8.39	0.04	56	2.55	1 674.08
内蒙古	19.04	0.06	52	2.78	2 220.56
辽宁	24.66	0.09	62	2.65	1 484.62
吉林	9.90	0.05	52	2.60	1 867.04
黑龙江	17.26	0.04	49	2.34	1 511.13
上海	59.71	0.43	69	2.81	3 632.90
江苏	44.33	0.25	57	2.70	2 467.72
浙江	32.54	0.20	65	3.16	2 530.31
安徽	78.83	0.08	47	1.93	1 618.89
福建	20.78	0.12	65	2.15	2 153.82
江西	14.39	0.04	47	1.81	2 030.84
山东	34.17	0.16	55	2.64	1 887.66
河南	11.37	0.05	45	2.30	1 557.27
湖北	32.04	0.10	53	2.50	1 864.09
湖南	27.22	0.07	46	2.52	1 622.38
广东	60.76	0.18	75	2.31	2 308.73
广西	14.59	0.02	48	2.07	1 877.54
海南	26.70	0.02	51	2.24	2 382.16
重庆	29.17	0.10	53	2.23	2 036.83
四川	32.44	0.07	45	2.35	1 668.44
贵州	27.37	0.02	45	2.11	2 509.84
云南	21.10	0.03	41	1.96	2 071.63
陕西	23.26	0.11	53	2.43	2 156.40
甘肃	19.67	0.03	44	2.14	2 152.38
青海	14.55	0.02	54	2.59	3 128.33
宁夏	31.45	0.04	51	2.67	2 498.94
新疆	13.60	0.02	55	2.55	2 946.14

3. SAS 程序

```
    proc princomp data=economic out=prin;
    run;
    ods graphics on;
    proc princomp data=economic out=prin n=3 plot=pattern(ncomp=2) plot=
score(ncomp=2);
    var x1-x10;
    id region;
    run;
    ods graphics off;
    proc plot data=prin;
    plot prin2*prin1 $  region='*'/href=0 vref=0;
    run;
```

4. SAS 程序说明

“proc princomp”是一个进行主成分分析的过程。选项“data = econonmic”是指定使用数据集“economic”进行主成分分析；选项“out = prin”是要求生产一个包含原始数据及主成分得分的SAS数据集，并取名为prin，逻辑库库名缺省是指保存在临时库work；选项“n = 3”是指定输出的主成分为三个，当其缺省时，表示输出所有的主成分；选项“plot = pattern(ncomp = 2)”是指建立以$\rho(prin_1, x_i)$为横坐标、$\rho(prin_2, x_i)$为纵坐标的散点图，在坐标系中描出各变量对应的点(图解变量)；选项“plot = score(ncomp = 2)”是指建立以$prin_1$为横轴、$prin_2$为纵轴，以$prin_1$得分为横坐标、$prin_2$得分为纵坐标的散点图，在坐标系中描绘出每个省份所对应的点(图解样品)。

如果基于协方差矩阵出发做主成分分析，则需要加上选项“cov”，该选项缺省时是从相关系数矩阵出发进行分析。此外，该过程步中还省略了选项“prefix”。若选项“prefix = F”，则表示在输出数据集prin中，主成分变量是F_1，F_2，…。读者可根据研究需要进行添加和更改。

“proc plot”是绘制散点图的过程步，在此案例中是为了单独绘制图解样品的图。

5. SAS 输出说明

【输出 5-1】

相关矩阵											
		x1	x2	x3	x4	x5	x6	x7	x8	x9	x10
x1	人均地区生产总值	1.0000	0.6797	0.8953	0.9324	0.8920	0.6742	0.9123	0.8087	0.6655	0.6587
x2	第三产业产值所占比重	0.6797	1.0000	0.7599	0.7891	0.8298	0.5998	0.8104	0.6238	0.7212	0.6668
x3	人均进出口额	0.8953	0.7599	1.0000	0.9617	0.9614	0.7121	0.9005	0.8023	0.5875	0.7139
x4	人均可支配收入	0.9324	0.7891	0.9617	1.0000	0.9536	0.7102	0.9290	0.8247	0.7128	0.6948
x5	人均地方财政收入	0.8920	0.8298	0.9614	0.9536	1.0000	0.7232	0.9287	0.7624	0.6717	0.8028
x6	每万从业人员有效发明专利数	0.6742	0.5998	0.7121	0.7102	0.7232	1.0000	0.8042	0.5813	0.5061	0.5578
x7	人均R&D经费支出	0.9123	0.8104	0.9005	0.9290	0.9287	0.8042	1.0000	0.7640	0.7663	0.7401
x8	互联网普及率	0.8087	0.6238	0.8023	0.8247	0.7624	0.5813	0.7640	1.0000	0.6688	0.6030
x9	每千人口医生数	0.6655	0.7212	0.5875	0.7128	0.6717	0.5061	0.7663	0.6688	1.0000	0.6555
x10	人均财政性教育经费支出	0.6587	0.6668	0.7139	0.6948	0.8028	0.5578	0.7401	0.6030	0.6555	1.0000

在计算各变量的特征值之前，需对各变量之间的相关性进行分析，输出5-1是各变量之间的相关系数矩阵。在相关系数矩阵中可以看到各变量之间的相关系数较高，说明有必要通过主成分分析对变量进行降维处理。

【输出5-2】

相关矩阵的特征值				
	特征值	差分	比例	累积
1	7.84106585	7.24417795	0.7841	0.7841
2	0.59688790	0.12197055	0.0597	0.8438
3	0.47491735	0.07670241	0.0475	0.8913
4	0.39821494	0.06627548	0.0398	0.9311
5	0.33193947	0.12459535	0.0332	0.9643
6	0.20734412	0.12809405	0.0207	0.9850
7	0.07925007	0.04317261	0.0079	0.9930
8	0.03607746	0.01653377	0.0036	0.9966
9	0.01954368	0.00478451	0.0020	0.9985
10	0.01475917		0.0015	1.0000

输出5-2显示了原始数据相关系数矩阵特征值(主成分的方差)、方差贡献率以及累计方差贡献率。可以看出第一个特征值为7.84，第一个主成分的方差贡献率为78.41%，前两个主成分的累计方差贡献率达84.38%，可以解释大部分的变量信息。因此在本案例中，选取两个主成分进行分析。

【输出5-3】

特征向量				
		Prin1	Prin2	Prin3
x1	人均地区生产总值	0.330116	-.213293	-.279443
x2	第三产业产值所占比重	0.302123	0.326245	0.235686
x3	人均进出口额	0.337460	-.272227	-.088823
x4	人均可支配收入	0.345657	-.136500	-.171382
x5	人均地方财政收入	0.346039	-.075903	0.070883
x6	每万从业人员有效发明专利数	0.276840	-.415135	0.600272
x7	人均R&D经费支出	0.346458	-.047502	0.110696
x8	互联网普及率	0.301035	-.067747	-.581773
x9	每千人口医生数	0.279008	0.660091	-.119614
x10	人均财政性教育经费支出	0.285487	0.366969	0.314214

输出5-3中的表格是前三个主成分的特征向量。表中 $prin_1$、$prin_2$ 分别表示第一、二主成分，根据特征向量可以写出前两个主成分的表达式：

$$
\begin{aligned}
prin_1 = {} & 0.3301x_1 + 0.3021x_2 + 0.3375x_3 + 0.3457x_4 + 0.3460x_5 + 0.2768x_6 \\
& + 0.3465x_7 + 0.3010x_8 + 0.2790x_9 + 0.2855x_{10}
\end{aligned}
$$

$$
\begin{aligned}
prin_2 = {} & -0.2133x_1 + 0.3362x_2 - 0.2722x_3 - 0.1365x_4 - 0.0759x_5 - 0.4151x_6 \\
& - 0.0475x_7 - 0.0677x_8 + 0.6601x_9 + 0.3670x_{10}
\end{aligned}
$$

【输出 5-4】

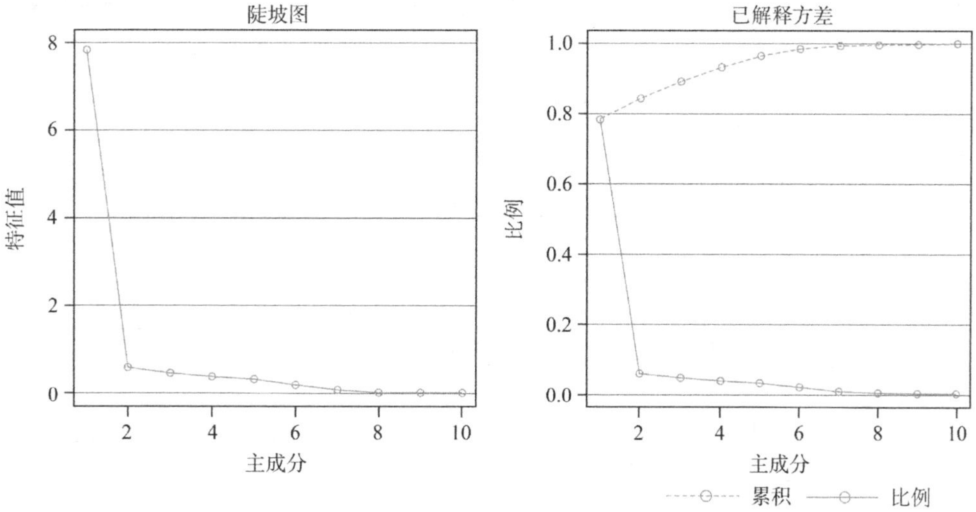

输出 5-4 是相关系数矩阵的各特征值的折线图，主成分的方差贡献率、累积方差贡献率的折线图。

6. 分析结果

分析 $prin_1$ 和 $prin_2$ 两表达式发现：第一主成分（$prin_1$）在各变量上的系数都为正，而且数值相差不大，因而可以认为 $prin_1$ 代表地区综合发展水平，$prin_1$ 得分越高，表明地区综合发展水平实力越强；第二主成分（$prin_2$）在变量前的系数有正有负，表示经济发展水平的变量 X_1、X_3、X_4、X_5 和表示科技信息水平的变量 X_6、X_7、X_8 的系数为负，而表示第三产业发展水平 X_2、医疗卫生水平 X_9、教育水平 X_{10} 的系数为正，可以认为第二主成分（$prin_2$）是地区经济发展水平与地区发展潜力的比较。当得分为正值时，表明相对于经济发展水平而言潜力较好；当得分接近于零时，表示地区经济发展水平与其潜力较为均衡；当得分为负值时，表示相对于经济发展水平而言潜力较差。

为了比较各地区经济发展水平的高低，将标准化后的原始数据代入主成分表达式，计算两个主成分的得分，并按第一主成分得分排序，可以得到 30 个地区的综合发展水平的名次。主成分得分及排序如表 5-12 所示。

表 5-12　主成分得分

地区	第一主成分得分	第二主成分得分	第一主成分得分排名
北京	9.975 9	1.464 3	1
上海	7.417 3	−0.938 7	2
天津	3.568 3	−0.566 6	3
浙江	2.486 2	0.353 7	4
广东	2.279 4	−1.527 2	5
江苏	2.135 3	−0.654 9	6
福建	0.197 0	−0.977 7	7
山东	0.109 6	−0.172 5	8
辽宁	−0.176 1	0.151 2	9

（续表）

地区	第一主成分得分	第二主成分得分	第一主成分得分排名
内蒙古	−0.223 8	0.981 4	10
重庆	−0.497 8	−0.418 7	11
宁夏	−0.724 9	0.611 4	12
海南	−0.728 8	0.288 9	13
湖北	−0.754 8	−0.192 4	14
新疆	−0.911 5	0.988 9	15
青海	−0.959 2	1.300 1	16
陕西	−1.012 9	−0.030 7	17
吉林	−1.284 6	0.559 8	18
安徽	−1.302 9	−1.979 2	19
山西	−1.313 6	0.691 2	20
湖南	−1.374 5	0.094 7	21
黑龙江	−1.479 1	0.419 9	22
河北	−1.496 5	0.254 7	23
四川	−1.567 9	−0.213 3	24
贵州	−1.888 8	0.025 3	25
甘肃	−1.940 5	0.563 2	26
江西	−2.008 3	−0.600 9	27
广西	−2.129 3	−0.227 9	28
河南	−2.147 1	−0.098 6	29
云南	−2.246 1	−0.149 5	30

由表 5-12，按第一主成分 $prin_1$ 的得分排序，综合发展水平处于全国平均水平之上的依次为：北京、上海、天津、浙江、广东、江苏、福建、山东、辽宁。综合发展水平一般的地区有：内蒙古、重庆、宁夏、海南、湖北、新疆、青海、陕西、吉林、安徽、山西、湖南、黑龙江。综合发展水平较落后的地区有：河北、四川、贵州、甘肃、江西、广西、河南和云南。

【输出 5-5】

我们再用图解样品的方法，分别以 $prin_1$ 和 $prin_2$ 得分为横、纵坐标绘制散点图，这样各地区发展特点及相似性可以非常直观清楚地展示出来。

根据输出 5-5 中的图，我们可以对 30 个省份进行如下分类。

- 发展水平高、潜力高地区：{北京、上海、天津、浙江}
- 发展水平较高、潜力一般地区：{广东、江苏、福建}
- 发展水平一般、潜力一般地区：{ 山东、湖北、重庆}
- 发展水平一般、潜力较高：{青海、新疆、内蒙古、山西、宁夏、吉林、黑龙江、海南、河北、辽宁、湖南、陕西}
- 发展水平较落后、潜力较低地区：{安徽}
- 发展水平落后、潜力较低地区：{贵州、河南、云南、四川、广西、江西}

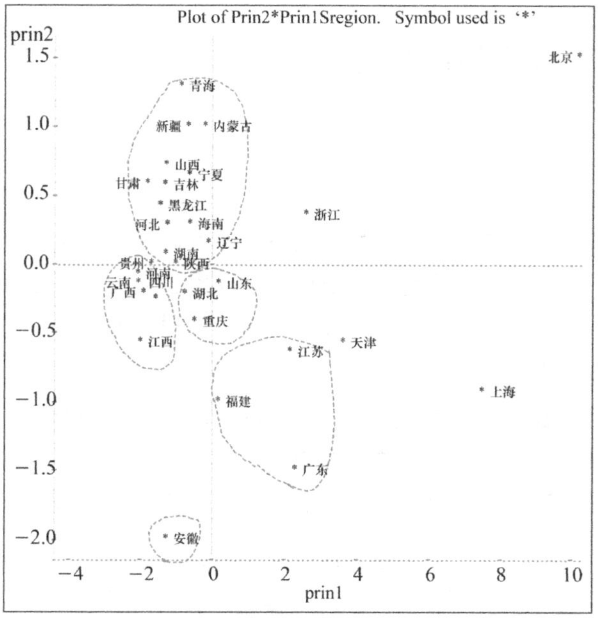

【输出 5-6】

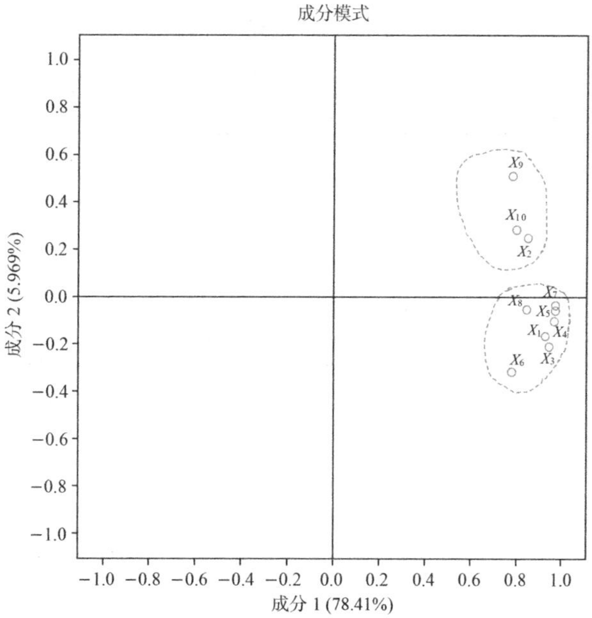

输出 5-6 是图解变量的图，其作用是对变量进行分类。

首先，在输出 5-6 中，变量的坐标点距原点越远，该变量被主成分 $prin_1$ 和 $prin_2$ 解释得越充分。从图中可以看出，X_3、X_9 等离原点的距离最远，表明这些变量被 $prin_1$ 和 $prin_2$ 解释得最充分；X_8 离原点的距离最近，表明 X_8 被 $prin_1$ 和 $prin_2$ 解释得最不充分，即若用两个主成分，X_8 的信息损失量最大。

其次，从图中可以看出，变量 X_2、X_9 与 X_{10} 位于第一象限，它们可以分为一类，其他变量位于第四象限，因此它们分为一类。

5.6.2 居民消费水平的主成分回归

1. 案例背景

消费作为拉动社会经济发展的“三驾马车”之一，在推动经济发展中起着重要作用，特别是在中美贸易摩擦的背景下，促进内需尤为重要。建立消费模型，可以帮助寻找影响消费的主要因素，探索各相关因素之间相互影响的数量变动关系，揭示内在规律，为如何提高居民消费水平、促进经济发展的有关决策提供参考。

微课视频

居民消费水平受许多因素的影响，主要有居民收入、消费观念、消费环境、国家政策等。由于资料的可得性和代表性，选择人均消费支出作为因变量，人均地区生产总值、人均可支配收入、互联网普及率作为自变量，指标体系如表 5-13 所示。

表 5-13 指标体系

指标	单位	编号
人均消费支出	元	Y
人均地区生产总值	元	X_1
人均可支配收入	元	X_2
互联网普及率	%	X_3

2. 指标数据

根据指标体系搜集2017 年数据，如表 5-14 所示。

表 5-14 居民消费模型的指标数据

地区	人均消费支出	人均地区生产总值	人均可支配收入	互联网普及率
北京	52 912	128 994	57 230	78
天津	38 975	118 944	37 022	62
河北	15 893	45 387	21 484	54
山西	18 132	42 060	20 420	56
内蒙古	23 909	63 764	26 212	52
辽宁	24 866	53 527	27 835	62
吉林	15 083	54 838	21 368	52
黑龙江	18 859	41 916	21 206	49
上海	53 617	126 634	58 988	69
江苏	39 796	107 150	35 024	57
浙江	33 851	92 057	42 046	65
安徽	17 141	43 401	21 863	47
福建	25 969	82 677	30 048	65
江西	17 290	43 424	22 031	47

（续表）

地区	人均消费支出	人均地区生产总值	人均可支配收入	互联网普及率
山东	28 353	72 807	26 930	55
河南	17 842	46 674	20 170	45
湖北	21 642	60 199	23 757	53
湖南	19 418	49 558	23 103	46
广东	30 762	80 932	33 003	75
广西	16 064	38 102	19 905	48
海南	20 939	48 430	22 553	51
重庆	22 927	63 442	24 153	53
四川	17 920	44 651	20 580	45
贵州	16 349	37 956	16 704	45
云南	15 831	34 221	18 348	41
西藏	10 990	39 267	15 457	42
陕西	18 485	57 266	20 635	53
甘肃	14 203	28 497	16 011	44
青海	18 020	44 047	19 001	54
宁夏	21 058	50 765	20 562	51
新疆	16 736	44 941	19 975	55

根据指标和数据有两种分析思路。

方法一：分步构建主成分回归模型

根据指标之间的经济关系，我们的分析思路主要包括以下 5 个步骤。

(1) 变量之间的相关性分析。

若因变量和各自变量的相关系数较高，说明可能存在因果关系。

(2) 回归分析。

以 X_1，X_2，X_3 为自变量，Y 为因变量构建多元线性回归模型。

(3) 模型检验。

根据第 ② 步中的结果对模型进行检验，若检验结果不理想，说明变量可能存在多重共线性，可以考虑对变量做主成分回归。

(4) 主成分分析。

若要进行主成分回归分析，需要对自变量做主成分分析，以确定选择几个主成分等。

(5) 构建主成分回归模型及检验。

依据上一步的结果，构建主成分回归模型，并进行检验。

方法二：直接构建主成分回归模型

根据原始数据直接建立主成分回归模型。

3. SAS 程序

方法一的 SAS 命令

```
proc corr data=princomp_reg;
var y x1-x3;
run;
proc reg data=princomp_reg;
model y=x1 x2 x3;
run;
proc standard data=princomp_reg out=sv mean=0 std=1;
var y x1-x3;
run;
proc princomp data=sv out=opcr;
var x1-x3;
run;
proc reg data=opcr ;
model y=prin1 prin2;
run;
quit;
```

方法二的 SAS 命令

```
proc reg data=princomp_reg outest=out;
model y=x1-x3/pcomit=1, 2;
run;
quit;
proc print data=out;
run;
```

4. SAS 程序说明

方法一的 SAS 命令解释与说明

“proc corr”是进行相关分析的过程步，“var y x1-x3”是指求变量 X_1-X_3 以及变量 Y 之间的相关系数。

“proc standard”是进行标准化变换的过程步，对变量 Y，X_1-X_3 进行标准化变换。

“proc princomp”是主成分分析的过程步，选项“data=sv”是指对 sv 数据集进行主成分分析，选项“out=opcr”是指生成一个数据集 opcr，保存原始数据和主成分得分。

“proc reg”是进行回归分析的过程步。语句“model y=prin1 prin2”是指以 Y 为因变量，以 $prin_1$，$prin_2$ 作为自变量构建回归模型。

方法二的 SAS 命令解释与说明

“proc reg”是回归分析的过程步，但是在语句“model y=x1-x3”后加上选项“pcomit=1, 2”，表示剔除 1 个主成分和剔除 2 个主成分进行主成分回归。

“proc print”是输出数据结果的过程步。

5. SAS 输出

【输出 5-7】

在进行回归分析之前，需要先计算出各个自变量和因变量之间的相关系数，结果如输出 5-7 所示，可以看到 X_1 与 Y 的相关系数为0.962 0，且 $p<0.000\ 1$，表明 X_1 与 Y 存在高度

线性相关；同样地，自变量 X_2、X_3 与 Y 也存在高度线性相关。在此基础上进一步做回归分析。

Pearson 相关系数, N = 31 Prob > |r| under H0: Rho=0				
	y	x1	x2	x3
y 人均消费支出	1.00000	0.96199 <.0001	0.97077 <.0001	0.81109 <.0001
x1 人均生产总值	0.96199 <.0001	1.00000	0.93281 <.0001	0.81277 <.0001
x2 人均可支配收入	0.97077 <.0001	0.93281 <.0001	1.00000	0.83107 <.0001
x3 互联网普及率	0.81109 <.0001	0.81277 <.0001	0.83107 <.0001	1.00000

【输出 5-8】

方差分析					
源	自由度	平方和	均方	F 值	Pr > F
模型	3	3222732857	1074244286	267.19	<.0001
误差	27	108552936	4020479		
校正合计	30	3331285794			

输出 5-8 中是回归方程的显著性检验结果，F 值为267.19，$p < 0.000\,1$，认为该模型通过 F 检验，模型的整体拟合效果好。

【输出 5-9】

均方根误差	2005.11325	R 方	0.9674
因变量均值	23349	调整 R 方	0.9638
变异系数	8.58742		

输出 5-9 给出了回归模型的估计标准误和 R 方值，调整后的 R 方值为0.963 8，接近于1，说明该模型对数据的拟合程度高。

【输出 5-10】

参数估计						
变量	标签	自由度	参数估计	标准误差	t 值	Pr > |t|
Intercept	Intercept	1	259.78566	2755.96615	0.09	0.9256
x1	人均生产总值	1	0.17056	0.03750	4.55	0.0001
x2	人均可支配收入	1	0.58614	0.10249	5.72	<.0001
x3	互联网普及率	1	-46.09684	72.89921	-0.63	0.5325

输出 5-10 给出了回归模型的参数估计结果。X_1 和 X_2 的参数估计值为0.170 6、0.586 1，T 检验统计量的值较大，p 值为0.000 1，在0.01 的显著性水平下通过检验。但 X_3 的参数估计值为 $-46.096\,8$，T 检验统计量的值较小，这与前面相关分析的结果不一致，不符合实际情况。

各变量之间可能存在多重共线性导致回归估计结果失真，因此考虑采用主成分回归分析方法。

【输出 5-11】

相关矩阵的特征值				
	特征值	差分	比例	累积
1	2.71887483	2.50414611	0.9063	0.9063
2	0.21472872	0.14833226	0.0716	0.9779
3	0.06639646		0.0221	1.0000

输出 5-11 是对 3 个自变量进行主成分分析时，相关系数矩阵的特征值、方差贡献以及累积方差贡献率。第一主成分的特征值为2.718 9，方差贡献率为90.63%，前两个主成分累积方差贡献率达到97.79%，大于 95%，因此根据主成分回归模型中选取主成分个数的规则，在本案例中选取 2 个主成分进行建模和分析。

【输出 5-12】

特征向量				
		Prin1	Prin2	Prin3
x1	人均生产总值	0.583807	-.446401	0.678156
x2	人均可支配收入	0.587671	-.343982	-.732338
x3	互联网普及率	0.560190	0.826077	0.061518

输出 5-12 是各个主成分的特征向量，根据特征向量可以写出前两个主成分的表达式：

$$prin_1 = 0.583\ 8X_1 + 0.587\ 7X_2 + 0.560\ 2X_3 \tag{5.4}$$

$$prin_2 = -0.446\ 4X_1 - 0.344\ 0X_2 + 0.826\ 1X_3 \tag{5.5}$$

以居民消费水平为因变量，前两个主成分作为自变量，构建主成分回归模型进一步分析。

【输出 5-13】

方差分析					
源	自由度	平方和	均方	F 值	Pr > F
模型	2	28.98858	14.49429	401.26	<.0001
误差	28	1.01142	0.03612		
校正合计	30	30.00000			

从输出 5-13 中可得到 F 检验值为401.26，$p < 0.000\ 1$，认为该模型通过 F 检验，模型的整体拟合效果显著。

【输出 5-14】

均方根误差	0.19006	R 方	0.9663
因变量均值	1.39673E-16	调整 R 方	0.9639
变异系数	1.360733E17		

输出 5-14 是主成分回归模型的估计标准误和 R 方值，可调整后的 R 方值为0.963 9，接近于 1，说明该模型对数据的拟合程度高。

【输出 5-15】

参数估计						
变量	标签	自由度	参数估计	标准误差	t 值	Pr > |t|
Intercept	Intercept	1	2.52859E-16	0.03414	0.00	1.0000
Prin1		1	0.58350	0.02104	27.73	<.0001
Prin2		1	-0.43466	0.07488	-5.80	<.0001

输出 5-15 是主成分回归模型的参数估计结果，第一、第二主成分的 p 值都小于 0.000 1，在1%的显著性水平下通过了 t 检验。根据表格中参数估计值，可得到主成分回归模型

$$Y = 0.583\,5 prin_1 - 0.434\,7 prin_2 \tag{5.6}$$

将第一和第二主成分的表达式即式(5.4) 和(5.5) 代入式(5.6)，可以得到标准化后的回归方程

$$Y^* = 0.534\,7X_1 + 0.494\,6X_2 - 0.032\,2X_3 \tag{5.7}$$

将标准化的计算公式代入式(5.7)，将变量还原，得到

$$\frac{Y-23\,349}{10\,538} = 0.534\,7 \times \frac{X_1-60\,856}{27\,573} + 0.494\,6 \times \frac{X_2-25\,923}{10\,569} - 0.032\,2 \times \frac{X_3-53.9}{9.19}$$

计算后得到最终回归方程为

$$Y = 0.204\,3X_1 + 0.492\,0X_2 - 36.906\,2X_3 + 175 \tag{5.8}$$

从式(5.8) 中可以看出 X_3 的系数为负，不符合正常的经济现象，因此选取一元主成分回归模型进行分析。一元主成分回归的模型为

$$Y = 0.583\,5 prin_1 \tag{5.9}$$

将第一主成分的表达式即式(5.4) 代入式(5.9) 可以得到标准化的回归方程

$$Y^* = 0.340\,6X_1 + 0.342\,9X_2 + 0.326\,9X_3 \tag{5.10}$$

标准化表达式的系数越大，说明该变量对因变量的影响程度越大。比较三者的系数可以发现：X_1，X_2，X_3 对 Y 的影响相差不大，都对 Y 有重要影响。标准化表达式中的系数没有明确的实际经济含义，因此将标准化变量还原：

$$\frac{Y-23\,349}{10\,538} = 0.340\,6 \times \frac{X_1-60\,856}{27\,573} + 0.342\,9 \times \frac{X_2-25\,923}{10\,569} + 0.326\,9 \times \frac{X_3-53.9}{9.19}$$

得到最终的回归方程

$$Y = 0.130\,2X_1 + 0.341\,9X_2 + 374.740\,8X_3 - 13\,636 \tag{5.11}$$

将标准化还原后的最终回归方程中的回归系数具有实际经济含义，例如：0.130 2 表示当其他两个变量不变时，X_1 每增加 1 个单位，Y 平均增加0.130 2 个单位。

【输出 5-16】

Obs	_MODEL_	_TYPE_	_DEPVAR_	_RIDGE_	_PCOMIT_	_RMSE_	Intercept	x1	x2	x3	y
1	MODEL1	PARMS	y	.	.	2005.11	259.79	0.17056	0.58614	-46.097	-1
2	MODEL1	IPC	y	.	1	2002.77	175.74	0.20434	0.49097	-36.904	-1
3	MODEL1	IPC	y	.	2	2921.13	-13635.64	0.13019	0.34190	374.733	-1

输出 5-16 是方法二直接做主成分回归得到的结果，表格中第一行结果与直接做多元回

归得到的结果相同；第二行的结果是剔除第三主成分后得到的回归方程，这与方法一得到的结果相同，但在方法一中通过人工计算，因小数点的取舍导致存在误差；第三行的结果是剔除两个主成分，即以第一主成分为自变量得到的回归方程

$$Y = 0.130\,2X_1 + 0.341\,9X_2 + 374.733X_3 - 13\,636$$

这与方法一得到的估计结果一致。

【课后练习】

一、简答题

1. 简述主成分分析的基本思想及其作用。
2. 简述主成分分析法的基本步骤。
3. 用主成分分析法进行综合评价时，如何构建综合评价函数？
4. 简述主成分分析的应用。
5. 简述提取样本主成分的原则。
6. 简述主成分分析的适用范围。
7. 简述量纲对主成分分析的影响及消除方法。

二、计算题

1. 为研究某一树种的叶片形态，选取 50 片叶子测量其长度 x_1(mm) 和宽度 x_2(mm)，按数据(略)求得平均值和协方差矩阵为

$$\bar{\boldsymbol{X}} = \begin{bmatrix} \bar{x}_1 \\ \bar{x}_2 \end{bmatrix} = \begin{bmatrix} 134 \\ 92 \end{bmatrix} \qquad \boldsymbol{S} = \begin{bmatrix} 90 & \\ 48 & 45 \end{bmatrix}$$

(1) 求出 $\boldsymbol{S}$ 的两个特征值及其对应的单位特征向量；

(2) 写出主成分表达式；

(3) 求两个主成分的方差贡献率；

(4) 解释两个主成分的实际意义；

(5) 如果一个叶片的长、宽数据是$(x_1, x_2) = (146, 94)$，试计算它的两个主成分得分，并据此对这片叶子的形态作判断。

(6) 写出主成分的协方差矩阵；

(7) 求主成分与每一个原变量的相关系数，主成分对每一个原变量的方差贡献。

2. 某中学 12 名女生的身高(x_1)和体重(x_2)数据如下。

编号	1	2	3	4	5	6	7	8	9	10	11	12
身高 / 厘米	155	153	157	154	158	152	160	156	158	157	159	161
体重 / 千克	48	46	48	45	49	46	48	45	51	47	48	50

根据数据计算两个变量协方差矩阵的特征值及其对应的单位特征向量，写出主成分表达式，并解释主成分的实际意义。

三、上机分析题

1. 用主成分分析探讨城市工业主体结构，EXE5_1 是某市工业部门 13 个行业 8 个指标

的数据。

X_1：年末固定资产净值 / 万元 X_2：职工人数 / 人

X_3：工业总产值 / 万元 X_4：全员劳动生产率 /(元 / 人年)

X_5：百元固定资产原值实现产值 / 元 X_6：资金利税率 /%

X_7：标准燃料消费量 / 吨 X_8：能源利用效果 /(万元 / 吨)

(1) 试利用主成分分析确定 8 个指标的几个主成分(综合变量)，并解释主成分的含义；

(2) 利用主成分得分对 13 个行业进行排序和分类。

2. EXE5_2 是美国 50 个州每 10 万人中 7 种犯罪形式的比率数据，这 7 种犯罪分别如下。

X_1：杀人罪 X_2：强奸罪 X_3：抢劫罪 X_4：斗殴罪

X_5：夜盗罪 X_6：偷盗罪 X_7：汽车犯罪

试对数据进行主成分分析。

3. EXE5_3 是反映我国 30 个大陆地区高新技术产业竞争力的 13 项指标数据。请用主成分分析对地区高新技术产业竞争力状况进行分析比较。

X_1：人均生产总值 / 元

X_2：企业数 / 个

X_3：资产总计 / 亿元

X_4：主营业务收入 / 亿元

X_5：利润总额 / 亿元

X_6：研发经费内部支出 / 万元

X_7：新产品开发项目数 / 项

X_8：新产品开发经费支出 / 万元

X_9：新产品销售收入 / 万元

X_{10}：专利申请数 / 件

X_{11}：拥有发明专利数 / 件

X_{12}：新增固定资产 / 亿元

X_{13}：从业人员年平均人数 / 人

4. 用主成分分析对各省级区域的区域创新能力状况进行分析，EXE5_4 是反映各区域创新能力的指标数据。

X_1：有研发机构的企业数 / 个

X_2：R&D 经费内部支出占主营业务收入比重 /%

X_3：R&D 经费外部支出占主营业务收入比重 /%

X_4：R&D 人员占从业人员比重 /%

X_5：每万名从业人员有效发明专利数 / 项

X_6：新产品销售收入占主营业务收入比重 /%

X_7：技术市场成交金额 / 万元

X_8：大专学历以上人数 / 人

X_9：人均 GDP/ 元

X_{10}：高新技术产业企业占比 /%

5. EXE5_5 中的数据包含以下 4 个指标。

Y：国内旅游人数 / 百万人

X_1：农村居民人均纯收入 / 元

X_2：城镇居民人均可支配收入 / 元

X_3：高速公路里程数 / 万千米

(1) 计算 4 个变量的相关系数矩阵；

(2) 用普通最小二乘估计建立 Y 与 X_1，X_2，X_3 的回归方程；

(3) 利用主成分方法建立 Y 与 X_1，X_2，X_3 的回归方程。

第6章

因子分析

6.1 因子分析的基本思想

微课视频

因子分析是主成分的推广，它也是多元分析中降维的一种方法。因子分析是根据相关矩阵内部的依赖关系，把一些具有错综复杂关系的变量综合为数量较少的几个因子。通过不同因子来分析决定某些变量的本质及其分类的一种统计方法。简单地说，就是根据相关性大小把变量分组，使得同组内的变量之间相关性较高，不同组的变量相关性较低。每组变量代表一个基本结构，这个基本结构称为因子。在实际研究中，进行每一项测量或描述某一社会经济现象，我们经常同时观测许多变量，甚至多到几十个。这些变量可能归为几类，而每一类均具有相同的本质。例如，某大学对学生就以下 8 个方面进行考核：学习成绩、专业技能、研究创新、组织领导、社会实践、文体特长、品德素质、体育成绩；而这 8 个方面可以概括为：专业素质、综合能力、身心素质 3 个方面。某公司与 48 名申请工作的人进行面谈，然后就申请人以下 15 个方面进行评分：申请书的形式、外貌、学术能力、讨人喜欢的能力、自信心、洞察力、诚实、推销能力、经验、工作积极性、抱负、理解能力、潜力、入围公司的强烈程度、适应性。这 15 个方面可归结为应聘者的外露能力、讨人喜欢的能力、经验、专业能力 4 个方面。我们将每一方面称为因子。显然，这里所说的因子不同于回归分析中的因素，因为前者是比较抽象的一种概念，而后者有着极为明确的实际意义。

假设 48 人考核的分数$\{x_i, i=1, 2, \cdots, 48\}$可用上述 4 个因子表示成线性函数：

$$X_i = a_{i1}F_1 + a_{i2}F_2 + a_{i3}F_3 + a_{i4}F_4 + \varepsilon_i \quad (i=1, 2, \cdots, 48)$$

其中，$F_j(j=1, 2, \cdots, 4)$对所有X_i是共有的因子，通常称为公共因子，公共因子前面的系数$a_{i1}, a_{i2}, a_{i3}, a_{i4}$称为因子载荷。$\varepsilon_i$是第$i$个应聘者的能力不能被前 4 个因子包括的部分，称为特殊因子，通常假定$\varepsilon_i \sim N(0, \sigma_i^2)$。仔细观测发现，这个模型与回归模型在形式上有些相似，但实质上不同。这里各因子$F_j(j=1, 2, \cdots, 4)$的值是未知的，而回归模型中各自变量的值往往是给定的，并且模型中有关参数的统计意义也很不相同。因子分析的首要任务是估计各个a_{ij}和方差σ_i^2，然后将得到的少数几个抽象因子F_j赋予有实际背景的合理解释或给以命名，以达到降维的目的。

因子分析还可用于对变量或样品进行分类处理。根据得到的少数综合因子的得分值，在因子轴所构成的空间中描述变量或样品点，形象直观地达到分类的目的。因子分析被广泛应用于心理学、医学、生物学、社会学、经济学等各个领域。例如，根据综合因子或几种主要商品价格反映物价变动情况。根据综合因子对不同区域的经济发展程度或社会发展状况进行综合评价，可以对不同企业的经济效益进行综合评价等，以综合反映不同地区的竞争力或不同企业的竞争力。

6.2 因子分析模型

微课视频

6.2.1 正交因子模型

微课视频

设有 n 个样品，每个样品观测 p 个变量 x_1，x_2，…，x_p。为了对变量进行比较，消除由于量纲的差异所引起的影响，往往先将样本观测数据进行标准化处理，即对各 x_i 进行标准化处理。方便起见，标准化处理后仍用 x 表示。m 个因子 f_1，f_2，…，$f_m(m \leqslant p)$，使得 x_1，x_2，…，x_p 可用它们的线性组合表示为

$$\begin{cases} x_1 = a_{11}f_1 + a_{12}f_2 + \cdots + a_{1m}f_m + \varepsilon_1 \\ x_1 = a_{21}f_1 + a_{22}f_2 + \cdots + a_{2m}f_m + \varepsilon_2 \\ \qquad \vdots \\ x_p = a_{p1}f_1 + a_{p2}f_2 + \cdots + a_{pm}f_m + \varepsilon_p \end{cases} \tag{6.1}$$

用矩阵形式表示为

$$\begin{bmatrix} x_1 \\ x_2 \\ \vdots \\ x_p \end{bmatrix} = \begin{bmatrix} a_{11} & a_{12} & \cdots & a_{1m} \\ a_{21} & a_{22} & \cdots & a_{2m} \\ \vdots & \vdots & \vdots & \vdots \\ a_{p1} & a_{p2} & \cdots & a_{pm} \end{bmatrix} \cdot \begin{bmatrix} f_1 \\ f_2 \\ \vdots \\ f_m \end{bmatrix} + \begin{bmatrix} \varepsilon_1 \\ \varepsilon_2 \\ \vdots \\ \varepsilon_p \end{bmatrix} \tag{6.2}$$

简记为

$$\underset{(p\times 1)}{\boldsymbol{X}} = \underset{(p\times m)}{\boldsymbol{A}} \cdot \underset{(m\times 1)}{\boldsymbol{F}} + \underset{(p\times 1)}{\boldsymbol{\varepsilon}} \tag{6.3}$$

若满足：

(1) $E(\boldsymbol{F})=0$, $D(\boldsymbol{F})=\boldsymbol{I}_m=\begin{bmatrix} 1 & & & \\ & 1 & & \\ & & \ddots & \\ & & & 1 \end{bmatrix}_{m\times m}$，即 f_1，f_2，…，f_m 相互独立，且方差皆为 1；

(2) $\mathrm{cov}(\boldsymbol{F}, \boldsymbol{\varepsilon})=0$，即 $\boldsymbol{\varepsilon}=(\varepsilon_1, \varepsilon_2, \cdots, \varepsilon_p)$ 与 $\boldsymbol{F}$ 相互独立；

(3) $E(\boldsymbol{\varepsilon})=0$, $D(\boldsymbol{\varepsilon})=\begin{bmatrix} \sigma_1^2 & & & \\ & \sigma_2^2 & & \\ & & \ddots & \\ & & & \sigma_p^2 \end{bmatrix}$，即 ε_1，ε_2，…，ε_p 相互独立，且方差不一定相等。

则上述模型称为因子模型，各因子 $f_1, f_2, \cdots, f_m$ 相互独立，称为正交因子模型。

上述模型中，$\boldsymbol{X}=(x_1, x_2, \cdots, x_p)$ 是可观测的 p 维随机向量，$\boldsymbol{F}=(f_1, f_2, \cdots, f_m)$ 是不可观测的向量，称为 $\boldsymbol{X}$ 的公共因子，它们是共同出现在各个原观测变量的表达式中的因子，且相互独立，可以理解为在高维空间中相互垂直的 m 个坐标轴。$\varepsilon_1, \varepsilon_2, \cdots, \varepsilon_p$ 称为特殊因子，是变量 $x_i(i=1, 2, \cdots, p)$ 所特有的因子。各特殊因子之间以及特殊因子与所有公共因子之间都是相互独立的。a_{ij} 称为因子载荷，是第 i 个变量在第 j 个公共因子上的负荷，表明 x_i 与 f_j 的相依程度。矩阵 $\boldsymbol{A}$ 称为因子载荷矩阵。

6.2.2　因子载荷的统计意义

为了更好地理解因子模型，对因子分析的结果做出合理的解释，我们对模型中的因子载荷矩阵 $\boldsymbol{A}$ 的统计意义加以说明。

1. 因子载荷 a_{ij} 的统计意义

由因子模型知：

$$x_i=a_{i1}f_1+a_{i2}f_2+\cdots+a_{im}f_m+\varepsilon_i \quad (i=1, 2, \cdots, p)$$

因此，x_i 与 f_j 的协方差：

$$\begin{aligned}\operatorname{cov}(x_i, f_j)&=\operatorname{cov}\left(\sum_{j=1}^{m}a_{ij}f_j+\varepsilon_i, f_j\right)\\&=\operatorname{cov}\left(\sum_{j=1}^{m}a_{ij}f_j, f_j\right)+\operatorname{cov}(\varepsilon_i, f_j)\\&=a_{ij}\end{aligned}$$

即 a_{ij} 是 x_i 与 f_j 的协方差。在标准化处理下，各变量 x_i 以及公共因子 f_j 都是标准化的变量(均值为 0，方差为 1)，因此

$$\rho(x_i, f_j)=\frac{\operatorname{cov}(x_i, f_j)}{\sqrt{\operatorname{var}(x_i)}\sqrt{\operatorname{var}(f_j)}}=a_{ij}$$

故因子载荷 a_{ij} 就是第 i 个变量 x_i 与第 j 个公共因子 f_j 的相关系数，它表示 x_i 依赖 f_j 的程度，即表示变量 x_i 在第 j 个公共因子 f_j 上的负荷，反映了 x_i 对 f_j 的相对重要性。

与主成分分析相比较，主成分分析中因子载荷 a_{ij} 也是第 i 个变量 x_i 与第 j 个主成分 y_j 的相关系数，但主成分分析中的 a_{ij} 是唯一确定的，而因子分析中因子载荷 a_{ij} 是不唯一的。

若 $\boldsymbol{\Gamma}$ 为任一 $m\times m$ 正交阵，则因子模型 $\boldsymbol{X}=\boldsymbol{AF}+\boldsymbol{\varepsilon}$ 可以写成

$$\boldsymbol{X}=(\boldsymbol{A\Gamma})(\boldsymbol{\Gamma}'\boldsymbol{F})+\boldsymbol{\varepsilon}$$

因为：

$$\begin{aligned}&E(\boldsymbol{\Gamma}'\boldsymbol{F})=\boldsymbol{\Gamma}'E(\boldsymbol{F})=0\\&\operatorname{var}(\boldsymbol{\Gamma}'\boldsymbol{F})=\boldsymbol{\Gamma}'\operatorname{var}(\boldsymbol{F})\boldsymbol{\Gamma}=\boldsymbol{I}\\&\operatorname{cov}(\boldsymbol{\Gamma}'\boldsymbol{F}, \boldsymbol{\varepsilon})=\boldsymbol{\Gamma}'\operatorname{cov}(\boldsymbol{F}, \boldsymbol{\varepsilon})=0\end{aligned}$$

仍满足约束条件，因此可将 $\boldsymbol{\Gamma}'\boldsymbol{F}$ 看成公共因子，$\boldsymbol{A\Gamma}$ 看成相应的因子载荷矩阵。因子载荷矩阵的不唯一性，使得在因子分析中，当因子载荷阵矩阵 $\boldsymbol{A}$ 不够简化时，可通过对 $\boldsymbol{A}$ 的变换以达到简化的目的，使新的公共因子具有更加鲜明的实际意义。

2. 变量共同度 h_i^2 的统计意义

将因子载荷矩阵 **A** 中的第 i 行($i=1, 2, \cdots, p$)元素的平方和记为 h_i^2，称 h_i^2 为变量 x_i 的共同度。即

$$\begin{cases} h_1^2 = a_{11}^2 + a_{12}^2 + \cdots + a_{1m}^2 \\ h_2^2 = a_{21}^2 + a_{22}^2 + \cdots + a_{2m}^2 \\ \qquad\qquad \vdots \\ h_p^2 = a_{p1}^2 + a_{p2}^2 + \cdots + a_{pm}^2 \end{cases}$$

分别为变量 x_1，x_2，…，x_p 的共同度。

由因子模型

$$x_i = a_{i1}f_1 + a_{i2}f_2 + \cdots a_{im}f_m + \varepsilon_i \quad (i=1, 2, \cdots, p)$$

计算变量 x_i 的方差

$$\begin{aligned} \text{var}(x_i) &= \text{var}\left(\sum_{j=1}^{m} a_{ij}f_j + \varepsilon_i\right) \\ &= \text{var}\left(\sum_{j=1}^{m} a_{ij}f_j\right) + \text{var}(\varepsilon_i) \\ &= \sum_{j=1}^{m} a_{ij}^2 + \sigma_i^2 \\ &= h_i^2 + \sigma_i^2 \end{aligned}$$

由于原变量 x_i 已经过标准化处理，即有 $\text{var}(x_i)=1$，所以有

$$h_i^2 + \sigma_i^2 = 1$$

这表明变量 x_i 的方差由两部分组成。第一部分是共同度 h_i^2，它反映了全部公共因子对 x_i 的影响，刻划全部公共因子对变量 x_i 的方差所做出的贡献，所以也称公共因子对变量 x_i 的方差贡献。若 h_i^2 接近于 1，说明变量 x_i 的几乎全部信息都被所选取的公共因子说明了，因此 h_i^2 是变量 x_i 的方差的重要组成部分。第二部分 σ_i^2 是特殊因子的方差，是使 x_i 的方差为 1 的补充值，称为剩余方差。全部公共因子和特殊因子 ε_i 能反映原变量 x_i100% 的信息。h_i^2 大，则 σ_i^2 必减少，所以 h_i^2 大表明变量 x_i 对于全部公共因子 f_1，f_2，…，f_m 的依赖程度大，也即 f_1，f_2，…，f_p 反映 x_i 的信息多，故 h_i^2 为变量 x_i 的共同度。

3. 公共因子 g_j^2 的方差贡献的统计意义

将因子载荷矩阵 **A** 中第 j 列($j=1, 2\cdots m$)元素的平方和记为 g_j^2，即

$$\begin{cases} g_1^2 = a_{11}^2 + a_{21}^2 + \cdots + a_{p1}^2 \\ g_2^2 = a_{12}^2 + a_{22}^2 + \cdots + a_{p2}^2 \\ \qquad\qquad \vdots \\ g_m^2 = a_{1m}^2 + a_{2m}^2 + \cdots + a_{pm}^2 \end{cases}$$

称 g_j^2 为公共因子 f_j 对 x 的方差贡献。g_j^2 表示第 j 个公共因子 f_j 对全体原变量 x_1，x_2，…，x_p 所提供的方差贡献之总和，它是衡量公共因子相对重要性的指标。g_j^2 越大，表明 f_j 对 x 的贡献越大，即反映全体原变量 x 的信息越多，对 x 越重要。

6.3 因子载荷矩阵的估计

微课视频

要建立某实际问题的因子分析模型，关键是估计因子载荷矩阵$\boldsymbol{A}$。对$\boldsymbol{A}$的估计有极大似然法、主成分法、主轴因子法等多种方法。这里介绍最常用的主成分法。

设随机向量$\boldsymbol{x}=(x_1, x_2, \cdots x_p)'$的协方差矩阵为$\boldsymbol{\Sigma}$，$\lambda_1 \geqslant \lambda_2 \geqslant \cdots \geqslant \lambda_p > 0$为$\boldsymbol{\Sigma}$的特征根，$\boldsymbol{e}_1, \boldsymbol{e}_2, \cdots, \boldsymbol{e}_p$为特征根所对应的单位特征向量，且为正交向量。

令$\boldsymbol{U}=(\boldsymbol{e}_1, \boldsymbol{e}_2, \cdots, \boldsymbol{e}_p)=\begin{bmatrix} a_{11} & a_{12} & \cdots & a_{1p} \\ a_{21} & a_{22} & \cdots & a_{2p} \\ \vdots & \vdots & \vdots & \vdots \\ a_{p1} & a_{p2} & \cdots & a_{pp} \end{bmatrix}$，则$\boldsymbol{U}'\boldsymbol{U}=\boldsymbol{U}\boldsymbol{U}'=\boldsymbol{I}_{P\times P}$，即$\boldsymbol{U}$为正交矩阵，根据线性代数的知识有

$$\boldsymbol{U}'\boldsymbol{\Sigma}\boldsymbol{U}=\begin{bmatrix} \lambda_1 & & & \\ & \lambda_2 & & \\ & & \ddots & \\ & & & \lambda_p \end{bmatrix}$$

因此，$\boldsymbol{\Sigma}$可分解为

$$\begin{aligned} \boldsymbol{\Sigma} &= \boldsymbol{U}\begin{bmatrix} \lambda_1 & & & \\ & \lambda_2 & & \\ & & \ddots & \\ & & & \lambda_p \end{bmatrix}\boldsymbol{U}' \\ &= (\boldsymbol{e}_1, \boldsymbol{e}_2, \cdots, \boldsymbol{e}_p)\begin{bmatrix} \lambda_1 & & & \\ & \lambda_2 & & \\ & & \ddots & \\ & & & \lambda_p \end{bmatrix}\begin{bmatrix} \boldsymbol{e}_1' \\ \boldsymbol{e}_2' \\ \vdots \\ \boldsymbol{e}_p' \end{bmatrix} \\ &= \lambda_1\boldsymbol{e}_1\boldsymbol{e}_1' + \lambda_2\boldsymbol{e}_2\boldsymbol{e}_2' \cdots + \lambda_p\boldsymbol{e}_p\boldsymbol{e}_p' \\ &= \left(\sqrt{\lambda_1}\boldsymbol{e}_1, \sqrt{\lambda_2}\boldsymbol{e}_2, \cdots, \sqrt{\lambda_p}\boldsymbol{e}_p\right)\cdot\begin{bmatrix} \sqrt{\lambda_1}\boldsymbol{e}_1' \\ \sqrt{\lambda_2}\boldsymbol{e}_2' \\ \vdots \\ \sqrt{\lambda_p}\boldsymbol{e}_p' \end{bmatrix} \end{aligned}$$

上面的分解式是公共因子与变量个数一样多，且特殊因子方差为0时，因子模型的协方差阵结构。此时因子模型为$\boldsymbol{X}=\boldsymbol{A}\boldsymbol{F}$，因此

$$\boldsymbol{\Sigma}=\mathrm{var}(\boldsymbol{X})=\mathrm{var}(\boldsymbol{A}\boldsymbol{F})=\boldsymbol{A}\,\mathrm{var}(\boldsymbol{F})\boldsymbol{A}'=\boldsymbol{A}\boldsymbol{A}'$$

对照$\boldsymbol{\Sigma}$的分解式，则因子载荷矩阵$\boldsymbol{A}$的第j列为$\sqrt{\lambda_j}\boldsymbol{e}_j$，除了常数$\sqrt{\lambda_j}$之外，第$j$个因子上的载荷就是第$j$个主成分的系数$\boldsymbol{e}_j$。

上面的分析中公共因子与变量个数一样多，这并无实用价值。在实际应用时总是希望

公共因子的个数小于变量个数，即 $m<p$。当后面 $p-m$ 个特征根较小时，我们通常略去最后 $p-m$ 项 $\lambda_{m+1}\boldsymbol{e}_{m+1}\boldsymbol{e}'_{m+1}+\cdots+\lambda_p\boldsymbol{e}_p\boldsymbol{e}'_p$ 对 $\boldsymbol{\Sigma}$ 的贡献，因此有

$$\boldsymbol{\Sigma}\approx(\sqrt{\lambda_1}\boldsymbol{e}_1,\sqrt{\lambda_2}\boldsymbol{e}_2,\cdots,\sqrt{\lambda_m}\boldsymbol{e}_m)\begin{bmatrix}\sqrt{\lambda_1}\boldsymbol{e}'_1\\\sqrt{\lambda_2}\boldsymbol{e}'_2\\\vdots\\\sqrt{\lambda_m}\boldsymbol{e}'_m\end{bmatrix}=\boldsymbol{A}\boldsymbol{A}' \tag{6.4}$$

式(6.4)假定因子模型中特殊因子是不重要的，因而 $\boldsymbol{\Sigma}$ 的分解式中忽略了特殊因子的方差。如考虑了特殊因子，则

$$\begin{aligned}\boldsymbol{\Sigma}&=\boldsymbol{A}\boldsymbol{A}'+\boldsymbol{\Sigma}_\varepsilon\\&=(\sqrt{\lambda_1}\boldsymbol{e}_1,\sqrt{\lambda_2}\boldsymbol{e}_2,\cdots,\sqrt{\lambda_m}\boldsymbol{e}_m)\begin{bmatrix}\sqrt{\lambda_1}\boldsymbol{e}'_1\\\sqrt{\lambda_2}\boldsymbol{e}'_2\\\vdots\\\sqrt{\lambda_m}\boldsymbol{e}'_m\end{bmatrix}+\begin{bmatrix}\sigma_1^2&&&\\&\sigma_2^2&&\\&&\ddots&\\&&&\sigma_p^2\end{bmatrix}\end{aligned}$$

一般情况下，经过标准化处理后的变量的协方差矩阵等于样本相关矩阵 $\boldsymbol{R}$。对于 $\boldsymbol{R}$，仍可作上面类似的表示。

一般设 $\hat{\lambda}_1\geqslant\hat{\lambda}_2\geqslant\cdots\geqslant\hat{\lambda}_p$ 为相关矩阵 $\boldsymbol{R}$ 的特征根，相应的单位特征向量为 $\hat{\boldsymbol{e}}_1,\hat{\boldsymbol{e}}_2,\cdots,\hat{\boldsymbol{e}}_p$。设 $m<p$，则因子载荷矩阵 $\hat{\boldsymbol{A}}$ 为

$$\hat{\boldsymbol{A}}=(\hat{a}_{ij})=(\sqrt{\hat{\lambda}_1}\hat{\boldsymbol{e}}_1,\sqrt{\hat{\lambda}_2}\hat{\boldsymbol{e}}_2,\cdots,\sqrt{\hat{\lambda}_m}\hat{\boldsymbol{e}}_m)$$

即初始因子载荷矩阵与 $\boldsymbol{R}$ 型主成分析的因子载荷矩阵相同。

如何确定公共因子的个数 m 呢？一般与主成分分析中选取主成分个数的方法相同，使所选取的 m 个公共因子对样本方差贡献达 80%～85% 以上，即 m 个公共因子反映原变量 80%～85% 以上的信息。分析具体问题时可适当调整此比例。总之，要使之有利于因子模型的解释。

6.4 因子旋转

微课视频

建立因子分析的目的不仅是要找出公共因子，更重要的是知道每个公共因子的意义，以便对实际问题作出科学的分析。然而有时用上述方法求出的公共因子的意义含糊不清，各公共因子的典型代表变量不很突出，这不便于实际背景的解释和分析。根据因子载荷矩阵的不唯一性，若 $\boldsymbol{F}$ 是公共因子，$\boldsymbol{A}$ 是因子载荷矩阵，则对任一 $m\times m$ 阶正交阵 $\boldsymbol{\Gamma}$，$\boldsymbol{\Gamma}'\boldsymbol{F}$ 也是公共因子，$\boldsymbol{A\Gamma}$ 是相应的因子载荷矩阵。因此，当我们得到的公共因子意义不清，因子载荷矩阵不够简化时，可将 $\boldsymbol{A}$ 右乘一个正交阵，实行旋转，使得旋转以后的因子载荷阵结构简化，公共因子有鲜明的实际意义。

所谓结构简化，就是使每个变量仅在一个公共因子上有较大载荷，而在其余公共因子上的载荷比较小。也就是说，要使得每个因子的载荷的平方按列向 0 或 1 两极分化。第 j 个公共因子 f_j 所代表的变量在 f_j 因子轴上的载荷较大(接近于 1)，而在其他因子轴上的系数

较小(接近于0)，这样就容易对每个公共因子进行合理的解释。这种变换因子载荷矩阵的方法称为因子轴的旋转。因子旋转方法有正交旋转和斜交旋转，正交旋转由因子载荷矩阵 $\boldsymbol{A}$ 右乘一正交阵而得到，旋转后新的公共因子仍然保持彼此独立的性质。斜交旋转放弃了公共因子之间彼此独立这个限制，可达到更简洁的形式，实际意义也更容易解释。

常用的正交旋转方法有：方差最大化正交旋转、四次方最大化正交旋转。

6.4.1　方差最大化正交旋转

先考虑两个因子的方差正交旋转，即 $m=2$ 的情形。

设因子载荷矩阵 $\boldsymbol{A}=\begin{bmatrix} a_{11} & a_{12} \\ a_{21} & a_{22} \\ \vdots & \vdots \\ a_{p1} & a_{p2} \end{bmatrix}$

正交阵 $\boldsymbol{\Gamma}=\begin{bmatrix} \cos\varphi & -\sin\varphi \\ \sin\varphi & \cos\varphi \end{bmatrix}$

记旋转后的因子载荷矩阵为 $\boldsymbol{B}$

$$\boldsymbol{B}=\boldsymbol{A\Gamma}=\begin{bmatrix} a_{11}\cos\varphi+a_{12}\sin\varphi & -a_{11}\sin\varphi+a_{12}\cos\varphi \\ a_{21}\cos\varphi+a_{22}\sin\varphi & -a_{21}\sin\varphi+a_{22}\cos\varphi \\ \vdots & \vdots \\ a_{p1}\cos\varphi+a_{p2}\sin\varphi & -a_{p1}\sin\varphi+a_{p2}\cos\varphi \end{bmatrix}$$

$$\hat{=}\begin{bmatrix} b_{11} & b_{12} \\ b_{21} & b_{22} \\ \vdots & \vdots \\ b_{p1} & b_{p2} \end{bmatrix}$$

这样做的目的是使因子载荷阵 $\boldsymbol{A}$ 结构简化，即能使 $\boldsymbol{B}$ 中每一列元素的平方值向0和1两极分化。实际上是希望将变量 $x_1, x_2, \cdots, x_p$ 分成两个部分，一部分主要与第一公共因子 f_1 有关，另一部分与第二公共因子 f_2 有关。因此，要求两列数据 $(b_{11}^2, b_{21}^2, \cdots, b_{p1}^2)$ 和 $(b_{12}^2, b_{22}^2, \cdots, b_{p2}^2)$ 的方差越大越好。即使

$$V=\left[\frac{1}{p}\sum_{i=1}^{p}(b_{i1}^2)^2-\left(\frac{1}{p}\sum_{i=1}^{p}b_{i1}^2\right)^2\right]+\left[\frac{1}{p}\sum_{i=1}^{p}(b_{i2}^2)^2-\left(\frac{1}{p}\sum_{i=1}^{p}b_{i2}^2\right)^2\right]$$

达到最大。

根据求极值的原理，使 $\dfrac{\mathrm{d}V}{\mathrm{d}\varphi}=0$，由此可求出因子轴旋转角度 φ。详细推导过程略。

当公共因子个数 $m>2$ 时，可以将上述 $m=2$ 的方法用于 $\dfrac{m(m-1)}{2}$ 对两因子的旋转，逐次对每两个公共因子进行旋转。每旋转一次，V 值就会增大，即 V 是单调不减的，并且 V 是有界的，因为因子载荷的绝对值不大于1。因此，经过若干次旋转后，V 变化相对就不大了，即可停止旋转。

6.4.2 四次方最大化正交旋转

四次方最大旋转是从简化载荷矩阵的行出发，使载荷矩阵中每一行元素的平方值向 0 和 1 两极分化。通过旋转初始因子，使每个变量只在一个因子上有较大的载荷，而在其他的因子上有尽可能低的载荷。如果每个变量只在一个因子上有非零的载荷，这时的因子解释是最简单的。

四次方最大旋转是使因子载荷矩阵中每一行因子载荷的平方的方差达到最大。

$$\begin{bmatrix} b_{11}^2 & b_{12}^2 & \cdots & b_{1m}^2 \\ b_{21}^2 & b_{22}^2 & \cdots & b_{2m}^2 \\ \vdots & \vdots & \vdots & \vdots \\ b_{p1}^2 & b_{p2}^2 & \cdots & b_{pm}^2 \end{bmatrix}$$

简化规则为：$Q=\sum_{i=1}^{p}\sum_{j=1}^{m}\left(b_{ij}^2-\frac{h_i^2}{m}\right)^2 \rightarrow \max$

$$\begin{aligned} Q &= \sum_{i=1}^{p}\sum_{j=1}^{m}\left(b_{ij}^2-\frac{h_i^2}{m}\right)^2 \\ &= \sum_{i=1}^{p}\sum_{j=1}^{m}\left(b_{ij}^4-2\frac{h_i^2}{m}b_{ij}^2+\frac{h_i^4}{m^2}\right) \\ &= \sum_{i=1}^{p}\sum_{j=1}^{m}b_{ij}^4-2\sum_{i=1}^{p}\sum_{j=1}^{m}\frac{h_i^2}{m}b_{ij}^2+\sum_{i=1}^{p}\sum_{j=1}^{m}\frac{h_i^4}{m^2} \\ &= \sum_{i=1}^{p}\sum_{j=1}^{m}b_{ij}^4-\frac{2}{m}\sum_{i=1}^{p}h_i^4+\sum_{i=1}^{p}\frac{h_i^4}{m} \\ &= \sum_{i=1}^{p}\sum_{j=1}^{m}b_{ij}^4-\frac{1}{m}\sum_{i=1}^{p}h_i^4 \end{aligned}$$

最终简化规则为：$Q=\sum_{i=1}^{p}\sum_{j=1}^{m}b_{ij}^4 \rightarrow \max$，因此称之为四次方最大旋转。

6.4.3 旋转前后的共同度与公共因子方差贡献

本节将根据因子旋转的过程及旋转原理，来分析旋转前后共同度与公共因子方差贡献的变化情况。设 $\boldsymbol{A}$ 为初始因子载荷矩阵，

$$\boldsymbol{A}=\begin{bmatrix} a_{11} & a_{12} & \cdots & a_{1m} \\ a_{21} & a_{22} & \cdots & a_{2m} \\ \vdots & \vdots & \vdots & \vdots \\ a_{p1} & a_{p2} & \cdots & a_{pm} \end{bmatrix}$$

设 $\boldsymbol{\Gamma}$ 为正交矩阵，$\boldsymbol{\Gamma}=\begin{bmatrix} \gamma_{11} & \gamma_{12} & \cdots & \gamma_{1m} \\ \gamma_{21} & \gamma_{22} & \cdots & \gamma_{2m} \\ \vdots & \vdots & \vdots & \vdots \\ \gamma_{m1} & \gamma_{m2} & \cdots & \gamma_{mm} \end{bmatrix}$

做正交变换 $\boldsymbol{B}=\boldsymbol{A\Gamma}$。

$$\boldsymbol{B}=(b_{ij})_{p\times m}=\sum_{l=1}^{m}a_{il}\gamma_{lj}$$

$$\begin{aligned}
h_i^2(\boldsymbol{B}) &= \sum_{j=1}^{m}b_{ij}^2 \\
&= \sum_{j=1}^{m}\left(\sum_{l=1}^{m}a_{il}\gamma_{lj}\right)^2 \\
&= \sum_{j=1}^{m}\sum_{l=1}^{m}a_{il}^2\gamma_{lj}^2+\sum_{j=1}^{m}\sum_{l=1}^{m}\sum_{m}a_{il}a_{it}\gamma_{lj}\gamma_{tj} \\
&= \sum_{l=1}^{m}a_{il}^2\sum_{j=1}^{m}\gamma_{lj}^2 \\
&= \sum_{l=1}^{m}a_{il}^2 \\
&= h_i^2(\boldsymbol{A})
\end{aligned}$$

由此可知，旋转后因子的共同度没有发生变化。

$$\begin{aligned}
g_j^2(\boldsymbol{B}) &= \sum_{i=1}^{p}b_{ij}^2 \\
&= \sum_{i=1}^{p}(\sum_{l=1}^{m}a_{il}\gamma_{lj})^2 \\
&= \sum_{i=1}^{p}\sum_{l=1}^{m}a_{il}^2\gamma_{lj}^2+\sum_{i=1}^{p}\sum_{l=1}^{m}\sum_{\substack{t=1\\t\neq l}}^{m}a_{il}a_{it}\gamma_{lj}\gamma_{tj} \\
&= \sum_{i=1}^{p}a_{il}^2\sum_{l=1}^{m}\gamma_{lj}^2 \\
&= S_j^2(\boldsymbol{A})\sum_{l=1}^{m}\gamma_{lj}^2
\end{aligned}$$

由此可知，旋转后公共因子的方差贡献发生了变化。

6.5　因子得分

微课视频

前面我们讨论了如何求解因子载荷，得到因子模型，给出每一个公共因子明确合理的解释。因子模型建立以后，我们应当反过来考察每一个样本。例如影响学生学习成绩的因子模型建立以后，我们希望知道每一学生各方面的特征及其学习成绩的好坏，据此可对学生进行分类。要解决这个问题，在统计模型上就需要将公共因子 $f_1(j=1,2,\cdots,m)$ 用变量的线性组合来表示，也即由 x_1，x_2，…，x_p 来计算它的因子得分。

设公共因子 f_j 由变量 x 表示的线性组合为

$$f_j=\beta_{j1}x_1+\beta_{j2}x_2+\cdots+\beta_{jp}x_p\quad(j=1,2,\cdots,m)\tag{6.5}$$

称式(6.5)为因子得分函数。用它来计算每个样品的公共因子得分。若 $m=2$，则每个样品的 p 个变量值代入上式，即可算出每个样品的因子得分 f_1 和 f_2。这样就可以在二维平面上做出因子得分的散点图，进而对样品进行分类或对问题做更深入的研究。

由于因子得分函数中方程的个数 m 小于变量个数 p，因此不能精确计算出因子得分，只能对因子得分进行估计。

估计因子得分有很多方法，如加权最小二乘法、极大似然估计法(巴特莱特法)、贝叶斯估计法(汤姆森法)和回归法。下面介绍回归法。

假设公共因子可以对 p 个变量做回归，建立回归方程

$$\hat{f}_j = b_{j0} + b_{j1}x_1 + b_{j2}x_2 + \cdots + b_{jp}x_p \quad (j=1,2,\cdots,m)$$

由于变量和公共因子都已经标准化，所以有 $b_{j0}=0$，则

$$\hat{f}_j = (b_{j1}, b_{j2}, \cdots, b_{jp}) \begin{bmatrix} x_1 \\ x_2 \\ \vdots \\ x_p \end{bmatrix} = \boldsymbol{b}_j' \boldsymbol{x}$$

其中，$\boldsymbol{b}_j = (b_{j1}, b_{j2}, \cdots, b_{jp})'$，$\boldsymbol{x} = (x_1, x_2, \cdots, x_p)'$。

由因子载荷的意义：

$$\begin{aligned} a_{ij} &= \rho(x_i, f_j) \\ &= \text{cov}(x_i, f_j) \\ &= E(x_i f_j) \\ &= E\left[x_i(b_{j1}x_1 + b_{j2}x_2 + \cdots + b_{jp}x_p)\right] \\ &= b_{j1}E(x_ix_1) + b_{j2}E(x_ix_2) + \cdots + b_{jp}E(x_ix_p) \\ &= b_{j1}r_{i1} + b_{j2}r_{i2} + \cdots + b_{jp}r_{ip} \quad (i=1,2,\cdots,p) \end{aligned}$$

即

$$\begin{cases} b_{j1}r_{11} + b_{j2}r_{12} + \cdots + b_{jp}r_{1p} = a_{1j} \\ b_{j1}r_{21} + b_{j2}r_{22} + \cdots + b_{jp}r_{2p} = a_{2j} \\ \qquad \vdots \\ b_{j1}r_{p1} + b_{j2}r_{p2} + \cdots + b_{jp}r_{pp} = a_{pj} \end{cases} \quad (j=1,2,\cdots,m)$$

用矩阵形式表示为

$$\begin{bmatrix} r_{11} & r_{12} & \cdots & r_{1p} \\ r_{21} & r_{22} & \cdots & r_{2p} \\ \vdots & \vdots & \vdots & \vdots \\ r_{p1} & r_{p2} & \cdots & r_{pp} \end{bmatrix} \cdot \begin{bmatrix} b_{j1} \\ b_{j2} \\ \vdots \\ b_{jp} \end{bmatrix} = \begin{bmatrix} a_{1j} \\ a_{2j} \\ \vdots \\ a_{pj} \end{bmatrix} \quad (j=1,2,\cdots,m)$$

简记为 $\boldsymbol{R}\boldsymbol{b}_j = \boldsymbol{a}_j (j=1,2,\cdots,m)$。

其中，$\boldsymbol{a}_j = (a_{1j}, a_{2j}, \cdots, a_{pj})'$，因此 $\boldsymbol{b}_j = \boldsymbol{R}^{-1}\boldsymbol{a}_j$，记

$$\boldsymbol{B} = \begin{bmatrix} b_{11} & b_{12} & \cdots & b_{1p} \\ b_{21} & b_{22} & \cdots & b_{2p} \\ \vdots & \vdots & \vdots & \vdots \\ b_{m1} & b_{m2} & \cdots & b_{mp} \end{bmatrix} = \begin{bmatrix} \boldsymbol{b}_1' \\ \boldsymbol{b}_2' \\ \vdots \\ \boldsymbol{b}_m' \end{bmatrix}$$

而因子载荷阵 $\boldsymbol{A} = \begin{bmatrix} a_{11} & a_{12} & \cdots & a_{1m} \\ a_{21} & a_{22} & \cdots & a_{2m} \\ \vdots & \vdots & \vdots & \vdots \\ a_{p1} & a_{p2} & \cdots & a_{pm} \end{bmatrix} = (\boldsymbol{a}_1, \boldsymbol{a}_2, \cdots, \boldsymbol{a}_m)$

$$故\ \boldsymbol{B}=\begin{bmatrix}(\boldsymbol{R}^{-1}\boldsymbol{a}_1)'\\(\boldsymbol{R}^{-1}\boldsymbol{a}_2)'\\\vdots\\(\boldsymbol{R}^{-1}\boldsymbol{a}_m)'\end{bmatrix}=\begin{bmatrix}\boldsymbol{a}'_1\\\boldsymbol{a}'_2\\\vdots\\\boldsymbol{a}'_m\end{bmatrix}\boldsymbol{R}^{-1}=\boldsymbol{A}'\boldsymbol{R}^{-1}$$

$$于是\ \hat{f}=\begin{bmatrix}\hat{f}_1\\\hat{f}_2\\\vdots\\\hat{f}_m\end{bmatrix}=\begin{bmatrix}\boldsymbol{b}'_1x\\\boldsymbol{b}'_2x\\\vdots\\\boldsymbol{b}'_mx\end{bmatrix}=\boldsymbol{B}x=\boldsymbol{A}'\boldsymbol{R}^{-1}x$$

此即因子得分的计算公式。

例 6.1 从某班中随机抽取20名学生，对影响学生学习成绩的其中9个因素进行调查，要求学生就以下9个方面给自己打分。请对此做因子分析。

x_1：勤奋程度　　x_6：对专业的喜欢程度

x_2：自学效率　　x_7：自信心

x_3：对教师的适应性　　x_8：意志力

x_4：记忆力　　x_9：上进心

x_5：理解能力

解：(1) 求相关系数矩阵 $\boldsymbol{R}$ 的特征值。

$\boldsymbol{R}$ 的前三个特征根如表6-1所示。

表 6-1　$\boldsymbol{R}$ 的特征值

	特征根	方差贡献率	累积方差贡献率
λ_1	3.503 2	38.92%	38.92%
λ_2	1.759 4	19.55%	58.47%
λ_3	1.392 0	15.47%	73.94%

其余特征根都较小。前三个公共因子对样本方差的累积贡献率为73.94%。

(2) 用主成分法得到初始因子载荷矩阵，见表6-2。

表 6-2　初始因子载荷矩阵

	f_1	f_2	f_3
x_1	0.240 4	0.621 5	0.124 3
x_2	0.503 6	−0.107 4	0.692 9
x_3	0.808 1	−0.100 0	−0.457 4
x_4	0.678 3	−0.528 1	−0.067 7
x_5	0.838 3	−0.405 5	0.139 6
x_6	0.197 1	−0.023 4	0.773 7
x_7	0.774 1	−0.132 3	−0.249 8
x_8	0.564 0	0.760 6	−0.031 8
x_9	0.647 9	0.558 3	−0.033 1

(3) 对因子载荷矩阵进行方差最大化正交旋转，旋转后的因子载荷矩阵如表 6-3 所示。

表 6-3 旋转后的因子载荷矩阵

	f_1	f_2	f_3
x_1	−0.108 5	0.661 0	0.103 6
x_2	0.260 4	0.127 7	0.813 1
x_3	0.866 2	0.287 2	−0.198 7
x_4	0.825 7	−0.157 2	0.192 4
x_5	0.843 5	0.022 8	0.418 0
x_6	−0.060 1	0.060 8	0.794 2
x_7	0.788 2	0.240 5	−0.006 2
x_8	0.151 3	0.934 9	0.026 5
x_9	0.311 5	0.793 7	0.074 8

由表 6-3 可写出因子分析模型。

$$\begin{cases} x_1 = -0.1085f_1 + 0.6610f_2 + 0.1036f_3 + \varepsilon_1 \\ x_2 = 0.2604f_1 + 0.1277f_2 + 0.8131f_3 + \varepsilon_2 \\ \vdots \\ x_9 = 0.3115f_1 + 0.7937f_2 + 0.0748f_3 + \varepsilon_9 \end{cases}$$

(4) 根据表 6-3，将 9 项指标按高载荷分成三类，并给各公共因子命名，如表 6-4 所示。

表 6-4 指标分类及因子命名

	高载荷指标	因子命名
公共因子 f_1	x_3：对教师的适应性 x_4：记忆力 x_5：理解能力 x_7：自信心	学习能力
公共因子 f_2	x_1：勤奋程度 x_8：意志力 x_9：上进心	学习态度和意志力
公共因子 f_3	x_2：自学效率 x_6：对专业的喜欢程度	学习兴趣

x_3，x_4，x_5，x_7 在第一公共因子 f_1 上有较大的载荷值，说明 f_1 主要与 x_3，x_4，x_5，x_7 有关，可解释为学生对知识的接受能力，即学习能力，是影响学生学习成绩的主要方面。x_1，x_8，x_9 在第二公共因子 f_2 上有较大的载荷值，说明 f_2 主要与 x_1，x_8，x_9 有较大的相关性，主要反映学生的学习态度和意志力。x_2，x_6 在第三公共因子 f_3 上有较大的载荷值，说明 f_3 主要与 x_2，x_6 相关，反映学生的学习兴趣。因此，学生要想提高学习成绩，最重要的是要提高课堂效率，尽快适应教师的教学方法和教学风格，课堂上积极思考。同时，要注重学习方法，提高学习效率。要把学习搞好，还得平时下苦功，刻苦努力，坚持不懈。

6.6　SAS 实现与应用案例

根据本书第 3.5.2 节全国各地区居民生活质量的相关指标数据，对我国 30 个地区的相关数据进行因子分析，探究各地区居民生活质量的发展水平和影响因素。

微课视频

1. SAS 程序

```
proc factor data=lifeq method=prin n=4 r=e out=out outstat=stat reorder;
var X1-X11;
run;
proc plot data=out;
plot factor2*factor1 $  region='*'/href=0 vref=0;
run;
data a1;
set out;
f=(3.5763*factor1+3.1498*factor2+2.2037*factor3+1.3013*factor4)/11;
keep region f factor1 factor2 factor3 factor4;
run;
proc sort data=a1;
by descending f;
run;
```

2. SAS 程序说明

“proc factor”是一个进行因子分析的过程，“data=”指定要进行因子分析的原始数据集，“reorder”选项能使输出的因子载荷矩阵按载荷值大小重新排序。

“method=prin”指定使用主成分法进行因子分析，常见的还可使用“ML”(极大似然估计法)，“method”缺省时指的是主成分法；“n=”指定要保留的公因子个数，缺省状态下仅保留特征值大于 1 的因子；“r=v”是“rotate=varimax”的缩写，指定使用方差最大法正交旋转，常用的还有“r=q”（rotate=quartimax，四次方最大法）和“r=e”（rotate=equamax，等量最大法），也可使用“PROMAX”(一种斜交旋转法)；“out=”指定因子分析的输出数据集，该数据集包含原始数据和公共因子得分；“outstat=”指定输出数据集中保存因子分析过程中的统计量。var 语句指定参与因子分析的变量，缺省时默认使用全部定量变量。

“proc plot”是一个作图的过程，“data =”指定用于作图的数据集。“plot factor2* factor1 $ region='* '/href=0 vref=0”语句绘制了一个以 factor1 为横轴、factor2 为纵轴，每一标签变量(此例中为 region) 以“ * ”表示，水平参考线和垂直参考线经过(0，0) 点的散点图。

“data a1”创建了一个名为“a1”的新数据集，未指定逻辑库时数据集默认保存在 work 库中。set 语句是将一个数据集中的数据复制到创建的新数据集中，本例通过 set 语句将 out 数据集中的数据复制到 a1 数据集中。“f=”是一个赋值语句，等式左边的“f”是变量名，等式右边是计算公式，本例以各公共因子的方差贡献率为权数计算综合得分。keep语句用于指定数据集中要保留的变量。

“proc sort”是一个排序的过程，“data = a1”指定需要排序的数据集，“by descending f”指定对变量“f”进行降序排列。

3. SAS 输出说明

【输出 6-1】

先验公因子方差估计: ONE

相关矩阵的特征值: 总计 = 11 平均值 = 1				
	特征值	差分	比例	累积
1	7.74413667	6.66553080	0.7040	0.7040
2	1.07860586	0.32360600	0.0981	0.8021
3	0.75499986	0.10160288	0.0686	0.8707
4	0.65339698	0.35053479	0.0594	0.9301
5	0.30286219	0.15296980	0.0275	0.9576
6	0.14989239	0.03698303	0.0136	0.9713
7	0.11290936	0.01586298	0.0103	0.9815
8	0.09704637	0.03685849	0.0088	0.9903
9	0.06018789	0.03169921	0.0055	0.9958
10	0.02848868	0.01101492	0.0026	0.9984
11	0.01747376		0.0016	1.0000

输出 6-1 为初始因子分析的相关统计量，包括特征值、差分、方差贡献率和累积方差贡献率，其中特征值和累积方差贡献率对确定公共因子的个数有重要的参考作用。一般情况下，SAS 系统自动保留特征值大于 1 的公共因子，而在实证分析中习惯取累积方差贡献率为 85% 这一阈值作为确定标准。前三个公共因子的累积方差贡献率为87.07%，表明能反映原始变量87.07% 的信息。

【输出 6-2】

因子模式					
		Factor1	Factor2	Factor3	Factor4
x2	人均可支配收入	0.98382	0.04168	-0.05521	0.08368
x8	每百户照相机拥有量	0.95687	0.07876	0.08672	0.00613
x6	每百户计算机拥有量	0.94948	-0.00659	-0.18813	0.17117
x1	人均地区生产总值	0.94776	-0.01186	-0.02379	-0.07363
x5	人均交通通讯消费支出	0.92818	0.07172	0.06213	-0.20401
x4	人均教育文化娱乐消费支出	0.91826	0.22651	-0.12233	0.18890
x9	每万人公共车辆数	0.82582	-0.06964	0.35854	-0.20265
x3	人均拥有公共图书馆藏量	0.81242	0.28733	-0.40710	0.12461
x7	每百户家用汽车拥有量	0.78102	-0.08588	0.16294	-0.45791
x11	生活垃圾无害化处理率	0.57715	-0.44295	0.43082	0.50366
x10	每千人口医疗卫生机构床位数	-0.26653	0.85032	0.42804	0.11993

输出 6-2 为初始公共因子的因子载荷，它们是变量与公共因子的相关系数，绝对值越大，相关的密切程度越高。例如：X_2 在 $Factor_1$ 上的因子载荷为0.983 82，即 X_2 和 $Factor_1$ 的相关系数为0.983 82，两者高度相关。

【输出 6-3】

每个因子已解释方差			
Factor1	Factor2	Factor3	Factor4
7.7441367	1.0786059	0.7549999	0.6533970

输出 6-3 为保留的公共因子的方差贡献，是因子载荷矩阵中各列元素的平方和，其值越大，这一因子就越重要。$Factor_1$ 是最重要的因子，$Factor_2$ 次之。

【输出 6-4】

最终的公因子方差估计：总计 = 10.231139										
x1	x2	x3	x4	x5	x6	x7	x8	x9	x10	x11
0.90437396	0.97969202	0.92384519	0.94516039	0.91215075	0.96624863	0.85359883	0.92935894	0.85644393	0.99167911	0.96858761

输出 6-4 为每一变量的变量共同度，是因子载荷矩阵各行元素的平方和，其值越大，因子分析的效果越好。本例中 11 个变量的变量共同度均较大，表明因子分析效果好。

【输出 6-5】

正交变换矩阵				
	1	2	3	4
1	0.62864	0.59149	0.45592	-0.21700
2	0.45524	0.07234	-0.32934	0.82405
3	-0.56614	0.36398	0.54591	0.49898
4	0.27758	-0.71584	0.62101	0.15769

输出 6-5 为进行因子旋转所使用的正交矩阵，经因子旋转后因子载荷阵的结构简化，每列或行的元素平方值向 0 和 1 两极分化。

【输出 6-6】

旋转因子模式					
		Factor1	Factor2	Factor3	Factor4
x3	人均拥有公共图书馆藏量	0.90659	0.26394	0.13092	-0.12301
x4	人均教育文化娱乐消费支出	0.80207	0.37977	0.39458	-0.04386
x6	每百户计算机拥有量	0.74790	0.37013	0.43865	-0.27834
x2	人均可支配收入	0.69194	0.50493	0.45664	-0.19349
x7	每百户家用汽车拥有量	0.23254	0.84285	0.18894	-0.23115
x9	每万人公共车辆数	0.22821	0.75899	0.46932	-0.08964
x5	人均交通通讯消费支出	0.52434	0.72285	0.30678	-0.14347
x1	人均地区生产总值	0.58344	0.60378	0.37729	-0.23891
x8	每百户照相机拥有量	0.58999	0.59885	0.46147	-0.09849
x11	生活垃圾无害化处理率	0.05707	0.10561	0.95698	-0.19586
x10	每千人口医疗卫生机构床位数	0.01050	-0.02619	-0.09341	0.99104

输出 6-6 为因子旋转后的因子载荷矩阵，可明显看到，旋转后的各因子载荷值进一步拉大或缩小，使得公共因子较旋转前含义更加明确。

【输出 6-7】

每个因子已解释方差			
Factor1	Factor2	Factor3	Factor4
3.5763034	3.1498354	2.2036794	1.3013212

【输出 6-8】

最终的公因子方差估计：总计 = 10.231139										
x1	x2	x3	x4	x5	x6	x7	x8	x9	x10	x11
0.90437396	0.97969202	0.92384519	0.94516039	0.91215075	0.96624863	0.85359883	0.92935894	0.85644393	0.99167911	0.96858761

输出 6-7 和输出 6-8 为旋转后的方差贡献和变量共同度，可以发现，旋转前后方差贡献发生改变，而变量共同度则没有变化。

【输出 6-9】

标准化评分系数					
		Factor1	Factor2	Factor3	Factor4
x3	人均拥有公共图书馆藏量	0.54542	-0.25146	-0.21582	-0.04223
x4	人均教育文化娱乐消费支出	0.34213	-0.18061	0.07598	0.11206
x6	每百户计算机拥有量	0.28808	-0.20614	0.08457	-0.11466
x2	人均可支配收入	0.17441	-0.04036	0.08481	-0.01202
x7	每百户家用汽车拥有量	-0.28955	0.63412	-0.24520	-0.09032
x9	每万人公共车辆数	-0.31730	0.45327	0.13651	0.11170
x5	人均交通通讯消费支出	-0.02764	0.32916	-0.11623	0.02062
x1	人均地区生产总值	0.05849	0.14079	-0.02777	-0.06911
x8	每百户照相机拥有量	0.04849	0.11346	0.10082	0.09216
x11	生活垃圾无害化处理率	-0.24919	-0.32972	0.95943	0.05170
x10	每千人口医疗卫生机构床位数	0.06723	0.11163	0.14816	0.96895

输出 6-9 是以回归法计算因子得分的标准化得分系数，由此可写出计算每一因子的得分函数。

【输出 6-10】

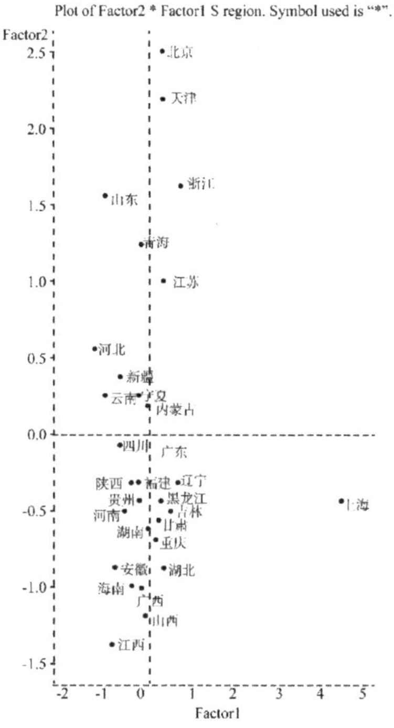

输出 6-10 是以 $Factor_1$ 得分为横坐标、$Factor_2$ 得分为纵坐标的散点图，根据各区域所处的象限和坐标值，可以对区域进行分类或其他分析。

4. 分析结果

(1) 因子含义。

如表 6-5 和表 6-6 所示，经过因子旋转以后，前四个公共因子的累积方差贡献率达到 93.01%，且各变量的变量共同度均在0.75 以上。结合指标的实际经济意义，保留四个公共因子的分析效果最为理想。

X_1,X_2,X_3,X_4,X_6 在第一公共因子 $Factor_1$ 上有较大的载荷值，X_1 人均地区生产总值、X_2 人均可支配收入反映地区的经济条件，X_3 人均拥有公共图书馆藏量、X_4 人均教育文化娱乐消费支出反映地区文化娱乐等精神生活，而 X_6 每百户计算机拥有量在经济意义上更接近 $Factor_2$，因此 $Factor_1$可命名为“经济条件和精神生活因子”。

X_5,X_7,X_8,X_9 在第二公共因子 $Factor_2$ 上有较大的载荷值，X_7 每百户家用汽车拥有量、X_9 每万人公共车辆反映地区交通出行便利程度，X_7 每百户家用汽车拥有量、X_8 每百户照相机拥有量反映地区的物质生活水平，X_5 人均交通通讯消费支出在经济意义上更接近 $Factor_1$，因此可将 $Factor_2$ 命名为“交通出行和物质生活因子”。

X_{11} 在第三公共因子 $Factor_3$ 上有较大的载荷值。X_{11} 生活垃圾无害化处理率反映地区生活环境情况，故将其命名为“生活环境因子”。

X_{10} 在第四公共因子 $Factor_4$ 上有较大的载荷值，X_{10} 每千人口医疗卫生机构床位数反映地区医疗资源分配，故将其命名为“医疗资源因子”。

表 6-5 旋转后的因子载荷

变量	$Factor_1$	$Factor_2$	$Factor_3$	$Factor_4$
X_3	**0.906 6**	**0.263 9**	0.130 9	−0.123 0
X_4	**0.802 1**	0.379 8	0.394 6	−0.043 9
X_6	**0.747 9**	0.370 1	0.438 7	−0.278 3
X_2	**0.691 9**	0.504 9	0.456 6	−0.193 5
X_1	**0.583 4**	0.603 8	0.377 3	−0.238 9
X_7	0.232 5	**0.842 9**	0.188 9	−0.231 2
X_9	0.228 2	**0.759 0**	0.469 3	−0.089 6
X_5	0.524 3	**0.722 9**	0.306 8	−0.143 5
X_8	0.590 0	**0.598 9**	0.461 5	−0.098 5
X_{11}	0.057 1	0.105 6	**0.957 0**	−0.195 9
X_{10}	0.010 5	−0.026 2	−0.093 4	**0.991 0**
公共因子方差贡献	**3.5763**	**3.1498**	**2.2037**	**1.3013**

表 6-6　旋转后的因子载荷及因子命名

因子名	变量名		$Factor_1$	$Factor_2$	$Factor_3$	$Factor_4$
$Factor_1$:经济条件和精神生活因子	X_1	人均地区生产总值	**0.583 4**	0.603 8	0.377 3	−0.238 9
	X_2	人均可支配收入	**0.691 9**	0.504 9	0.456 6	−0.193 5
	X_3	人均拥有公共图书馆藏量	**0.906 6**	0.263 9	0.130 9	−0.123 0
	X_4	人均教育文化娱乐消费支出	**0.802 1**	0.379 8	0.394 6	−0.043 9
	X_6	每百户计算机拥有量	**0.747 9**	0.370 1	0.438 7	−0.278 3
$Factor_2$:交通出行和物质生活因子	X_5	人均交通通信消费支出	0.524 3	**0.722 9**	0.306 8	−0.143 5
	X_7	每百户家用汽车拥有量	0.232 5	**0.842 9**	0.188 9	−0.231 2
	X_8	每百户照相机拥有量	0.590 0	**0.598 9**	0.461 5	−0.098 5
	X_9	每万人公共车辆数	0.228 2	**0.759 0**	0.469 3	−0.089 6
$Factor_3$:生活环境因子	X_{11}	生活垃圾无害化处理率	0.057 1	0.105 6	**0.957 0**	−0.195 9
$Factor_4$:医疗资源因子	X_{10}	每千人口医疗卫生机构床位数	0.010 5	−0.026 2	−0.093 4	**0.991 0**

(2) 公共因子得分。

用回归法计算各公共因子得分(见表 6-7),来分析各地区居民生活质量的具体特征,将各地区分别按 4 个公共因子得分排序。

在 $Factor_1$ 经济条件和精神生活方面,上海、浙江、辽宁、吉林、湖北、北京和江苏具有显著优势。从区域特征分析,公共因子得分为正(处于平均发展水平之上) 的只有 12 个地区,说明我国各地区经济条件和居民精神生活发展不平衡,地区间存在较大差异,中西部地区普遍较为落后。

在 $Factor_2$ 交通出行和物质生活方面,北京、天津、浙江和山东等地区得分最高,广西、海南、山西、江西等地区得分最低。上海在该因子上的得分不高主要是因为每百户家用车辆这一指标的数值较低。从区域特征分析,东中西三大区域无显著差异,东部地区整体水平较高。

在 $Factor_3$ 生活环境方面,只有 X_{11} 生活垃圾无害化处理率一个指标载荷值较大,北京、江西、福建、湖南和广东排名最高。值得注意的是,天津在这一因子上的排名相当靠后,说明天津在居民生活环境上有所欠缺,希望能引起有关部门重视。从区域特征分析,东部地区显著好于中西部地区。

在 $Factor_4$ 医疗资源方面,只有 X_{10} 每千人口医疗卫生机构床位数一个指标载荷值较大,辽宁、新疆、四川、湖南和重庆排名最高,广西、福建、海南、广东、天津排名最低。令人意外的是,经济科技水平较发达的广东和天津位列最后两位,表明这两个地区的医疗资源相较其人口基数而言还需要进一步完善。从区域特征分析,各区域无明显差距。

表 6-7　因子得分

名次	地区	经济条件和精神生活因子	地区	交通出行和物质生活因子	地区	生活环境因子	地区	医疗资源因子
1	上海	4.524 3	北京	2.486 4	北京	2.723 3	辽宁	1.535 8
2	浙江	0.739 7	天津	2.196 5	江西	1.436 8	新疆	1.510 4
3	辽宁	0.684 5	浙江	1.653 8	福建	0.850 3	四川	1.433 2
4	吉林	0.522 7	山东	1.544 3	湖南	0.823 2	湖南	1.345 1
5	湖北	0.355 7	青海	1.244 3	广东	0.793 6	重庆	1.263 2
6	北京	0.351 5	江苏	1.021 7	江苏	0.720 8	贵州	0.959 3
7	江苏	0.340 8	河北	0.579 1	安徽	0.636 8	黑龙江	0.922 9
8	天津	0.312 6	新疆	0.345 0	上海	0.543 8	陕西	0.849 1
9	黑龙江	0.273 3	云南	0.277 4	陕西	0.422 7	湖北	0.791 6
10	甘肃	0.220 4	宁夏	0.273 0	辽宁	0.416 5	青海	0.741 9
11	重庆	0.199 7	内蒙古	0.194 5	重庆	0.382 8	北京	0.281 8
12	广东	0.139 1	四川	−0.071 3	河北	0.362 5	内蒙古	0.139 5
13	湖南	−0.003 6	广东	−0.124 9	山东	0.357 1	江苏	0.125 1
14	内蒙古	−0.004 7	辽宁	−0.318 0	四川	0.281 9	宁夏	0.090 0
15	山西	−0.077 4	陕西	−0.330 1	新疆	0.125 3	山东	0.063 2
16	青海	−0.148 3	福建	−0.343 3	山西	0.066 0	河南	0.054 5
17	广西	−0.171 4	黑龙江	−0.432 6	海南	−0.044 6	云南	0.020 5
18	宁夏	−0.220 2	贵州	−0.436 6	河南	−0.052 1	吉林	−0.241 2
19	福建	−0.242 9	上海	−0.442 5	湖北	−0.121 8	上海	−0.294 2
20	贵州	−0.262 4	吉林	−0.508 2	宁夏	−0.233 3	甘肃	−0.298 9
21	海南	−0.376 2	河南	−0.525 1	内蒙古	−0.354 9	浙江	−0.412 9
22	陕西	−0.427 1	甘肃	−0.584 4	云南	−0.470 1	山西	−0.646 4
23	河南	−0.565 4	湖南	−0.620 8	广西	−0.478 7	河北	−0.661 6
24	新疆	−0.634 7	重庆	−0.706 5	浙江	−0.502 6	江西	−0.870 7
25	四川	−0.699 2	湖北	−0.872 4	贵州	−0.761 0	安徽	−1.012 6
26	安徽	−0.753 6	安徽	−0.901 7	黑龙江	−0.880 8	广西	−1.185 4
27	江西	−0.802 6	广西	−0.987 7	吉林	−1.293 9	福建	−1.452 8
28	云南	−0.992 2	海南	−1.024 8	天津	−1.413 2	海南	−1.545 2
29	山东	−1.027 1	山西	−1.206 5	甘肃	−1.967 8	广东	−1.679 8
30	河北	−1.255 1	江西	−1.378 4	青海	−2.368 6	天津	−1.825 4

(3) 综合得分。

为了分析各地区居民生活质量的综合水平，以 4 个公共因子的方差贡献率(特征值占总特征值的比重）为权数，对 4 个公共因子的得分进行综合计算，计算公式为

$$f = 0.386\,3 * Factor_1 + 0.328\,7 * Factor_2 + 0.114\,4 * Factor_3 + 0.099\,9 * Factor_4$$

如表 6-8 所示，居民生活质量综合得分排名最高的为北京、上海、浙江、江苏和辽宁，最低的为江西、安徽、甘肃、广西、海南。从这一排名可以看出，经济较发达的地区居民生活质量相对也较好，表明经济条件对生活质量的影响是十分关键的。从区域特征分析，各地区的居民生活质量差异显著，东部地区显著优于中西部。

表 6-8 各地区居民生活质量综合得分

排名	地区	得分	排名	地区	得分
1	上海	1.418 3	16	湖北	−0.064 9
2	北京	1.405 2	17	青海	−0.078 6
3	浙江	0.564 5	18	黑龙江	−0.102 3
4	江苏	0.562 5	19	福建	−0.178 8
5	辽宁	0.396 6	20	河北	−0.247 9
6	天津	0.231 5	21	贵州	−0.249 3
7	山东	0.187 3	22	吉林	−0.263 3
8	湖南	0.145 1	23	云南	−0.334 9
9	新疆	0.096 2	24	河南	−0.338 2
10	重庆	0.088 8	25	山西	−0.433 9
11	内蒙古	−0.000 4	26	江西	−0.470 8
12	四川	−0.021 7	27	安徽	−0.495 5
13	宁夏	−0.029 5	28	甘肃	−0.525 3
14	广东	−0.030 3	29	广西	−0.574 7
15	陕西	−0.048 3	30	海南	−0.607 5

(4) 散点图分析。

根据输出 6-10 的因子得分散点图可以对各地区居民生活质量的发展特点进行归纳总结。由图可知，落在第一象限的有北京、天津、浙江、江苏等地区，表明这些地区居民生活质量各方面发展较为均衡，居民生活质量较高。落在第四象限的地区有上海、辽宁、吉林、重庆等地区，这些地区虽然居民的经济条件较好，精神生活也比较丰富，但交通便利程度或物质生活方面还有提升空间。落在第二象限的有山东、河北、新疆、云南等地区，这些地区的公共交通建设较完善，物质生活比较丰富，但经济条件较落后，精神生活较为贫乏。其余落在第三象限的河南、海南、安徽、贵州等地区在物质生活、精神生活、经济条件等方面均需要进一步发展，以促进居民生活质量的提高。

【课后练习】

一、简答题

1. 简述因子分析的基本思想。

2. 简述因子载荷矩阵的含义、统计特征及其意义。

3. 比较因子分析和主成分分析，说明它们的相似和不同之处。

4. 简述因子模型和回归模型相比较有何异同。

5. 因子分析中对因子载荷矩阵进行旋转的目的是什么？常用的旋转方法有哪些？

6. 阐述运用因子分析进行综合评价时，综合评价函数的构造方法。

7. 阐述主成分分析和因子分析用于对变量降维时，两种方法在基本思想和做法上的差异。

二、计算题

1. 表 6-9 是进行因子分析后的结果。

表 6-9　旋转以后的因子载荷矩阵

变量	F_1	F_2	F_3
X_1	0.857	−0.011	0.205
X_2	0.841	0.321	−0.102
X_3	0.847	−0.120	0.323
X_4	0.901	0.281	−0.027
X_5	0.899	0.215	−0.019
X_6	−0.313	0.839	0.305
X_7	−0.666	0.062	0.679
X_8	0.575	−0.580	0.367

(1) 写出因子分析的数学模型；

(2) 计算变量共同度 h_i^2，并说明其统计意义；

(3) 求每一个公共因子 F_i 的方差贡献。

2. 某机构对我国上市物流企业的竞争力进行了因子分析，输出结果如表 6-10 所示。

表 6-10　旋转后的因子载荷矩阵

指标	组成因子		
	1	2	3
流动比率	0.321	0.123	0.916
速动比率	0.088	0.064	0.962
股东权益率	0.165	0.320	0.833
经营净利率	−0.030	0.906	0.184
资产净利率	0.231	0.941	0.155
净资产收益率	0.145	0.952	0.105
主营收入增长率	0.944	0.112	0.212
净利润增长率	0.963	0.078	0.209
总资产增长率	0.976	0.144	0.115

要求：

(1) 写出因子分析的数学模型；

(2) 由旋转后的因子载荷矩阵解释各公共因子的含义；

(3) 计算流动比率、速动比率这两个指标的变量共同度 h_i^2，并解释其统计意义。

三、上机分析题

1. 对数据 EXE6_1 进行因子分析。公司老板对 48 名应聘者进行面试，并给出他们在如下 15 个方面所得的分数。

X_1：申请书的形式　　X_2：外貌　　X_3：专业能力

X_4：讨人喜欢　　X_5：自信心　　X_6：精明

X_7：诚实　　X_8：推销能力　　X_9：经验

X_{10}：积极性　　X_{11}：抱负　　X_{12}：理解能力

X_{13}：潜力　　X_{14}：交际能力　　X_{15}：适应性

2. EXE6_2 是反映浙江省 11 个地市福利水平的 8 项指标数据，请利用因子分析对浙江省不同地区福利水平差异进行分析评价。

X_1：城镇居民人均可支配收入　　X_2：农村居民人均可支配收入

X_3：社会福利院数　　X_4：每万人拥有福利院床位数

X_5：人均财政收入　　X_6：医院和卫生院数

X_7：公共图书馆藏书量　　X_8：每万人中高等学校在校生数

3. EXE6_3 是反映我国各地区经济转型升级的 8 项指标数据，请利用因子分析对我国各地区的经济转型升级状况进行分析评价。

X_1：第三产业增加值占 GDP 比重　　X_2：城镇居民人均文化娱乐消费支出

X_3：规上工业企业劳动生产率　　X_4：工业成本费用利润率

X_5：研发投入强度　　X_6：高技术产品出口占出口额比重

X_7：每万元 GDP 能耗(逆指标)　　X_8：工业固体废物利用率

第7章

对应分析

7.1 对应分析的基本思想

微课视频

对应分析(correspondence analysis)，又称为相应分析、R—Q 型因子分析，它也是利用降维的思想以达到简化数据结构的目的，是在 R 型和 Q 型因子分析的基础上发展起来的一种多元相依的变量统计分析技术。对应分析方法是由法国统计学家 J.P. Benzecri 于1970年提出的，它通过分析由定性变量构成的交互汇总表来揭示变量间的关系，交互表的信息以图形的方式展示。当以变量的一系列类别及这些类别的分布图来描述变量之间的联系时，使用这一分析技术可以揭示同一变量的各个类别之间的差异以及不同变量各个类别之间的对应关系。对应分析用于定量变量的分析时，也可以揭示样品和变量间的内在联系。

对应分析方法通过对交互表的频数分析来确定变量及类别之间的关系。例如，在分析顾客对不同品牌商品的偏好时，可以将商品与顾客的性别、收入水平、职业等进行交叉汇总，汇总表的每一项数字代表着每一类顾客喜欢某一品牌的人数，这一人数也就是这类顾客与这一品牌的“对应”点，代表着不同特点的顾客与品牌之间的联系。对应分析是一种视觉化的数据分析方法，可以在二维空间内同时表达多维的属性。通过对应分析，可以把品牌、顾客特点以及它们之间的联系同时反映在一个二维分布图上。根据顾客特点与每一品牌之间的距离，就可以判断它们之间关系的密切程度，以更好地理解品牌和顾客属性之间的关系。

对应分析同时对数据表中的行与列进行处理，寻求以低维图形表示数据表中行与列的关系。对应分析综合了 R 型因子分析和 Q 型因子分析的优点，将它们统一起来使得由 R 型的分析结果很容易得到 Q 型的分析结果。更重要的是，可以把变量和样品的载荷反映在相同的公因子轴上，能把众多的样品和变量同时作到同一张图上直观地展示出来，便于解释和推断。

对应分析是一种非常有用的市场研究工具，有助于发现市场空隙，优化产品定位，被广泛应用于目标顾客和竞争对手的识别、新产品开发、竞争分析以及广告研究等营销活动中。在市场研究领域，对应分析可以帮助回答以下问题：谁是我的用户？谁是竞争对手的用户？相对于竞争对手的产品，我的产品的定位如何？与竞争对手有何差异？我还应该开发哪些新产品？对于我的新产品，应该将目标指向哪些消费者？

例 7.1 起名为“波澜”恰当吗？

微课视频

中美纯水有限公司欲为其新推出的一种纯水产品起一个合适的名字，为此专门委托了当地的策划咨询公司，取了一个名字“波澜”。一个好的名字至少应该满足两个条件：

(1) 会使消费者联想到正确的产品“纯水”；

(2) 会使消费者产生与正确产品密切相关的联想，如“纯净”“清爽”等。

公司决定对“波澜”这一名称方案进行品牌测试。采用调查问卷的形式进行消费者调查，以便最终确定品牌名称。

公司委托调查统计研究所进行了一次全面的市场研究，在调查中还包括简单的名称测试。调查的代码和含义如表 7-1 所示。

表 7-1　调查代码和含义

代码	含义	代码	含义	代码	含义
Name1	玉泉	Product1	雪糕	Feel1	清爽
Name2	雪源	Product2	纯水	Feel2	甘甜
Name3	春溪	Product3	碳酸饮料	Feel3	欢快
Name4	期望	Product4	果汁饮料	Feel4	纯净
Name5	波澜	Product5	保健食品	Feel5	安闲
Name6	天山绿	Product6	空调	Feel6	个性
Name7	哇哈哈	Product7	洗衣机	Feel7	兴奋
Name8	雪浪花	Product8	毛毯	Feel8	高档

对调查回收的数据进行整理后得到如表 7-2 所示的汇总。

表 7-2　市场调查数据汇总

品牌名称 / 产品属性	Name1	Name2	Name3	Name4	Name5	Name6	Name7	Name8
Product1	50	442	27	21	14	50	30	258
Product2	508	110	272	51	83	88	605	79
Product3	55	68	93	36	71	47	37	77
Product4	109	95	149	41	36	125	44	65
Product5	34	29	45	302	37	135	42	18
Product6	11	28	112	146	113	39	28	31
Product7	30	12	54	64	365	42	8	316
Product8	2	4	17	36	29	272	9	35
Feel1	368	322	167	53	57	129	149	170
Feel2	217	237	142	41	34	95	119	116
Feel3	19	25	185	105	123	44	22	193
Feel4	142	140	128	47	38	123	330	68
Feel5	16	16	106	166	81	164	21	36
Feel6	2	14	9	72	94	41	37	42
Feel7	4	11	10	78	248	35	17	81
Feel8	3	5	19	107	63	126	63	49

经对应分析后，得到如图 7-1 所示的对应分析图。

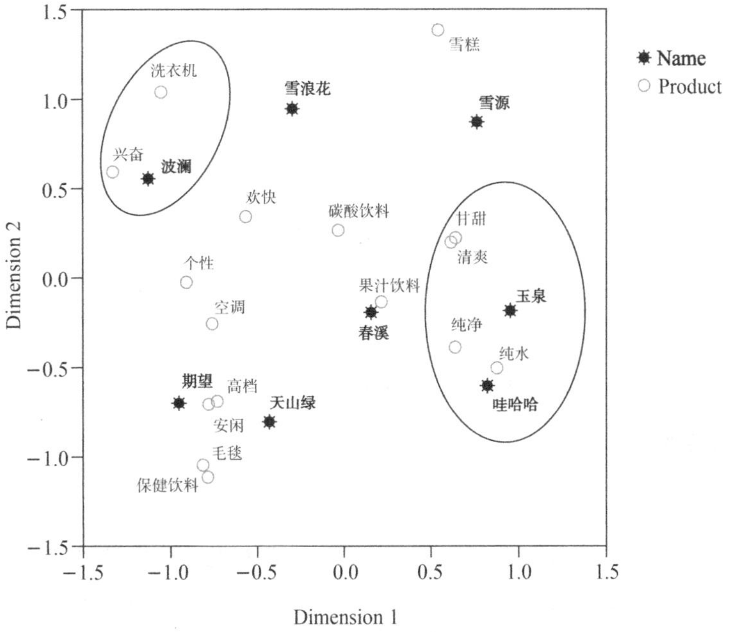

图 7-1　品牌测试对应分析图

由图 7-1 可以看出，"波澜"与"洗衣机"产品相联系，引起的感觉是"兴奋"，因此"波澜"不是合适的纯净水品牌名称。

公司的产品是"纯水"，如果想要使名称给人们一种"纯净"的感觉，那么"哇哈哈"将是最好的商品名称。如果想要使该名称给人们一种"清爽"的感觉，那么"玉泉"将是最好的商品名称。

7.2　对应分析的数学原理

微课视频

7.2.1　基本思路

由于 R 型因子分析和 Q 型因子分析是反映一个整体的不同侧面，R 型因子分析是从列来讨论(对变量)，Q 型因子分析是从行来讨论(对样品)，因此它们之间存在内在的联系。

设原始数据矩阵为

$$\boldsymbol{X}=\begin{bmatrix} x_{11} & x_{12} & \cdots & x_{1p} \\ x_{21} & x_{22} & \cdots & x_{2p} \\ \vdots & \vdots & \vdots & \vdots \\ x_{n1} & x_{n2} & \cdots & x_{np} \end{bmatrix}_{n\times p}$$

由于因子分析都是基于协方差矩阵或相关系数矩阵完成的，所以必须从变量和样品的协方差矩阵入手来进行分析。首先对数据进行均值化处理，得到的数据矩阵记为 $\boldsymbol{X}^*$，

$$\boldsymbol{X}^* = \begin{bmatrix} x_{11}-\bar{x}_1 & x_{12}-\bar{x}_2 & \cdots & x_{1p}-\bar{x}_p \\ x_{21}-\bar{x}_1 & x_{22}-x_2 & \cdots & x_{2p}-\bar{x}_p \\ \vdots & \vdots & \vdots & \vdots \\ x_{n1}-\bar{x}_1 & x_{n2}-x_2 & \cdots & x_{np}-\bar{x}_p \end{bmatrix}_{n\times p}$$

$$\boldsymbol{X}^{*\prime}\boldsymbol{X}^* = \begin{bmatrix} x_{11}-\bar{x}_1 & x_{21}-\bar{x}_1 & \cdots & x_{n1}-\bar{x}_1 \\ x_{12}-\bar{x}_2 & x_{22}-x_2 & \cdots & x_{n2}-x_2 \\ \vdots & \vdots & \vdots & \vdots \\ x_{1p}-\bar{x}_p & x_{2p}-\bar{x}_p & \cdots & x_{np}-\bar{x}_p \end{bmatrix} \begin{bmatrix} x_{11}-\bar{x}_1 & x_{12}-\bar{x}_2 & \cdots & x_{1p}-\bar{x}_p \\ x_{21}-\bar{x}_1 & x_{22}-x_2 & \cdots & x_{2p}-\bar{x}_p \\ \vdots & \vdots & \vdots & \vdots \\ x_{n1}-\bar{x}_1 & x_{n2}-x_2 & \cdots & x_{np}-\bar{x}_p \end{bmatrix}$$

可得变量的积叉矩阵

$$\boldsymbol{\Sigma}_R = (\boldsymbol{X}^*)'\boldsymbol{X}^* \quad (p \times p)$$

以及样品的积叉矩阵

$$\boldsymbol{\Sigma}_Q = \boldsymbol{X}^*(\boldsymbol{X}^*)' \quad (n \times n)$$

显然，变量和样品的积叉矩阵的阶数不同。一般来说，它们的非零特征根也不一样，那么考虑将观测值做变换，将数据矩阵 $\boldsymbol{X}$ 变换为 $\boldsymbol{Z}$，$\boldsymbol{X} \to \boldsymbol{Z}$，使得 $\boldsymbol{Z}'\boldsymbol{Z}$ 和 $\boldsymbol{Z}\boldsymbol{Z}'$ 有相同的特征根，以便同时进行 R 型因子分析和 Q 型因子分析。

7.2.2 规格化矩阵

原始数据矩阵为 $n \times p$ 的列联表如表 7-3 所示。

表 7-3 $n \times p$ 列联表

行＼列	1	2	…	p	合计
1	x_{11}	x_{12}	…	x_{1p}	$x_{1.}$
2	x_{21}	x_{22}	…	x_{2p}	$x_{2.}$
⋮	⋮	⋮	⋮	⋮	⋮
n	x_{n1}	x_{n2}	…	x_{np}	$x_{n.}$
合计	$x_{.1}$	$x_{.2}$	…	$x_{.p}$	$x_{..}$

简记为

$$\boldsymbol{X} = \begin{bmatrix} x_{11} & x_{12} & \cdots & x_{1p} \\ x_{21} & x_{22} & \cdots & x_{2p} \\ \vdots & \vdots & \vdots & \vdots \\ x_{n1} & x_{n2} & \cdots & x_{np} \end{bmatrix}_{n\times p}$$

记 $x_{i.} = \sum_{j=1}^{p} x_{ij}$ 为行和，$x_{.j} = \sum_{i=1}^{n} x_{ij}$ 为列和，令 $T \triangleq x_{..} = \sum_{i=1}^{n}\sum_{j=1}^{p} x_{ij}$，即

$$\begin{bmatrix} x_{11} & x_{12} & \cdots & x_{1p} \\ x_{21} & x_{22} & \cdots & x_{2p} \\ \vdots & \vdots & \vdots & \vdots \\ x_{n1} & x_{n2} & \cdots & x_{np} \end{bmatrix} \begin{matrix} x_{1\cdot} \\ x_{2\cdot} \\ \vdots \\ x_{n\cdot} \end{matrix}$$

$$\begin{matrix} x_{\cdot 1} & x_{\cdot 2} & \cdots & x_{\cdot p} & x_{\cdot\cdot} \triangleq T \end{matrix}$$

将每一观测数据除以总和 $x_{\cdot\cdot}$，记 $p_{ij}=x_{ij}/x_{\cdot\cdot}$，则数据矩阵变为如下的概率矩阵

$$\boldsymbol{X}=\begin{bmatrix} p_{11} & p_{12} & \cdots & p_{1p} \\ p_{21} & p_{22} & \cdots & p_{2p} \\ \vdots & \vdots & \vdots & \vdots \\ p_{n1} & p_{n2} & \cdots & p_{np} \end{bmatrix}_{n\times p}$$

我们可以把 p_{ij} 解释成概率，因为所有的元素之和为 1。对于由两个定性变量观测频数组成的列联表(contingency table)，p_{ij} 即为概率的估计值。记行和、列和分别为 $p_{i\cdot}=\sum_{j=1}^{p}p_{ij}$ 与 $p_{\cdot j}=\sum_{i=1}^{n}p_{ij}$。

因为$\dfrac{p_{ij}}{p_{i\cdot}}=\dfrac{x_{ij}/x_{\cdot\cdot}}{\sum_{j=1}^{p}p_{ij}}=\dfrac{x_{ij}/x_{\cdot\cdot}}{\sum_{j=1}^{p}x_{ij}/x_{\cdot\cdot}}=\dfrac{x_{ij}}{x_{i\cdot}}$，

称 $\left[\dfrac{p_{i1}}{p_{i\cdot}},\dfrac{p_{i2}}{p_{i\cdot}},\cdots,\dfrac{p_{ip}}{p_{i\cdot}}\right]=\left[\dfrac{x_{i1}}{x_{i\cdot}},\dfrac{x_{i2}}{x_{i\cdot}},\cdots,\dfrac{x_{ip}}{x_{i\cdot}}\right]$ $(i=1,2,\cdots,n)$ 为第 i 行的行轮廓(row profile)。

例 7.2 考察某一文章中各种词汇出现的次数，设词汇分为如下种类：

n＝名词，v＝动词，a＝形容词，av＝副词，l＝冠词，o＝其他。

x_{ij} 表示在第 i 篇文章中属于 j 种词汇的次数。现有2篇文章，各种词汇出现的次数如表7-4所示。它们的行轮廓如表7-5所示。

表 7-4　词汇频数

	n	v	a	av	l	o	总词汇数
①	80	30	25	15	60	55	265
②	160	60	50	30	120	110	530

表 7-5　词汇行轮廓

	n	v	a	av	l	o
①	0.30	0.11	0.09	0.06	0.23	0.21
②	0.30	0.11	0.09	0.06	0.23	0.21

这两行的行轮廓相同，由此可以断定这两篇文章的用词手法相同。

记 $N(\boldsymbol{R})$ 为行轮廓点集

$$N(\boldsymbol{R})=\begin{bmatrix} \frac{p_{11}}{p_{1.}} & \frac{p_{12}}{p_{1.}} & \cdots & \frac{p_{1p}}{p_{1.}} \\ \frac{p_{21}}{p_{2.}} & \frac{p_{22}}{p_{2.}} & \cdots & \frac{p_{2p}}{p_{2.}} \\ \vdots & \vdots & \vdots & \vdots \\ \frac{p_{n1}}{p_{n.}} & \frac{p_{n2}}{p_{n.}} & \cdots & \frac{p_{np}}{p_{n.}} \end{bmatrix}$$

则第 j 个列变量的期望为

$$E(\frac{p_{ij}}{p_{i.}})=\sum_{i=1}^{n}\frac{p_{ij}}{p_{i.}}\times p_{i.}=p_{.j}(j=1,2,\cdots,p)$$

因为原始变量的数量等级可能不同，所以为了尽量减少各变量尺度差异，将行轮廓中的各列元素都除以其期望的平方根，得矩阵 $D(\boldsymbol{R})$

$$D(\boldsymbol{R})=\begin{bmatrix} \frac{p_{11}}{p_{1.}\sqrt{p_{.1}}} & \frac{p_{12}}{p_{1.}\sqrt{p_{.2}}} & \cdots & \frac{p_{1p}}{p_{1.}\sqrt{p_{.p}}} \\ \frac{p_{21}}{p_{2.}\sqrt{p_{.1}}} & \frac{p_{22}}{p_{2.}\sqrt{p_{.2}}} & \cdots & \frac{p_{2p}}{p_{2.}\sqrt{p_{.p}}} \\ \vdots & \vdots & \vdots & \vdots \\ \frac{p_{n1}}{p_{n.}\sqrt{p_{.1}}} & \frac{p_{n2}}{p_{n.}\sqrt{p_{.2}}} & \cdots & \frac{p_{np}}{p_{n.}\sqrt{p_{.p}}} \end{bmatrix}$$

则第 j 个列变量的期望为

$$E(\frac{p_{ij}}{p_{i.}\sqrt{p_{.j}}})=\sum_{i=1}^{n}\frac{p_{ij}}{p_{i.}\sqrt{p_{.j}}}\times p_{i.}=\frac{1}{\sqrt{p_{.j}}}p_{.j}=\sqrt{p_{.j}}\ (j=1,2,\cdots,p)$$

第 k 个变量与第 j 个变量的协方差为

$$\begin{aligned} s_{kj} &= \sum_{a=1}^{n}\left[\frac{p_{ak}}{p_{a.}\sqrt{p_{.k}}}-\sqrt{p_{.k}}\right]\left[\frac{p_{aj}}{p_{a.}\sqrt{p_{.j}}}-\sqrt{p_{.j}}\right]\times p_{a.} \\ &= \sum_{a=1}^{n}\left[\frac{p_{ak}}{\sqrt{p_{a.}}\sqrt{p_{.k}}}-\sqrt{p_{.k}}\sqrt{p_{a.}}\right]\left[\frac{p_{aj}}{\sqrt{p_{a.}}\sqrt{p_{.j}}}-\sqrt{p_{.j}}\sqrt{p_{a.}}\right] \\ &= \sum_{a=1}^{n}\left[\frac{p_{ak}-p_{a.}p_{.k}}{\sqrt{p_{a.}}\sqrt{p_{.k}}}\right]\left[\frac{p_{aj}-p_{a.}p_{.j}}{\sqrt{p_{a.}}\sqrt{p_{.j}}}\right] \\ &= \sum_{a=1}^{n}z_{ak}z_{aj} \end{aligned}$$

上式中，$z_{ak}=\dfrac{p_{ak}-p_{a.}p_{.k}}{\sqrt{p_{a.}p_{.k}}}=\dfrac{x_{ak}-\dfrac{x_{a.}x_{.k}}{x_{..}}}{\sqrt{x_{a.}x_{.k}}}$ $(a=1,2,\cdots,n;k=1,2,\cdots,p)$。

令 $\boldsymbol{Z}$ 为 z_{ij} 所组成的矩阵，则 $\boldsymbol{A}=\boldsymbol{ZZ}'$ 。即变量点的协方差矩阵可以表示成 $\boldsymbol{ZZ}'$ 的形式。

同样地，称 $\left[\dfrac{p_{1j}}{p_{.j}},\dfrac{p_{2j}}{p_{.j}},\cdots,\dfrac{p_{nj}}{p_{.j}}\right]=\left[\dfrac{x_{1j}}{x_{.j}},\dfrac{x_{2j}}{x_{.j}},\cdots,\dfrac{x_{nj}}{x_{.j}}\right]$ $(j=1,2,\cdots,p)$ 为列轮廓(column profile)。

$$N(\boldsymbol{Q})=\begin{bmatrix}\frac{p_{11}}{p_{.1}} & \frac{p_{12}}{p_{.2}} & \cdots & \frac{p_{1p}}{p_{.p}}\\ \frac{p_{21}}{p_{.1}} & \frac{p_{22}}{p_{.2}} & \cdots & \frac{p_{2p}}{p_{.p}}\\ \vdots & \vdots & \vdots & \vdots\\ \frac{p_{n1}}{p_{.1}} & \frac{p_{n2}}{p_{.2}} & \cdots & \frac{p_{np}}{p_{.p}}\end{bmatrix}$$

第 i 个行变量的期望为

$$E\left(\frac{p_{ij}}{p_{.j}}\right)=\sum_{j=1}^{p}\frac{p_{ij}}{p_{.j}}\cdot p_{.j}=p_{i.}$$

因为原始变量的数量等级可能不同，所以为了尽量减少各变量尺度差异，将列轮廓中的各行元素均除以其期望的平方根，得矩阵 $D(\boldsymbol{Q})$

$$D(\boldsymbol{Q})=\begin{bmatrix}\frac{p_{11}}{p_{.1}\sqrt{p_{1.}}} & \frac{p_{12}}{p_{.2}\sqrt{p_{1.}}} & \cdots & \frac{p_{1p}}{p_{.p}\sqrt{p_{1.}}}\\ \frac{p_{21}}{p_{.1}\sqrt{p_{2.}}} & \frac{p_{22}}{p_{.2}\sqrt{p_{2.}}} & \cdots & \frac{p_{2p}}{p_{.p}\sqrt{p_{2.}}}\\ \vdots & \vdots & \vdots & \vdots\\ \frac{p_{n1}}{p_{.1}\sqrt{p_{n.}}} & \frac{p_{n2}}{p_{.2}\sqrt{p_{n.}}} & \cdots & \frac{p_{np}}{p_{.p}\sqrt{p_{n.}}}\end{bmatrix}$$

则第 i 个行变量的期望为

$$E\left(\frac{p_{ij}}{p_{.j}\sqrt{p_{i.}}}\right)=\sum_{j=1}^{p}\frac{p_{ij}}{p_{.j}\sqrt{p_{i.}}}\cdot p_{.j}=\sqrt{p_{i.}}$$

第 k 个样品与第 l 个样品的协方差为

$$\begin{aligned}b_{kl}&=\sum_{i=1}^{p}\left[\frac{p_{ki}}{p_{.i}\sqrt{p_{k.}}}-\sqrt{p_{k.}}\right]\left[\frac{p_{li}}{p_{.i}\sqrt{p_{l.}}}-\sqrt{p_{l.}}\right]\times p_{.i}\\ &=\sum_{i=1}^{p}\left[\frac{p_{ki}}{\sqrt{p_{.i}}\sqrt{p_{k.}}}-\sqrt{p_{.i}}\sqrt{p_{k.}}\right]\left[\frac{p_{li}}{\sqrt{p_{.i}}\sqrt{p_{l.}}}-\sqrt{p_{.i}}\sqrt{p_{l.}}\right]\\ &=\sum_{i=1}^{p}\left[\frac{p_{ki}-p_{k.}p_{.i}}{\sqrt{p_{.i}}\sqrt{p_{k.}}}\right]\left[\frac{p_{li}-p_{.i}p_{l.}}{\sqrt{p_{l.}}\sqrt{p_{.i}}}\right]\\ &=\sum_{i=1}^{p}z_{ki}z_{li}\end{aligned}$$

其中，$z_{ki}=\dfrac{p_{ki}-p_{.i}p_{k.}}{\sqrt{p_{.i}p_{k.}}}=\dfrac{x_{ki}-\dfrac{x_{.i}x_{k.}}{x_{..}}}{\sqrt{x_{.i}x_{k.}}}$ $(i=1, 2, \cdots, p; k=1, 2, \cdots, n)$。

令 $\boldsymbol{Z}$ 为 z_{ij} 所组成的矩阵，则 $\boldsymbol{B}=\boldsymbol{ZZ}'$。即样品点的协方差矩阵可以表示成 $\boldsymbol{ZZ}'$ 的形式。

因此将原始数据矩阵 $\boldsymbol{X}$ 变换成矩阵 $\boldsymbol{Z}$，则变量点和样品点的协方差矩阵分别为 $\boldsymbol{A}=\boldsymbol{ZZ}'$ 和 $\boldsymbol{B}=\boldsymbol{ZZ}'$。$\boldsymbol{A}$ 和 $\boldsymbol{B}$ 两矩阵存在着简单的对应关系，而且将原始数据 x_{ij} 变换成 z_{ij} 后，z_{ij} 对于 i，j 是对等的，即 z_{ij} 对变量和样品具有对等性。

根据线性代数理论中特征根和特征向量的性质，**A** 和 **B** 有相同的非零特征根。

设 λ_k 是 $\boldsymbol{A}=\boldsymbol{ZZ}'$ 的非零特征根，则

$$\boldsymbol{Z}'\boldsymbol{Z}\boldsymbol{u}_k=\lambda_k\boldsymbol{u}_k \tag{7.1}$$

在式(7.1)的两边都左乘 **Z**，得到

$$\boldsymbol{ZZ}'(\boldsymbol{Z}\boldsymbol{u}_k)=\lambda_k(\boldsymbol{Z}\boldsymbol{u}_k)$$

可见，λ_k 也是 $\boldsymbol{ZZ}'$ 的特征根，相应的特征向量为 $\boldsymbol{Z}\boldsymbol{u}_k$。

因此，将原始数据矩阵 **X** 变换成矩阵 **Z**，则变量和样品的协方差矩阵分别可表示为 $\boldsymbol{A}=\boldsymbol{ZZ}'$ 和 $\boldsymbol{B}=\boldsymbol{ZZ}'$，**A** 和 **B** 具有相同的非零特征值，相应的特征向量有很密切的关系。

这样就可以用相同的因子轴同时表示变量和样品，把变量和样品同时反映在具有相同坐标轴的因子平面上。

7.3 对应分析的一些重要概念

7.3.1 行列独立性检验

在表 7-1 中，检验行变量和列变量是否相互独立的检验统计量为

$$\chi^2=T\sum_{i=1}^{n}\sum_{j=1}^{p}\frac{(p_{ij}-p_{i.}p_{.j})^2}{p_{i.}p_{.j}}$$

当独立性的原假设为真，且 T 充分大，期望频数 $T_{p_{i.}p_{.j}}\geqslant 5$ 时，χ^2 近似服从自由度为 $(n-1)(p-1)$ 的卡方分布。若检验统计的值 $\chi^2>\chi^2_\alpha(n-1)(p-1)$，则拒绝行、列变量相互独立的原假设。$\chi^2$ 值越大，表明实际频率 p_{ij} 与独立假设下的期望频率 $p_{i.}p_{.j}$ 总体上差异越大，也即样本数据越是偏离行、列变量相互独立的情形，从而越应拒绝原假设。

7.3.2 总惯量

$\sum_{i=1}^{n}\sum_{j=1}^{p}\frac{(p_{ij}-p_{i.}p_{.j})^2}{p_{i.}p_{.j}}$ 是列联表中数据总变差的度量，称之为总惯量(total inertial)，即

$$\text{总惯量}=\frac{\chi^2}{T}=\sum_{i=1}^{n}\sum_{j=1}^{p}\frac{(p_{ij}-p_{i.}p_{.j})^2}{p_{i.}p_{.j}}$$

总惯量还可以行轮廓和列轮廓的形式表示为

$$\begin{aligned}\text{总惯量}&=\sum_{i=1}^{n}p_{i.}\sum_{j=1}^{p}\frac{\left(\dfrac{p_{ij}}{p_{i.}}-p_{.j}\right)^2}{p_{.j}}\\&=\sum_{j=1}^{p}p_{.j}\sum_{i=1}^{n}\frac{\left(\dfrac{p_{ij}}{p_{.j}}-p_{i.}\right)^2}{p_{i.}}\end{aligned}$$

其中，$\sum_{j=1}^{p}\frac{\left(\frac{p_{ij}}{p_{i.}}-p_{.j}\right)^2}{p_{.j}}$ 为第 i 行轮廓到行轮廓中心的卡方距离，即加权的平方欧氏距离。

这里，第 i 行轮廓为$\left(\frac{p_{i1}}{p_{i.}}\quad\frac{p_{i2}}{p_{i.}}\quad\cdots\quad\frac{p_{ip}}{p_{i.}}\right)$，行轮廓中心为$(p_{.1}\quad p_{.2}\quad\cdots\quad p_{.p})$，欧氏距离的平方为$\sum_{j=1}^{p}\left(\frac{p_{ij}}{p_{i.}}-p_{.j}\right)^2$，此时每个变量都以等权出现，这样绝对值大的变量对距离的贡献也大，以至掩盖和压低了绝对值小的变量的作用。在实际问题中，我们考虑的是每个变量的相对作用，因此可采用加权的距离公式，即$\sum_{j=1}^{p}\left(\frac{p_{ij}}{p_{i.}}-p_{.j}\right)^2\cdot\frac{1}{p_{.j}}$ 或$\sum_{j=1}^{p}\left(\frac{p_{ij}}{p_{i.}\sqrt{p_{.j}}}-\sqrt{p_{.j}}\right)^2$。

也即前面提到的，为了减少因原始变量数量等级不同的各变量尺度差异的影响，将列轮廓中的各行元素均除以其期望的平方根。

同样地，$\sum_{i=1}^{n}\frac{\left(\frac{p_{ij}}{p_{.j}}-p_{i.}\right)^2}{p_{i.}}$ 是第 j 列轮廓到列轮廓中心的卡方距离(加权的平方欧氏距离)。它既度量了行轮廓之间的总变差，又度量了列轮廓之间的总变差。所以，如果行变量与列变量相互独立，则我们可以认为由样本数据构成的列联表中所有的行有相近的轮廓，所有的列也有相近的轮廓。

对标准化矩阵 $\boldsymbol{Z}$，其元素为

$$z_{ij}=\frac{p_{ij}-p_{i.}p_{.j}}{\sqrt{p_{i.}p_{.j}}}$$

记 $k=\text{rank}(\boldsymbol{Z})$，有 $k=\min(n-1,\ p-1)$，对 $\boldsymbol{Z}$ 进行奇异值分解，得

$$\boldsymbol{Z}=\boldsymbol{U\Lambda V}'=\sum_{i=1}^{k}\lambda_i\boldsymbol{u}_i\boldsymbol{v}_i'$$

其中，$\boldsymbol{U}=(\boldsymbol{u}_1,\ \boldsymbol{u}_2,\ \cdots,\ \boldsymbol{u}_k)$，$\boldsymbol{V}=(\boldsymbol{v}_1,\ \boldsymbol{v}_2,\ \cdots,\ \boldsymbol{v}_k)$，$\boldsymbol{\Lambda}=\text{diag}(\lambda_1,\ \lambda_2,\ \cdots,\ \lambda_k)$，这里 $\boldsymbol{u}_1,\ \boldsymbol{u}_2,\ \cdots,\ \boldsymbol{u}_k$ 是一组 n 维正交单位向量，$\boldsymbol{v}_1,\ \boldsymbol{v}_2,\ \cdots,\ \boldsymbol{v}_k$ 是一组 p 维正交单位向量，即有 $\boldsymbol{U}'\boldsymbol{U}=\boldsymbol{V}'\boldsymbol{V}=I$，$\lambda_1,\ \lambda_2,\ \cdots,\ \lambda_k$ 是$\boldsymbol{Z}$ 的k 个奇异值。因此，$\lambda_1^2,\ \lambda_2^2,\ \cdots,\ \lambda_k^2$ 是$\boldsymbol{ZZ}'$ 的正特征值，总惯量$=\sum_{i=1}^{n}\sum_{j=1}^{p}\frac{(p_{ij}-p_{i.}p_{.j})^2}{p_{i.}p_{.j}}=\text{tr}(\boldsymbol{ZZ}')=\sum_{i=1}^{k}\lambda_i^2$。

7.3.3　对应分析图

微课视频

设$\lambda_1\geqslant\lambda_2\geqslant\cdots\geqslant\lambda_k\ (0<i<\min(n,\ p))$ 为矩阵 $\boldsymbol{A}$ 和 $\boldsymbol{B}$ 的非零特征根，其相应的特征向量为

$$\boldsymbol{u}_1=[u_{11}\quad u_{21}\quad\cdots\quad u_{p1}]'$$
$$\boldsymbol{u}_2=[u_{12}\quad u_{22}\quad\cdots\quad u_{p2}]'$$
$$\boldsymbol{v}_1=[v_{11}\quad v_{21}\quad\cdots\quad v_{n1}]'$$
$$\boldsymbol{v}_2=[v_{12}\quad v_{22}\quad\cdots\quad v_{n2}]'$$

我们知道因子载荷的含义是原始变量与公共因子之间的相关系数，所以如果我们构造一个平面直角坐标系，将第一公共因子的载荷与第二个公共因子的载荷看成平面上的点，在坐标系中绘制散点图，则构成对应分析图(correspondence map)。

例 7.3 交叉列联表(表 7-6)总结了 260 个消费者对于四种不同软件的性能评价，假设 B 软件是公司自己的产品，试分析消费者对 B 软件的评价如何，与其他竞争对手的产品形象有何不同。

表 7-6 消费者对四种软件的性能评价

软件性能 / 软件名称	易学	操作简单	运行速度快	可视化	算法丰富	界面友好	扩展能力强
A 软件	140	120	130	100	140	110	130
B 软件	160	150	180	180	160	160	160
C 软件	170	180	110	115	120	140	100
D 软件	100	150	200	150	180	120	170

表 7-6 汇集了消费者对四种不同软件性能评价的所有信息，可以初步了解消费者对不同软件的形象认知情况，但是很难对品牌和性能之间的关联有一个整体的认识，无法整体把握消费者对于不同软件的形象认知情况。为此，我们进行对应分析。

将表 7-6 中的数据除以总和4 025，得到对应矩阵，见表 7-7。

表 7-7 消费者对四种软件性能评价的对应矩阵

软件性能 / 软件名称	易学	操作简单	运行速度快	可视化	算法丰富	界面友好	扩展能力强
A 软件	0.034 8	0.029 8	0.032 3	0.024 8	0.034 8	0.027 3	0.032 3
B 软件	0.039 8	0.037 3	0.044 7	0.044 7	0.039 8	0.039 8	0.039 8
C 软件	0.042 2	0.044 7	0.027 3	0.028 6	0.029 8	0.034 8	0.024 8
D 软件	0.024 8	0.037 3	0.049 7	0.037 3	0.044 7	0.029 8	0.042 2

可计算得行轮廓的矩阵为

$$N(\boldsymbol{R})=\begin{bmatrix}0.160\,9 & 0.137\,9 & 0.149\,4 & 0.114\,9 & 0.160\,9 & 0.126\,4 & 0.149\,4\\ 0.139\,1 & 0.130\,4 & 0.156\,5 & 0.156\,5 & 0.139\,1 & 0.139\,1 & 0.139\,1\\ 0.181\,8 & 0.192\,5 & 0.117\,6 & 0.123\,0 & 0.128\,3 & 0.149\,7 & 0.107\,0\\ 0.093\,5 & 0.140\,2 & 0.186\,9 & 0.140\,2 & 0.168\,2 & 0.112\,1 & 0.158\,9\end{bmatrix}$$

可计算得列轮廓的矩阵为

$$N(\boldsymbol{Q})=\begin{bmatrix}0.245\,6 & 0.200\,0 & 0.209\,7 & 0.183\,5 & 0.233\,3 & 0.207\,5 & 0.232\,1\\ 0.280\,7 & 0.250\,0 & 0.290\,3 & 0.330\,3 & 0.266\,7 & 0.301\,9 & 0.285\,7\\ 0.298\,2 & 0.300\,0 & 0.177\,4 & 0.211\,0 & 0.200\,0 & 0.264\,2 & 0.178\,6\\ 0.175\,4 & 0.250\,0 & 0.322\,6 & 0.275\,2 & 0.300\,0 & 0.226\,4 & 0.303\,6\end{bmatrix}$$

经计算，奇异值、主惯量以及贡献率等的计算结果见表 7-8，总惯量的79.58% 可由第一维来解释，前两维解释了90.90% 的总惯量，即解释了列联表数据90.90% 的变差。

表 7-8　奇异值、主惯量以及贡献率

项目	奇异值	主惯量	卡方	贡献率	累积贡献率
1	0.135 88	0.018 46	74.316 6	79.58	79.58
2	0.051 25	0.002 63	10.571 4	11.32	90.90
3	0.045 95	0.002 11	8.498 7	9.10	100.00
		0.023 20	93.386 7		

行变量和列变量前两维的坐标矩阵分别如表 7-9 和 7-10 所示。

表 7-9　行坐标

软件名称	Dim1	Dim2
A 软件	0.013 2	0.063 7
B 软件	−0.021 5	−0.075 0
C 软件	0.211 5	0.007 6
D 软件	−0.172 4	0.022 2

表 7-10　列坐标

软件性能	Dim1	Dim2
易学	0.221 0	0.014 6
操作简单	0.129 6	0.035 4
运行速度快	−0.158 8	0.001 6
可视化	−0.055 3	−0.104 9
算法丰富	−0.088 9	0.059 2
界面友好	0.096 2	−0.046 7

将各行变量和列变量的值置于同一坐标系中，构成对应分析图，如图 7-2 所示。

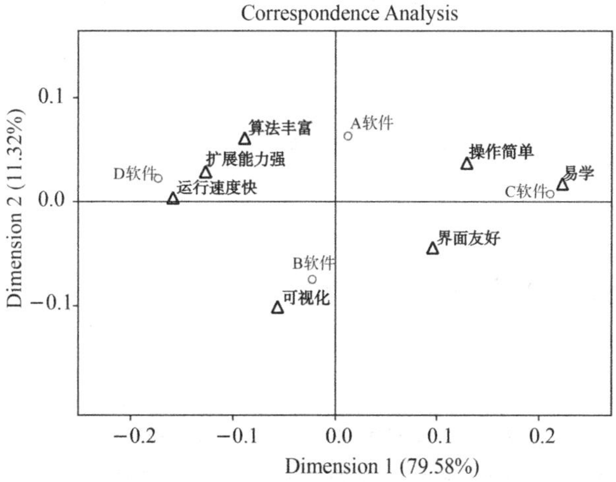

图 7-2　消费者对四种软件性能评价的对应分析图

对应分析图中的中心点表示所有样本的平均水平，所以靠近中心点的点与总体的平均水平类似；而一个点离中心点越远，该点的特征就越明显。如果两点或者更多点相距比较近，则说明这两点的表现非常类似。

由图 7-2 观察各行点和列点的邻近区域，可以看到 C 软件的特性是易学、操作简单；D 软件扩展能力强、算法丰富、运行速度快；B 软件可视化突出；A 软件没有显著的特性。如果原数据对应的行、列分别是产品和消费者群体，则可以通过对应分析图得出不同产品对应的消费者群体特征，从而了解各产品的市场定位。

连接中心点和不同的性能对应的点可以得到一条向量，做各软件点到该向量的垂线，观察垂点到原点的距离，距离越远，代表其相对表现越好。注意：这里的“相对”有两层意思：一是相对其他软件；二是相对其他的性能。以图 7-3 为例，我们可以看到，对于扩展能力来讲，其相对表现最好的是 D 软件，其次是 A 软件和 B 软件，最差的是 C 软件。由表 7-6 原始数据可知，B 软件的扩展能力是优于 A 软件的，但是 B 软件的扩展能力相对其他性能（可视化）来讲表现一般，而 A 软件虽然绝对表现不如 B，但是其在扩展能力上相对其他性能来讲表现很好，所以可从对应分析图大致看出不同企业对产品的战略定位。

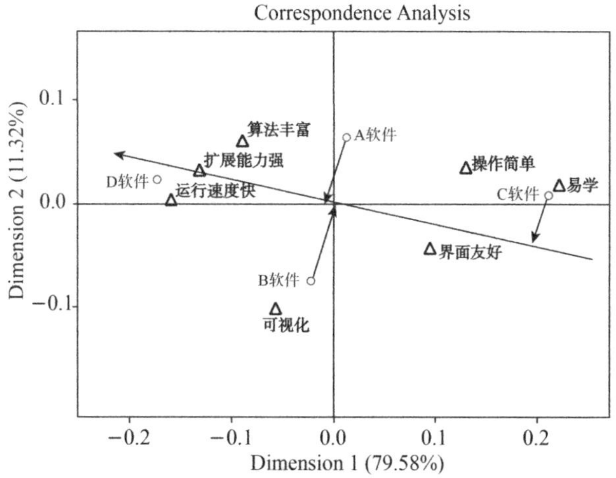

图 7-3　消费者对四种软件性能评价的对应分析图

7.4 SAS 实现与应用案例

7.4.1 大学生体质测试的对应分析

1. 案例背景

体质测试简称体测，目标是通过对成年人进行体质测定，评价体质状况和体育锻炼效果，健全并督促成年人参加体育锻炼，科学地指导成年人开展体育活动，从而不断地增强成年人的体质。

微课视频

大学生的体测项目包括：身高、体重、长跑、短跑、立定跳远等，学生的体测成绩通过对各项测试成绩进行权重折算。学生的体质状况由体质指数（BMI）反映，其中 BMI 小于17.8 的男生和 BMI 小于17.1 的女生体质状况为偏瘦，BMI 在17.9～23.9

之间的男生和BMI在17.2～23.9之间的女生体质状况为正常，BMI在24.0～27.9之间的学生体质状况为超重，BMI大于28.0的学生体质状况为肥胖。学生的体质状况和体测成绩具有紧密的联系，为了探究两者之间具体存在怎样的关系，将某高校7 200名学生按BMI指数和体测成绩分组，得到汇总后的列联表，具体数值如表7-11所示。

表 7-11　学生体质及体测成绩

体测成绩＼体质状况	偏瘦	正常	超重	肥胖
不及格	92	527	225	121
及格	212	4 671	451	63
良好	3	777	11	0
优秀	0	47	0	0

2. SAS 程序

```
data tice;
input level$ ps zc cz fp;
cards;
不及格  92    527    225  121
及格    212   4671   451  63
良好    3     777    11   0
优秀    0     47     0    0
;
run;
proc corresp data=tice  out=tice_out rp cp short;
var ps zc cz fp;
label ps="偏瘦" zc="正常" cz="超重" fp="肥胖";
id level;
run;
```

3. 程序说明

“data tice”创建一个名为“tice”的新数据集，其中包含level、ps、zc、cz、fp五个变量。由于level是定性变量，需要在变量后加符号“$”进行识别。

“proc corresp”是一个进行对应分析的过程，选项“rp”和“cp”分别输出行轮廓矩阵和列轮廓矩阵，选项“short”是指不输出除坐标轴以外的所有点和坐标统计量。

var语句指示列联表中的列是ps、zc、cz、fp，label对变量的标签进行设置，例如ps的标签为“偏瘦”，id语句指定用level的值作为输出列联表中行的名称。

若体测数据是每个学生体质和成绩的原始数据而不是列联表形式，需要使用以下命令：

```
proc corresp data=tice out=results rp cp all;
tables row, column;
weight f;
run;
```

其中，tables语句指定用于构造列联表的行变量和列变量，该语句的第一个变量规定为行变量，逗号后的第二个变量为列变量；在使用tables语句时不能使用id语句；weight语句用来读入类别组合的频数。

4. SAS 输出说明

【输出 7-1】

Row Profiles	偏瘦	正常	超重	肥胖
不及格	0.09534	0.54611	0.23316	0.12539
及格	0.03928	0.86548	0.08356	0.01167
良好	0.00379	0.98230	0.01391	0.00000
优秀	0.00000	1.00000	0.00000	0.00000

输出 7-1 是行轮廓，是列联表中每一行数值除以行和得到的结果。

【输出 7-2】

Column Profiles	偏瘦	正常	超重	肥胖
不及格	0.299674	0.087512	0.327511	0.657609
及格	0.690554	0.775656	0.656477	0.342391
良好	0.009772	0.129027	0.016012	0.000000
优秀	0.000000	0.007805	0.000000	0.000000

输出 7-2 是列轮廓，是列联表中每一列数值除以列和得到的结果。

【输出 7-3】

Inertia and Chi-Square Decomposition

Singular Value	Principal Inertia	Chi-Square	Percent	Cumulative Percent
0.35244	0.12421	894.345	97.59	97.59
0.05540	0.00307	22.099	2.41	100.00
0.00110	0.00000	0.009	0.00	100.00
	0.12729	916.452	100.00	

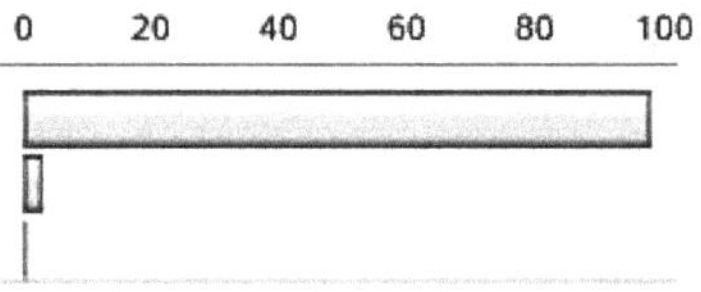

Degrees of Freedom = 9

输出 7-3 是各维汇总表，其中 Singular 是奇异值，Principal inertia 是主惯量，Percent 是惯量的百分比，最后一列数据是惯量占比的累计值。从中可以看出，第一维和第二维的惯量比例占总惯量的 100%，因此前两维解释了列联表数据 100% 的变异。

【输出 7-4】

Row Coordinates	Dim1	Dim2
不及格	0.8680	-0.0348
及格	-0.0975	0.0281
良好	-0.3698	-0.1389
优秀	-0.4068	-0.1732

输出 7-4 是 R 型因子分析中的公因子载荷，表示“样品”投影到公共因子 Dim1 和 Dim2 的坐标值(行坐标)。

在以 Dim1 为横坐标、Dim2 为纵坐标的直角坐标系内，每个成绩等级和每种体质状况就是一个点，例如不及格的坐标(0.868 0，$-$0.034 8) 在第四象限。

【输出 7-5】

Column Coordinates		
	Dim1	Dim2
偏瘦	0.5369	0.1373
正常	-0.1434	-0.0096
超重	0.6083	0.0869
肥胖	1.5250	-0.2396

输出 7-5 是 *Q* 型因子分析中的公因子载荷，表示变量投影到公共因子 Dim1 和 Dim2 的坐标值(列坐标)。

在以 Dim1 为横坐标、Dim2 为纵坐标的直角坐标系内，每种体质状况就是一个点，例如偏瘦(0.536 9，0.137 3) 在第一象限。

【输出 7-6】

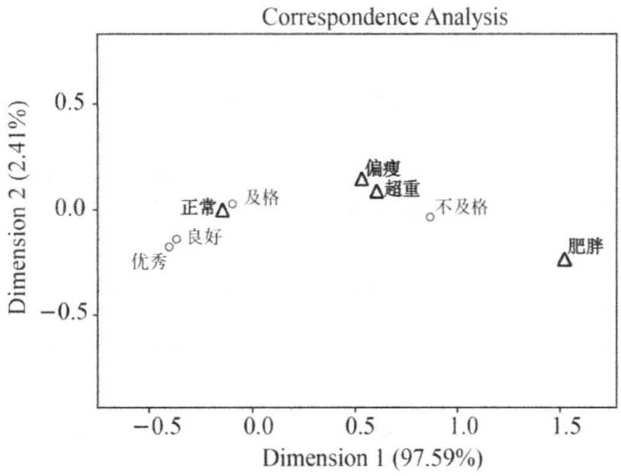

输出 7-6 是对应分析结果图，根据对应分析的思路，可以通过观察邻近区域进行关联性分析。

5. 分析结果

从图 7-4 中可以看到，体测成绩不及格与体质状况偏瘦、超重的距离较近，体测成绩及格与体质状况正常的距离较近。结果表明，体质状况与体测成绩有一定联系，体质状况正常与体测成绩及格关系密切。

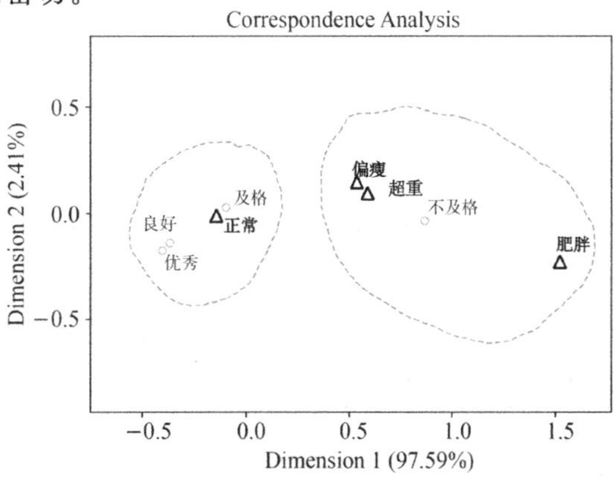

图 7-4　临近区域关联性区域图

7.4.2 居民收入来源的对应分析

1. 案例背景

随着我国经济整体发展，各地区收入水平日益提高，人民生活质量逐渐提高。但我国各个省份的经济发展特点、产业结构和水平差异较大，居民的收入来源和结构有较大的差别。为探究各个地区的收入来源差异，可以对居民收入来源进行对应分析。

微课视频

目前，我国居民收入的来源有四种：工资性收入(X_1)、经营净收入(X_2)、财产净收入(X_3)、转移净收入(X_4)，因此选取这四种收入作为分析指标。

2. 指标数据

具体指标及数值如表 7-12 所示。

表 7-12 四种居民收入来源指标数据

单位:元

地区	工资性收入	经营净收入	财产净收入	转移净收入
北京	35 216.6	1 408.3	9 305.9	11 299.0
天津	23 165.0	3 262.2	3 504.9	7 090.3
河北	13 003.5	3 210.8	1 467.3	3 802.6
山西	11 957.1	2 624.1	1 227.9	4 610.9
内蒙古	13 899.7	6 363.8	1 287.6	4 661.2
辽宁	14 596.2	4 881.9	1 342.7	7 014.6
吉林	10 631.3	4 712.7	898.7	5 125.6
黑龙江	10 318.8	4 499.3	993.0	5 394.8
上海	34 365.4	1 532.6	9 030.1	14 059.9
江苏	20 399.2	4 994.2	3 238.6	6 392.1
浙江	24 137.3	7 123.4	4 741.6	6 043.4
安徽	11 920.9	4 878.9	1 227.7	3 835.8
福建	17 380.1	5 600.1	2 885.1	4 182.4
江西	12 553.1	3 760.9	1 397.0	4 320.4
山东	15 532.3	5 892.6	1 831.3	3 673.8
河南	10 108.1	4 574.5	1 237.3	4 250.1
湖北	11 830.6	5 157.3	1 501.9	5 267.4
湖南	11 836.6	4 483.5	1 626.8	5 155.7
广东	23 052.9	4 420.9	3 602.0	1 927.5
广西	9 819.3	5 014.1	1 171.5	3 899.8
海南	13 371.2	4 285.7	1 365.4	3 530.9

（续表）

地区	工资性收入	经营净收入	财产净收入	转移净收入
重庆	12 603.8	4 016.7	1 525.5	6 007.0
四川	10 013.6	4 263.7	1 362.9	4 939.6
贵州	8 642.8	3 842.1	903.3	3 315.5
云南	8 468.1	4 771.0	1 850.9	3 258.3
西藏	7 839.7	4 482.3	753.4	2 381.9
陕西	11 254.5	2 629.5	1 179.8	5 571.4
甘肃	8 798.4	2 982.2	1 043.7	3 186.7
青海	11 351.0	2 861.2	949.0	3 839.9
宁夏	12 270.3	3 628.2	819.8	3 843.3
新疆	10 907.2	4 743.7	739.3	3 584.9

3. SAS 程序

```
proc corresp data=income out=incmoe_out rp cp short;
var x1 x2 x3 x4;
label x1="工资性收入"
x2="经营净收入"
x3="财产净收入"
x4="转移净收入";
id region;
run;
```

4. 程序说明

“proc corresp”是一个对应分析的过程，选项“rp”和“cp”分别输出行轮廓矩阵和列轮廓矩阵；选项“short”是指不输出除坐标轴以外的所有点和坐标统计量。

var 语句指示列联表中的列是 x1，x2，x3 和 x4。label 对变量的标签进行设置，例如 x1 的标签为“工资性收入”。id 语句指定用 region 的值作为输出列联表中行的名称。

在 SAS 9.4 版本中，运行对应分析命令后，软件会自行给出对应分析相关图。若想绘制个性化的图，可以增加以下过程步：

```
proc plot data=incmoe_out;
plot dim2*dim1="*"$  region /box vspace=6 hspace=15 haxis=-0.5 to 0.5 by .15 vaxis
=-0.5 to 0.5 by .15;
run;
```

“proc plot”是一个作图的过程。“dim2*dim1”表示横坐标是 dim2、纵坐标是 dim1，表中各点的位置用“*”表示，box 要求画出的边框围住整个图形。“vspace=6 hspace=15”规定了图中纵坐标、横坐标单位格在图中的实际长度。“haxis=-0.5 to 0.5 by .15”是指横坐标的刻度范围是−0.5至0.5，且单位刻度为0.15。

5. SAS 输出说明

【输出 7-7】

Row Profiles				
	工资性收入	经营净收入	财产净收入	转移净收入
北京	0.615354	0.024608	0.162606	0.197432
天津	0.625702	0.088114	0.094670	0.191514
河北	0.605259	0.149449	0.068297	0.176995
山西	0.585558	0.128506	0.060132	0.225803
内蒙古	0.530274	0.242779	0.049122	0.177825
辽宁	0.524375	0.175385	0.048237	0.252003
吉林	0.497527	0.220546	0.042058	0.239869
黑龙江	0.486600	0.212172	0.046827	0.254401
上海	0.582583	0.025982	0.153084	0.238352
江苏	0.582433	0.142593	0.092468	0.182506
浙江	0.574073	0.169420	0.112773	0.143734
安徽	0.545247	0.223155	0.056153	0.175445
福建	0.578417	0.186374	0.096017	0.139192
江西	0.569782	0.170706	0.063409	0.196102
山东	0.576766	0.218812	0.068002	0.136420
河南	0.501145	0.226797	0.061344	0.210714
湖北	0.497980	0.217084	0.063219	0.221718
湖南	0.512349	0.194069	0.070416	0.223165
广东	0.698503	0.133953	0.109141	0.058403
广西	0.493316	0.251905	0.058855	0.195924
海南	0.592874	0.190026	0.060541	0.156559
重庆	0.521832	0.166302	0.063160	0.248706
四川	0.486574	0.207179	0.066225	0.240022
贵州	0.517418	0.230015	0.054078	0.198489
云南	0.461520	0.260024	0.100876	0.177580
西藏	0.507184	0.289979	0.048741	0.154095
陕西	0.545403	0.127428	0.057174	0.269995
甘肃	0.549522	0.186259	0.065186	0.199032
青海	0.597386	0.150581	0.049944	0.202088
宁夏	0.596758	0.176455	0.039870	0.186916
新疆	0.546040	0.237481	0.037011	0.179468

输出 7-7 是指行轮廓，是列联表中每一行数值除以行和得到的结果。

【输出 7-8】

Column Profiles				
	工资性收入	经营净收入	财产净收入	转移净收入
北京	0.078043	0.010758	0.140973	0.072678
天津	0.051336	0.024921	0.053095	0.045607
河北	0.028817	0.024528	0.022228	0.024459
山西	0.026498	0.020046	0.018601	0.029658
内蒙古	0.030803	0.048615	0.019506	0.029982
辽宁	0.032347	0.037294	0.020340	0.045120
吉林	0.023560	0.036002	0.013614	0.032969
黑龙江	0.022867	0.034371	0.015043	0.034701
上海	0.076157	0.011708	0.136795	0.090437
江苏	0.045207	0.038152	0.049061	0.041116
浙江	0.053491	0.054418	0.071829	0.038873
安徽	0.026418	0.037271	0.018598	0.024673
福建	0.038516	0.042781	0.043706	0.026902
江西	0.027819	0.028731	0.021163	0.027790
山东	0.034421	0.045015	0.027742	0.023631
河南	0.022400	0.034946	0.018744	0.027338
湖北	0.026218	0.039398	0.022752	0.033881
湖南	0.026231	0.034251	0.024644	0.033163
广东	0.051087	0.033772	0.054566	0.012398
广西	0.021760	0.038304	0.017747	0.025084
海南	0.029632	0.032740	0.020684	0.022712
重庆	0.027931	0.030685	0.023109	0.038638
四川	0.022191	0.032572	0.020646	0.031773
贵州	0.019153	0.029351	0.013684	0.021326
云南	0.018766	0.036447	0.028039	0.020958
西藏	0.017374	0.034242	0.011413	0.015321
陕西	0.024941	0.020087	0.017873	0.035837
甘肃	0.019498	0.022782	0.015811	0.020498
青海	0.025155	0.021858	0.014376	0.024699
宁夏	0.027192	0.027717	0.012419	0.024721
新疆	0.024171	0.036238	0.011199	0.023059

输出 7-8 是列轮廓，是列联表中每一列数值除以列和得到的结果。

【输出 7-9】

Inertia and Chi-Square Decomposition				
Singular Value	Principal Inertia	Chi-Square	Percent	Cumulative Percent
0.21306	0.04540	36481.6	72.51	72.51
0.11371	0.01293	10390.0	20.65	93.17
0.06541	0.00428	3438.0	6.83	100.00
	0.06260	50309.6	100.00	

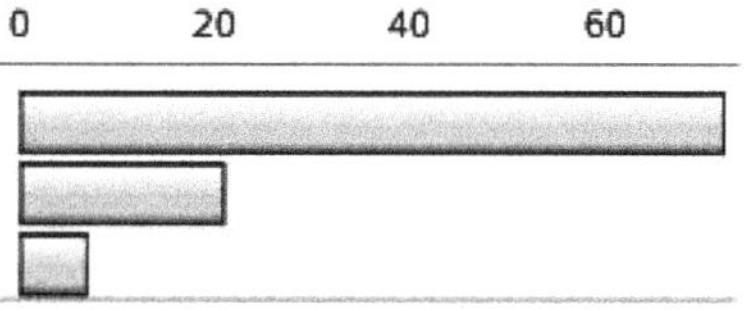

Degrees of Freedom = 90

输出 7-9 是各维汇总表，其中 Singular 是奇异值，Principal inertia 是主惯量，Percent 是惯量的百分比，最后一列数据是惯量占比的累计值。从中可以看出，第一维和第二维的惯量比例占总惯量的93.17%，因此前两维解释了列联表数据93.17% 的变异。

【输出 7-10】

Row Coordinates		
	Dim1	Dim2
北京	-0.4467	0.0021
天津	-0.1914	-0.0026
河北	-0.0120	-0.0373
山西	-0.0335	0.0875
内蒙古	0.2324	-0.0373
辽宁	0.0997	0.1522
吉林	0.2096	0.1203
黑龙江	0.1864	0.1561
上海	-0.4172	0.1061
江苏	-0.0661	-0.0281
浙江	-0.0487	-0.1308
安徽	0.1754	-0.0434
福建	0.0164	-0.1397
江西	0.0494	0.0100
山东	0.1358	-0.1429
河南	0.1844	0.0432
湖北	0.1620	0.0709
湖南	0.0981	0.0745
广东	-0.1457	-0.3404
广西	0.2418	0.0052
海南	0.0878	-0.0892
重庆	0.0535	0.1415
四川	0.1393	0.1165
贵州	0.2005	0.0140
云南	0.1861	-0.0499
西藏	0.3343	-0.0995
陕西	-0.0195	0.1983
甘肃	0.0827	0.0159
青海	0.0274	0.0291
宁夏	0.0990	-0.0083
新疆	0.2407	-0.0303

输出 7-10 是 R 型因子分析中的公因子载荷，表示“样品”投影到公共因子 dim1 和 dim2 的坐标值。

在以 dim1 和 dim2 作为横坐标与纵坐标的直角坐标系内，每个省份就是一个点，如北京的坐标(−0.446 7，0.002 1) 位于第二象限内，同样可以看出天津、河北在第四象限。

【输出 7-11】

Column Coordinates		
	Dim1	Dim2
工资性收入	-0.0609	-0.0517
经营净收入	0.4242	-0.0591
财产净收入	-0.4127	-0.0755
转移净收入	-0.0053	0.2318

输出 7-11 是 Q 型因子分析中的公因子载荷，表示变量投影到公共因子 dim1 和 dim2 的坐标值。在以 dim1 和 dim2 作为横坐标与纵坐标的直角坐标系内，每一个变量就是一个点。例如 X_1(−0.060 9，−0.051 7)，可以看出工资性收入和财产净收入在第三象限，经营性收入在第四象限，转移性收入在第二象限。

【输出 7-12】

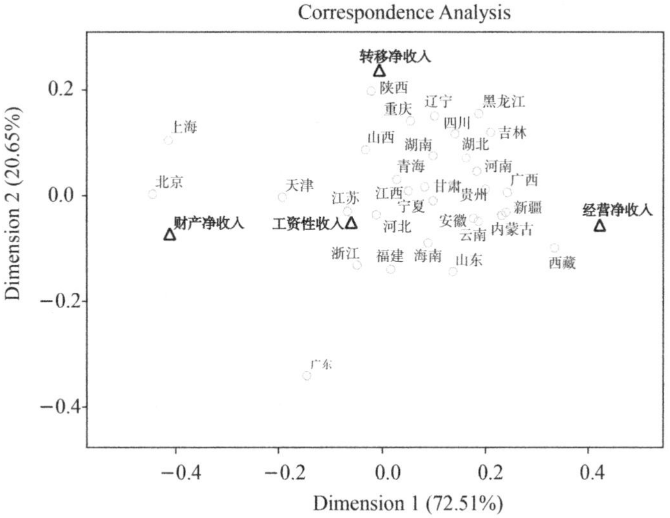

根据输出 7-12 的对应分析图可以从五个角度进行分析，具体分析如下。

6. 分析结果

(1) 观察邻近区域进行关联性分析。

从图 7-5 中可以看出各个省份和四种收入的距离，距离越近说明地区的收入来源特征与该类收入关联度越高。例如江苏、河北、浙江、福建等省份与工资性收入的关联度较高；山西、辽宁、重庆等地区与转移性收入的关联度较高；西藏、新疆、广西等地的工资性收入与经营性收入关联度较高；北京、上海、天津等地与财产性收入的距离相对较近，表明这些地区与财产性收入的关联度相对较高。

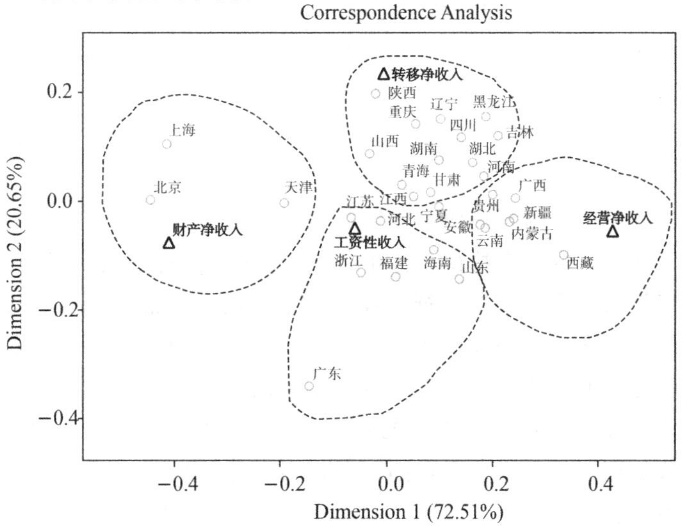

图 7-5　临近区域关联性

(2) 通过向量分析进行偏好排序。

从中心向任意点连线作向量，例如从中心向“工资性收入”作向量，然后让所有地区往这条向量及其延长线作垂线，垂点越靠近向量正向的表示工资性收入比重越高。以广东、浙江、河南三省为例，如图 7-6 所示，广东、浙江、河南在向量上的投影分别为 OA、OB、OC。由此可知，在这三个地区中，广东的工资性收入比重最高，浙江次之，河南的工资性收入比重最小。

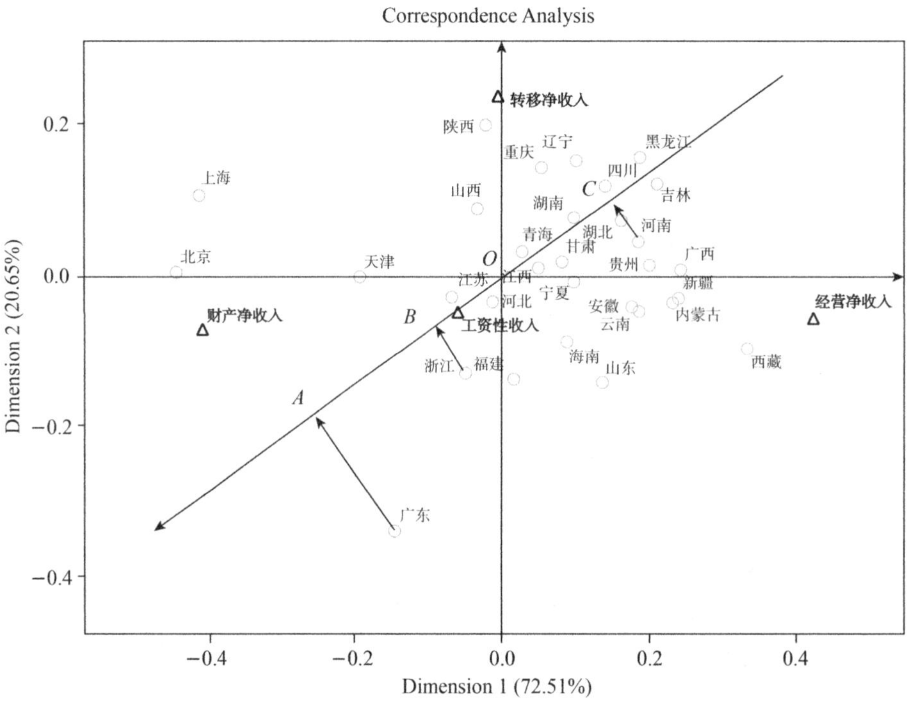

图 7-6 向量分析图

(3) 通过向量的夹角来分析两者之间的相关性。

可以通过向量夹角的角度大小看不同地区或不同收入来源之间的相似情况，向量夹角越小说明相似程度越高。如图 7-7 所示，财产净收入与工资性收入的夹角小于工资性收入与经营性收入的夹角，这可以说明前者比后者的相似度要高。运用同样的方法可以比较不同省份之间的相似程度。

(4) 通过坐标点离中心的距离研究其特征的显著性。

坐标点越靠近中心，越没有特征；越远离中心，说明其特点越明显。例如：一个地区越靠近原点，表明其收入来源越没有特征；若一个地区的坐标点与原点的距离越远，说明其收入来源的特征性越显著。如图 7-8 所示，江苏、江西、河北、青海、宁夏等地区距离 O 点的距离较近，说明这些地区的收入来源的特征不突出。广东、北京、上海、西藏、黑龙江等地与原点 O 的距离较远，说明这些地区的收入来源的特征性较显著。例如北京的财产性收入比重最高，西藏的经营净收入比重最高。我们可以运用同样的方法来研究四种收入来源的特征的显著性程度。

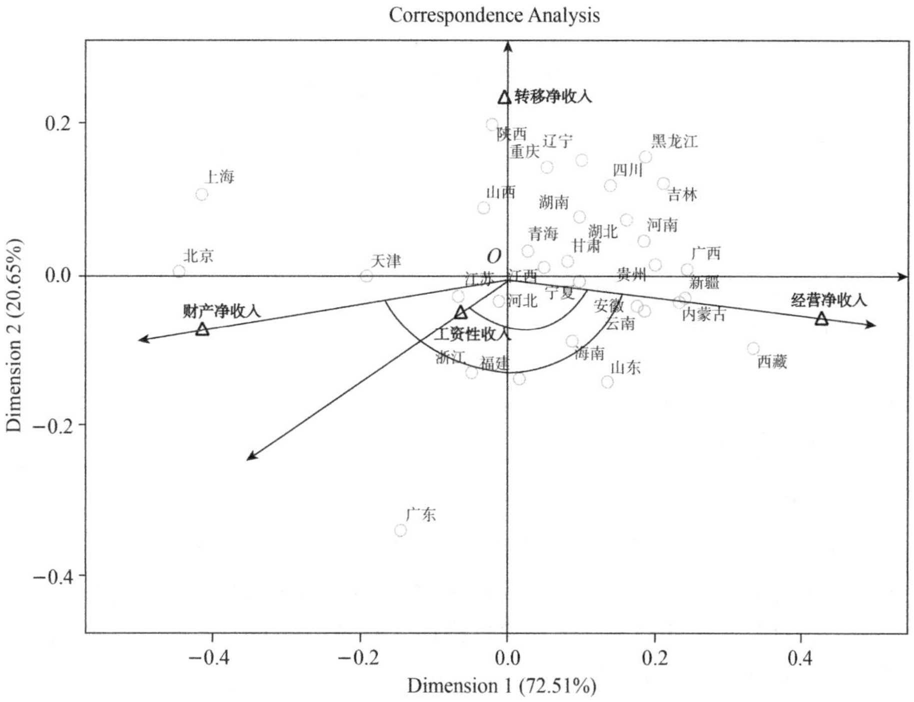

图 7-7　不同收入来源夹角图

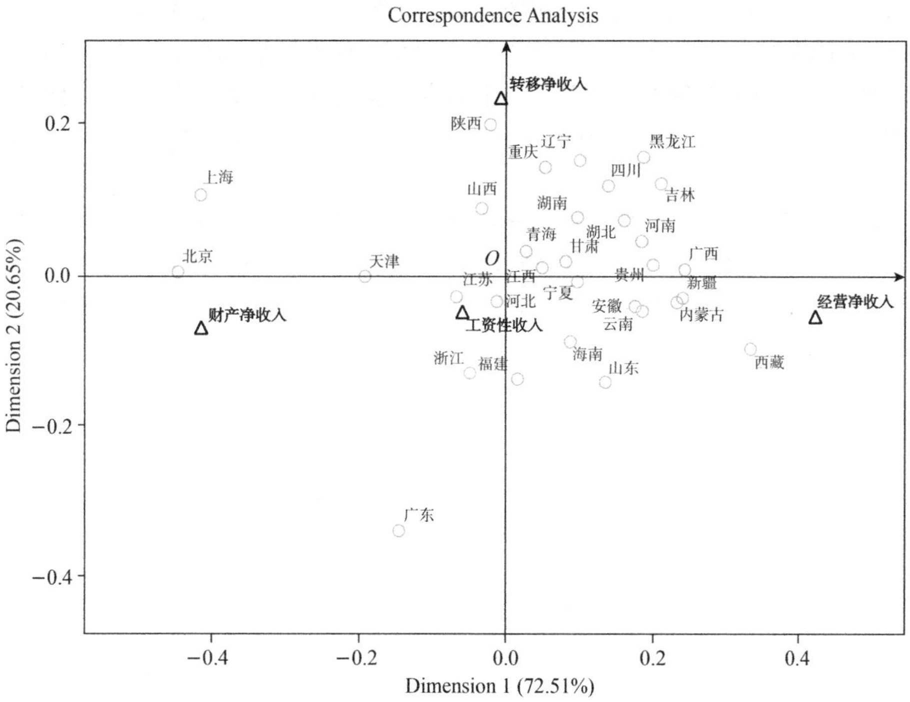

图 7-8　距原点距离图

【课后练习】

一、简答题

1. 对应分析的基本思想是什么？
2. 简述对应分析与因子分析的联系。
3. 简述对应分析的基本步骤。
4. 对应分析有什么特点？
5. 对应分析图可以做哪些方面的分析？
6. 对应分析具有哪些实际应用？

二、上机应用题

1. 数据 EXE7_1 包含国际三大检索机构收录的中国科技论文统计数据。试在对学科进行分类的基础上(如分为理、工、农、医等)，对各类学科论文数量进行对应分析，揭示论文收录数量的特征以及各类学科与三大检索机构论文收录情况间的关系。要求：画出对应分析图从不同角度对其进行分析，得到相应的结论。

2. 数据 EXE7_2 包含地区生产总值的四个相关指标：X_1 劳动者报酬，X_2 生产税净额，X_3 固定资产折旧，X_4 营业盈余。对各个地区生产总值进行对应分析，揭示不同地区的生产总值构成特征。要求：画出对应分析图，从不同角度进行分析，得到相应的结论。

3. 数据 EXE7_3 包含有2 703 位 60 岁以上老年人的“日常生活自理能力”和“自评健康情况”的列联表。试对各种健康状况下的生活自理能力进行对应分析，揭示健康状况和生活自理能力之间的关系。要求：画出对应分析图，从不同的角度进行分析，得到相应的结论。

4. 数据 EXE7_4 包含1 660 位被调查者的“心理健康状况”和“社会经济水平”的资料。其中，“0”表示心理状况好，“1”表示轻微症状形成，“2”表示中等症状形成，“3”表示健康状况受损；“A”表示社会经济水平最高，“B”“C”“D”依次递减，“F”表示经济水平最低。试对各种心理健康状况以及社会经济水平进行对应分析，揭示两者之间的关系。要求：画出对应分析图，从不同的角度进行分析，得到相应的结论。

第 8 章

典型相关分析

8.1 典型相关分析的基本思想

微课视频

典型相关分析是研究两组变量之间相关关系的一种统计分析方法。它揭示了两组变量之间的内在联系，反映了这两组变量之间的线性相关情况。这一方法是由霍特林(Hotelling, 1936)首先提出的，就“大学表现”和“入学前成绩”的关系、政府政策变量与经济目标变量的关系等问题进行了研究，提出了典型相关分析技术。

许多实际问题都需要研究多个变量与多个变量之间的相关性。例如，工厂对原材料的主要质量指标($X_1, X_2, \cdots, X_p$)进行测量，然后对产品的主要指标($Y_1, Y_2, \cdots, Y_q$)也进行测量。一般情况下，($Y_1, Y_2, \cdots, Y_p$)与($X_1, X_2, \cdots, X_q$)之间都有一定的相关性。学生的大学入学成绩与各学年的学习成绩之间，某些产品的价格与它们的销售量之间，作物前期与后期生长，职工素质与企业的经济效益都是两组变量之间的关系。如何对两组变量之间的相关性以数字的形式加以描述，就是本章要学习的典型相关分析问题。

当研究两个变量 X 与 Y 之间的相关关系时，相关系数是最常用的度量，皮尔逊相关系数 $\rho_{xy}=\dfrac{\operatorname{cov}(X, Y)}{\sqrt{\operatorname{var}(X)}\sqrt{\operatorname{var}(Y)}}$ 可以用来反映两个变量之间线性相关的方向和程度。那么，如何研究两组变量之间的相互关系呢?

若第一组变量($X_1, X_2, \cdots, X_p$)，第二组变量($Y_1, Y_2, \cdots, Y_q$)，按传统的两个变量之间线性相关系数的计算公式，则需要计算如表 8-1 所示的 $p\times q$ 个简单相关系数，这样既繁琐又不能抓住问题的本质。

表 8-1　两组变量间的相关系数矩阵

第二组变量 / 第一组变量	$\boldsymbol{Y}_1$	$\boldsymbol{Y}_2$	…	$\boldsymbol{Y}_q$
$\boldsymbol{X}_1$	$r_{X_1Y_1}$	$r_{X_1Y_2}$	…	$r_{X_1Y_q}$
$\boldsymbol{X}_2$	$r_{X_2Y_1}$	$r_{X_2Y_2}$	…	$r_{X_2Y_q}$
⋮	⋮	⋮	⋮	⋮
$\boldsymbol{X}_p$	$r_{X_pY_1}$	$r_{X_pY_2}$	…	$r_{X_pY_q}$

如何进一步确定两组变量在整体上的相关程度呢? 利用主成分的思想，分别找出两组

变量各自有代表性的综合变量(变量的线性组合)，讨论综合变量之间的相关关系，把这两组变量之间的相关转化为两个新的综合变量之间的相关。

找出系数$(a_1, a_2, \cdots, a_p)$和$(b_1, b_2, \cdots, b_q)$，使得新变量U和V之间有最大可能的相关系数。即：

$$U = a_1X_1 + a_2X_2 + \cdots a_pX_p = \boldsymbol{\alpha}'X$$
$$V = b_1Y_1 + b_2Y_2 + \cdots b_qY_q = \boldsymbol{\beta}'Y$$

其中，$\boldsymbol{\alpha} = (a_1, a_2, \cdots, a_p)'$和$\boldsymbol{\beta} = (b_1, b_2, \cdots, b_q)'$为任意非零向量，希望寻求$\boldsymbol{\alpha}$和$\boldsymbol{\beta}$，使$U$和$V$之间有最大可能的相关。我们称$U$和$V$为第一对典型变量，$U$和$V$之间的相关系数为第一个典型相关系数。

然后再在每组变量中找出第二对线性组合，使其分别与第一对线性组合不相关，而第二对本身具有次大的相关性。如此继续下去，直到两组变量之间的相关性被提取完为止。

有了这样线性组合的最大相关，把讨论两组变量之间的相关，转化为只研究这些线性组合的最大相关，从而减少研究变量的个数，把研究两组变量之间的问题转化为研究两个变量之间的相关。基于这个思想，就产生了典型相关分析。

8.2 典型相关系数和典型变量的求解

微课视频

8.2.1 数学描述

设有两组随机变量$\boldsymbol{X} = (X_1, X_2, \cdots, X_p)'$和$\boldsymbol{Y} = (Y_1, Y_2, \cdots, Y_q)'$
分别为p维和q维随机向量。我们要研究这两组变量之间的相关关系，并对两组变量$\boldsymbol{X}$和$\boldsymbol{Y}$之间的相关性加以数量的描述。

记$\boldsymbol{Z} = (X_1, X_2, \cdots, X_p, Y_1, Y_2, \cdots, Y_q)'$，向量$\boldsymbol{Z}$的协方差矩阵为$\boldsymbol{\Sigma} = \begin{bmatrix} \boldsymbol{\Sigma}_{11} & \boldsymbol{\Sigma}_{12} \\ \boldsymbol{\Sigma}_{21} & \boldsymbol{\Sigma}_{22} \end{bmatrix}$，其中，$\boldsymbol{\Sigma}_{11}$是第一组变量的协方差矩阵，$\boldsymbol{\Sigma}_{22}$是第二组变量的协方差矩阵，$\boldsymbol{\Sigma}_{12} = \boldsymbol{\Sigma}_{21}'$是第一组与第二组变量的协方差矩阵。

利用主成分分析的思想，我们希望找到$\boldsymbol{\alpha}$和$\boldsymbol{\beta}$，使两组变量的线性组合$\boldsymbol{\alpha}'\boldsymbol{X}$和$\boldsymbol{\beta}'\boldsymbol{Y}$之间的相关系数$\rho(\boldsymbol{\alpha}'\boldsymbol{X}, \boldsymbol{\beta}'\boldsymbol{Y})$达到最大。由相关系数的定义

$$\rho(\boldsymbol{\alpha}'\boldsymbol{X}, \boldsymbol{\beta}'\boldsymbol{Y}) = \frac{\mathrm{cov}(\boldsymbol{\alpha}'\boldsymbol{X}, \boldsymbol{\beta}'\boldsymbol{Y})}{\sqrt{\mathrm{var}(\boldsymbol{\alpha}'\boldsymbol{X})}\sqrt{\mathrm{var}(\boldsymbol{\beta}'\boldsymbol{Y})}}$$

易得出对任意常数c和d，均有

$$\rho[c(\boldsymbol{\alpha}'\boldsymbol{X}), d(\boldsymbol{\beta}'\boldsymbol{Y})] = \rho(\boldsymbol{\alpha}'\boldsymbol{X}, \boldsymbol{\beta}'\boldsymbol{Y})$$

这说明使得相关系数最大的$\boldsymbol{\alpha}'\boldsymbol{X}$，$\boldsymbol{\beta}'\boldsymbol{Y}$并不唯一。因此，我们在求综合变量时常常限定：

$$\mathrm{var}(\boldsymbol{\alpha}'\boldsymbol{X}) = 1 \quad \mathrm{var}(\boldsymbol{\beta}'\boldsymbol{Y}) = 1$$

于是，就有了下面的定义：设有两组随机变量$\boldsymbol{X} = (X_1, X_2, \cdots, X_p)'$，$\boldsymbol{Y} = (Y_1, Y_2, \cdots, Y_q)'$，如果存在$\boldsymbol{\alpha}_1 = (a_{11}, \cdots, a_{p1})'$和$\boldsymbol{\beta}_1 = (b_{11}, \cdots, b_{q1})'$，使得在约束条件$\mathrm{var}(\boldsymbol{\alpha}'\boldsymbol{X}) = 1$，$\mathrm{var}(\boldsymbol{\beta}'\boldsymbol{Y}) = 1$下，$\rho(\boldsymbol{\alpha}_1'\boldsymbol{X}, \boldsymbol{\beta}_1'\boldsymbol{Y}) = \max\rho(\boldsymbol{\alpha}'\boldsymbol{X}, \boldsymbol{\beta}'\boldsymbol{Y})$，则称$\boldsymbol{\alpha}_1'\boldsymbol{X}$，$\boldsymbol{\beta}_1'\boldsymbol{Y}$是$\boldsymbol{X}$，$\boldsymbol{Y}$的

典型变量，它们之间的相关系数为典型相关系数。

定义了前$k-1$对典型变量之后，第k对典型变量定义为：如果存在$\boldsymbol{\alpha}_k=(a_{1k}, a_{2k}, \cdots, a_{pk})'$和$\boldsymbol{\beta}_k=(b_{1k}, b_{2k}, \cdots, b_{qk})'$，使得

(1) $\boldsymbol{\alpha}_k'\boldsymbol{X}$，$\boldsymbol{\beta}_k'\boldsymbol{Y}$和前面的$k-1$对典型相关变量都不相关；

(2) $\mathrm{var}(\boldsymbol{\alpha}_k'\boldsymbol{X})=1$，$\mathrm{var}(\boldsymbol{\beta}_k'\boldsymbol{Y})=1$；

(3) $\boldsymbol{\alpha}_k'\boldsymbol{X}$和$\boldsymbol{\beta}_k'\boldsymbol{Y}$的相关系数最大；

则称$\boldsymbol{\alpha}_k'\boldsymbol{X}$和$\boldsymbol{\beta}_k'\boldsymbol{Y}$是$\boldsymbol{X}$，$\boldsymbol{Y}$的第$k$对典型变量，它们之间的相关系数称为第$k$个典型相关系数($k=2, \cdots, m$)，$m=\min(p, q)$。

8.2.2　典型相关系数和典型变量的求解方法

在约束条件：$\mathrm{var}(\boldsymbol{\alpha}_1'\boldsymbol{X})=\boldsymbol{\alpha}_1'\boldsymbol{\Sigma}_{11}\boldsymbol{\alpha}_1=1$

$$\mathrm{var}(\boldsymbol{\beta}_1'\boldsymbol{Y})=\boldsymbol{\beta}_1'\boldsymbol{\Sigma}_{22}\boldsymbol{\beta}_1=1$$

下，寻找$\boldsymbol{\alpha}_1$和$\boldsymbol{\beta}_1$，使$\rho(U_1, V_1)$的值达到最大。

根据相关系数的计算公式及协方差的运算性质，有

$$\rho(U_1, V_1)=\mathrm{cov}(\boldsymbol{\alpha}_1'\boldsymbol{X}, \boldsymbol{\beta}_1'\boldsymbol{Y})=\boldsymbol{\alpha}_1'\boldsymbol{\Sigma}_{12}\boldsymbol{\beta}_1$$

根据数学分析中条件极值的求法引入拉格朗日乘数，可将问题转化为求

$$\varphi(\alpha_1, \beta_1)=\boldsymbol{\alpha}_1'\boldsymbol{\Sigma}_{12}\boldsymbol{\beta}_1-\frac{\lambda}{2}(\boldsymbol{\alpha}_1'\boldsymbol{\Sigma}_{11}\boldsymbol{\alpha}_1-1)-\frac{\nu}{2}(\boldsymbol{\beta}_1'\boldsymbol{\Sigma}_{22}\boldsymbol{\beta}_1-1) \tag{8.1}$$

的极大值，其中λ和ν是拉格朗日乘数。

由极值的必要条件为

$$\begin{cases}\dfrac{\partial\varphi}{\partial\boldsymbol{\alpha}_1}=\boldsymbol{\Sigma}_{12}\boldsymbol{\beta}_1-\lambda\boldsymbol{\Sigma}_{11}\boldsymbol{\alpha}_1=0\\[2ex]\dfrac{\partial\varphi}{\partial\boldsymbol{\beta}_1}=\boldsymbol{\Sigma}_{21}\boldsymbol{\alpha}_1-v\boldsymbol{\Sigma}_{22}\boldsymbol{\beta}_1=0\end{cases} \tag{8.2}$$

即得到

$$\begin{cases}\boldsymbol{\Sigma}_{12}\boldsymbol{\beta}_1-\lambda\boldsymbol{\Sigma}_{11}\boldsymbol{\alpha}_1=0\\\boldsymbol{\Sigma}_{21}\boldsymbol{\alpha}_1-v\boldsymbol{\Sigma}_{22}\boldsymbol{\beta}_1=0\end{cases} \tag{8.3}$$

将式(8.3)分别左乘$\boldsymbol{\alpha}_1'$和$\boldsymbol{\beta}_1'$，得到

$$\begin{cases}\boldsymbol{\alpha}_1'\boldsymbol{\Sigma}_{12}\boldsymbol{\beta}_1-\lambda\boldsymbol{\alpha}_1'\boldsymbol{\Sigma}_{11}\boldsymbol{\alpha}_1=0\\\boldsymbol{\beta}_1'\boldsymbol{\Sigma}_{21}\boldsymbol{\alpha}_1-v\boldsymbol{\beta}_1'\boldsymbol{\Sigma}_{22}\boldsymbol{\beta}_1=0\end{cases}$$

由此可知，$\begin{cases}\boldsymbol{\alpha}_1'\boldsymbol{\Sigma}_{12}\boldsymbol{\beta}_1=\lambda\\\boldsymbol{\beta}_1'\boldsymbol{\Sigma}_{21}\boldsymbol{\alpha}_1=v\end{cases}$，即$\lambda=v=\boldsymbol{\alpha}_1'\boldsymbol{\Sigma}_{12}\boldsymbol{\beta}_1=\rho(U_1, V_1)$。

因此，式(8.3)可写为

$$\begin{cases}\boldsymbol{\Sigma}_{12}\boldsymbol{\beta}_1-\lambda\boldsymbol{\Sigma}_{11}\boldsymbol{\alpha}_1=0\\\boldsymbol{\Sigma}_{21}\boldsymbol{\alpha}_1-\lambda\boldsymbol{\Sigma}_{22}\boldsymbol{\beta}_1=0\end{cases} \tag{8.4}$$

将$\boldsymbol{\Sigma}_{12}\boldsymbol{\Sigma}_{22}^{-1}$左乘式(8.4)的第二式，得

$$\boldsymbol{\Sigma}_{12}\boldsymbol{\Sigma}_{22}^{-1}\boldsymbol{\Sigma}_{21}\boldsymbol{\alpha}_1-\lambda\boldsymbol{\Sigma}_{12}\boldsymbol{\Sigma}_{22}^{-1}\boldsymbol{\Sigma}_{22}\boldsymbol{\beta}_1=0$$

即

$$\boldsymbol{\Sigma}_{12}\boldsymbol{\Sigma}_{22}^{-1}\boldsymbol{\Sigma}_{21}\boldsymbol{\alpha}_1-\lambda\boldsymbol{\Sigma}_{12}\boldsymbol{\beta}_1=0 \tag{8.5}$$

将式(8.4)的第一式代入式(8.5)，得

$$\boldsymbol{\Sigma}_{12}\boldsymbol{\Sigma}_{22}^{-1}\boldsymbol{\Sigma}_{21}\boldsymbol{\alpha}_1-\lambda^2\boldsymbol{\Sigma}_{11}\boldsymbol{\alpha}_1=0 \tag{8.6}$$

将 $\boldsymbol{\Sigma}_{11}^{-1}$ 左乘式(8.6)，得

$$\boldsymbol{\Sigma}_{11}^{-1}\boldsymbol{\Sigma}_{12}\boldsymbol{\Sigma}_{22}^{-1}\boldsymbol{\Sigma}_{21}\boldsymbol{\alpha}_1-\lambda^2\boldsymbol{\alpha}_1=0 \tag{8.7}$$

同理，将 $\boldsymbol{\Sigma}_{21}\boldsymbol{\Sigma}_{11}^{-1}$ 左乘式(8.4) 的第一式，并将第二式代入，得

$$\boldsymbol{\Sigma}_{21}\boldsymbol{\Sigma}_{11}^{-1}\boldsymbol{\Sigma}_{12}\boldsymbol{\beta}_1-\lambda^2\boldsymbol{\Sigma}_{22}\boldsymbol{\beta}_1=0 \tag{8.8}$$

将 $\boldsymbol{\Sigma}_{22}^{-1}$ 左乘式(8.8)，得

$$\boldsymbol{\Sigma}_{22}^{-1}\boldsymbol{\Sigma}_{21}\boldsymbol{\Sigma}_{11}^{-1}\boldsymbol{\Sigma}_{12}\boldsymbol{\beta}_1-\lambda^2\boldsymbol{\beta}_1=0 \tag{8.9}$$

记 $\boldsymbol{M}_1=\boldsymbol{\Sigma}_{11}^{-1}\boldsymbol{\Sigma}_{12}\boldsymbol{\Sigma}_{22}^{-1}\boldsymbol{\Sigma}_{21}$，$\boldsymbol{M}_2=\boldsymbol{\Sigma}_{22}^{-1}\boldsymbol{\Sigma}_{21}\boldsymbol{\Sigma}_{11}^{-1}\boldsymbol{\Sigma}_{12}$。

式(8.7) 和式(8.9) 可分别表示为

$$\boldsymbol{M}_1\boldsymbol{\alpha}_1-\lambda^2\boldsymbol{\alpha}_1=0$$

$$\boldsymbol{M}_2\boldsymbol{\beta}_1-\lambda^2\boldsymbol{\beta}_1=0$$

说明 λ^2 既是 $\boldsymbol{M}_1$ 又是 $\boldsymbol{M}_2$ 的特征根，$\boldsymbol{\alpha}_1$ 和 $\boldsymbol{\beta}_1$ 就是 λ^2 对应的特征向量。

至此，典型相关分析转化为求 $\boldsymbol{M}_1$ 和 $\boldsymbol{M}_2$ 特征根和特征向量的问题。

设已求得 $\boldsymbol{M}_1$ 的 p 个特征根依次为$\lambda_1^2\geqslant\lambda_2^2\geqslant\cdots\geqslant\lambda_p^2>0$，则 $\boldsymbol{M}_2$ 的 q 个特征根中，除了上面的 p 个外，其余的 $q-p$ 个都为零。故 p 个特征根排列是$\lambda_1^2\geqslant\lambda_2^2\geqslant\cdots\geqslant\lambda_p^2>0$，因此，只要取最大的$\lambda_1$，代入方程组(8.4) 即可求得相应的 $\boldsymbol{\alpha}_1$ 和 $\boldsymbol{\beta}_1$。令 $U_1=\boldsymbol{\alpha}_1'\boldsymbol{X}$ 与 $V_1=\boldsymbol{\beta}_1'\boldsymbol{Y}$ 为第一对典型相关变量，而 $\rho(U_1, V_1)=\boldsymbol{\alpha}_1'\boldsymbol{\Sigma}_{12}\boldsymbol{\beta}_1'=\lambda_1$ 为第一个典型相关系数。

第一对典型变量提取了原始变量 $\boldsymbol{X}$ 与 $\boldsymbol{Y}$ 之间相关的主要部分，如果这部分还不能足以解释原始变量，可以再求出第二对典型变量和它们的典型相关系数。

设第二对典型变量为

$$U_2=\boldsymbol{\alpha}_2'\boldsymbol{X},\ V_2=\boldsymbol{\beta}_2'\boldsymbol{Y}$$

在约束条件 $\mathrm{var}(\boldsymbol{\alpha}_2'\boldsymbol{X})=\boldsymbol{\alpha}_2'\boldsymbol{\Sigma}_{11}\boldsymbol{\alpha}_2=1$

$\mathrm{var}(\boldsymbol{\beta}_2'\boldsymbol{Y})=\boldsymbol{\beta}_2'\boldsymbol{\Sigma}_{22}\boldsymbol{\beta}_2=1$

$\mathrm{cov}(U_1, U_2)=\mathrm{cov}(\boldsymbol{\alpha}_1'\boldsymbol{X}, \boldsymbol{\alpha}_2'\boldsymbol{X})=\boldsymbol{\alpha}_1'\boldsymbol{\Sigma}_{11}\boldsymbol{\alpha}_2=0$

$\mathrm{cov}(V_1, V_2)=\mathrm{cov}(\boldsymbol{\beta}_1'\boldsymbol{Y}, \boldsymbol{\beta}_2'\boldsymbol{Y})=\boldsymbol{\beta}_1'\boldsymbol{\Sigma}_{22}\boldsymbol{\beta}_2=0$

下，寻找使 $\rho(U_2, V_2)=\boldsymbol{\alpha}_2'\boldsymbol{\Sigma}_{12}\boldsymbol{\beta}_2$ 的值达到最大的 $\boldsymbol{\alpha}_2$ 和 $\boldsymbol{\beta}_2$。

8.2.3 典型变量的性质

微课视频 微课视频

根据典型相关分析的统计思想及数学推导，我们归纳总结了典型相关变量的一些重要性质，并对总体与样本分别给出证明。

性质 1 同一组变量的典型变量之间互不相关。

设 X 与 Y 的第 i 对典型变量为

$$U_i=\boldsymbol{\alpha}_i'\boldsymbol{X},\ V_i=\boldsymbol{\beta}_i'\boldsymbol{Y},\ i=1, 2, \cdots, m$$

则有 $$\rho(U_i, U_j)=0\ ,\ \rho(V_i, V_j)=0, 1\leqslant i\neq j\leqslant m$$

因为特征向量之间是正交的，且典型变量的方差为 1，即有

$$\mathrm{var}(U_i)=\boldsymbol{\alpha}_i'\boldsymbol{\Sigma}_{11}\boldsymbol{\alpha}_i=1,\ \mathrm{var}(V_i)=\boldsymbol{\beta}_i'\boldsymbol{\Sigma}_{22}\boldsymbol{\beta}_i=1,\ i=1, 2, \cdots, m$$

故

$$\rho(U_i, U_j) = \mathrm{cov}(U_i, U_j) = \boldsymbol{\alpha}_i'\boldsymbol{\Sigma}_{11}\boldsymbol{\alpha}_j = 0,\ 1 \leqslant i \neq j \leqslant m$$

$$\rho(V_i, V_j) = \mathrm{cov}(V_i, V_j) = \boldsymbol{\beta}_i'\boldsymbol{\Sigma}_{22}\boldsymbol{\beta}_j = 0,\ 1 \leqslant i \neq j \leqslant m$$

表明由 $\boldsymbol{X}$ 组成的第一组典型变量 $U_1, U_2, \cdots, U_m$ 互不相关，且均有相同的方差 1；同样地，由 $\boldsymbol{Y}$ 组成的第二组典型变量 $V_1, V_2, \cdots, V_m$ 也互不相关，且均有相同的方差 1。

性质 2　不同组变量的典型变量之间的相关性

$$\begin{aligned}\rho(U_i, V_j) &= \mathrm{cov}(\boldsymbol{\alpha}_i'\boldsymbol{X}, \boldsymbol{\beta}_j'\boldsymbol{Y}) \\ &= \boldsymbol{\alpha}_i'\boldsymbol{\Sigma}_{12}\boldsymbol{\beta}_j \\ &= \begin{cases}\lambda_i & i=j \\ 0 & i \neq j\end{cases}\end{aligned}$$

表明不同组的任意两个典型变量，当 $i=j$ 时，相关系数为 λ_i；当 $i \neq j$ 时，两者是彼此不相关的。

记 $\boldsymbol{U} = (U_1, U_2, \cdots, U_m)'$，$\boldsymbol{V} = (V_1, V_2, \cdots, V_m)'$，则上述性质可用矩阵表示为

$$\mathrm{var}(\boldsymbol{U}) = \boldsymbol{I}_m,\ \mathrm{var}(\boldsymbol{V}) = \boldsymbol{I}_m$$

$$\mathrm{var}(\boldsymbol{U}, \boldsymbol{V}) = \boldsymbol{\Lambda}$$

或

$$\mathrm{var}\begin{bmatrix}\boldsymbol{U} \\ \boldsymbol{V}\end{bmatrix} = \begin{bmatrix}\boldsymbol{I}_m & \boldsymbol{\Lambda} \\ \boldsymbol{\Lambda} & \boldsymbol{I}_m\end{bmatrix}$$

其中，$\boldsymbol{\Lambda} = \mathrm{diag}(\lambda_1, \lambda_2, \cdots, \lambda_m)$。

性质 3　原始变量与典型变量之间的相关系数(典型载荷分析)

求出典型变量后，进一步计算原始变量与典型变量之间的相关系数矩阵，即典型载荷，也称为典型结构。

记

$$\boldsymbol{A} = (\alpha_1, \alpha_2, \cdots, \alpha_m) = (\boldsymbol{\alpha}_{ij})_{p\times m}$$

$$\boldsymbol{B} = (\beta_1, \beta_2, \cdots, \beta_m) = (\boldsymbol{\beta}_{ij})_{q\times m}$$

$$\boldsymbol{\Sigma} = \begin{bmatrix}\boldsymbol{\Sigma}_{11} & \boldsymbol{\Sigma}_{12} \\ \boldsymbol{\Sigma}_{21} & \boldsymbol{\Sigma}_{22}\end{bmatrix} = \begin{bmatrix} S_{11} & \cdots & S_{1p} & S_{1,\,1+p} & \cdots & S_{1,\,p+q} \\ \vdots & \vdots & \vdots & \vdots & \vdots & \vdots \\ S_{p1} & \cdots & S_{pp} & S_{p,\,p+1} & \cdots & S_{p,\,p+q} \\ S_{p+1,\,1} & \cdots & S_{p+1,\,p} & S_{p+1,\,p+1} & \cdots & S_{p+1,\,p+q} \\ \vdots & \vdots & \vdots & \vdots & \vdots & \vdots \\ S_{p+q,\,1} & \cdots & S_{p+q,\,p} & S_{p+q,\,p+1} & \cdots & S_{p+q,\,p+q}\end{bmatrix}$$

则

$$\mathrm{var}(X, \boldsymbol{U}) = \frac{1}{n}\sum_{i=1}^{n}(X_i - \overline{X})(\boldsymbol{A}'X - \boldsymbol{A}'\overline{X})' = \sum\nolimits_{11}\boldsymbol{A}$$

$$\mathrm{var}(X, \boldsymbol{V}) = \frac{1}{n}\sum_{i=1}^{n}(X_i - \overline{X})(\boldsymbol{B}'X - \boldsymbol{B}'\overline{X})' = \sum\nolimits_{12}\boldsymbol{B}$$

$$\mathrm{var}(Y, \boldsymbol{U}) = \frac{1}{n}\sum_{i=1}^{n}(Y_i - \overline{Y})(\boldsymbol{A}'X - \boldsymbol{A}'\overline{X})' = \sum\nolimits_{21}\boldsymbol{A}$$

$$\mathrm{var}(Y, \boldsymbol{V}) = \frac{1}{n}\sum_{i=1}^{n}(Y_i - \overline{Y})(\boldsymbol{B}'Y - \boldsymbol{B}'\overline{Y})' = \sum\nolimits_{22}\boldsymbol{B}$$

所以，利用协方差进一步可以计算原始变量与典型变量之间的相关关系。若假定原始变量均为标准化变量，则通过以上计算所得到的原始变量与典型变量的协方差阵就是相关系数矩阵。

$$\rho(X_i, U_j) = \sum_{k=1}^{p} S_{ik}\boldsymbol{\alpha}_{kj} / \sqrt{S_{ii}}$$

$$\rho(X_i, V_j) = \sum_{k=1}^{q} S_{i,\,p+k}\boldsymbol{\beta}_{kj} / \sqrt{S_{ii}} \quad (i=1,2,\cdots,p;\ j=1,2,\cdots,m)$$

$$\rho(Y_i, U_j) = \sum_{k=1}^{p} S_{i+p,\,k}\boldsymbol{\alpha}_{kj} / \sqrt{S_{p+i,\,p+i}}$$

$$\rho(Y_i, V_j) = \sum_{k=1}^{q} S_{i+p,\,p+k}\boldsymbol{\beta}_{kj} / \sqrt{S_{p+i,\,p+i}} \quad (i=1,2,\cdots,q;\ j=1,2,\cdots,m)$$

性质 4 各组原始变量被典型变量所解释的方差(典型冗余分析)

与因子分析中因子载荷值的含义一样，典型载荷 $\rho(X_i, U_j)$ 表示了原变量 X_i 与典型变量 U_j 的相关系数，其平方值 $\rho^2(X_i, U_j)$ 表示典型变量 U_j 对原变量 X_i 的方差贡献率。因此，$\boldsymbol{X}$ 组变量被典型变量 $U_j(j=1,2,\cdots,m)$ 解释的原始方差为

$$m_{U_j} = \frac{\sum_{i=1}^{p}\rho_{U_j,x_i}^2 \times S_{ii}}{\sum_{i=1}^{p} S_{ii}} = \frac{\rho_{U_j,x_1}^2 \times S_{11} + \rho_{U_j,x_2}^2 \times S_{22} + \cdots + \rho_{U_j,x_p}^2 \times S_{pp}}{S_{11} + S_{22} + \cdots + S_{pp}}$$

$\boldsymbol{X}$ 组变量被典型变量 $V_j(j=1,2,\cdots,m)$ 解释的原始方差为

$$m_{V_j} = \frac{\sum_{i=1}^{p}\rho_{V_j,x_i}^2 \times S_{ii}}{\sum_{i=1}^{p} S_{ii}} = \frac{\rho_{V_j,x_1}^2 \times S_{11} + \rho_{V_j,x_2}^2 \times S_{22} + \cdots + \rho_{V_j,x_p}^2 \times S_{pp}}{S_{11} + S_{22} + \cdots + S_{pp}}$$

$\boldsymbol{Y}$ 组变量被典型变量 $U_j(j=1,2,\cdots,m)$ 解释的原始方差为

$$n_{U_j} = \frac{\sum_{i=1}^{q}\rho_{U_j,y_i}^2 \times S_{ii}}{\sum_{i=1}^{q} S_{ii}} = \frac{\rho_{U_j,y_1}^2 \times S_{11} + \rho_{U_j,y_2}^2 \times S_{22} + \cdots + \rho_{U_j,y_q}^2 \times S_{qq}}{S_{11} + S_{22} + \cdots + S_{qq}}$$

$\boldsymbol{Y}$ 组变量被典型变量 $V_j(j=1,2,\cdots,m)$ 解释的原始方差为

$$n_{V_j} = \frac{\sum_{i=1}^{q}\rho_{V_j,y_i}^2 \times S_{ii}}{\sum_{i=1}^{q} S_{ii}} = \frac{\rho_{V_j,y_1}^2 \times S_{11} + \rho_{V_j,y_2}^2 \times S_{22} + \cdots + \rho_{V_j,y_q}^2 \times S_{qq}}{S_{11} + S_{22} + \cdots + S_{qq}}$$

由于方差受到原变量量纲的影响，因此在进行典型冗余分析时，采用标准化后的数据更能真正反映典型变量解释原变量信息的程度。即得到以下结论：

$\boldsymbol{X}$ 组原始变量被 U_j 解释的方差比例为

$$m_{U_j} = (\rho_{U_j,x_1}^2 + \rho_{U_j,x_2}^2 + \cdots + \rho_{U_j,x_p}^2)/p$$

$\boldsymbol{X}$ 组原始变量被 V_j 解释的方差比例为

$$m_{V_j} = (\rho_{V_j,x_1}^2 + \rho_{V_j,x_2}^2 + \cdots + \rho_{V_j,x_p}^2)/p$$

$\boldsymbol{Y}$ 组原始变量被 U_j 解释的方差比例为

$$n_{U_j}=(\rho^2_{U_j,y_1}+\rho^2_{U_j,y_2}+\cdots+\rho^2_{U_j,y_q})/q$$

$\boldsymbol{Y}$ 组原始变量被 V_j 解释的方差比例为

$$n_{v_j}=(\rho^2_{v_{ij},y_1}+\rho^2_{v_j,y_2}+\cdots+\rho^2_{v_j,y_q})/q$$

8.3 典型相关系数的显著性检验

微课视频

设总体 Z 的两组变量 $\boldsymbol{X}=(X_1,X_2,\cdots,X_p)'$，$\boldsymbol{Y}=(Y_1,Y_2,\cdots,Y_q)'$，且 $\boldsymbol{Z}=(\boldsymbol{X},\boldsymbol{Y})'\sim N_{p+q}(\boldsymbol{\mu},\boldsymbol{\Sigma})$。在进行典型相关分析时，对于两随机向量 $(\boldsymbol{X},\boldsymbol{Y})$，我们可以提取出 $m=\min(p,q)$ 对典型变量，问题是进行典型相关分析的目的就是要减少分析变量，简化两组变量间的关系分析，提取 m 对变量是否必要？我们如何确定保留多少对典型变量？

若总体典型相关系数 $\lambda_k=0$，则相应的典型变量 V_k，W_k 之间无相关关系，因此对分析 $\boldsymbol{X}$ 对 $\boldsymbol{Y}$ 的影响不起作用，这样的典型变量可以不予考虑。巴特莱特(Bartlett)提出了一个根据样本数据检验总体典型相关系数 λ_1，λ_2，$\cdots$，λ_r 是否等于零的方法。检验的假设为

$$H_0:\lambda_{k+1}=\lambda_{k+2}=\cdots=\lambda_m=0$$
$$H_1:\lambda_{k+1}\neq 0$$

用于检验的似然比统计量为

$$\Lambda_k=\prod_{i=k+1}^{m}(1-\hat{\lambda}_i^2)$$

可以证明，$Q_k=-m_k\ln\Lambda_k$ 近似服从 $\chi^2(f_k)$ 分布。其中，自由度 $f_k=(p-k)(q-k)$，$m_k=(n-k-1)-\frac{1}{2}(p+q+1)$。

我们首先检验 $H_0:\lambda_1=\lambda_2=\cdots=\lambda_m=0$。此时 $k=0$，则

$$\Lambda_0=\prod_{i=1}^{m}(1-\hat{\lambda}_i^2)=(1-\hat{\lambda}_1)(1-\hat{\lambda}_2)\cdots(1-\hat{\lambda}_m)$$

$$Q_0=-\left[(n-1)-\frac{1}{2}(p+q+1)\right]\ln\Lambda_0$$

若 $Q_0>\chi^2_\alpha(f_0)$，则拒绝原假设。也就是说，至少有一个典型相关系数大于零，自然应是最大的典型相关系数 $\lambda_1>0$。

若已判定 $\lambda_1>0$，则再检验 $H_0:\lambda_2=\lambda_3=\cdots=\lambda_m=0$。此时 $k=1$，则

$$\Lambda_1=\prod_{i=2}^{m}(1-\hat{\lambda}_i^2)=(1-\hat{\lambda}_2)(1-\hat{\lambda}_3)\cdots(1-\hat{\lambda}_m)$$

$$Q_1=-m_1\ln\Lambda_1=-\left[(n-1-1)-\frac{1}{2}(p+q+1)\right]\ln\Lambda_1$$

Q_1 近似服从 $\chi^2(f_1)$ 分布，其中 $f_1=(p-1)(q-1)$。如果 $Q_1>\chi^2_\alpha(f_1)$，则拒绝原假设，也即认为 λ_2，λ_3，$\cdots$，λ_m 至少有一个大于零，自然是 $\lambda_2>0$。

若已判断 λ_1 和 λ_2 大于零，重复以上步骤直至 $H_0:\lambda_j=\lambda_{j+1}=\cdots=\lambda_m=0$，此时令

$$\Lambda_{j-1}=\prod_{i=j}^{m}(1-\hat{\lambda}_i^2)=(1-\hat{\lambda}_j)(1-\hat{\lambda}_{j+1})\cdots(1-\hat{\lambda}_m)$$

则

$$Q_{j-1}=-m_{j-1}\ln\Lambda_{j-1}=-\left[(n-j)-\frac{1}{2}(p+q+1)\right]\ln\Lambda_{j-1}$$

Q_{j-1} 近似服从 $\chi^2(f_{j-1})$ 分布，其中 $f_{j-1}=(p-j+1)(q-j+1)$。如果 $Q_{j-1}<\chi^2_\alpha(f_{j-1})$，则 $\lambda_j=\lambda_{j+1}=\cdots=\lambda_m=0$，于是总体只有 $j-1$ 个典型相关系数不为零，提取 $j-1$ 对典型变量进行分析。

例 8.1 康复俱乐部对 20 名中年人测量了三个生理指标：体重(x_1)，腰围(x_2)，脉搏(x_3)；三个训练指标：引体向上次数(y_1)，起坐次数(y_2)，跳跃次数(y_3)。具体的指标数据如表 8-2 所示。请分析生理指标与训练指标的相关性。

表 8-2 某康复俱乐部的生理指标和训练指标数据

编号	x_1	x_2	x_3	y_1	y_2	y_3
1	191	36	50	5	162	60
2	189	37	52	2	110	60
3	193	38	58	12	101	101
4	162	35	62	12	105	37
5	189	35	46	13	155	58
6	182	36	56	4	101	42
7	211	38	56	8	101	38
8	167	34	60	6	125	40
9	176	31	74	15	200	40
10	154	33	56	17	251	250
11	169	34	50	17	120	38
12	166	33	52	13	210	115
13	154	34	64	14	215	105
14	247	46	50	1	50	50
15	193	36	46	6	70	31
16	202	37	62	12	210	120
17	176	37	54	4	60	25
18	157	32	52	11	230	80
19	156	33	54	15	225	73
20	138	33	68	2	110	43

1. 从协方差矩阵出发进行典型相关分析

根据表 8-2 的数据，计算可得

$$\hat{\boldsymbol{\Sigma}}_{11}=\begin{bmatrix}579.14 & 65.36 & -61.86\\ 65.36 & 9.74 & -7.74\\ -61.86 & -7.74 & 49.39\end{bmatrix}\qquad \hat{\boldsymbol{\Sigma}}_{22}=\begin{bmatrix}26.55 & 218.60 & 127.67\\ 218.60 & 3\,718.85 & 2\,039.64\\ 127.67 & 2\,039.64 & 2\,497.91\end{bmatrix}$$

$$\hat{\boldsymbol{\Sigma}}_{12}=\begin{bmatrix}-48.32 & -723.63 & -272.18\\ -8.88 & -122.87 & -29.87\\ 5.46 & 96.45 & 12.27\end{bmatrix}\qquad \hat{\boldsymbol{\Sigma}}_{21}=\begin{bmatrix}-48.32 & -8.88 & 5.46\\ -723.63 & -122.87 & 96.45\\ -272.18 & -29.87 & 12.27\end{bmatrix}$$

$$\hat{\boldsymbol{\Sigma}}_{11}^{-1}=\begin{bmatrix}0.007\,232\,37 & -0.047\,214\,00 & 0.001\,659\,41\\ -0.047\,214\,00 & 0.425\,493\,29 & 0.007\,545\,31\\ 0.001\,659\,41 & 0.007\,545\,31 & 0.023\,507\,84\end{bmatrix}$$

$$\hat{\boldsymbol{\Sigma}}_{22}^{-1}=\begin{bmatrix}0.073\,239\,9 & -0.004\,078\,90 & -0.000\,410\\ -0.004\,078\,9 & 0.000\,714\,16 & -0.000\,370\\ -0.000\,412\,6 & -0.000\,374\,70 & 0.000\,727\end{bmatrix}$$

计算得

$$\boldsymbol{M}_1=\hat{\boldsymbol{\Sigma}}_{11}^{-1}\hat{\boldsymbol{\Sigma}}_{12}\hat{\boldsymbol{\Sigma}}_{22}^{-1}\hat{\boldsymbol{\Sigma}}_{21}=\begin{bmatrix}-0.245\,945\,4 & -0.055\,188\,70 & 0.046\,513\,67\\ 4.498\,811\,0 & 0.907\,143\,23 & -0.739\,221\,20\\ -0.057\,504\,1 & -0.013\,896\,40 & 0.017\,283\,71\end{bmatrix}$$

$$\boldsymbol{M}_2=\hat{\boldsymbol{\Sigma}}_{22}^{-1}\hat{\boldsymbol{\Sigma}}_{21}\hat{\boldsymbol{\Sigma}}_{11}^{-1}\hat{\boldsymbol{\Sigma}}_{12}=\begin{bmatrix}0.161\,788\,31 & 2.034\,284\,39 & 0.223\,085\\ 0.040\,761\,71 & 0.548\,773\,71 & 0.091\,339\\ -0.032\,827\,40 & -0.422\,750\,90 & -0.032\,080\end{bmatrix}$$

求得特征值为：$\lambda_1^2=0.633\,0$，$\lambda_2^2=0.040\,2$，$\lambda_3^2=0.005\,3$。
典型相关系数分别为：$\lambda_1=0.796$，$\lambda_2=0.201$，$\lambda_3=0.073$。

$\boldsymbol{M}_1$ 和 $\boldsymbol{M}_2$ 相应的特征向量分别为

$$\boldsymbol{\alpha}_1=(-0.031,\ 0.493,\ -0.008)'$$
$$\boldsymbol{\alpha}_2=(-0.076,\ 0.368\,7,\ -0.032)'$$
$$\boldsymbol{\alpha}_3=(-0.008,\ 0.158,\ 0.146)'$$
$$\boldsymbol{\beta}_1=(-0.066,\ -0.017,\ 0.014)'$$
$$\boldsymbol{\beta}_2=(-0.071,\ 0.002,\ 0.021)'$$
$$\boldsymbol{\beta}_3=(-0.245,\ 0.020,\ -0.008)'$$

根据典型相关系数显著性检验方法，对于 $H_0:\lambda_1=\lambda_2=\lambda_3=0$，$H_1$：至少有一个不为零。

检验统计量为

$$\begin{aligned}\Lambda_0&=\prod_{i=1}^{3}(1-\hat{\lambda}_i^2)\\&=(1-0.633\,0)(1-0.040\,2)(1-0.005\,3)\\&=0.3\,504\end{aligned}$$

$$\begin{aligned}Q_0&=-m_0\ln\Lambda_0\\&=-\left[(n-1)-\frac{1}{2}(p+q+1)\right]\ln\Lambda_0\\&=-\left[(20-1)-\frac{1}{2}(3+3+1)\right]\ln\Lambda_0\\&=-15.5\ln\Lambda_0\\&=16.255\end{aligned}$$

$Q_0<\chi^2_{0.05}(9)=16.919$，故在 $\alpha=0.05$ 下，生理指标与训练指标之间不存在相关性；而在 $\alpha=0.10$ 下，$Q_0>\chi^2_{0.10}(9)=14.684$，生理指标与训练指标之间存在相关性，且第一对典型变量相关性显著。然后检验第二对典型变量的相关系数，即进一步检验 $H_0:\lambda_2=\lambda_3=0$，$H_1:\lambda_2\neq 0$。

$$\Lambda_1 = \prod_{i=2}^{3}(1-\hat{\lambda}_i^2) = (1-0.040\,2)(1-0.005\,3) = 0.954\,7$$

$$\begin{aligned} Q_1 &= -m_1 \ln \Lambda_1 \\ &= -\left[(n-1-1) - \frac{1}{2}(p+q+1)\right]\ln\Lambda_1 \\ &= -\left[(20-1-1) - \frac{1}{2}(3+3+1)\right]\ln\Lambda_1 \\ &= -14.5\ln\Lambda_1 \\ &= 0.672\,2 \end{aligned}$$

$Q_1 < \chi^2_{0.10}(4) = 7.779$，故在 $\alpha = 0.10$ 下，无法否定原假设 H_0，故接受 $H_0: \lambda_2 = 0$，即认为第二对典型相关变量不是显著相关的。由以上检验可知，生理指标和训练指标之间只需求第一对典型变量即可，即

$$U_1 = -0.031x_1 + 0.493x_2 - 0.008x_3$$
$$V_1 = -0.066y_1 - 0.017y_2 + 0.014y_3$$

2. 从相关系数矩阵出发进行典型相关分析

为消除量纲影响，对数据先做标准化变换，然后再做典型相关分析。

显然，经标准化变换之后的协方差矩阵就是相关系数矩阵，因而，也即从相关系数矩阵出发进行典型相关分析。

经计算得

$$\hat{\boldsymbol{R}}_{11} = \begin{bmatrix} 1 & & \\ 0.870 & 1 & \\ -0.366 & -0.353 & 1 \end{bmatrix}$$

$$\hat{\boldsymbol{R}}_{22} = \begin{bmatrix} 1 & & \\ 0.696 & 1 & \\ 0.496 & 0.669 & 1 \end{bmatrix}$$

$$\hat{\boldsymbol{R}}_{12} = \hat{\boldsymbol{R}}'_{21} = \begin{bmatrix} -0.390 & -0.493 & -0.226 \\ -0.552 & -0.646 & -0.192 \\ 0.151 & 0.225 & 0.035 \end{bmatrix}$$

$$\boldsymbol{M}_{1z} = \hat{\boldsymbol{R}}_{11}^{-1}\hat{\boldsymbol{R}}_{12}\hat{\boldsymbol{R}}_{22}^{-1}\hat{\boldsymbol{R}}_{21} = \begin{bmatrix} -0.245\,945\,50 & -0.425\,561\,9 & 0.159\,276\,99 \\ 0.583\,425\,54 & 0.907\,143\,2 & -0.328\,272\,40 \\ -0.016\,792\,90 & -0.031\,292\,7 & 0.017\,283\,72 \end{bmatrix}$$

$$\boldsymbol{M}_{2z} = \hat{\boldsymbol{R}}_{22}^{-1}\hat{\boldsymbol{R}}_{21}\hat{\boldsymbol{R}}_{11}^{-1}\hat{\boldsymbol{R}}_{12} = \begin{bmatrix} 0.161\,788\,27 & 0.171\,877\,6 & 0.022\,998\,202 \\ 0.482\,441\,59 & 0.548\,773\,7 & 0.111\,448\,282 \\ -0.318\,429\,40 & -0.346\,472\,5 & -0.032\,080\,511 \end{bmatrix}$$

计算得 $\boldsymbol{M}_{1z}$ 和 $\boldsymbol{M}_{2z}$ 的特征值为 $\lambda_1^2 = 0.633\,0$，$\lambda_2^2 = 0.040\,2$，$\lambda_3^2 = 0.005\,3$。其结果与从协方差矩阵出发计算的特征值相同，因此典型相关系数也相同，分别为 $\lambda_1 = 0.796$，$\lambda_2 = 0.201$，$\lambda_3 = 0.073$，典型相关系数的检验结果也相同，按照类似的方法可求得典型变量的系数向量为

$$\boldsymbol{\alpha}_1^* = (-0.7754, 1.5793, -0.0591)'$$
$$\boldsymbol{\alpha}_2^* = (-1.8844, 1.1806, -0.2311)'$$
$$\boldsymbol{\alpha}_3^* = (-0.1910, 0.5060, 1.0508)'$$
$$\boldsymbol{\beta}_1^* = (-0.3495, -1.0540, 0.7164)'$$
$$\boldsymbol{\beta}_2^* = (-0.3755, 0.1235, 1.0622)'$$
$$\boldsymbol{\beta}_3^* = (-1.2966, 1.2368, -0.4188)'$$

提取第一对典型变量，可得到标准化的第一对典型变量为

$$U_1^* = -0.7754x_1^* + 1.5793x_2^* - 0.0591x_3^*$$
$$V_1^* = 0.3495y_1^* - 1.0540y_2^* + 0.7164y_3^*$$

X 与 Y 第一对典型变量的相关系数为 $\lambda_1 = 0.797$，可见两者的相关性较为密切，即可认为生理指标与训练指标之间存在显著相关性。

8.4　SAS 实现与应用案例

1. 案例背景

微课视频

创新是引领发展的第一动力，在当前强调经济高质量发展的背景下，创新驱动经济发展更加被重视。为了探究科学技术和经济发展之间的关系，我们运用典型相关分析选取两组指标进行分析。衡量一个地区经济发展水平的指标主要从反映宏观经济发展、人民生活水平的指标中选取。衡量一个地区科技发展水平的指标主要从科技投入与产出相关指标中选取。

把经济指标作为第一组变量，包括人均地区生产总值、第三产业占 GDP 比重、人均可支配收入、人均地方财政收入。把反映科技发展状况的指标作为第二组变量，包括每万从业人员有效发明专利数、每万从业人员发明专利申请数、每万人研发项目数、研发投入强度、每万就业人员的研发人力投入。具体的指标体系如表 8-3 所示。

表 8-3　指标体系表

组别	指标名称	符号	单位
X 组变量	人均地区生产总值	X_1	元
	人均可支配收入	X_2	元
	第三产业占 GDP 比重	X_3	%
	人均地方财政收入	X_4	元
Y 组变量	每万从业人员有效发明专利数	Y_1	项
	每万从业人员发明专利申请数	Y_2	项
	每万人研发项目数	Y_3	项
	研发投入强度	Y_4	%
	每万名就业人员的研发人力投入	Y_5	人年

2. 指标数据

搜集各指标2017 年数据，第一组指标数据如表 8-4 所示。

表 8-4 *X* 组指标数据表

地区	人均地区生产总值	人均可支配收入	第三产业占 GDP 比重	人均地方财政收入
北京	128 994	57 229.8	73.51	25 138.87
天津	118 944	37 022.3	54.42	14 898.55
河北	45 387	21 484.1	39.16	4 291.91
山西	42 060	20 420.0	46.60	5 035.71
内蒙古	63 764	26 212.2	49.31	6 731.47
辽宁	53 527	27 835.4	48.99	5 481.50
吉林	54 838	21 368.3	41.98	4 449.65
黑龙江	41 916	21 205.8	52.29	3 278.25
上海	126 634	58 988.0	64.19	27 606.29
江苏	107 150	35 024.1	45.06	10 186.60
浙江	92 057	42 045.7	46.54	10 269.49
安徽	43 401	21 863.3	37.08	4 486.16
福建	82 677	30 047.7	38.39	7 183.64
江西	43 424	22 031.4	38.81	4 851.76
山东	72 807	26 929.9	43.71	6 091.09
河南	46 674	20 170.0	37.95	3 553.63
湖北	60 199	23 757.2	40.45	5 497.94
湖南	49 558	23 102.7	43.16	4 011.59
广东	80 932	33 003.3	46.88	10 147.70
广西	38 102	19 904.8	39.12	3 295.45
海南	48 430	22 553.2	49.27	7 270.51
重庆	63 442	24 153.0	43.96	7 325.10
四川	44 651	20 579.8	42.07	4 297.20
贵州	37 956	16 703.6	38.85	4 490.76
云南	34 221	18 348.3	42.15	3 913.98
西藏	39 267	15 457.3	46.26	5 474.58
陕西	57 266	20 635.2	37.51	5 224.53
甘肃	28 497	16 011.0	49.62	3 094.67
青海	44 047	19 001.0	41.96	4 107.49
宁夏	50 765	20 561.7	41.78	6 115.06
新疆	44 941	19 975.1	40.01	5 979.28

第二组指标数据如表 8-5 所示。

表 8-5 Y 组指标数据表

地区	每万从业人员有效发明专利数	每万从业人员发明专利申请数	每万人研发项目数	研发投入强度	每万名就业人员的研发人力投入
北京	346.53	101.65	79.40	0.96	608.06
天津	212.35	51.91	127.87	1.30	613.15
河北	43.76	14.23	33.51	1.03	101.87

（续表）

地区	每万从业人员有效发明专利数	每万从业人员发明专利申请数	每万人研发项目数	研发投入强度	每万名就业人员的研发人力投入
山西	33.78	8.39	17.76	0.72	96.47
内蒙古	42.16	19.04	25.85	0.67	71.65
辽宁	93.94	24.66	42.13	1.17	104.88
吉林	28.30	9.90	19.62	0.50	45.70
黑龙江	60.33	17.26	40.07	0.52	71.78
上海	210.27	59.71	60.81	1.76	1 497.76
江苏	136.08	44.33	65.16	2.14	487.97
浙江	73.31	32.54	103.18	1.99	399.15
安徽	160.96	78.83	64.66	1.61	160.89
福建	57.12	20.78	37.60	1.39	227.69
江西	39.37	14.39	27.34	1.11	108.19
山东	67.35	34.17	52.44	2.15	196.11
河南	28.72	11.37	23.58	1.06	162.91
湖北	81.00	32.04	41.08	1.32	95.63
湖南	79.48	27.22	31.00	1.36	221.56
广东	202.64	60.76	51.45	2.08	320.69
广西	38.23	14.59	16.30	0.51	42.16
海南	165.60	26.70	57.20	0.17	23.52
重庆	70.66	29.17	60.19	1.44	185.46
四川	102.34	32.44	38.80	0.81	109.27
贵州	73.26	27.37	29.69	0.48	57.95
云南	72.66	21.10	46.00	0.54	54.74
西藏	47.76	5.97	15.92	0.02	4.50
陕西	87.43	23.26	30.26	0.90	123.81
甘肃	52.28	19.67	30.85	0.63	34.19
北京	21.43	14.55	16.65	0.32	28.97
天津	54.82	31.45	47.13	0.85	85.34
河北	36.30	13.60	16.43	0.37	31.70

3. SAS 程序

```
Proc cancorr  data=tech  out=techout outstat=techvalue all;
With Y1-Y5;
var X1-X4;
Run;
```

4. SAS 程序说明

“Proc cancorr”是一个典型相关分析的过程。选项“data=tech”是指定分析的数据集；“out=techout”是指生成“techout”这个数据集，包括原始数据和典型变量得分；选项“outstat=techvalue”表示将分析得到的各种统计量生成到数据集“techvalue”中。此外，选项“all”是指对变量进行冗余分析，缺省时则不做冗余分析。

在该语句中缺省了“vprefix”和“wprefix”，缺省时表示第一组变量的前缀是 v，第二组变量的前缀是 w。当“vprefix= u”时表示第一组典型变量的前缀是 u，当“wprefix= v”时表示第二组典型变量的前缀是 v。

“With Y1 - Y5”指定分析的第二组变量为 Y_1 至 Y_5。

“var X1 - X4”指定分析的第一组变量为 X_1 至 X_4。

5. SAS 输出与分析

【输出 8-1】

VAR 变量	4
WITH 变量	5
观测	31

均值和标准偏差

变量	均值	标准差	标签
X1	60856	27573	人均地区生产总值
X2	25923	10569	人均可支配收入
X3	45.194732	7.874048	第三产业占GDP比重
X4	7218.722645	5721.386618	人均地方财政收入
Y1	90.974306	72.404651	每万从业人员有效发明专利数
Y2	29.776042	21.410654	每万从业人员发明专利申请数
Y3	43.546551	25.709302	每万人RD项目数
Y4	1.028711	0.592445	RD投入强度
Y5	205.603530	289.550213	每万名就业人员的RD人力投入

输出 8-1 给出了各组变量的个数并计算了各变量的均值和方差。

【输出 8-2】

原始变量间的相关性

VAR 变量 间的相关性

	X1	X2	X3	X4
X1	1.0000	0.9328	0.6647	0.8876
X2	0.9328	1.0000	0.7707	0.9462
X3	0.6647	0.7707	1.0000	0.8268
X4	0.8876	0.9462	0.8268	1.0000

WITH 变量 间的相关性

	Y1	Y2	Y3	Y4	Y5
Y1	1.0000	0.9140	0.6735	0.3491	0.6464
Y2	0.9140	1.0000	0.6642	0.5113	0.6020
Y3	0.6735	0.6642	1.0000	0.5519	0.5520
Y4	0.3491	0.5113	0.5519	1.0000	0.5361
Y5	0.6464	0.6020	0.5520	0.5361	1.0000

VAR 变量 和 WITH 变量 之间的相关性

	Y1	Y2	Y3	Y4	Y5
X1	0.7329	0.6822	0.7216	0.6036	0.8366
X2	0.7631	0.7210	0.6503	0.5498	0.8868
X3	0.7339	0.5815	0.4740	0.0839	0.6488
X4	0.8061	0.7182	0.5824	0.3650	0.9013

输出 8-2 中“VAR 变量间的相关系数”给出了第一组变量中各变量之间的相关系数，例

如 X_1 与 X_2 之间的相关系数为0.932 8。同时，可以看到第一组变量之间的相关性普遍较高，利用典型变量可以减少信息重复。

“WITH 变量间的相关系数”给出了第二组变量中各个变量之间的相关系数，例如 Y_1 和 Y_2 之间的相关系数为0.914 0。

“VAR 变量和 WITH 变量之间的相关性”是指第一组中各变量和第二组中各变量的相关性，例如 X_1 和 Y_1 的相关系数为0.732 9，且多对变量的相关系数较高，说明适合利用典型相关进行分析。

【输出 8-3】

典型相关分析

	典型相关	调整典型相关	近似标准误差	典型相关平方	特征值: Inv(E)*H = CanRsq/(1-CanRsq) 特征值	差分	比例	累积	H0 检验: 当前行和之后的所有行的典型相关都是零 似然比	近似 F 值	分子自由度	分母自由度	Pr > F
1	0.960413	0.951478	0.014169	0.922393	11.8854	9.6066	0.8122	0.8122	0.01604341	9.15	20	73.916	<.0001
2	0.833671	0.807183	0.055684	0.695007	2.2788	1.8207	0.1557	0.9679	0.20672553	4.15	12	61.144	<.0001
3	0.560496	0.516533	0.125218	0.314155	0.4581	0.4462	0.0313	0.9992	0.67780425	1.72	6	48	0.1374
4	0.108274	-.032084	0.180434	0.011723	0.0119		0.0008	1.0000	0.98827673	0.15	2	25	0.8629

输出 8-3 给出了典型相关系数及其检验。第一对典型变量的相关系数是0.960 4，调整后的典型相关系数是0.951 5，$p < 0.000\ 1$ 拒绝相关系数为零的原假设，这说明第一对典型相关系数在0.01 的显著性水平下显著。第二对典型变量的相关系数为0.833 7，调整后的典型相关系数为0.807 2，同样，第二对典型相关系数也通过检验。因此，我们选择前两组典型变量进行解释。

【输出 8-4】

Multivariate Statistics and F Approximations

S=4 M=0 N=10

统计量	值	F 值	分子自由度	分母自由度	Pr > F
Wilks' Lambda	0.01604341	9.15	20	73.916	<.0001
Pillai's Trace	1.94327841	4.72	20	100	<.0001
Hotelling-Lawley Trace	14.63406820	15.38	20	41.459	<.0001
Roy's Greatest Root	11.88538545	59.43	5	25	<.0001

注: Roy 最大根的 F 统计量是上限。

输出 8-4 给出了典型相关系数是否为 0 的统计学检验，四种统计方法都拒绝了其为 0 的假设，因此可以认为典型相关系数是显著的。

【输出 8-5】

VAR 变量 的原始典型系数

		V1	V2	V3	V4
X1	人均地区生产总值	-6.72002E-6	0.0000376896	-0.0000808	0.0000555982
X2	人均可支配收入	-0.000012588	0.0001531473	0.0001807516	-0.000293848
X3	第三产业占GDP比重	-0.004584179	-0.064399179	-0.197300454	-0.113246673
X4	人均地方财政收入	0.000229599	-0.000337621	0.0002460451	0.0004015806

WITH 变量 的原始典型系数

		W1	W2	W3	W4
Y1	每万从业人员有效发明专利数	0.0041773375	-0.000459978	-0.024342856	-0.009863634
Y2	每万从业人员发明专利申请数	0.005870231	-0.016703507	0.0763857419	-0.033802135
Y3	每万人RD项目数	-0.001320392	0.0126798731	-0.031835294	0.0275590504
Y4	RD投入强度	-0.492054553	1.7912288644	-0.053736715	-0.747942058
Y5	每万名就业人员的RD人力投入	0.0028593511	-0.000795399	0.0027144361	0.0032291592

输出 8-5 是"var 变量的原始典型系数"和"WITH 变量的原始典型系数"，据此可以写出典型变量的表达式。

【输出 8-6】

VAR 变量 的标准化典型系数					
		V1	V2	V3	V4
X1	人均地区生产总值	-0.1853	1.0392	-2.2279	1.5330
X2	人均可支配收入	-0.1330	1.6186	1.9103	-3.1056
X3	第三产业占GDP比重	-0.0361	-0.5071	-1.5536	-0.8917
X4	人均地方财政收入	1.3136	-1.9317	1.4077	2.2976

WITH 变量 的标准化典型系数					
		W1	W2	W3	W4
Y1	每万从业人员有效发明专利数	0.3025	-0.0333	-1.7625	-0.7142
Y2	每万从业人员发明专利申请数	0.1257	-0.3576	1.6355	-0.7237
Y3	每万人RD项目数	-0.0339	0.3260	-0.8185	0.7085
Y4	RD投入强度	-0.2915	1.0612	-0.0318	-0.4431
Y5	每万名就业人员的RD人力投入	0.8279	-0.2303	0.7860	0.9350

输出 8-6 中的结果是两组变量的标准化相关系数，据此可以写出典型变量标准化后的表达式。例如：对于前两对典型变量 V_1、W_1 和 V_2、W_2 的标准化表达式为

$$V_1 = -0.1853X_1 - 0.1330X_2 - 0.0361X_3 + 1.3136X_4$$

$$V_2 = 1.0392X_1 + 1.6186X_2 - 0.5071X_3 - 1.9317X_4$$

$$W_1 = 0.3025Y_1 + 0.1257Y_2 - 0.0339Y_3 - 0.2915Y_4 + 0.8279Y_5$$

$$W_2 = -0.0333Y_1 - 0.3576Y_2 + 0.3260Y_3 + 1.0612Y_4 - 0.2303Y_5$$

把原始数据标准化以后代入上述表达式即可得到典型变量的得分。

【输出 8-7】

VAR 变量 及其典型变量之间的相关性					
		V1	V2	V3	V4
X1	人均地区生产总值	0.8326	0.4975	-0.2292	0.0826
X2	人均可支配收入	0.9093	0.3694	-0.0333	-0.1889
X3	第三产业占GDP比重	0.8243	-0.1658	-0.3982	-0.3667
X4	人均地方财政收入	0.9934	0.1030	-0.0466	-0.0175

WITH 变量 及其典型变量之间的相关性					
		W1	W2	W3	W4
Y1	每万从业人员有效发明专利数	0.8279	0.0810	-0.3220	-0.4487
Y2	每万从业人员发明专利申请数	0.7290	0.2324	-0.0622	-0.5696
Y3	每万人RD项目数	0.5494	0.5245	-0.5031	0.0184
Y4	RD投入强度	0.3034	0.9232	0.1587	-0.1702
Y5	每万名就业人员的RD人力投入	0.9241	0.2817	0.1623	0.1912

输出 8-7 是典型载荷。"var 变量及其典型变量之间的相关性"表明了第一组各原变量与其各个典型变量之间的相关性，例如 X_1 和 V_1 的相关系数为0.832 6。"WITH 变量及其典型变量之间的相关性"，表明了第二组各原变量与其各个典型变量之间的相关性，例如 Y_1 和 W_1 之间的相关系数为0.827 9。

【输出 8-8】

VAR 变量 和 WITH 变量 的典型变量之间的相关性					
		W1	W2	W3	W4
X1	人均地区生产总值	0.7996	0.4147	-0.1284	0.0089
X2	人均可支配收入	0.8733	0.3080	-0.0187	-0.0205
X3	第三产业占GDP比重	0.7917	-0.1382	-0.2232	-0.0397
X4	人均地方财政收入	0.9541	0.0859	-0.0261	-0.0019

WITH 变量 和 VAR 变量 的典型变量之间的相关性					
		V1	V2	V3	V4
Y1	每万从业人员有效发明专利数	0.7951	0.0675	-0.1805	-0.0486
Y2	每万从业人员发明专利申请数	0.7001	0.1937	-0.0349	-0.0617
Y3	每万人RD项目数	0.5277	0.4373	-0.2820	0.0020
Y4	RD投入强度	0.2914	0.7696	0.0889	-0.0184
Y5	每万名就业人员的RD人力投入	0.8875	0.2349	0.0910	0.0207

输出 8-8 是交叉载荷。“VAR 变量和 WITH 变量的典型相关性”表明了第一组变量各原变量与第二组变量的各个典型变量的相关性，例如 X_1 与 W_1 的相关系数是0.799 6。

“WITH 变量和 VAR 变量的典型变量之间的相关性”是指第二组变量各原变量与第一组变量的各个典型变量的相关性，例如 Y_1 和 V_1 的相关系数是0.795 1。可以看出各个变量与对立组典型变量的相关系数较大，说明两组变量之间的相关性较高。

【输出 8-9】

典型冗余分析

通过以下变量解释的 VAR 变量 原始方差					
	它们自己的典型变量			对立面典型变量	
典型变量号	比例	累积比例	典型R方	比例	累积比例
1	0.7203	0.7203	0.9224	0.6644	0.6644
2	0.2252	0.9455	0.6950	0.1565	0.8209
3	0.0443	0.9898	0.3142	0.0139	0.8348
4	0.0102	1.0000	0.0117	0.0001	0.8350

通过以下变量解释的 WITH 变量 原始方差					
	它们自己的典型变量			对立面典型变量	
典型变量号	比例	累积比例	典型R方	比例	累积比例
1	0.8385	0.8385	0.9224	0.7734	0.7734
2	0.0764	0.9149	0.6950	0.0531	0.8265
3	0.0324	0.9473	0.3142	0.0102	0.8367
4	0.0473	0.9946	0.0117	0.0006	0.8372

输出 8-9 是典型冗余分析。典型变量 V_1 解释了 X 组变量72.03% 的信息(原始方差)，V_2 解释了 X 组变量22.52% 的信息，V_1 和 V_2 累计解释了 X 组变量94.55% 的信息，典型变

量 V_3 和 V_4 的解释力很小。典型变量 W_1 解释了 Y 组变量83.85% 的信息，W_2 解释了 Y 组变量7.64% 的信息，W_1 和 W_2 累计解释了 Y 组变量91.49% 的信息，同样地，典型变量 W_3 和 W_4 的解释力很小。

第二组变量的典型变量 W_1 解释了 X 组变量66.44% 的信息(原始方差)，W_2 解释了 X 组变量15.65% 的信息，W_1 和 W_2 累计解释了 X 组变量82.09% 的信息。第一组变量的典型变量 V_1 解释了 Y 组变量77.34% 的信息(原始方差)，V_2 解释了 Y 组变量5.31% 的信息，V_1 和 V_2 累计解释了 Y 组变量82.65% 的信息。

由于原始方差大小受到变量量纲的影响，因此输出 8-9 的冗余分析不能真实地反映典型变量解释原变量信息的多少。采用标准化后的数据更能真正反映典型变量解释原变量信息的程度。

【输出 8-10】

通过以下变量解释的 VAR 变量 标准化方差					
	它们自己的典型变量			对立面典型变量	
典型变量号	比例	累计比例	典型R方	比例	累计比例
1	0.7966	0.7966	0.9224	0.7347	0.7347
2	0.1055	0.9021	0.6950	0.0733	0.8081
3	0.0536	0.9557	0.3142	0.0168	0.8249
4	0.0443	1.0000	0.0117	0.0005	0.8254

通过以下变量解释的 WITH 变量 标准化方差					
	它们自己的典型变量			对立面典型变量	
典型变量号	比例	累计比例	典型R方	比例	累计比例
1	0.4929	0.4929	0.9224	0.4547	0.4547
2	0.2535	0.7464	0.6950	0.1762	0.6308
3	0.0824	0.8288	0.3142	0.0259	0.6567
4	0.1183	0.9472	0.0117	0.0014	0.6581

输出 8-10 是典型冗余分析。典型变量 V_1 解释了 X 组变量79.66% 的信息，V_2 解释了 X 组变量10.55% 的信息，V_1 和 V_2 累计解释了 X 组变量90.21% 的信息，典型变量 V_3 和 V_4 的解释力很小。典型变量 W_1 解释了 Y 组变量49.29% 的信息，W_2 解释了 Y 组变量25.35% 的信息，W_1 和 W_2 累计解释了 Y 组变量74.64% 的信息，同样地，典型变量 W_3 和 W_4 的解释力很小。

第二组变量的典型变量 W_1 解释了 X 组变量73.47% 的信息，W_2 解释了 X 组变量7.33% 的信息，W_1 和 W_2 累计解释了 X 组变量80.81% 的信息。第一组变量的典型变量 V_1 解释了 Y 组变量45.47% 的信息，V_2 解释了 Y 组变量17.62% 的信息，V_1 和 V_2 累计解释了 Y 组变量63.08% 的信息。

因此，我们可以认为各地区的科学技术发展水平和经济发展水平不但能被本组的典型变量解释，也可以被对立组的典型变量解释，说明科学技术发展水平和经济发展水平之间的相关程度比较密切。

【输出 8-11】

VAR 变量 和 WITH 变量 前 M 个典型变量之间的多重相关系数平方					
M		1	2	3	4
X1	人均地区生产总值	0.6394	0.8114	0.8279	0.8280
X2	人均可支配收入	0.7626	0.8574	0.8578	0.8582
X3	第三产业占GDP比重	0.6267	0.6458	0.6956	0.6972
X4	人均地方财政收入	0.9103	0.9177	0.9184	0.9184

WITH 变量 和 VAR 变量 前 M 个典型变量之间的多重相关系数平方					
M		1	2	3	4
Y1	每万从业人员有效发明专利数	0.6322	0.6368	0.6693	0.6717
Y2	每万从业人员发明专利申请数	0.4902	0.5277	0.5289	0.5327
Y3	每万人RD项目数	0.2784	0.4697	0.5492	0.5492
Y4	RD投入强度	0.0849	0.6772	0.6852	0.6855
Y5	每万名就业人员的RD人力投入	0.7877	0.8428	0.8511	0.8515

输出 8-11 中是根据输出 8-8 中的表格计算而得的。

例如：$0.6394=0.7996^2$

$0.8114=0.7996^2+0.4174^2$

$0.8279=0.7996^2+0.4174^2+(-0.1284)^2$

$0.8280=0.7996^2+0.4174^2+(-0.1284)^2+0.0089^2$

依此类推可得到其他数值。

“VAR 变量和 WITH 变量前 M 个典型变量之间的多重相关系数平方”，指 X 组变量和 Y 组变量的前 M 个典型变量的多重相关系数平方。表示 W_1 反映了 X_1 变量63.94% 的信息，W_1 和 W_2 累计反映了 X_1 变量81.14% 的信息。

“WITH 变量和 VAR 变量前 M 个典型变量之间的多重相关系数的平方”指 Y 组变量和 X 组变量的前 M 个典型变量的多重相关系数的平方。表示 V_1 反映了 Y_1 变量63.22% 的信息，V_1 和 V_2 累计反映了 Y_1 变量63.68% 的信息。

【课后练习】

一、简答题

1. 阐述典型相关分析的基本思想及其应用。
2. 简述典型相关分析与相关分析有何异同点。
3. 什么是典型变量？它具有哪些性质？
4. 简述典型相关分析中冗余分析的内容与作用。

二、上机分析题

1. 数据集 EXE8_1 包含我国 31 个地区经济高质量发展的 6 项指标，其中 X_1，X_2，X_3 反映经济发展动力，Y_1，Y_2，Y_3 反映经济发展效益，运用典型相关分析对 31 个地区经济发展动力和经济发展效益的关系进行分析。要求：

（1）选择合适个数的典型相关系数，并说明理由；

（2）解释典型变量的含义，并解释相应的典型相关系数的实际含义；

（3）进行典型冗余分析。

项目	指标	单位
第一组变量	X_1（每万名就业人员的研发人力投入）	人年
	X_2（研发经费占 GDP 比重）	%
	X_3（普通本专科在校生人数占就业人数比重）	%
第二组变量	Y_1（劳动生产率）	元 / 人
	Y_2（单位电能创造的 GDP）	亿元 / 千瓦时
	Y_3（高技术产业主营业务收入占比）	%

2. 数据集 EXE8_2 包含反映我国 31 个城市基础设施建设的 4 项指标 $X_1 \sim X_4$，以及反映城市发展水平的四项指标 $Y_1 \sim Y_4$，对 31 个地区城市基础设施建设和城市发展水平关系进行典型相关分析。要求：

（1）选择合适个数的典型相关系数，并说明理由；

（2）写出典型变量的表达式；

（3）解释典型变量的含义，并解释相应的典型相关系数的实际含义；

（4）进行典型冗余分析。

项目	指标	单位
第一组变量	X_1（城市用水普及率）	%
	X_2（城市燃气普及率）	%
	X_3（每万人拥有公共交通车辆）	辆
	X_4（人均公园绿地面积）	平方米
第二组变量	Y_1（人均可支配收入）	元
	Y_2（人均地区生产总值）	元
	Y_3（人均地方财政支出）	元
	Y_4（年末城镇人口比重）	%

第9章

广义线性模型

普通回归模型的目的是寻找响应变量 y 的均值与解释变量 x 之间的函数关系，但在广义线性模型(generalized linear model，GLM)中，需要构建的则是关于响应变量均值的函数 $f(\bar{y})$ 与解释变量 x 的函数关系。值得注意的是，函数 $f(\bar{y})$ 的表达式有多种形式，如自然对数形式、Logit 形式或者本体连接形式(identity link)[①]。因此，广义线性模型并非指某个具体的函数或者模型，而是满足某种关系的模型的统称。广义线性模型在应用领域非常广泛，如工业质量管理、车险定价、寿险精算、信用评分等，本章将介绍其基本原理与应用。

9.1 广义线性模型的相关概念

9.1.1 指数分布族

由于广义线性模型的基本条件之一是其响应变量的概率分布满足指数分布族，故此处先介绍指数分布族的定义。我们将满足公式(9.1)形式的概率分布称为指数分布族(exponential family)：

$$p(y;\ \eta)=b(y)\exp[\eta' T(y)-\alpha(\eta)] \tag{9.1}$$

在式(9.1)中，η 表示自然参数(natural parameter)；$T(y)$ 表示充分统计量(sufficient statistic)，通常为 $T(y)=y$；$\exp[-\alpha(\eta)]$ 起到归一化作用，保证 $\sum p(y;\ \eta)=1$。

以正态分布为例，我们可以证明其满足指数分布族的形式。假定响应变量服从正态分布：$y\sim N(\mu,\sigma^2)$。由正态分布的性质可知，线性回归模型的函数 $h_\theta(x)$，以及求解模型中的参数 θ，均不受响应变量的方差 σ^2 的影响；故为便于表达，令 $\sigma^2=1$，则正态分布的概率密度函数可表示为

$$p(y;\mu)=\frac{1}{\sqrt{2\pi}}\exp\left[-\frac{1}{2}(y-\mu)^2\right]$$

---

① 当 $f(\bar{y})=\bar{y}$ 时，即表示本体连接形式，此时的广义线性模型为普通的线性回归模型。因此，线性模型本质上是广义线性模型的一种特殊形式。

$$=\frac{1}{\sqrt{2\pi}}\exp(-\frac{1}{2}y^2)\exp(\mu y-\frac{1}{2}\mu^2)$$

对比式(9.1)不难发现，正态分布满足指数分布族的形式，同时也可以发现以下关系式成立：

$$\eta=\mu$$
$$T(y)=y$$
$$\alpha(\eta)=\frac{\mu^2}{2}=\frac{\eta^2}{2}$$
$$b(y)=(\frac{1}{\sqrt{2\pi}})\exp(-\frac{y^2}{2})$$

实际上，除正态分布以外，统计学中常见的概率分布，如伯努利分布、泊松分布、二项分布、Dirichlet分布等，也都满足指数分布族的形式。限于篇幅，此处不再逐一证明。读者若有兴趣，可以自主进行证明。

9.1.2 广义线性模型的构成

通常广义线性模型GLM可分解为三个部分，分别是随机部分、系统部分和连接函数。

1. 随机部分(random component)

广义线性模型的随机部分描述了响应变量 y 的分布。如线性回归模型中响应变量 y 服从正态分布；逻辑回归模型中响应变量 y 服从伯努利分布。在给定解释变量 x 和参数 θ 的情形下，响应变量 y 满足一个以 η 为自然参数的指数分布族。

2. 系统部分(systematic component)

系统部分主要确定了模型中的解释变量，可将之表述为线性预测器(linear predictor)，可描述为 $\theta_0+\theta_1x_1+\theta_2x_2+\cdots+\theta_nx_n$，即解释变量 $(x_0, x_1, \cdots, x_n)$ 与参数 θ 的线性组合，并且自然参数 η 和解释变量 x 是线性相关的，有关系式 $\eta=\theta'x$ 成立。

3. 连接函数(Link Function)

广义线性模型中，将随机部分和系统部分连接起来的函数被称为连接函数。当给定解释变量 x 时，由响应变量 y 的概率分布可得 y 的期望值 $h_\theta(x)=E(y\mid x)$，因此，可将解释变量 x 的线性组合与响应变量 y 的期望值的函数连接起来。故而有函数 $g(\mu)$，不失一般性，将之表达为

$$g(\mu)=\theta_0+\theta_1x_1+\theta_2x_2+\cdots+\theta_nx_n$$

连接函数 $g(\mu)$ 的形式一般由指数分布族中的自然参数 η 给出。例如，由正态分布的指数分布族的形式，可得 $\eta=\mu$，故普通线性回归中的连接函数即为 $g(\mu)=\mu$。此时连接函数又称为本体连接，即连接函数就是均值本身。又如，由伯努利分布的指数分布族的形式可得 $\eta=\ln\frac{p}{1-p}$，所以逻辑回归中的连接函数为均值的logit函数，即有：$g(\mu)=\ln\frac{p}{1-p}$。

以上三部分即为广义线性模型的构成。我们可以根据以上三个条件来判断某种模型是否属于广义线性模型。实际上，在统计学中，许多应用较为广泛的模型都属于广义线性模

型，例如普通线性回归、方差分析、逻辑回归、泊松回归、对数线性模型、softmax 回归等。表9-1 中列举了五种常见的广义线性模型及其相关的构成要素。

表9-1　五类常用的广义线性模型的构成要素

模型	随机部分	系统部分	连接函数
线性回归模型	正态分布	连续型	identity
方差分析	正态分布	分类型	identity
逻辑回归模型	伯努利分布	连续或分类型	logit
对数线性模型	泊松分布	分类型	log
泊松回归	泊松分布	连续或分类型	log

9.2　对数线性模型

在大量的问题研究中发现，人们的决策行为会受到多种因素的影响。例如，在分析小汽车限行政策的影响因素时，显然被调查者的态度会受到车辆拥有情况、上班便利性、工作性质等多方面的影响；而我们想知道影响本次调查中持“反对”态度的人数规模的因素究竟是哪些，此时就需要在观测持“反对”态度人数的基础上，对以上定性变量的影响效应进行分析。

对数线性模型(loglinear model)是解决类似问题的有效工具之一，也是广义线性模型中的一种特殊形式。对数线性模型是通过构建列联表的方式，把表中各单元格的频数的对数表示为各个定性变量的效应及其交互效应的线性模型，然后运用类似方差分析的思想，以检验各变量及其交互作用的大小。故在对数线性模型中，解释变量皆为定性变量(或称为离散型变量)，响应变量则为单元格内计数值的自然对数。

由于对数线性模型来源于列联表，而列联表的不同维度使得列联表的复杂度也不同，故对应的对数线性模型也有所差异。本节将重点介绍二维、三维列联表对应的对数线性模型。

9.2.1　二维列联表的对数线性模型

1. 两类模型

表9-2 给出了 A、B 两个离散型变量对应的二维列联表。其中，变量 A 有 I 个水平(即不同的取值个数，本章统称为水平)，分别为 A_1，A_2，…，A_I，变量 B 有 J 个水平，分别为 B_1，B_2，…，B_J。p_{ij} 表示变量A 和B 的联合概率，那么它们的边缘概率分布分别可被记作 $p_{i\cdot}$，$p_{\cdot j}(1 \leqslant i \leqslant I，1 \leqslant j \leqslant J)$。

表9-2 两变量的二维列联表

变量	B_1	B_2	…	B_J	合计
A_1	p_{11}	p_{12}	…	p_{1J}	$p_{1\cdot}$
A_2	p_{21}	p_{22}	…	p_{2J}	$p_{2\cdot}$
…	…	…	…	…	…
A_I	p_{I1}	p_{I2}	…	p_{IJ}	$p_{I\cdot}$
合计	$p_{\cdot 1}$	$p_{\cdot 2}$	…	$p_{\cdot J}$	1

根据变量A和B之间是否独立，可分为独立对数线性模型、饱和对数线性模型两大类，下面将分别阐述。

(1) 独立对数线性模型。

若变量A和B相互独立，则可知列联表中两变量对应的联合概率分布为其各自边缘概率分布的乘积，即有

$$\begin{aligned} p_{ij} &= p(A=i, B=j) \\ &= p(A=i)p(B=j) \\ &= p_{i\cdot}p_{\cdot j} \end{aligned}$$

并且各单元格计数的期望值为

$$\mu_{ij} = np_{ij} = np_{i+}p_{+j} \tag{9.2}$$

对式(9.2)两边取自然对数，可得

$$\ln\mu_{ij} = \ln n + \ln p_{i\cdot} + \ln p_{\cdot j} \tag{9.3}$$

令$\lambda = \ln n$，$\lambda_i^A = \ln p_{i\cdot}$，$\lambda_j^B = \ln p_{\cdot j}$，将式(9.3)改写成式(9.4)，即得到二维列联表对应的对数线性模型

$$\ln\mu_{ij} = \lambda + \lambda_i^A + \lambda_j^B \tag{9.4}$$

在式(9.4)中，μ_{ij}为列联表中第i行第j列的单元格的理论频数或期望频数；λ表示总平均效应，且满足$\lambda = \sum_i \sum_j \frac{\ln\mu_{ij}}{IJ}$；$\lambda_i^A$为变量$A$第$i$个水平的影响，且$\lambda_i^A = -\lambda + \sum_j \frac{\ln\mu_{ij}}{J}$；$\lambda_j^B$为变量$B$第$j$个水平的影响，且$\lambda_i^B = -\lambda + \sum_i \frac{\ln\mu_{ij}}{I}$。由于在式(9.4)中，变量$A$和$B$之间不存在交互效应，故又将其称之为独立模型(independence model)。

(2) 饱和对数线性模型。

若模型中的变量A和B，除个体效应外，还存在变量之间的交互效应，那么，此时即有饱和模型(saturated model)。仍以表9-2的二维列联表为例，可以推导出二维列联表对应的饱和模型的数学公式为

$$\begin{aligned} \mu_{ij} &= n \times p_{ij} \\ &= n \times p_{i\cdot} \times p_{\cdot j} \times \frac{p_{ij}}{p_{i\cdot}p_{\cdot j}} \end{aligned} \tag{9.5}$$

对式(9.5)两边取自然对数，可得

$$\ln\mu_{ij} = \ln n + \ln p_{i\cdot} + \ln p_{\cdot j} + \ln\frac{p_{ij}}{p_{i\cdot}p_{\cdot j}} \tag{9.6}$$

类似地，将式(9.6)改写，即可得到二维列联表对应的饱和模型为

$$\ln\mu_{ij}=\ln\lambda+\ln\lambda_i^A+\ln\lambda_j^B+\ln\lambda_{ij}^{AB} \tag{9.7}$$

在式(9.7)中，λ_{ij}^{AB} 为变量A的第i个水平和变量B的第j个水平之间的交互作用影响，并且满足 $\lambda_{ij}^{AB}=\ln\mu_{ij}-\lambda_i^A-\lambda_j^B-\lambda$，其他符号的含义同式(9.4)。

2. 模型性质的证明

二维列联表下的对数线性模型是满足广义线性模型特征的。下面以独立对数线性模型为例，开展相关证明。

首先，对于对数线性模型中的计数数据(频数)的建模，根据经典概率论，可假定计数数据满足泊松分布(Poisson distribution)[①]，即有 $y\sim P(\mu)$。而泊松分布满足指数分布族的定义，其分布形式可写为

$$\begin{aligned}p(y=k;\mu)&=\frac{\mu^k}{k!}e^{-\mu}\\&=\exp(\ln\frac{\mu^k}{k!}e^{-\mu})\\&=\exp(k\ln\mu-\ln k!+\ln e^{-\mu})\\&=\frac{1}{k!}\exp(k\ln\mu-\mu)\end{aligned}$$

参照式(9.1)的形式，有如下关系成立

$$\begin{aligned}&b(k)=\frac{1}{k!}\\&T(k)=k\\&\eta=\ln\mu\\&a(\eta)=\mu\end{aligned} \tag{9.8}$$

因此，可以证明泊松分布也满足指数分布族的定义，故广义线性模型的第一个条件得到满足，即存在随机部分。

其次，由于对数线性模型研究的是计数数据与各解释变量的关系，即各解释变量及其交互作用是否会对计数产生影响。故以二维为例，我们可将其表示为各个解释变量所组成的线性预测器，即

$$\lambda_i^A+\lambda_j^B+\lambda_{ij}^{AB} \tag{9.9}$$

在式(9.9)中，λ_i^A 表示解释变量A的第i个水平的影响；λ_j^B 表示解释变量B的第j个水平的影响；λ_{ij}^{AB} 表示解释变量A的第i个水平和B的第j个水平的交互作用的影响。故可以证明，对数线性模型存在一个系统部分，满足广义线性模型的第二个条件。

最后，由式(9.8)可知 $\eta=\ln\mu$，即表明在对数线性模型中，连接函数为计数的自然对数，故可得

$$g(\mu)=\ln\mu=\lambda+\lambda_i^A+\lambda_j^B+\lambda_{ij}^{AB}$$

同时，根据泊松分布的性质，有 $E(\mu)=\mu$，故有以下关系成立

① 现有的诸多教材中，假定对数线性模型服从二项分布或多项分布，主要原因是它们认为模型关注的是各观测单元出现的概率。但本书作者认为，对数线性模型关注的是列联表单元格中的计数值，故假设其服从泊松分布。

$$E(y \mid x)=\mu=\exp(\lambda+\lambda_i^A+\lambda_j^B+\lambda_{ij}^{AB}) \tag{9.10}$$

因此可以证明，对数线性模型存在一个连接函数，满足广义线性模型的第三个条件。由式(9.10)可估计列联表中各单元格上的计数期望值。

值得说明的是，此处的证明过程主要是针对二维列联表的独立对数线性模型开展的，但事实上，饱和对数线性模型或更高维情况下的对数线性模型也类似。此处不再赘述，有兴趣的读者可自己证明。

3. 参数估计与约束

(1) 似然函数。

对数线性模型的目标是，估计列联表中各单元格的计数期望值。而由模型的形式可知，期望值的估计依赖于模型中各变量的主效应、模型整体的平均效应，也即式(9.10)中的 λ，λ_i^A，λ_j^B 和 λ_{ij}^{AB}。由于 μ_{ij} 服从泊松分布，故可以构造对应的似然函数

$$L=\prod_i\prod_j\frac{\mu_{ij}^{n_{ij}}}{n_{ij}!}e^{-\mu_{ij}} \tag{9.11}$$

在式(9.11)两侧取对数，即得对数线性模型的对数似然函数，采用最大似然估计法和迭代法可对参数进行估计。由于推导过程较为繁琐，故此处不再具体展开，读者可利用各类统计专业软件开展参数估计。但需要注意的是，列联表中的单元格计数值必须为正数，否则此时的极大似然估计法将失效。

由于对数线性模型中的参数需要满足一定的约束形式，因此在开展参数估计前，需要明确参数的约束条件。下面将分别对独立模型和饱和模型中的参数约束进行说明和解释。

(2) 独立对数线性模型的参数约束。

二维列联表下的独立对数线性模型中，除常数项 λ 外，还有两个参数，即 λ_i^A 和 λ_j^B。参数 λ_i^A 总共有 I 项，但有一项冗余，故共有 $I-1$ 个未知参数，同理可得参数 λ_j^B 中有 $J-1$ 个未知参数，因此需要设置约束项来描述冗余信息。通常有两种方法来表示这种约束形式。

第一种方法是限制各变量的不同水平值之和为某一固定的常数。该常数通常为 0，即有：$\sum_i\lambda_i^A=0$，$\sum_j\lambda_j^B=0$。SAS 软件中的 CATMOD 过程，就是采用这种约束形式，将各项的不同水平值之和限制为 0。

在二维情况下，λ_i^A 的取值分别为 λ_1^A，$-\lambda_1^A$；λ_j^B 的取值则分别为 λ_1^B，$-\lambda_1^B$。此时，列联表中各单元格计数的估计值的自然对数可表示为

$$\begin{aligned}
\ln(\mu_{11})&=\lambda+\lambda_1^A+\lambda_1^B\\
\ln(\mu_{12})&=\lambda+\lambda_1^A-\lambda_1^B\\
\ln(\mu_{21})&=\lambda-\lambda_1^A+\lambda_1^B\\
\ln(\mu_{22})&=\lambda-\lambda_1^A-\lambda_1^B
\end{aligned}$$

第二种方法是限制各变量的其中一项水平值为某一固定的常数项。该常数通常为 0。SAS 软件中的 GENMOD 过程，就是采用了这种约束方式，将各变量的最后一个水平值限制为 0。

在二维情况下，λ_i^A 的取值分别为 λ_1^A 和 0；λ_j^B 的取值则分别为 λ_1^B 和 0。此时，对列联表中各单元格计数的估计值取自然对数，则有

$$\ln(\mu_{11}) = \lambda + \lambda_1^A + \lambda_1^B$$
$$\ln(\mu_{12}) = \lambda + \lambda_1^A + 0$$
$$\ln(\mu_{21}) = \lambda + 0 + \lambda_1^B$$
$$\ln(\mu_{22}) = \lambda + 0 + 0$$

由以上两种方法可知，不同的参数约束形式，所得的参数估计值也不相同。但不管采用何种约束形式，各变量的条件对数优势是不受另一个变量影响的。例如，给定表9-3为治疗方法与治疗效果的二维列联表，并且令 A 表示治疗方法、B 代表治疗效果。

表9-3　治疗方法与治疗效果的列联表

治疗方法	治疗效果	
	cold	Nocold
placebo	31	109
absorbic	17	122

在构建对数线性模型时，如果采用第一种约束形式(即 SAS 软件的 CATMOD 过程中使用的约束形式) 开展参数估计，则可得在固定变量 A 为某个水平的情形下，变量 B 的对数优势 $\ln(odds)$ 为

$$\begin{aligned}\ln(odds) &= \ln(\frac{\mu_{i1}}{\mu_{i2}}) \\ &= \ln(\mu_{i1}) - \ln(\mu_{i2}) \\ &= \lambda + \lambda_i^A + \lambda_1^B - (\lambda + \lambda_i^A + \lambda_2^B) \\ &= \lambda_1^B - \lambda_2^B \\ &= 2\lambda_1^B \end{aligned} \tag{9.12}$$

此时，根据 SAS 软件的结果，有 λ_1^B 的估计值为 $-0.785\ 6$。

如果采用第二种约束形式(即 SAS 软件的 GENMOD 过程中使用的约束形式)，则相应地可得变量 B 的对数优势 $\ln(odds)$ 为

$$\begin{aligned}\ln(odds) &= \ln(\frac{\mu_{i1}}{\mu_{i2}}) \\ &= \ln(\mu_{i1}) - \ln(\mu_{i2}) \\ &= \lambda + \lambda_i^A + \lambda_1^B - (\lambda + \lambda_i^A + 0) \\ &= \lambda_1^B \end{aligned} \tag{9.13}$$

此时，根据 SAS 软件的结果，有 λ_1^B 的估计值为 -1.571。

由式(9.12) 和(9.13) 可知，无论是采用何种约束形式，在固定变量 A 为某个水平的情形下，变量 B 的优势不受变量 A 的影响，并且优势是不变的。因为有：

$$\exp[2 \times (-0.785\ 6)] = \exp(-1.571) = 0.208$$

同理可得，变量 A 的优势也是不变的，因此两变量的优势比(odds ratio) 也是唯一的。特别需要注意的是，在独立对数线性模型中，优势比为 1，故其对数优势比为 0，即表明两个变量之间是相互独立的。不难证明有如下情形：

$$
\begin{aligned}
\ln(odds\ ratio) &= \ln(\frac{\mu_{11}/\mu_{12}}{\mu_{21}/\mu_{22}}) \\
&= \ln(\mu_{11}) + \ln(\mu_{22}) - \ln(\mu_{12}) - \ln(\mu_{21}) \\
&= (\lambda + \lambda_1^A + \lambda_1^B) + (\lambda + \lambda_2^A + \lambda_2^B) \\
&\quad - (\lambda + \lambda_1^A + \lambda_2^B) - (\lambda + \lambda_2^A + \lambda_1^B) \\
&= 0
\end{aligned}
$$

(3) 饱和对数线性模型的参数约束。

在二维列联表的饱和模型中，除参数 λ 以外，需要估计的参数还有 λ_i^A，λ_j^B 和 λ_{ij}^{AB}。其中，λ_i^A 和 λ_j^B 采用的约束方法与独立对数线性模型中的相同。交互项 λ_{ij}^{AB} 表示 A，B 两变量交互作用的影响，也反映了饱和模型与独立模型的偏离程度；同时，它也有助于确保 $\mu_{ij} = n_{ij}$ 成立。λ_{ij}^{AB} 共有 $I \times J$ 项，其中冗余项数为 $I + J + 1$，故有 $(I-1)(J-1)$ 项未知参数。

与独立模型的情形类似，饱和模型中参数的约束形式同样有两种处理方法。第一种方法是，限制各变量的不同水平值之和为某一固定的常数(即SAS软件中的CATMOD过程)。该常数通常为0，即有 $\sum_i \lambda_i^A = 0$，$\sum_j \lambda_j^B = 0$，交互项的约束满足 $\sum_i \lambda_{ij}^{AB} = 0$，$\sum_j \lambda_{ij}^{AB} = 0$，$\sum_i \sum_j \lambda_{ij}^{AB} = 0$。此时在这种约束形式下，列联表中各单元格计数的估计值的自然对数可表示为

$$
\begin{aligned}
\ln(\mu_{11}) &= \lambda + \lambda_1^A + \lambda_1^B + \lambda_{11}^{AB} \\
\ln(\mu_{12}) &= \lambda + \lambda_1^A + \lambda_2^B + \lambda_{12}^{AB} \\
&= \lambda + \lambda_1^A - \lambda_1^B - \lambda_{11}^{AB} \\
\ln(\mu_{21}) &= \lambda + \lambda_2^A + \lambda_1^B + \lambda_{21}^{AB} \\
&= \lambda - \lambda_1^A + \lambda_1^B - \lambda_{11}^{AB} \\
\ln(\mu_{22}) &= \lambda + \lambda_2^A + \lambda_2^B + \lambda_{22}^{AB} \\
&= \lambda - \lambda_1^A - \lambda_1^B + \lambda_{11}^{AB}
\end{aligned}
$$

第二种方法，是约束各变量的某一个水平值为固定的常数(即 SAS 软件中的 GENMOD过程)，通常为0。例如，可以设置每个变量的最后一个水平值为0，此时列联表中各单元格计数的估计值的自然对数可表示为

$$
\begin{aligned}
\ln(\mu_{11}) &= \lambda + \lambda_1^A + \lambda_1^B + \lambda_{11}^{AB} \\
\ln(\mu_{12}) &= \lambda + \lambda_1^A + \lambda_2^B + \lambda_{12}^{AB} \\
&= \lambda + \lambda_1^A + 0 + 0 \\
\ln(\mu_{21}) &= \lambda + \lambda_2^A + \lambda_1^B + \lambda_{21}^{AB} \\
&= \lambda + 0 + \lambda_1^B + 0 \\
\ln(\mu_{22}) &= \lambda + \lambda_2^A + \lambda_2^B + \lambda_{22}^{AB} \\
&= \lambda + 0 + 0 + 0
\end{aligned}
$$

但与独立模型不同的是，在饱和模型中，当固定变量 A 为某个水平的情形下，变量 B 的优势不再是常数，而是与交互项有关。可以证明：

$$
\ln(\frac{\mu_{1j}}{\mu_{2j}}) = \ln(\mu_{1j}) - \ln(\mu_{2j})
$$

$$=\lambda_1^A-\lambda_2^A+\lambda_{1j}^{AB}-\lambda_{2j}^{AB} \tag{9.14}$$

且对应的对数优势比也取决于交互项

$$\begin{aligned}\ln(odds\ ratio)&=\ln(\frac{\mu_{11}\mu_{22}}{\mu_{12}\mu_{21}})\\&=\ln(\mu_{11})-\ln(\mu_{12})-\ln(\mu_{21})+\ln(\mu_{22})\\&=\lambda_{11}^{AB}+\lambda_{22}^{AB}-\lambda_{12}^{AB}-\lambda_{21}^{AB}\end{aligned} \tag{9.15}$$

式(9.14)和(9.15)表明，在饱和模型的情况下，某个变量的优势与另一个变量相关；且此时优势比不为0，其值与两变量的交互项有关。若当这些参数之和为0时，此时对数优势比也为0，说明两个变量是相互独立的。

4. 模型检验

在对二维列联表情形下的对数线性模型进行统计检验时，需要对模型的整体效应和模型系数分别开展。

(1) 模型整体效应的检验。

常用的检验方法有皮尔逊卡方检验(Pearson chi-square statistic)、似然比检验法(likelihood ratio)、皮尔逊残差分析(Pearson residuals) 等。

① 皮尔逊卡方检验。在列联表中，我们常用卡方检验来验证变量之间是否独立。而对数线性模型是对列联表的拓展，因此可以采用皮尔逊卡方检验法进行检验。检验统计量为

$$\chi^2=\sum_{i=1}^{I}\sum_{j=1}^{J}\frac{(O_{ij}-E_{ij})^2}{E_{ij}}\sim\chi^2(I-1)(J-1) \tag{9.16}$$

在式(9.16) 中，O_{ij}，E_{ij} 分别表示列联表中第 i 行第 j 列所对应的单元格的观测值和期望值。对应的原假设和备择假设为

$$\begin{aligned}H_0&:p_{ij}=p_{i\cdot}p_{\cdot j}\\H_1&:p_{ij}\neq p_{i\cdot}p_{\cdot j}\end{aligned} \tag{9.17}$$

其中，p_{ij} 表示两变量A 和B 的联合概率分布，$p_{i\cdot}$ 和 $p_{\cdot j}$ 分别表示其各自的边缘概率分布。

在利用式(9.16) 计算卡方值的基础上，通过查找卡方分布的临界值表，可判断式(9.17) 的原假设是否成立，即可判断变量之间是否独立。

② 似然比检验。似然比检验的思路是检验频数的观测值和期望值之间是否存在显著差异，若无显著差异，则说明模型对数据的拟合效果较好。在似然比检验中，我们需要估计两个模型，分别是饱和模型(saturated model) 和独立模型(independence model)，然后通过构造似然比检验统计量，从而判断哪个模型的拟合效果较好。故在似然比检验中，对应的假设检验为

H_0:独立模型成立

H_1:饱和模型成立

构造检验统计量 L^2，即

$$L^2=-2\ln\frac{l(\theta_k\mid H_0)}{l(\theta_k\mid H_1)}\sim\chi^2(n) \tag{9.18}$$

在式(9.18) 中，$l(\theta_k\mid H_0)$ 为原假设对应模型的似然函数值，$l(\theta_k\mid H_1)$ 为备择假设对应模型的似然函数值，n 为两模型自由度的差值，θ_k 表示模型中的第 k 个待估参数。同样，比较统计量 L^2 及其对应的临界值，即可判断原假设是否成立。

为了方便计算，学者们提出采用偏差统计量(deviance statistic)来替代似然比检验统计量。偏差统计量的计算公式为

$$G^2=2\sum_{i=1}^{I}\sum_{j=1}^{J}O_{ij}\ln\frac{O_{ij}}{E_{ij}}$$

式中各符号的含义同式(9.16)。

③ 皮尔逊残差检验。皮尔逊残差检验也被用于检验对数线性模型的拟合效果。若残差值较小，说明模型拟合效果较好。皮尔逊残差的公式为

$$\gamma_{ij}=\frac{y_{ij}-E(y_{ij}\mid x)}{\sqrt{\operatorname{var}(y_{ij}\mid x)}}=\frac{O_{ij}-E_{ij}}{\sqrt{E_{ij}}} \tag{9.19}$$

式(9.19)中，y_{ij}，$E(y_{ij}\mid x)$，$\operatorname{var}(y_{ij}\mid x)$分别表示列联表中第$i$行第$j$列所对应的单元格的观测值、期望值以及方差，$O_{ij}$，$E_{ij}$的含义同式(9.16)。故由式(9.19)可知，残差γ_{ij}服从正态分布，将残差与对应的正态分布临界值对比，即可判断模型的拟合效果。

(2) 回归系数的显著性检验。

常用的模型回归系数的显著性检验方法为Wald检验等。Wald检验①对应的统计量为

$$W=Z^2=\frac{(\hat{\theta}_k-\theta_{k0})^2}{\mathrm{SE}\,(\hat{\theta}_k)^2}\sim\chi^2(n) \tag{9.20}$$

式(9.20)中，$\hat{\theta}_k$为参数θ_k的估计值，θ_{k0}为参数θ_k的检验值，$\mathrm{SE}(\hat{\theta}_k)$为参数$\theta_k$的估计标准误差，$n$为约束条件的个数。对模型中的参数逐一开展检验，便可以判断解释变量的回归系数是否具有统计显著性。

9.2.2 三维列联表的对数线性模型

1. 模型的形式

将二维情况拓展到高维空间，对数线性模型就会变得越来越复杂。例如，给定一个三维列联表，即有A，B和C三个变量，其对应的水平数分别为I，J和K，则也可以得到对应的对数线性模型的形式。但在三维情况下，不同条件对应的模型形式差异较大，下面将分别讨论。

(1) 完全独立模型。

在三维列联表中，若各变量只存在单独的效应，不存在变量之间的两两交互效应以及多个变量之间的交互效应时，则称对应的对数线性模型为完全独立模型(complete independence model)，即有

$$\ln\mu_{ijk}=\lambda+\lambda_i^A+\lambda_j^B+\lambda_k^C$$

(2) 饱和模型。

当模型包含了所有变量的个体效应以及变量之间的交互效应时，此时的对数线性模型被称为饱和模型(saturated model)，即

$$\ln\mu_{ijk}=\lambda+\lambda_i^A+\lambda_j^B+\lambda_k^C+\lambda_{ij}^{AB}+\lambda_{ik}^{AC}+\lambda_{jk}^{BC}+\lambda_{ijk}^{ABC} \tag{9.21}$$

(3) 齐次关联模型。

若式(9.21)中不存在变量A，B，C的交互作用λ_{ijk}^{ABC}，则将此类模型称为齐次关联模型

① 有些教材采用W统计量作为Wald检验的统计量，有些则采用Z统计量作为Wald检验的统计量。

(homogeneous associations model)，即

$$\ln\mu_{ijk}=\lambda+\lambda_i^A+\lambda_j^B+\lambda_k^C+\lambda_{ij}^{AB}+\lambda_{ik}^{AC}+\lambda_{jk}^{BC}$$

在齐次模型中，任意两个变量的优势比在第三个变量的任一个水平下，都是相等的。

(4) 条件独立模型。

若 A，B，C 这三个变量中，当给定某个条件时，其中两个变量是相互独立的，则将其称之为条件独立模型(conditional independence model)。例如，在固定变量 C 的条件下，若变量 A 和 B 相互独立，则对应的模型形式为

$$\ln\mu_{ijk}=\lambda+\lambda_i^A+\lambda_j^B+\lambda_k^C+\lambda_{ik}^{AC}+\lambda_{jk}^{BC}$$

(5) 联合独立模型。

若 A，B，C 这三个变量中，其中两个变量联合独立于第三个变量，如变量 A 和 B 联合独立于变量 C，则称此模型为联合独立模型(joint independence model)，形式可表示为

$$\ln\mu_{ijk}=\lambda+\lambda_i^A+\lambda_j^B+\lambda_k^C+\lambda_{ij}^{AB}$$

为了书写方便且便于区分，一般将饱和模型表示为(ABC)；将齐次关联模型表示为(AB，AC，BC)；将条件独立模型表示为(AB，AC)，(AB，BC)或(AC，BC)其中之一；将联合独立模型表示为(A，BC)，(B，AC)或(C，AB)其中之一；将完全独立模型表示为(A，B，C)。

2. 参数的约束与模型检验

(1) 约束条件。

三维对数线性模型中的参数估计与二维情况相同，都是通过构造似然函数，然后采用迭代法进行求解。此外，在二维情况下参数满足的一系列约束，同样满足于三维情形。例如，SAS 软件中的 CATMOD 过程，约束的形式是限制变量的各水平值之和为 0；而在 GENMOD 过程中，仍是限制各变量的最后一个水平值为 0。类似的，在二维情况下采用的参数检验方法，如 Wald 检验法，同样也适应于三维情形。故本小节不再赘述。

(2) 模型的选择。

但由前文可知，三维列联表对应的对数线性模型较为复杂，总共可以分为 5 种不同的模型形式，因此需要从中选择一种最适合的模型。下面将介绍模型选择的两种思路。

一种是删除思路。即从饱和模型开始，逐步删除高阶项(即三变量的交互项、两变量的交互项)；每删除一个高阶项，就对模型进行一次检验；依次执行此过程，直至找到最优模型。根据前述 5 种类型的模型形式，其过程为：从饱和模型开始，先检验齐次关联模型，再依次对条件独立模型和联合独立模型进行检验，最后是完全独立模型。通过比较模型的拟合效果和回归系数检验结果，可选择其中最好的一个模型进行求解。

另一种是添加思路。从独立模型(最简单的模型)开始，逐步添加复杂的交互项，直到所添加的交互项不显著为止。在 5 类模型形式下，检验的顺序则与第一步刚好相反，即由独立模型到饱和模型。

(3) 模型的检验。

在三维列联表中，模型检验的方法与二维列联表情形下的基本保持一致。由于回归系数的检验方法仍采用 Wald 法，因此这里主要针对模型的拟合优度检验方法予以介绍。

① 皮尔逊卡方检验。三维列联表的情况下，皮尔逊卡方统计量为

$$\chi^2=\sum_{i=1}^{I}\sum_{j=1}^{J}\sum_{k=1}^{K}\frac{(O_{ijk}-E_{ijk})^2}{E_{ijk}}\sim\chi^2(I-1)(J-1)(K-1) \tag{9.22}$$

式(9.22)中，I，J，K 分别表示变量 A，B，C 的水平数；O_{ijk}，E_{ijk} 分别为对应单元格上的观测值与期望值。

② 似然比检验。三维情况下，似然比检验统计量(likelihood-ratio test statistic)或偏差统计量(deviance statistic)的计算公式为

$$G^2=2\sum_{i=1}^{I}\sum_{j=1}^{J}\sum_{k=1}^{K}O_{ijk}\ln\frac{O_{ijk}}{E_{ijk}} \tag{9.23}$$

式(9.23)中符号的含义同式(9.22)。

③ 偏相关检验。在三维情况下，模型形式较多，这有可能造成针对同一批数据，当采用不同的三维对数线性模型时，会出现较为不错的拟合效果。例如，采用齐次关联模型和条件独立模型，都能较好地拟合数据，并且这两个模型对应的卡方统计量和似然比统计量非常接近，这时候就难以区分哪个模型更合适。所以仅仅采用皮尔逊卡方统计量和似然比统计量，有可能无法筛选出最优的模型，还需要结合其他检验方法或统计指标进行筛选。而偏相关检验(partial association test)就是其中的一种方法。

偏相关检验与拟合优度检验都可以对模型整体的效果进行评估，并且其假设的形式也比较接近。但不同的是，拟合优度检验是比较待检验的模型与饱和模型之间的差异，而偏相关检验则要检验任意两个模型之间是否有显著差异，即变量之间是否存在偏相关性。故偏相关检验对应的原假设和备择假设为

H_0:给定第三个变量的条件下，其他两个变量之间没有偏相关性

H_1:给定第三个变量的条件下，其他两个变量之间有偏相关性

偏相关统计量的计算公式为

$$\Delta G^2=G_0^2-G_1^2 \tag{9.24}$$

在式(9.24)中，G_0^2，G_1^2 分别为原假设模型和备择假设模型所对应的似然比统计量。且 ΔG^2 对应的自由度为

$$\Delta df=df_0-df_1$$

其中，df_0、df_1 分别表示原假设模型、备择假设模型所对应的自由度。

④ 信息准则。除了上述几种方法之外，根据信息准则也可以评价模型的拟合能力，常用的有 AIC 准则、BIC 准则等。其值越小，表明模型的拟合效果越高。AIC 的计算公式为

$$\text{AIC}=-2\ln L+2K \tag{9.25}$$

在式(9.25)中，L 为似然函数值，K 为模型的参数个数。

BIC 的计算公式为

$$\text{BIC}=G^2-df\ln N$$

其中，G^2 为似然比统计量，N 为总样本观测数。

9.2.3 与相关模型的区别

1. 对数线性模型与泊松回归模型的区别

泊松回归模型（Poisson regression model）也是广义线性模型的一种。由于泊松回归模型假定响应变量 y 服从泊松分布，因此该模型也适用于计数数据的统计建模问题。这就使得泊松回归模型与对数线性模型类似，两者之间容易混淆。实际上，泊松回归模型与对数线性模型在响应变量、解释变量和连接函数这三个方面上均存在差异。

泊松回归模型中，响应变量常以两种形式出现：第一种是响应变量 y 是计数值的形式，故其服从泊松分布；第二种是响应变量是比例的形式，即 y/t，其中，y 表示计数值，t 表示时间或者空间等其他分组。而对数线性模型中，响应变量 y 仅以计数的形式出现。

对于解释变量而言，两个模型也存在差异。在对数线性模型中，解释变量必须是离散型变量；而在泊松回归模型中，解释变量则可以是连续型变量或者连续型和离散型变量的组合，也可以仅由离散型变量构成(此时，要求响应变量是以 y/t 形式表示的比例)。

至于连接函数，在泊松回归模型中，可以有两种形式。为便于说明，下面以一元回归模型为例。第一种是以本体连接的形式出现，即 $\mu=\theta_0+\theta_1x_1$，此时的模型形式与一般线性模型一致。唯一的区别在于响应变量服从的概率分布不同，泊松回归模型假定响应变量服从泊松分布，一般线性模型假定响应变量服从正态分布。第二种是以自然对数的形式出现，此时的模型形式为 $\ln\mu=\theta_0+\theta_1x_1$，故有时也将其称为“泊松对数线性模型”，此类型的模型更为常见。而在对数线性模型中，连接函数为自然对数的形式。由于前文已详细介绍过，故此处不再展开。

泊松回归模型对计数数据进行建模时的数学形式为

$$\ln\mu=\theta_0+\theta_1x_1$$

此时，均值 μ 满足以下指数关系

$$\mu=\exp(\theta_0+\theta_1x_1)=\exp(\theta_0)\exp(\theta_1x_1)$$

泊松回归模型除应用于计数数据的统计建模之外，还可应用于比例或成数形式的数据①，此时的模型形式为

$$\ln\frac{\mu}{t}=\theta_0+\theta_1x_1$$

化简后可得

$$\ln\mu=\theta_0+\theta_1x_1+\ln t$$

此时，均值 μ 满足以下指数关系

$$\begin{aligned}\mu&=\exp(\theta_0+\theta_1x_1+\ln t)\\&=t\exp(\theta_0+\theta_1x_1)\end{aligned}$$

对于泊松回归模型的参数，常利用牛顿法或迭代加权最小二乘法来取得参数的极大似然估计值。模型的检验可以采用拟合优度检验法，如皮尔逊卡方统计量、似然比统计量等，此处不再展开，有兴趣的读者请自行查阅相关文献。

---

① https://newonlinecourses.science.psu.edu/stat504/node/170/

2. 对数线性模型与其他模型的区别

对数线性模型更倾向于研究变量以及这些变量之间的交互效应对计数值是否存在统计影响，故在对数线性模型中，并无自变量、因变量之分，且一般是将频数数据做自然对数变换(即取 ln 变换)。而逻辑回归的侧重点在于因变量是如何依赖于自变量的，并且在逻辑回归中，对变量之间的交互作用的分析较为困难，且在逻辑回归中，主要是对事件发生的概率进行 logit 变换。这是对数线性模型与逻辑回归模型的不同之处。

在一定条件下，二者可以互相转换。例如，有以下二维的饱和对数线性模型

$$\ln(\mu_{ij})=\lambda+\lambda_i^X+\lambda_j^Y+\lambda_{ij}^{XY}$$

其中，X，Y 分别表示两个变量。此时若要研究变量 X 对 Y 的影响，即需将变量 Y 作为因变量，将 X 作为自变量。假定 p 为变量 Y 发生的概率，则我们可得到如下关系式

$$\begin{aligned}\operatorname{logit}(p)&=\ln\frac{p_{i1}}{p_{i2}}\\&=\ln\frac{\mu_{i1}}{\mu_{i2}}\\&=\ln\mu_{i1}-\ln\mu_{i2}\\&=(\lambda+\lambda_i^X+\lambda_1^Y+\lambda_{i1}^{XY})-(\lambda+\lambda_i^X+\lambda_2^Y+\lambda_{i2}^{XY})\\&=\lambda_1^Y+\lambda_{i1}^{XY}-\lambda_2^Y-\lambda_{i2}^{XY}\end{aligned}$$

由于 λ_1^Y，λ_2^Y 与变量 X 无关，故令 $\lambda_1^Y-\lambda_2^Y=\alpha$。而 λ_{i1}^{XY} 和 λ_{i2}^{XY} 与变量 X 有关，故令 $\lambda_{i1}^{XY}-\lambda_{i2}^{XY}=\beta X$。于是变量 X 和 Y 之间的关系可表示为

$$\operatorname{logit}(p)=\alpha+\beta X \tag{9.26}$$

显然根据式(9.26)，可以将对数线性模型转换为逻辑回归模型。

对数线性模型与列联表的区别在于：对数线性模型是对列联表的拓展，能够解决高维情况下或变量取值较多的情形下，列联表难以有效应用的问题。例如，研究 4 个以上分类变量间的统计关系时，卡方检验将无法在列联表中应用。因为卡方检验无法同时对多个分类变量之间的关系给出结论，也无法实现在控制其他变量作用的前提下，估计变量的效应。但在对数线性模型中，则可以解决此类问题，可以一次性给出多个分类变量之间的两两关系。

而对数线性模型与方差分析是有联系的，因为前者是以后者为基础的，所以，两者均能分析变量的主效应及变量之间的交互效应。所不同的是，方差分析中有自变量和因变量之分，并且要求因变量是连续型变量，服从正态分布和方差齐性的假设；而对数线性模型主要是研究多个分类变量之间的独立性和相关性，分析各分类变量对交叉单元格内频数的影响，故一般不分因变量和自变量。

9.3 SAS 实现与应用案例

9.3.1 二维列联表的对数线性模型应用

微课视频

1. 数据描述与基本思路

为了解影片的观众认可度，某市场调查机构接受电影制作方的委托，对

两部电影的观众进行问卷调查。要求观众在 1 ~ 10 之内进行评分，评分越高，表示观众对影片的认可度越高。数据完成收集后，调查机构按照评分情况进行了分组统计，具体数据可见表9-4。

表9-4　两部电影的评分数据

影片名	影片评分					
	1～2 分	3～4 分	5～6 分	7～8 分	9～10 分	合计
A	1 932	1 760	8 403	54 233	83 874	150 202
B	6 758	2 702	9 473	49 114	113 185	181 232
合计	8 690	4 462	17 876	103 347	197 059	331 434

为了分析各评分组的观众人数受何因素的影响，需要构建对数线性模型。表9-4 中，依次将各组记为 rank1 至 rank5。由于表9-4 为一个二维列联表，根据影片名与影片评分之间是否独立，可能会存在独立对数线性模型和饱和对数线性模型两种情况，因此，需要对这两种模型进行识别。

模型构建的基本思路是：假定模型为独立对数线性模型，通过参数估计和相关检验，判断两变量之间是否存在独立关系；若不存在独立关系，则需要建立饱和对数线性模型。建模流程可见图9-1。

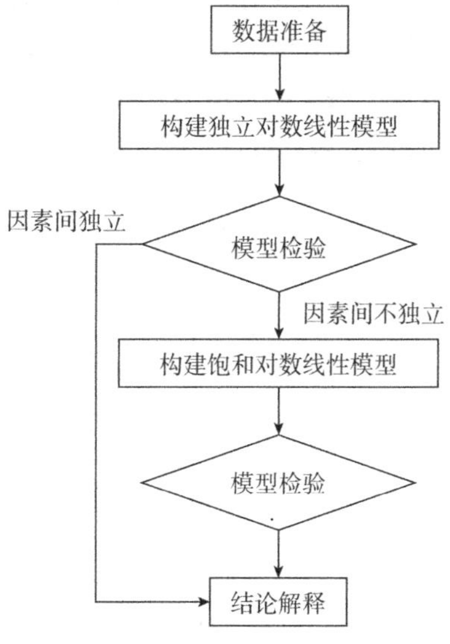

图9-1　二维列联表的对数线性模型的构建流程

2. 模型求解的 SAS 程序

根据图9-1 的流程，在模型求解过程中，需要建立数据和设定相应的模型。计算程序可通过 SAS 软件进行解决。

(1) 数据文件的建立。

根据表9-4，定义变量 film，rank，count 的名称，建立原始数据集。SAS程序见图9-2。

```
data after;
input film $  rank $  count;
datalines;
  A rank1 1932
  A rank2 1760
  A rank3 8403
  A rank4 54233
  A rank5 83874
  B rank1 6758
  B rank2 2702
  B rank3 9473
  B rank4 49114
  B rank5 113185
  ;
run;
```

图9-2 数据文件的建立

(2) 构建独立对数线性模型。

采用 SAS 中的 GENMOD 过程建立独立对数线性模型，程序可见图9-3。程序中，“class”语句指定了该模型的分类变量(为 rank 和 film)；model 语句对模型进行设定；“count”指定了该模型的因变量为单元格上的计数值，并且将模型设为独立对数线性模型(饱和模型时，有所差异，可见下文)；“link=log”表明是对计数值的自然对数进行建模；“dist=poisson”表明服从泊松分布；“out=temp”表明输出结果放在“temp”中；“p=predict”表明预测结果放在 p 中。“proc print”代码则是将输出相关结果。

```
    proc genmod data=after order=data;
      class rank film;
      model count=film rank/link=log dist=poisson lrci type3 wald
obstats;
      output out=temp p=predict;
    run;
    proc print data=temp;
      var film rank count predict;
    run;
```

图9-3 独立对数线性模型的建立

(3) 构建饱和对数线性模型。

仍采用 SAS 中的 GENMOD 过程。与独立对数线性模型不同的是，将“model”语句中的部分进行修改，增加变量的交互项“film*rank”，即有“count=film rank film*rank”。其他语句均与图9-3中的相同。

3. 相关输出结果与解释

利用 SAS 软件，可得到模型求解的相关输出结果。根据图9-1 的模型求解流程，有可能存在两类结果 —— 独立模型和饱和模型，因此下面分别对两者的结果进行解释。

(1) 独立对数线性模型的输出结果。

利用 SAS 中的 GENMOD 过程(语句见图9-3)，所得相关的模型求解结果被整理为表 9-5 至表9-8。

表9-5　模型信息

数据集	WORK.AFTER
分布	Poisson
关联函数	log
因变量	count

表9-6　分类水平信息

分类	水平	值
rank	5	rank1，rank2，rank3，rank4，rank5
film	2	A，B

表9-5 输出结果指定了模型服从的假设和分布，并且给出了模型的观测值。表9-6 则给出了模型的分类型变量以及对应的水平，其中，变量 film 有两个水平(A 和 B)，变量 rank 共有 5 个水平，取值分别为 rank1 至 rank5。

表9-7 中给出了模型的参数信息。模型共有 8 个参数，其中变量 *film* 有两个参数，变量 *rank* 有 5 个参数，截距项 1 个参数。

表9-7　参数信息

参数	效应	rank	film
Prm1	intercept		
Prm2	film		A
Prm3	film		B
Prm4	rank	rank1	
Prm5	rank	rank2	
Prm6	rank	rank3	
Prm7	rank	rank4	
Prm8	rank	rank5	

表9-8 给出了模型的拟合优度检验的结果。其中，卡方检验的统计值为 4 692.335 2，偏差统计量为 4 823.106 4，给定显著性水平 $\alpha=0.01$、自由度为 4 的情况下，卡方检验的临界值为13.276 7，故应拒绝原假设，认为这两个因素之间并不相互独立。

表9-8　评估拟合优度的准则

准则	自由度	值	值 / 自由度
偏差	4	4 823.106 4	1 205.776 6
调整后的偏差	4	4 823.106 4	1 205.776 6
Pearson 卡方	4	4 692.335 2	1 173.083 8
调整后的 Pearson 卡方	4	4 692.335 2	1 173.083 8
对数似然		3 327 255.241 8	
完全对数似然		−2 468.057 2	
AIC(越小越好)		4 948.114 5	
AICC(越小越好)		4 976.114 5	
BIC(越小越好)		4 949.930 0	

(2) 饱和对数线性模型的输出结果。

由于独立模型的结果显现变量之间并不独立，因此，需要采用饱和模型进行拟合。仍然利用 SAS 中的 GENMOD 过程，所得相关的模型求解结果被整理为表9-9 至表9-11。

表9-9 给出了饱和对数线性模型的拟合优度检验的结果，可知卡方、偏差检验统计量为 0，这是因为在饱和模型中，单元格上的观测值等于期望值。也就是说，饱和模型完美地拟合了原始数据，故模型的拟合值与实际值之间不存在偏差，所以表9-9 中大部分统计量均为 0。

表9-9 评估拟合优度的准则

准则	自由度	值	值 / 自由度
偏差	0	0.000 0	.
调整后的偏差	0	0.000 0	.
Pearson 卡方	.	0.000 0	.
调整后的 Pearson 卡方	.	0.000 0	.
对数似然		3 329 666.795 0	
完全对数似然		−56.504 0	
AIC(越小越好)		133.008 0	
AICC(越小越好)		.	
BIC(越小越好)		136.033 9	

注：由于本表拟合的模型是饱和模型，故偏差和卡方的拟合值均为 0。

表9-10 给出了两个主效应和交互效应的 Wald 统计量的卡方值以及对应的 P 值，可知三个变量的 P 值均小于0.05，故可以认为主效应和交互效应这三个变量均显著。

表9-10 联合检验的 Wald 统计量

源	自由度	卡方	$P>$ 卡方
film	1	2 121.36	<.000 1
rank	4	206 098.00	<.000 1
rank * film	4	4 507.44	<.000 1

表9-11 则给出了饱和对数线性模型中各变量的不同水平值的估计值和统计显著性检验的结果。可知 $\lambda_1^A=-0.2997$ (电影 A)，$\lambda_2^A=0$ (电影 B)，$\lambda_1^B=-2.8183$ (评分为 1 ～ 2 分)，$\lambda_2^B=-3.735$ (评分为 3 ～ 4 分)，$\lambda_3^B=-2.4806$ (评分为 5 ～ 6 分)，$\lambda_4^B=-0.8349$ (评分为 7 ～ 8 分)，$\lambda_5^B=0$ (评分为 9 ～ 10 分)，$\lambda_{11}^{AB}=-0.9525$ (电影 A、评分为 1 ～ 2 分的交互效应)，$\lambda_{21}^{AB}=-0.129$ (电影 A、评分为 3 ～ 4 分的交互效应)，$\lambda_{31}^{AB}=0.1799$ (电影 A、评分为 5 ～6 分的交互效应)，$\lambda_{41}^{AB}=0.3989$ (电影 A、评分为 7 ～ 8 分的交互效应)。

此外，表9-11 中还给出了每个变量的各水平值的显著性结果，即表中的最后一列“$P>$ 卡方”这一指标。一般来说，其值小于或等于0.05 时，表明对应的解释变量对响应变量的影响是显著的；反之，则表示不显著。

表9-11　最大似然参数估计的分析

参数	水平值或交互值		自由度	估计	标准误差	似然比 95% 置信限		Wald 卡方	*P* > 卡方
						下限	上限		
intercept			1	11.636 8	0.003 0	11.630 9	11.642 6	1.533 E7	<.000 1
film	A		1	−0.299 7	0.004 6	−0.308 6	−0.290 8	4 327.30	<.000 1
film	B		0	0.000 0	0.000 0	0.000 0	0.000 0	.	.
rank	rank1		1	−2.818 3	0.012 5	−2.842 9	−2.793 8	50 653.0	<.000 1
rank	rank2		1	−3.735 0	0.019 5	−3.773 4	−3.697 1	36 815.3	<.000 1
rank	rank3		1	−2.480 6	0.010 7	−2.501 6	−2.459 7	53 788.1	<.000 1
rank	rank4		1	−0.834 9	0.005 4	−0.845 5	−0.824 3	23 874.0	<.000 1
rank	rank5		0	0.000 0	0.000 0	0.000 0	0.000 0	.	.
rank * film	rank1	A	1	−0.952 5	0.026 2	−1.004 0	−0.901 3	1 321.80	<.000 1
rank * film	rank1	B	0	0.000 0	0.000 0	0.000 0	0.000 0	.	.
rank * film	rank2	A	1	−0.129 0	0.031 0	−0.189 8	−0.068 4	17.34	<.000 1
rank * film	rank2	B	0	0.000 0	0.000 0	0.000 0	0.000 0	.	.
rank * film	rank3	A	1	0.179 9	0.015 7	0.149 1	0.210 5	131.85	<.000 1
rank * film	rank3	B	0	0.000 0	0.000 0	0.000 0	0.000 0	.	.
rank * film	rank4	A	1	0.398 9	0.007 7	0.383 7	0.414 0	2 671.10	<.000 1
rank * film	rank4	B	0	0.000 0	0.000 0	0.000 0	0.000 0	.	.
rank * film	rank5	A	0	0.000 0	0.000 0	0.000 0	0.000 0	.	.
rank * film	rank5	B	0	0.000 0	0.000 0	0.000 0	0.000 0	.	.
尺度			0	1.000 0	0.000 0	1.000 0	1.000 0		

故由表9-11 可知，各变量的不同水平值都是显著的，并且其对应的 *P* 值均小于0.05。综上所述，在本例中，这批样本对应的模型为饱和对数线性模型，并且各单元格中的期望值等于各自对应的观测值。

9.3.2　三维列联表的对数线性模型应用

1. 数据描述与分析思路

企业为了提高市场竞争力，对用户进行了满意度调查[1]。调查内容包括管理质量、领导满意度、员工满意度三方面，其中，管理质量的水平值为 good、bad，领导满意度的水平值为 low、high，员工满意度的水平值为 low、high。根据收集到的数据，将样本进行分组，相关结果见表9-12。

微课视频

① 本数据集来自宾夕法尼亚大学线上课程 STAT504：https://online.stat.psu.edu/stat504/node/131/。

表9-12　满意度调查结果

管理质量	领导满意度	员工满意度	样本量
bad	low	low	103
bad	low	high	87
bad	high	low	32
bad	high	high	42
good	low	low	59
good	low	high	109
good	high	low	78
good	high	high	205

显然，表9-12是一个三维的列联表。因此，要想分析各种客户的选择受到何种因素的影响，就需要建立对数线性模型。

由于三维列联表的情形下，对数线性模型有可能存在5种类型，分别是：完全独立模型、饱和模型、齐次关联模型、条件独立模型、联合独立模型。因此，需要分别进行设置并求解，从中选取拟合效果最优的模型。

2. 模型求解的SAS程序

(1) 数据文件的建立。

根据表9-12的数据，定义变量名称，建立原始数据集。SAS程序见图9-4。

```
data collar;
input manager $  super $  worker $  count @@ ;
datalines;
bad low low 103
bad low high 87
bad high low 32
bad high high 42
good low low 59
good low high 109
good high low 78
good high high 205
;
proc sort; by manager;
```

图9-4　三维列联表数据的建立

(2) 三维对数线性模型的设置。

在三维列联表中，针对所有可能出现的对数线性模型，下面均给出了SAS程序中GENMOD过程的计算语句。由于完全独立模型、饱和模型和齐次关联模型的设定较为特殊，故分别进行表示，可见图9-5至图9-7。

```
proc genmod order=data;
class manager super worker;
model count =manager super worker /link=log dist=poi obstats;
title 'Complete independence model:(M,S,W)';
run;
```

图9-5　完全独立模型的设定

```
p roc genmod order=data;
class manager super worker;
model count=manager super worker manager*super manager*worker
super*workermanager*super*worker /link=log dist=poi obstats;
title 'Saturated model:(MSW)';
run;
```

图9-6　饱和模型的设定

```
p roc genmod order=data data=collar ;
class manager super worker;
model count=manager super worker  manager*super manager*worker worker
*super/link=log dist=poi obstats;
title 'Homogeneous Association:(MS,MW,SW)';
run;
```

图9-7　齐次关联模型的设定

图 9-8 和图 9-9 分别表示条件独立模型和联合独立模型的设定程序。由于在此两类模型中，存在着两两因素组合的方式，因此，我们将不同的因素组合时的程序并列，读者根据具体情况，可进行自主选择。

```
/*conditional independence (MS,MW) */
proc genmod order=data;
class manager super worker;
model count=manager super worker manager*super manager*worker/link=log
dist=poi obstats;
title 'Conditional Independence:(MS,MW)';
run;

/*conditional independence (MS,SW) */
proc genmod order=data;
class manager super worker;
model count=manager super worker manager*super super*worker /link=log
dist=poi obstats;
title 'Conditional Independence:(MS,SW)';
run;

/*conditional independence (MW, SW) * /
proc genmod order=data;
class manager super worker;
model count=manager super worker manager*worker super*worker /link=log
dist=poi obstats;
title 'Conditional Independence:(MW, SW)';
run;
```

图9-8　条件独立模型设定

```
/*joint independence of (MS,W)*/
proc genmod order=data;
class manager super worker;
model count=manager super worker manager*super/link=log dist=poi obstats;
title 'Joint Independence:(MS,W)';
run;

/*joint independence of (MW,S)*/
proc genmod order=data;
class manager super worker;
model count=manager super worker manager*worker/link=log dist=poi obstats;
title 'Joint Independence:(MW,S)';
run;

/*joint independence of (SW,M) */
proc genmod order=data;
class manager super worker;
model count=manager super worker super*worker /link=log dist=poi obstats;
title 'Joint Independence:(SW,M)';
run;
```

图 9-9　联合独立模型的设定

3. 输出结果与分析

(1) 拟合优度的比较。

根据对软件输出结果的整理，可得到各模型的拟合优度检验、皮尔逊残差和偏相关检验的结果，分别见表9-13 至表9-15。

表9-13　各模型的拟合优度检验结果

模型	自由度	G^2	G^2 对应的 p 值	χ^2	χ^2 对应的 p 值	AIC	BIC
(M, S, W)	4	118.00	<0.001	128.09	<0.001	175.47	175.79
(MS, W)	3	35.60	<0.001	35.72	<0.001	95.07	95.47
(MW, S)	3	87.79	<0.001	85.02	<0.001	147.26	147.66
(M, WS)	3	102.11	<0.001	99.09	<0.001	161.59	161.98
(MW, SW)	2	71.90	<0.001	70.88	<0.001	133.38	133.85
(MS, MW)	2	5.39	0.070	5.41	0.070	66.86	67.34
(MS, WS)	2	19.71	<0.001	19.88	<0.001	81.19	81.66
(MW, SW, MS)	1	0.065	0.80	0.069	0.80	63.54	64.10
(MSW)	0	0	—	0	—	65.48	66.11

根据表9-13的结果，齐次关联模型(MW,SW,MS)的拟合效果较好，其对应的G^2统计量为0.065，对应的 P 值为0.8；卡方统计量分别为0.069，对应的 P 值为0.8；所以有理由认为，通过齐次关联模型拟合得到的预测值与样本观测值之间不具有统计显著性差异。

但同时也可以得知，条件独立模型(MS，MW)对应的似然比统计量G^2 为5.39，也比较接近饱和模型，并且条件独立模型(MS,MW) 和齐次关联模型(MW,SW,MS) 的 AIC 和

BIC 统计量比较接近。因此，针对以上两个模型还需要进一步识别。

由表9-14 的残差分析结果可知，齐次关联模型对应的残差比条件独立模型的残差更小，但仍较难判断哪个模型具有更好的拟合能力。

表9-14　模型的拟合结果以及残差分析

管理质量	领导满意度	员工满意度	观测值	(MS, MW)		(MS, MW, SW)	
				拟合值	标准皮尔逊残差	拟合值	标准皮尔逊残差
bad	low	low	103	97.16	1.60	102.26	0.25
bad	low	high	87	92.84	−1.60	87.74	−0.25
bad	high	low	32	37.84	−1.60	32.74	−0.25
bad	high	high	42	36.16	1.60	41.26	0.25
good	low	low	59	51.03	1.69	59.74	−0.25
good	low	high	109	116.97	−1.69	108.26	0.25
good	high	low	78	85.97	1.69	77.26	0.25
good	high	high	205	197.28	−1.69	205.74	−0.25

继续对模型进行偏相关性检验，以验证齐次关联模型和条件独立模型之间是否存在变量的偏相关性。其原假设对应的模型为条件独立模型(MS, MW)，备择假设对应的模型为齐次关联模型(MS, MW, SW)。相关结果见表9-15。

由偏相关检验结果可知，在偏相关检验中，$\Delta G^2=5.325$，对应的 P 值小于0.01，故拒绝原假设对应的条件独立模型(MS, MW)，认为备择假设对应的齐次关联模型(MS, MW, SW) 具有更好的拟合效果。

表9-15　偏相关检验结果

模型	df	G^2	G^2 对应的 p 值	H_0	Δdf	ΔG^2	ΔG^2 对应的 p 值
(MW, SW, MS)	1	0.065	0.80	—	—	—	—
(MW, SW)	2	71.90	< 0.001	$\lambda_{ij}^{MS}=0$	1	71.835	< 0.001
(MS, MW)	2	5.39	0.07	$\lambda_{jk}^{SW}=0$	1	5.325	< 0.01
(MS, WS)	2	19.71	< 0.001	$\lambda_{ik}^{MW}=0$	1	19.645	< 0.001

(2) 模型回归系数的检验。

在选择齐次关联模型(MS, MW, SW) 的基础上，对模型中各变量的回归系数进行检验，具体方法采用 Wald 法，相关结果见表9-16。

表9-16　齐次关联模型的 Wald 检验结果

源	自由度	卡方	$P>$ 卡方
Manager	1	38.37	<.000 1
Super	1	8.32	0.003 9
Worker	1	25.96	<.000 1
Manager * Super	1	67.06	<.000 1
Manager * Worker	1	19.57	<.000 1
Super * Worker	1	5.33	0.021 0

根据表9-16 可知，在齐次关联模型(MS, MW, SW) 中，各变量对应的卡方统计值均

大于对应的临界值，在给定显著性水平 α 为0.05 的情况下，可以认为各个变量均是显著的。故由此可知，本例最终采用齐次关联模型。

(3) 结果的解释。

SAS 程序还给出了齐次关联模型中各变量的估计值以及估计的标准误差等统计量，相关结果被整理为表9-17。

表9-17　极大似然参数估计的分析

参数	水平值或交互值		自由度	估计	标准误差	Wald 95% 置信限		Wald 卡方	P > 卡方
						下限	上限		
intercept			1	5.326 6	0.068 3	5.192 8	5.460 4	6 084.25	<.000 1
manager	bad		1	−1.606 6	0.148 4	−1.897 5	−1.315 7	117.19	<.000 1
super	low		1	−0.642 0	0.111 5	−0.860 6	−0.423 4	33.14	<.000 1
worker	low		1	−0.979 4	0.123 1	−1.220 7	−0.738 1	63.29	<.000 1
manager * super	bad	low	1	1.396 4	0.170 5	1.062 2	1.730 6	67.06	<.000 1
manager * worker	bad	low	1	0.747 9	0.169 1	0.416 5	1.079 2	19.57	<.000 1
super * worker	low	low	1	0.384 7	0.166 7	0.058 1	0.711 4	5.33	0.021 0
尺度			0	1.000 0	0.000 0	1.000 0	1.000 0		

对于齐次关联模型，可以得到在固定管理质量和领导满意度分别处于同一水平值的情况下，低员工满意度对应的对数优势为

$$\begin{aligned}\ln\frac{m_{ij1}}{m_{ij2}} &= \ln m_{ij1} - \ln m_{ij2} \\ &= \lambda_1^Z + \lambda_{i1}^{XZ} + \lambda_{j1}^{YZ} - (\lambda_2^Z + \lambda_{i2}^{XZ} + \lambda_{j2}^{YZ})\end{aligned}$$

由于在 SAS 的 GENMOD 程序中，满足各变量的最后一个水平值为 0 的约束，故此处的对数优势为

$$\ln\frac{m_{ij1}}{m_{ij2}} = \lambda_1^Z + \lambda_{i1}^{XZ} + \lambda_{j1}^{YZ}$$

所以，在固定管理质量为同一水平值时，领导满意度高低对应的对数优势比为

$$\begin{aligned}\ln\frac{m_{i11}}{m_{i12}} - \ln\frac{m_{i21}}{m_{i22}} &= \lambda_1^Z + \lambda_{i1}^{XZ} + \lambda_{11}^{YZ} - (\lambda_1^Z + \lambda_{i1}^{XZ} + \lambda_{21}^{YZ}) \\ &= \lambda_{11}^{YZ} \end{aligned} \tag{9.27}$$

故根据式(9.27)，由表9-17 可得以下几个结论。

首先，固定管理质量为同一水平值的情况下，令员工满意度低的概率为 P，则当领导满意度为低时，员工满意度为低时的优势是领导满意度为高时的1.47 倍，即

$$\frac{m_{i11}/m_{i12}}{m_{i21}/m_{i22}} = \exp(\lambda_{11}^{YZ}) = \exp(0.384\ 7) = 1.47$$

其次，固定领导满意度为同一水平值的情况下，令员工满意度低的概率为 P，则当管理质量为差时，员工满意度为低时的优势是管理质量为好时的2.1 倍，即

$$\frac{m_{1j1}/m_{1j2}}{m_{2j1}/m_{2j2}} = \exp(\lambda_{11}^{XZ}) = \exp(0.747\ 9) = 2.1$$

最后，固定员工满意度为同一水平值的情况下，令领导满意度低的概率为 P，则当管理质量为差时，领导满意度为低时的优势是管理质量为高时的 4 倍，即

$$\frac{m_{11k}/m_{12k}}{m_{21k}/m_{22k}}=\exp(\lambda_{11}^{XY})=\exp(1.394\ 6)=4$$

上述三个结论表明，员工满意度低的优势主要受到管理质量好坏的影响，且管理质量的高低对领导满意度优势的影响比对员工满意度优势的影响更大。

【课后练习】

一、简答题

1. 请阐述广义线性模型的三个基本假定。

2. 为什么对数线性模型也属于广义线性模型的一种，请证明。

3. 对数线性模型都有哪几种类型，如何筛选合适的模型?

4. 请阐述对数线性模型与逻辑回归参数的联系和区别，两者之间能否相互转换?

二、上机分析题

1. 数据 EXE9_1 提供了甲、乙两个诊所不同产前护理量对应的婴儿存活例数，试通过建立对数线性模型分析这三个变量是否存在影响。

2. 数据 EXE9_2 给出了1992 年美国总统大选的部分数据[①]，并且部分信息已做脱敏处理。读者可以尝试建立对数线性模型，分析这两个变量之间是否有关联。

---

① 本数据集来自宾夕法尼亚大学线上课程 STAT504：https://online.stat.psu.edu/stat504/node/228/。

第10章

逻辑回归

在现实生活中，许多问题需要在“是”或“否”的状态下开展决策。例如，银行决定是否贷款给某位客户，风险投资机构选择是否投资于某个企业，厂商是否生产某种产品，公司创业是否成功等。在讨论类似现象时，我们希望对现象发生的可能性进行预测、对其影响因素进行分析。由于被解释变量的取值只有两种状态——发生或不发生，因此，逻辑回归方法被提出，并且在经济预测、金融风险统计、生物统计、市场研究等领域得到了大量应用。目前，该方法已成为机器学习算法体系中的重要方法之一。本章将介绍逻辑回归方法的基本概念和应用。

10.1 逻辑回归的基本思想

微课视频

假定二值变量 y 的两个可能结果为“是”和“否”，分别以 $y=1$、$y=0$ 来表示。在解释 y 的取值会受到哪些因素的影响时，我们往往会借助线性回归模型进行分析。以一元线性回归分析为例，可以建立模型

$$y=\alpha+\beta x \tag{10.1}$$

但在式(10.1)中，等式两侧的取值范围是不相等的。自变量 x 的取值范围是$(-\infty,+\infty)$，而因变量 y 的取值仅为0和1两种情况。因此，这一模型存在着结构性缺陷，为了解决这一问题，需要引入逻辑回归模型(logistic regression，LR)。

值得注意的是，虽然逻辑回归以“回归”命名，但并非真正意义上的“回归”。其最终目的是为了解决样品(或对象)的分类问题，即根据已知的样本信息构建逻辑回归模型；进而对新样品在因变量 y 上的取值进行预测(即判断新样品的取值属于1，还是属于0)，并给出相应的概率。

考虑图10-1中的二维情形，横、纵坐标轴分别为两个自变量，变量值为“是”和“否”，分别以菱形和方形表示。我们的目标是，利用已知分类结果的样本信息，寻找两类结果的判断规则，尽量将样品分开，并利用这一规则，对分类结果未知的样品进行判断。图10-1中的直线，被称为决策边界(decision bound)。

若模型中的自变量个数由两个增至三个时，此时的决策边界则由直线变换为平面。当变量个数继续增加时，决策边界将表示为一个超平面(hyperplane)。因此，如何得到这个决策边界便成为逻辑回归的核心问题。在高维空间上的决策边界可描述为 $\alpha+\beta_1x_1+\beta_2x_2+\cdots+\beta_nx_n$。

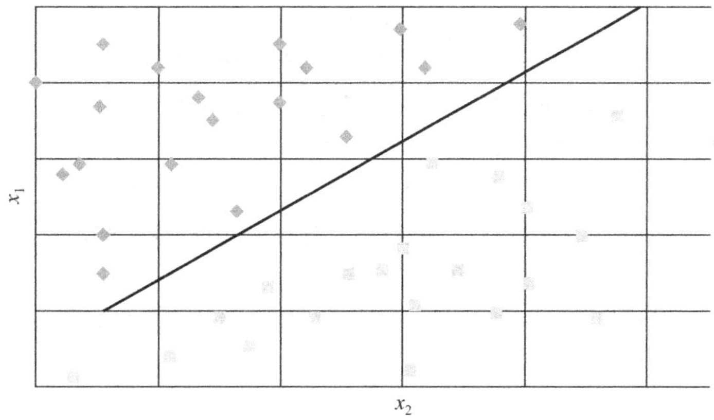

图 10-1　样品数据的分类情形

以信用卡评分为例，我们可选择用户的年龄、性别、收入水平等作为自变量，因变量则可定义为是否有过逾期行为。根据这些变量，利用已知的信用卡用户信息，可以构建逻辑回归模型，对相关参数进行估计，并取得逻辑回归方程(即决策边界)。当将一个新申请用户的自变量代入这个方程时，可以预测出该新用户是否将会发生逾期行为，以及有多大可能会发生逾期，从而帮助银行判断是否给此申请者以相应的信用卡额度。

10.2　逻辑回归的数学推导

10.2.1　Logistic 模型

第 9 章中已经给出广义线性模型的定义，接下来证明逻辑回归模型是广义线性模型的一种具体形式。

由于在逻辑回归模型中，因变量 y 的两个可能结果为“是”和“否”，分别将其表示为 $y=1$、$y=0$，故 y 服从伯努利分布，即 $y\sim b(1,p)$，因此有概率函数

$$\begin{aligned}\pi(y;p)&=p^y(1-p)^{1-y}\\&=\exp\{\ln[p^y(1-p)^{1-y}]\}\\&=\exp\{y\ln p+(1-y)\ln(1-p)\}\\&=\exp\left\{\ln\frac{p}{1-p}y+\ln(1-p)\right\}\end{aligned}$$

对比指数族分布的数学形式 $p(y;\eta)=b(y)\exp[\eta^T T(y)-a(\eta)]$ 可以发现，逻辑回归也满足指数族分布的形式。并且根据指数族分布的定义，还能得到以下关系

$$T(y)=y$$

$$\eta=\ln\frac{p}{1-p} \tag{10.2}$$

$$a(\eta)=-\ln(1-p)=\ln(1+e^{\eta})$$

$$b(y)=1$$

其中，η 为自然参数(natural parameter)，$T(y)$ 为充分统计量(sufficient statistic)，$\alpha(\eta)$ 为对数分区函数(log partition function)。这就满足了广义线性模型的第一个条件，即因变量的概率分布满足指数族分布的基本形式。

从本章10.1 节的介绍可以看出，逻辑回归存在一个线性的"决策边界"，能将在因变量 y 上具有不同取值的样品，进行有效的区分。若以一维情形为例，则决策边界可表示为 $\eta=\alpha+\beta x$，故其满足广义线性模型的第二个条件。

由式(10.2) 可以看出，因变量 Y 的期望均值与"决策边界"之间存在一个联系函数，且表现为

$$\begin{aligned}\eta&=\ln\frac{p}{1-p}\\&=\alpha+\beta x\end{aligned}$$

证明如下：

因变量 y 的条件期望值可表示为：$h(x)=E(y\mid x)$。由于变量 y 服从伯努利分布，因此有

$$E(y\mid x)=p(y=1\mid x;\theta)\times 1+p(y=0\mid x;\theta)\times 0=p \tag{10.3}$$

由于 $\eta=\ln\dfrac{p}{1-p}$ 成立，则可得到 $p=\dfrac{1}{1+e^{-\eta}}$。令 $\eta=\alpha+\beta x$，式(10.3) 可改写为

$$\begin{aligned}h_\theta(x)&=E(y\mid x)\\&=p=\frac{1}{1+e^{-(\alpha+\beta x)}}\end{aligned} \tag{10.4}$$

由此即可证明逻辑回归也是广义线性模型的一种，并且式(10.4) 即为逻辑回归的数学表达式。根据该式，可以得到以下两个结论：

(1) 逻辑回归的结果是一个概率值。因为由变量 y 服从伯努利分布可知，$p(y=1|x;\theta)=p$，$p(y=0\mid x;\theta)=1-p$，所以逻辑回归得到的是预测样品因变量取值为 1 的概率。

(2) 逻辑回归可视为，在多元线性回归的基础上嵌套了一层 sigmoid 函数，从而使得其结果控制在 0 ～ 1 之间。

10.2.2 Logit 变换与 Logistic 模型

现实生活中，我们常用概率来表示一个事件发生的可能性。在此基础上，为了描述事件发生与不发生的"强度"对比，可采用优势的概念。即

$$odds=\frac{p}{1-p} \tag{10.5}$$

其中，p 表示事件发生的概率。若对式(10.5) 取自然对数，则有

$$\ln(odds)=\ln\frac{p}{1-p} \tag{10.6}$$

式(10.6) 被称为 Logit 变换。由于 $\ln(odds)$ 的取值范围为$(-\infty,+\infty)$，而因变量的取值范围也为$(-\infty,+\infty)$，因此，我们可以尝试建立两者之间线性关系，以一元线性回归为例

$$\ln(odds)=\ln\frac{p}{1-p}=\alpha+\beta x \tag{10.7}$$

式(10.7) 被称为 Logistic 回归模型。对其进行指数运算，则有

$$\frac{p}{1-p}=\mathrm{e}^{\alpha+\beta x} \tag{10.8}$$

化简后可得

$$p=\frac{1}{1+\mathrm{e}^{-(\alpha+\beta x)}} \tag{10.9}$$

显然，在式(10.9) 中，p 的取值在 0 ～ 1 之间，因此，可将其理解为因变量 $y=1$ 发生的概率。

10.2.3　模型的解释

以一元 Logistic 回归为例，在式(10.8) 中，当参数 β 取值变化时，回归模型的统计趋势也将会改变。图 10-2、图 10-3 分别表示在 $\beta>0$、$\beta<0$ 时模型的基本形式。

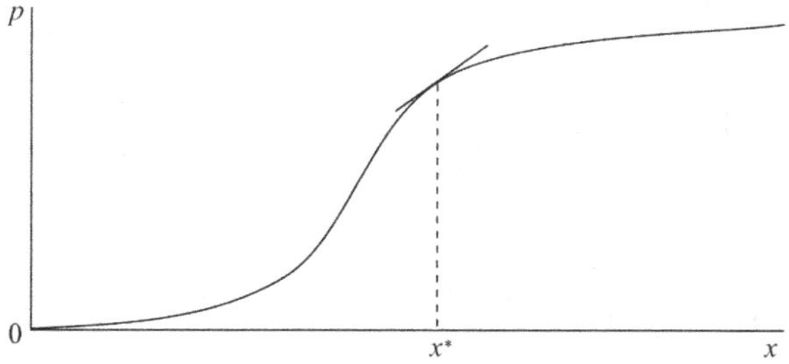

图 10-2　$\beta>0$ 时的一元 Logistic 回归曲线示意

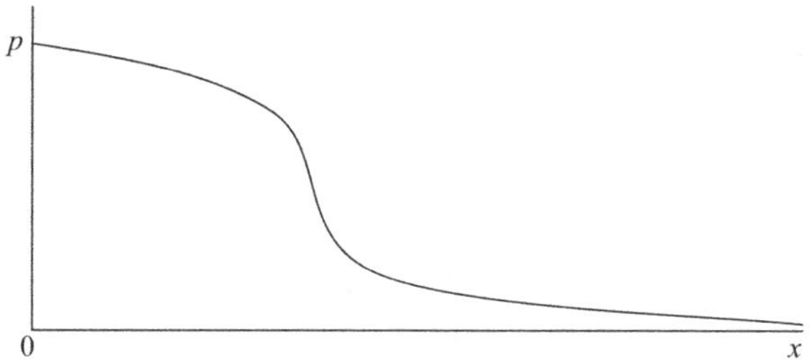

图 10-3　$\beta<0$ 时的一元 Logistic 回归曲线示意

从图 10-2、图 10-3 中也可以看出，Logistic 回归具有 S 型曲线的形态。参数 β 的取值决定了曲线上升或下降的速率；而随着自变量 x 的变化，概率 p 的变化率也是在不断变动的。在图 10-2 中，当 $x=x^*$ 时，Logistic 回归曲线的切线就表示该点的变化率，其值可表示为 $\beta p(x^*)[1-p(x^*)]$ 。显然，当 $p(x^*)\to 0$ 或 $p(x^*)\to 1$ 时，斜率趋向于 0。

在解释模型的意义时，根据公式(10.12) 我们可以发现，当 x 每增加 1 个单位时，logit 就相应增加 β 个单位。但由于 logit 的对数变换过程，其意义的解释显得并不那么直观，所以采用式(10.9)，即解释当 x 每增加 1 个单位时，事件发生的概率 p 将会如何变化。

优势解释了事件发生可能性相对于不发生的对比关系，可将之理解为占优关系。当优势大于 1 时，事件发生的可能性大于事件不发生的可能性。例如，信用卡用户发生信用违约的概率为0.6，那么优势则为1.5，这说明信用违约发生的相对可能性较大。

由于$\frac{p}{1-p}=e^{\alpha+\beta x}$，所以存在如下关系：当$x$变动一个单位时，优势将变动$e^{\beta}$倍。显然，若$\beta$为 0 时，则优势不发生任何改变。

10.3 逻辑回归模型的参数估计

微课视频

1. 似然函数

根据公式(10.12)，逻辑回归模型中需要求解的参数为β。在进行传统的线性回归方程的参数估计时，可采用最小二乘法。但该方法在逻辑回归中并不适用，而较多采用极大似然估计法。可以设定逻辑回归的似然函数形式为

$$\begin{aligned}L(\beta)&=\prod_{i=1}^{n}P(y=1\mid x_i;\beta)^{y_i}\ [1-P(y=1\mid x_i;\beta)]^{1-y_i}\\&=\prod_{i=1}^{n}\left(\frac{1}{1+e^{-(\alpha+\beta x_i)}}\right)^{y_i}\left(1-\frac{1}{1+e^{-(\alpha+\beta x_i)}}\right)^{1-y_i}\end{aligned}$$

等式两边取自然对数，可得

$$\begin{aligned}\ln L(\beta)&=\sum_{i=1}^{n}\left\{y_i\times\ln\frac{1}{1+e^{-(\alpha+\beta x_i)}}+\left[(1-y_i)\times\ln\left(1-\frac{1}{1+e^{-(\alpha+\beta x_i)}}\right)\right]\right\}\\&=\sum_{i=1}^{n}\left\{y_i\times\ln\frac{1}{1+e^{-(\alpha+\beta x_i)}}+\left[(1-y_i)\times\ln\left(\frac{e^{-(\alpha+\beta x_i)}}{1+e^{-(\alpha+\beta x_i)}}\right)\right]\right\}\\&=\sum_{i=1}^{n}\left[y_i\times\ln\frac{e^{\alpha+\beta x_i}}{1+e^{\alpha+\beta x_i}}+(1-y_i)\times\ln\frac{1}{1+e^{\alpha+\beta x_i}}\right]\\&=\sum_{i=1}^{n}\left[y_i\left(\ln\frac{e^{\alpha+\beta x_i}}{1+e^{\alpha+\beta x_i}}-\ln\frac{1}{1+e^{\alpha+\beta x_i}}\right)+\ln\frac{1}{1+e^{\alpha+\beta x_i}}\right]\\&=\sum_{i=1}^{n}\left[y_i(\alpha+\beta x_i)-\ln(1+e^{\alpha+\beta x_i})\right]\end{aligned}$$

对其求关于β的偏导，可得到似然方程

$$\frac{\partial\ln L(\beta)}{\partial(\beta)}=\sum_{i=1}^{n}\left(y_i x_i-\frac{e^{\alpha+\beta x_i}}{1+e^{\alpha+\beta x_i}}x_i\right)=0$$

因此，可解得

$$y_i=\frac{e^{\alpha+\beta x_i}}{1+e^{\alpha+\beta x_i}}\qquad(10.10)$$

可以发现，式(10.10) 等价于

$$y_i=\frac{1}{1+e^{-(\alpha+\beta x_i)}}$$

这说明，当我们采用极大似然估计法求解参数β时，最终又会回到逻辑回归模型本身，因此陷入了循环求解的过程，故参数无法得到有效估计。而此时，解决这一问题的思路是，

通过求解 $-\ln L(\theta)$ 的极小值来进行估计，即设定变换函数 $J(\theta)$，有

$$J(\beta)=-\ln L(\beta)$$
$$=-\sum_{i=1}^{n}\left\{y_i\times\ln\frac{1}{1+\mathrm{e}^{-(\alpha+\beta x_i)}}+\left[(1-y_i)\times\ln(1-\frac{1}{1+\mathrm{e}^{\mathrm{e}^{-(\alpha+\beta x_i)}}})\right]\right\} \tag{10.11}$$

值得注意的是，在估计式(10.11)的参数时，常用的方法有梯度下降法、牛顿法等。下文将介绍梯度下降法的原理，以及如何通过梯度下降法求解逻辑回归的参数值。

2. 梯度下降法

梯度下降算法是一种迭代算法，需要在每一步的迭代中求解目标函数的梯度向量。其原理是通过求解目标函数 $f(x)$ 在某取值处的一阶偏导数，从而确定在特定的位置，如 $(x_0,y_0,\cdots,z_0)$ 处的梯度；由于 $f(x)$ 在该点的梯度方向是函数值增长最快的方向，所以其反方向则是函数值下降最快的方向；我们可根据梯度的反方向，并通过迭代来更新参数，从而使目标函数 $f(x)$ 的变化量趋于一个较小的值。当函数值小于给定的阈值时，则停止迭代过程，即可求得参数的最优值。

梯度下降法求解参数最优值的公式可表示为

$$\beta_{k+1}=\beta_k-a\,\nabla J(\beta) \tag{10.12}$$

式(10.12)中：β_{k+1}、β_k 分别为参数 θ 在 $k+1$、k 时刻的取值；a 为梯度下降的迭代过程的步长；$\nabla J(\beta)$ 为梯度的方向，$-\nabla J(\beta)$ 则表示梯度的反方向。

因此，式(10.11)的梯度可表示为

$$\nabla J(\beta)=-\sum_{i=1}^{n}\left(y_ix_i-\frac{\mathrm{e}^{\alpha+\beta x_i}}{1+\mathrm{e}^{\alpha+\beta x_i}}x_i\right) \tag{10.13}$$

根据式(10.12)和式(10.13)，在第 $k+1$ 时刻，β 的迭代值为

$$\beta_{k+1}=\beta_k-a\left[-\sum_{i=1}^{n}\left(y_ix_i-\frac{\mathrm{e}^{\alpha+\beta x_i}}{1+\mathrm{e}^{\alpha+\beta x_i}}x_i\right)\right]$$
$$=\beta_k-a\left[\sum_{i=1}^{n}\left(\frac{\mathrm{e}^{\alpha+\beta x_i}}{1+\mathrm{e}^{\alpha+\beta x_i}}x_i-y_ix_i\right)\right] \tag{10.14}$$

利用梯度下降法搜寻到的最优值有可能仅为“局部最优”，而非“全局最优”。但若目标函数是凸函数，则根据凸函数的性质，可知局部最优点必定是全局最优点。因此 $J(\beta)$ 是否为凸函数，可根据“二阶导数非负”这一凸函数的充要条件进行判断。

对式(10.11)求一阶偏导、二阶偏导，则有

$$\frac{\partial J(\beta)}{\partial\beta}=-\sum_{i=1}^{n}\left(y_ix_i-\frac{\mathrm{e}^{\alpha+\beta x_i}}{1+\mathrm{e}^{\alpha+\beta x_i}}x_i\right)$$

$$\frac{\partial^2 J(\beta)}{\partial\beta^2}=-\sum_{i=1}^{n}\left[-\frac{\mathrm{e}^{\alpha+\beta x_i}}{(1+\mathrm{e}^{\alpha+\beta x_i})^2}x_i\right]$$
$$=\sum_{i=1}^{n}\left[\frac{\mathrm{e}^{\alpha+\beta x_i}}{(1+\mathrm{e}^{\alpha+\beta x_i})^2}x_i\right] \tag{10.15}$$

在式(10.15)中，由于 $x_i^2\geqslant 0$，$\mathrm{e}^{\alpha+\beta x_i}\geqslant 0$，$(1+\mathrm{e}^{\alpha+\beta x_i})^2\geqslant 0$，故必定有 $\frac{\partial^2 J(\theta)}{\partial\theta^2}\geqslant 0$，可以判定 $J(\beta)$ 为凸函数。因此，式(10.11)必定存在全局最优值。

除了梯度下降法外，我们还可以通过牛顿法求解。需要指出的是，梯度下降法和牛顿

法都属于凸优化方法的范畴，即在给定目标函数是凸函数的情况下，求解函数的极小值，此时的极小值便为最小值。由于涉及迭代计算的过程，现有的主流统计软件均可解决这一问题，大大减少了计算工作量。

10.4 逻辑回归的模型检验

微课视频

在统计学中，逻辑回归模型中的检验主要包括两大类：一类是对回归系数的显著性检验，常用的检验方法包括 Wald 检验(Wald test)、比分检验(score test)、似然比检验(likelihood ratio test，LRT) 等；另一类则是对模型拟合效果的检验，如拟合优度检验(test of goodness of Fit)[①]、残差检验(residuals test) 等。除此之外，在机器学习领域提供了关于检验分类模型的相关指标，如混淆矩阵(confusion matrix)、准确率(accuracy rate) 以及 AUC 等指标。

10.4.1 回归系数的显著性检验

对于广义线性模型系数的检验，常用的方法有三种，分别为 Wald 检验、比分检验以及似然比检验。这三种方法既有相同点，也有不同之处。相同之处为，这三种方法都是在对数似然函数的基础上展开的。不同之处在于，Wald 检验只需要构造无约束模型，比分检验只需要构造约束模型，而似然比检验则需要构造无约束模型和约束模型。

1. Wald 检验

Wald 检验的原理是通过构造无约束估计量与检验值之差的函数，并采用估计标准误差进行归一化处理，验证参数是否具有统计显著性。参数 β_j 的 Wald 统计量可表示为

$$W_{\beta_j}=\left(\frac{\hat{\beta}_j-\beta_j^0}{\mathrm{SE}(\hat{\beta}_j)}\right)^2$$

其中：$\hat{\beta}_j$，β_j^0 分别表示参数 β_j 的估计值和检验值，$\mathrm{SE}(\hat{\beta}_j)$ 为 β_j 的估计标准误差。统计量 W 服从自由度为 n 的卡方分布，即 $W\sim\chi^2(n)$。

需要指出的是，Wald 检验法存在两个潜在的缺陷。首先，当变量的回归系数的绝对值很大时，其估计标准误差有可能膨胀，从而导致统计值变小，提高了犯第二类错误的概率；其次，在样本量较小的情形下，估计标准误差将会直接影响检验结论。如果存在以上两种情况，则 Wald 检验法的适用性会受到一定的影响。

2. 比分检验

比分(Score) 检验又称拉格朗日乘子检验，其原理是在约束模型中构造关于待检验参数 θ_0 的得分函数，也即一阶偏导数。由最大似然估计的性质可知，在最大似然估计值处，得分函数为 0。若在待检验参数 θ_0 处的得分函数显著不为 0，则有理由认为原假设不成立。Score 统计量的计算公式为

---

① 关于拟合优度检验的原理，读者可查阅第 9 章的相关内容。

$$\text{Score}=\frac{[u(\theta_0)]^2}{I(\theta_0)}$$

上式中，θ_0 为待检验参数，$u(\theta_0)$ 为在待检验参数 θ_0 处的一阶偏导数，$I(\theta_0)$ 为对应的 Fisher 信息。在大样本情况下，Score 统计量近似服从正态分布。

以前述二元逻辑回归为例，无约束模型为 $\text{logit}(p)=\alpha+\beta_1x_1+\beta_2x_2$。此时约束条件为 $\beta_2=0$，则原假设和备择假设分别可设为

$$H_0:\beta_2=0$$
$$H_1:\beta_2\neq 0$$

对应的约束模型为

$$\text{logit}(p)=\alpha+\beta_1x_1$$

则对应的 Score 统计量为

$$\text{Score}=\frac{[u(\beta_2)]^2}{I(\beta_2)}$$

将 Score 统计量与正态分布对应的临界值比较，即可判断原假设是否成立，从而可知变量是否显著。

3. 似然比检验

似然比检验法的基本思想是，考虑参数在两个不同模型中的似然估计值的差异性(以比值的形式)，检验回归系数是否具有统计显著性。因此，在进行似然比检验时，需要构造两个模型：一个是省略了预测变量的约束模型；另一个则是包含预测变量的无约束模型。

假定对参数 β_j，检验的假设可设为

$$H_0:\beta_j=0$$
$$H_1:\beta_j\neq 0$$

则检验统计量 LR 为

$$\text{LR}=-2\ln\frac{l(\beta_j\mid H_0)}{l(\beta_j\mid H_1)}\sim\chi^2(n)$$

式中，$l(\beta_j\mid H_0)$、$l(\beta_j\mid H_1)$ 分别表示约束模型、无约束模型所对应的极大似然函数值，n 为自由度。

以模型 $\text{logit}(p)=\alpha+\beta_1x_1+\beta_2x_2$ 为例，若我们要检验变量 x_2 是否显著，故此时，原假设和备择假设分别为

$$H_0:\beta_2=0$$
$$H_1:\beta_2\neq 0$$

所对应的约束模型和无约束模型，分别可表示为

$$H_0:\text{logit}(p)=\alpha+\beta_1x_1$$
$$H_1:\text{logit}(p)=\alpha+\beta_1x_1+\beta_2x_2$$

对应的逻辑回归模型，分别为

$$H_0:p_0=\frac{1}{1+\mathrm{e}^{-(\alpha+\beta_1x_1)}}$$

$$H_1:p_1=\frac{1}{1+\mathrm{e}^{-(\alpha+\beta_1x_1+\beta_2x_2)}}$$

其对数似然函数分别为

$$H_0:\ln_0=\sum_{i=1}^{n}[y_i\ln p_0+(1-y_i)\ln(1-p_0)]$$

$$H_1:\ln_1=\sum_{i=1}^{n}[y_i\ln p_1+(1-y_i)\ln(1-p_1)]$$

因此，似然比统计量为

$$\mathrm{LR}=-2\left[\sum_{i=1}^{n}y_i\ln\frac{p_0}{p_1}+\sum_{i=1}^{n}(1-y_i)\ln\left(\frac{1-p_0}{1-p_1}\right)\right]\sim\chi^2(1)$$

结合卡方分布表，即可对检验结果进行判断。

10.4.2 模型拟合效果的检验

在构建好模型之后，我们需要对模型整体进行检验，也就是需要检验模型的拟合能力，或者说模型对于正负样本的区分度，以确保我们构建出来的模型具有较好的拟合能力。常用的方法是皮尔逊卡方拟合优度检验、混淆矩阵、ROC 曲线、KS 值等。

1. 皮尔逊卡方检验法

以一元逻辑回归模型为例，对于第 i 个样品，其因变量的估计值$\hat{y}_i$ 可记为

$$\hat{y}_i=\frac{1}{1+\mathrm{e}^{-(\alpha+\beta x_i)}}$$

利用样品 i 的观测值 y_i，可以得到该样品的皮尔逊残差(Pearson residuals)，有

$$\gamma_i=\frac{y_i-E(y_i\mid x)}{\sqrt{\mathrm{var}(y_i\mid x)}}=\frac{y_i-\hat{y}_i}{\sqrt{\hat{y}_i(1-\hat{y}_i)}}$$

因此，构造皮尔逊卡方拟合优度统计量

$$\chi^2=\sum_{i=1}^{n}\gamma_i^2$$

此时，χ^2 统计量服从自由度为 $n-2$ 的卡方分布。对于多元逻辑回归模型，自由度则为 $n-(k+1)$，其中，k 为解释变量的个数。

2. 基于分类准确度的方法

利用 Logstic 回归方程可以对各样品在因变量 y 上的状态(发生或不发生)进行预测。利用训练样本的已知状态与预测状态之间的异同，则可以判断模型的拟合效果。显然，对于研究样本中的任一样品，该模型的预测结果与其实际观测结果之间完全一致，则拟合效果最高。

根据逻辑回归模型，当事件发生的概率 $p>0.5$ 时，一般认为其预测结果为“是”。结合各样品的实际状态或观测的分类结果，因此，可以将相关结果整理为表10-1。

表10-1 研究样本的观测结果与预测结果对比

项目		预测结果	
		发生	不发生
观测结果	发生	TP	FN
	不发生	FP	TN

在表10-1 中，预测结果准确的样品将分别出现在表中的对角线上。其中，TP 表示“实际情况为发生，预测结果也为发生”的样品数量；TN 表示“实际情况为不发生，预测结果也为不发生”的样品数量。以上两类均表示实际情况与预测结果相符。FN、FP 表示实际情况与预测结果不相符的样品数量。据此可以计算准确率和错误率等指标。

准确率衡量了正确分类的样品数与样品总数之比，计算公式为

$$\text{Accu}=\frac{\text{TP}+\text{TN}}{\text{TP}+\text{FP}+\text{TN}+\text{FN}}$$

那么，错误率即为

$$\text{Error}=1-\text{Accu}=\frac{\text{FN}+\text{FP}}{\text{TP}+\text{FP}+\text{TN}+\text{FN}}$$

一般来讲，准确率越高，说明逻辑回归模型能够将两类样本较好地区分开来，故模型的拟合效果也比较好。

另外，衡量模型拟合效果的还有精确率、召回率、特异度、假正率等指标。其计算公式依次为

$$\text{精确率(Precision)}=\frac{\text{TP}}{\text{TP}+\text{FP}}$$

$$\text{召回率(TPR)}=\frac{\text{TP}}{\text{TP}+\text{FN}}$$

$$\text{特异度(TNR)}=\frac{\text{TN}}{\text{FP}+\text{TN}}$$

$$\text{假正率(FPR)}=\frac{\text{FP}}{\text{FP}+\text{TN}}$$

其中，精确率表示在预测为“发生”的样品中，有多大比例的样品实际分类就是“发生”的；召回率则表示在实际分类为“发生”的样品中，有多大比例的样本被预测为“发生”；特异度表示实际分类为“不发生”的样品中，有多大比例的样本被预测为“不发生”；假正率表示实际分类为“不发生”的样品中，有多大比例的样本被预测为“发生”。

在此情形下，我们可事先设定指标的一个合意的阈值，例如，准确率不低于 90%。显然，当指标高于这一阈值时，可认为该模型的拟合优度较好。

值得注意的是，一般情形下，在 $p>0.5$ 时，可以判断事件发生的概率大于不发生的概率。但部分学者认为，这并不能对样品的类型进行有效区分。例如，样品 A 的发生概率为 0.51，样本 B 的发生概率为0.95，若根据 $p>0.5$ 的标准进行判断时，两样本都为“发生”的状态；但“发生”对于“不发生”的“占优”程度显然是不同的。考虑到这一情况，可以确定一个判断事件发生的概率阈值，例如0.75，这种思路也是可行的。

10.5 分组情形下的逻辑回归

在很多情形下，我们试图解释具有不同类别特征的研究对象，在开展决策时的选择差异性。例如，在研究消费者的购买行为时，研究者希望能分析不同收入水平下，消费者对电子商务渠道销售商品的接受度。此时就需要按照收入水平将消费者划分为不同的组，再计算各组的回归模型。例如我们可以得到如表10-2 的分组结果。

表10-2 研究样本的分组结果

序号	月收入 / 元	人数	选择电子商务的人数	选择率
1	4 000 以下	n_1	m_1	p_1
2	4 000 ～ 6 000	n_2	m_2	p_2
3	6 000 ～ 8 000	n_3	m_3	p_3
4	8 000 ～ 10 000	n_4	m_4	p_4
5	10 000 ～ 15 000	n_5	m_5	p_5
6	15 000 ～ 20 000	n_6	m_6	p_6
7	20 000 ～ 25 000	n_7	m_7	p_7
8	25 000 ～ 30 000	n_8	m_8	p_8
9	30 000 ～ 40 000	n_9	m_9	p_9
10	40 000 ～ 50 000	n_{10}	m_{10}	p_{10}
11	50 000 以上	n_{11}	m_{11}	p_{11}

分组数据的逻辑回归步骤可概括如下。

(1) 计算选择频率 $p_i=\frac{m_i}{n_i}$。值得注意的是，由于后续需要进行logit变换，为保证变换具有意义，因此，当 $m_i=0$ 或 $m_i=n_i$ 时，需要采用以下修正公式来计算 p_i，即$p_i=\frac{m_i+0.5}{n_i+1}$。

(2) 对 p_i 进行 logit 变换后，有

$$\tilde{p}=\text{logit}(p_i)=\ln\frac{p_i}{1-p_i}$$

(3) 建立逻辑回归模型，并进行参数估计后，则有

$$\tilde{p}=\alpha+\beta_i x_i$$

(4) 将模型进行还原，则有逻辑回归方程

$$p=\frac{1}{1+\mathrm{e}^{-(\alpha+\beta_j x_j)}}$$

(5) 在已知样品的变量信息时，将其代入回归方程，可以得到 $\hat{p}$。

值得注意的是，由于样本经过分组后，有可能存在异方差性。因此，可以采用加权最小二乘估计方法，将各组的权重设置为 $w_i=n_i p_i(1-p_i)$。

由于数据经过分组后，组数减少，因此，分组数据的逻辑回归模型往往只适用于样本规模较大时。同时，在分组情形下，模型的拟合精度也会受到一定程度的影响。

10.6　SAS 实现与应用举例

10.6.1　一元逻辑回归案例

1. 数据与程序代码

某调查机构为了研究家长的抽烟行为是否会影响学生抽烟①，对某地的在校大学生开展了随机匿名访谈，共调查了5 375 名学生。其原始数据形式可见表10-3。

微课视频

表10-3　学生与家长抽烟状况的原始数据

编号	学生是否抽烟	家长是否抽烟	编号	学生是否抽烟	家长是否抽烟
1	是	是	2689	是	否
2	否	是	2690	是	否
…	…	…	…	…	…
2688	是	是	5375	否	否

经汇总处理后，可得表10-4 对应的二维列联表。其中，表中单元格的数值表示在给定家长是否抽烟的条件下，对应的学生抽烟状态的人数。例如，在给定家长抽烟的条件下，抽烟的学生人数为 816 人，不抽烟的人数为3 203 人，故在家长抽烟的条件下，总计有4 019 名学生。同理，可得在家长不抽烟的情况下对应的学生人数。

表 10-4　学生与家长抽烟状况的汇总数据

单位：人

家长抽烟情况	学生抽烟情况		样本量
	抽烟	不抽烟	
抽烟	816	3 203	4 019
不抽烟	188	1 168	1 356

根据本次调查的研究目的可知，因变量为二分类变量，故不妨令 Y_i 表示第 i 个学生是否抽烟，变量 X_i 为第 i 位学生家长是否抽烟，y_k 表示在家长第 k 种抽烟状态下学生抽烟的人数，n_k 表示在家长第 k 种抽烟状态下学生的总人数，k 的取值为 1 和 2，分别表示家长吸烟、不吸烟这两种状态，则 $\pi_i=P(Y_i=1 \mid X_i)=y_k/n_k$ 表示在家长第 k 种抽烟状态下学生 i 抽烟的概率。故可知因变量 y 服从二项分布，即 $y_i \sim B(n_i, \pi_i)$。由于在此例中，因变量和自变量均为二分类变量，因此，可构建形如式(10.16) 的逻辑回归模型来进行分析

$$\operatorname{logit}(\pi_i) = \ln \frac{\pi_i}{1-\pi_i} = \beta_0 + \beta_1 X_i \tag{10.16}$$

① 本数据集来自宾夕法尼亚大学线上课程 STAT504:https://online.stat.psu.edu/stat504/node/150/。

逻辑回归分析对应的 SAS 代码，可见图 10-4。

```
data smoke;
input s $  y n ;
cards;
smoke 816 4019
nosmoke 188 1356
;
proc logistic data=smoke descending;
class s (ref=first) / param=ref;
model y/n=s/scale=none;
output out=predict pred=prob;
title 'Logistic regression for 2x2 table';
run;
proc print data=predict;
run;
```

图 10-4　逻辑回归的 *SAS* 代码

图 10-2 中，“data”语句中的符号“$”表示变量 s 是一个字符型变量。而在“proc logistic”语句中，“descending”表示对二分类变量按其水平值的降序排列，并对首个水平值出现的概率进行建模。例如，二分类因变量 Y_i，其水平值为 0 和 1，分别代表事件不发生和发生的情况，则“descending”会对因变量的水平值进行降序排列，然后对结果为 1(事件发生) 的概率进行建模。如果省略该选项，则“proc logistic”过程会对水平值较小相对应的事件发生的概率进行建模。

“class”语句说明了自变量 s 为离散型变量，“ref=first”是指将离散型自变量的第一个水平值作为参考值，“param=ref”指定了离散型变量水平值的编码方式采用哑变量编码(dummy coding) 进行处理。例如，此处自变量 s 有两个取值，分别为 smoke、nosmoke；根据其首字母在字母表中的先后次序可知，“nosmoke”为第一个水平值，将其作为参考值进行编码，记“nosmoke=0”，则另一个水平值记为“smoke=1”。读者也可以通过修改其他选项来改变这一顺序。需要注意的是，在“class”选项中未出现的变量，将被视为连续型变量进行处理。

“model”这一行指定了模型的建模方式。由于列联表中的数据是经过分组汇总后得到的，并且式(10.15) 还给出对应的模型形式。在 SAS 程序中，可以使用“事件/实验”(event/trial) 语法，即对事件发生的概率 y/n 进行建模，故等式的左边为 y/n，等式的右边则为预测变量 s。“scale=none”选项提供了总体的拟合优度检验统计量，即 G^2 统计量和 χ^2 统计量。

“output”这一行给出了模型的预测结果，存储为“predict”；并在“proc print”过程中输出预测的结果，并将其对应的表格标题命名为“Logistic regression for 2x2 table”。

2. SAS 软件输出结果与解释

运行图 10-2 的 SAS 程序后，软件将输出相应的结果。我们对软件结果进行了整理，下面将分别解释。

表10-5 给出了本次建模使用的数据集，即数据集 SMOKE。拟合的模型为二元 logit 模型。参数估计采用的方法为费歇评分法，也称迭代加权最小二乘法(iterative reweighted least squares)，是在 Newton-Raphson 方法基础上的一个变种，在逻辑回归中，费歇评分法和 Newton-Raphson 是等价的。

表10-5　模型信息

数据集	WORK.SMOKE
响应变量(事件)	y
响应变量(试验)	n
模型	二元 logit
优化方法	费歇评分法

表10-6 给出了响应变量中，事件发生与不发生对应的样本量，这里的事件即为学生抽烟的事件。由表可知，学生抽烟的样本量为 816＋188＝1 004 人，学生不抽烟的样本量为 3 203＋1 168＝4 371 人。并且由前述内容可知，本案例是对学生抽烟的概率进行建模。

表10-6　响应概略

有序值	二值型结果	总频数
1	事件	1 004
2	非事件	4 371

表10-7 给出了解释变量的类别信息。即变量 s 共有 nosmoke、smoke 两个水平值，并且按照其首字母在字母表中的出现顺序，将 nosmoke 记为 0，smoke 记为 1。

表10-7　分类水平信息

分类	值	设计变量
s	nosmoke	0
	smoke	1

由前述介绍可知，模型是采用费歇评分法迭代求解，从而得到极大似然估计值，故 SAS 软件给出了迭代法的收敛条件，即满足(GCONV=1E−8)的收敛准则即可。表10-8 给出了 G^2 和 χ^2 的统计量，可知其值为 0，原因在于本次拟合的模型为饱和模型(saturated model)①。由饱和模型的性质可知其 G^2 和 χ^2 的统计量，以及对应的自由度均为 0，即二维列联表中的两个变量是相关的。

表10-8　饱和模型拟合优度统计量

准则	值	自由度	值 / 自由度	$P >$ 卡方
偏差	0.000 0	0	.	.
Pearson	0.000 0	0	.	.

若想验证列联表中两个变量是否独立，则修改“`model`”这一行的代码为“`model y/n= /scale= none`”即可，此时，对应的独立性检验的结果可见表10-9。由表 10-9 可知，独立性检验对应的 G^2 和 χ^2 的统计量分别为29.120 7、27.676 6，对应的 P 值均小于0.000 1，故拒

① 饱和模型的概念请参见本书第 9 章的内容。

绝原假设，认为独立模型不成立，即父母抽烟和学生抽烟是有关联的。

表10-9　独立模型拟合优度统计量

准则	值	自由度	值 / 自由度	$P>$ 卡方
偏差	29.120 7	1	29.120 7	<.000 1
Pearson	27.676 6	1	27.676 6	<.000 1

表10-10 给出了对模型系数是否均为 0 的检验结果。故可知该检验对应的原假设为 $H_0:\beta_1=\beta_2=\cdots=\beta_k=0$。由表可知，似然比检验统计量为29.12，比分检验统计量为27.68，Wald 检验统计量为27.34，并且在给定显著性水平 α 为0.05 的情况下，三个统计量对应的 P 值均小于对应的临界值，故原假设不成立，认为模型系数均不为 0。

表10-10　检验全局原假设：BETA = 0

检验	卡方	自由度	$P>$ 卡方
似然比	29.120 7	1	<.000 1
比分	27.676 6	1	<.000 1
Wald	27.336 1	1	<.000 1

对模型总体进行检验之后，还需要对单个系数进行检验，检验结果可见表10-11。由表可知，变量 s 的 Wald 卡方检验的统计量为27.336 1，对应的 P 值小于0.01，故说明变量 s 是显著的。

表10-11　3 型效应分析

效应	自由度	Wald 卡方	$P>$ 卡方
s	1	27.336 1	<.000 1

表10-12 为逻辑回归模型参数的最大似然估计相关的结果信息。由表可知，模型截距项的估计值为 −1.826 6，对应的标准误差为0.078 6，Wald 卡方检验统计量为540.294 9，对应的 P 值小于0.000 1。自变量 *smoke* 的系数估计值为0.459 2，标准误差为0.087 8，Wald 卡方检验为27.336 1，对应的 P 值小于0.000 1，故说明参数项以及自变量 *smoke* 均显著。

表10-12　最大似然估计分析

参数	水平值	自由度	估计	标准误差	Wald 卡方	$P>$ 卡方
intercept		1	−1.826 6	0.078 6	540.294 9	<.000 1
s	*smoke*	1	0.459 2	0.087 8	27.336 1	<.000 1

由上可得，本案例中对应的逻辑回归方程可表示为

$$\begin{aligned}\operatorname{logit}(\hat{\pi}_i)&=\ln\frac{\hat{\pi}_i}{1-\hat{\pi}_i}=\hat{\beta}_0+\hat{\beta}_1X_i\\&=-1.827+0.459smoke\end{aligned}\tag{10.17}$$

SAS 软件也给出了在家长是否抽烟的情况下，学生抽烟的概率。具体结果见表10-13。表10-13 表明，在家长抽烟的状态下，学生也抽烟的概率为0.203 0；而在家长不抽烟的状态下，学生抽烟的概率为0.138 6。

表10-13　Logistic regression for 2x2 table

观测	s	y	n	prob
1	smoke	816	4 019	0.203 0
2	nosmoke	188	1 356	0.138 6

其计算过程具体如下。

根据式(10.17)，由表10-7 可知，在给定家长抽烟，即 $x_i=1$ 的情况下，学生抽烟的概率为

$$P(Y_i=1 \mid X_i=1)=\frac{\exp[-1.827+0.459(X_i=1)]}{1+\exp[-1.827+0.459(X_i=1)]}=0.20$$

在给定家长不抽烟，即 $x_i=0$ 的情况下，学生抽烟的概率则为

$$P(Y_i=1 \mid X_i=0)=\frac{\exp(-1.827+0.459\times 0)}{1+\exp(-1.827+0.459\times 0)}=0.14$$

所以可知，在式(10.17) 中，β_0 表示在家长不抽烟的情况下，学生抽烟的对数优势。由列联表可知其值为

$$\ln\left(\frac{188}{1\ 168}\right)=\ln(0.161)=-1.826\ 6$$

与逻辑回归模型估计值$\hat{\beta}_0$ 相等(可见表10-12)。同理，β_1 为该逻辑回归模型中对应的对数优势比，由列联表可得其值为

$$\ln\left(\frac{816/\ 3\ 203}{188/\ 1\ 168}\right)=\ln(1.58)=0.459$$

与逻辑回归模型得到的估计值$\hat{\beta}_1$ 相等。参数 β_1 的区间估计值为

$$0.459\pm 1.96\times 0.087\ 8=(0.287\ 112,0.631\ 28)$$

所以，对比家长抽烟与不抽烟两种状态下，学生也抽烟的优势比的置信区间为

$$\exp(0.287\ 112,0.631\ 28)=(1.332\ 5,1.880)$$

最后SAS软件还输出了逻辑回归模型的优势比估计结果(见表10-14)。可以发现，优势比的估计结果与计算得到的结果相一致。

表10-14　优势比估计

效应	点估计	95% Wald 置信限	
s smoke vs nosmoke	1.583	1.332	1.880

同时表10-14 也给出了逻辑回归模型对应的优势比估计结果，该估计结果与计算得到的结果相一致。

10.6.2　多元逻辑回归应用案例

微课视频　微课视频

1. 数据与 SAS 程序

某研究机构为了研究冠心病是否会受到性别、年龄与心电图测量情况的影响，共随机抽查了 78 个案例。调查的变量可见表10-15，原始数据见

图 10-5 中的 SAS 代码。

表10-15 coronary 数据集变量解释

变量名	变量解释	水平值
sex	性别	0 = 女性；1 = 男性
age	年龄	—
ecg	心电图结果	0 = ST 段压低小于0.1； 1 = ST 段压低大于等于0.1 且小于0.2； 2 = ST 段压低大于等于0.2
ca	是否患有冠心病	0 = 否；1 = 是

表10-15 给出了各个变量的解释以及各个水平值的含义，从中可知因变量 ca 为二分类变量，表示是否患有冠心病，三个自变量为 *sex*、*age*、*ecg*，其含义分别是性别、年龄和心电图测量结果。因此我们将使用 coronary 数据集构建逻辑回归模型。

```
data coronary;
   input sex ecg age ca @@   ;
   datalines;
0 0 28 0   1 0 42 1   0 1 46 0   1 1 45 0
0 0 34 0   1 0 44 1   0 1 48 1   1 1 45 1
0 0 38 0   1 0 45 0   0 1 49 0   1 1 45 1
0 0 41 1   1 0 46 0   0 1 49 0   1 1 46 1
0 0 44 0   1 0 48 0   0 1 52 0   1 1 48 1
0 0 45 1   1 0 50 0   0 1 53 1   1 1 57 1
0 0 46 0   1 0 52 1   0 1 54 1   1 1 57 1
0 0 47 0   1 0 52 1   0 1 55 0   1 1 59 1
0 0 50 0   1 0 54 0   0 1 57 1   1 1 60 1
0 0 51 0   1 0 55 0   0 2 46 1   1 1 63 1
0 0 51 0   1 0 59 1   0 2 48 0   1 2 35 0
0 0 53 0   1 0 59 1   0 2 57 1   1 2 37 1
0 0 55 1   1 1 32 0   0 2 60 1   1 2 43 1
0 0 59 0   1 1 37 0   1 0 30 0   1 2 47 1
0 0 60 1   1 1 38 1   1 0 34 0   1 2 48 1
0 1 32 1   1 1 38 1   1 0 36 1   1 2 49 0
0 1 33 0   1 1 42 1   1 0 38 1   1 2 58 1
0 1 35 0   1 1 43 0   1 0 39 0   1 2 59 1
0 1 39 0   1 1 43 1   1 0 42 0   1 2 60 1
0 1 40 0   1 1 44 1
;
proc logistic data=coronary descending plots(only)=roc;
model ca=sex ecg age /selection=forward aggregate scale=none lackfit
ctable;
run;
```

图 10-5 冠心病数据集对应的 SAS 代码

SAS 代码中“proc”语句指定了本次建模的对象为 coronary 数据集，“descending”是指将数据按因变量的水平值降序排列后，对其第一个水平值出现的概率进行建模；在本案例中，则是对“ca=1”出现的概率进行建模。“plots(only) =roc”指定输出 ROC 曲线图；“model”语句提供了建模的变量信息，需要注意的是，该例中的建模方式与一元逻辑回归案例中的建模方式有所不同。在一元逻辑回归的案例中，采用了“事件 / 试验”的语法进行建模，而在本案例中，采用更易于理解的方法进行建模，即等式右边为因变量 ca，等式左边为自变量 sex，age，ecg。“selection=forward”选项说明采用前向选择法筛选变量。“aggregate scale=none”选项提供了模型的拟合优度检验。“lackfit”参数提供了 H-L 检验。“ctable”指定输出模型的分类信息表，即混淆矩阵。

2. 数据与 SAS 程序

运行图 10-5 的 SAS 程序后，软件将输出相应的结果。我们对软件结果进行了整理，下面将分别解释。

由表10-16 可知，本次建模的对象为 coronary 数据集，响应变量为二分类变量 ca，模型采用二元 logit 模型，参数的优化方法为费歇评分法，即迭代加权最小二乘法。由表10-17 可知，coronary 数据集中共有 78 个观测样品，实际也采用了 78 个样本进行建模。

表10-16 模型信息

数据集	coronary
响应变量	survived
响应水平数	2
模型	二元 logit
优化方法	费歇评分法

表10-17 观测信息

读取的观测数	78
使用的观测数	78

表10-18 提供了响应变量各水平值的样本量，可知“ca=1”的样本量为 41，“ca=0”的样本量为 37，并且是对“ca=1”的概率进行建模。此外，由于 SAS 代码中“descending”指定了因变量 ca 按其水平值降序排列，故可知表10-18 中将水平值为 1 的标记为第一个序列值。并且在参数迭代估计的过程中，同样需要满足（GCONV＝1E-8）的收敛准则。

表10-18 响应概略

有序值	ca	总频数
1	1	41
2	0	37

注：建模的概率为 ca ＝ 1。

表10-19 提供了模型拟合统计量，包括 AIC、SC 以及对数似然估计量，其值越小，说明模型的拟合效果越好。“仅截距”一栏给出的统计量对应的是仅包含截距项的逻辑回归模型的拟合统计的检验结果，也即因变量和自变量相互独立；“截距和协变量”一栏给出的统计量对应的是包含截距项和自变量的逻辑回归模型，即因变量和自变量是关联的。故可知包含截距项和自变量的逻辑回归模型的拟合效果更好，其 AIC、SC 统计量分别为109.926、112.282，并且对数自然估计值为107.926。

表10-19　模型拟合统计量

准则	仅截距	截距和协变量
AIC	109.926	94.811
SC	112.282	104.238
−2 Log L	107.926	86.811

表10-20 给出了拟合优度检验的统计量信息。其中，G^2 和 χ^2 统计量分别为77.45、69.57，并且对应的 P 值分别为0.120 6、0.295 5。在给定显著性水平 α 为0.1 的情况下，无法拒绝原假设，故认为当前模型拟合效果较好。

表10-21 中的 H-L 检验的卡方统计量为4.776 6，并且对应的 P 值为0.781 2，表明该模型对本次数据集具有较好的拟合效果。

表10-20　偏差和 Pearson 拟合优度统计量

准则	值	自由度	值 / 自由度	$P>$ 卡方
偏差	77.447 0	64	1.210 1	0.120 6
Pearson	69.570 1	64	1.087 0	0.295 5

表10-21　Hosmer 和 Lemeshow 拟合优度检验

卡方	自由度	$P>$ 卡方
4.776 6	8	0.781 2

表10-22 为自变量系数均为0 的检验结果，也即对应着 $\beta_1=\beta_2=\cdots=\beta_k=0$ 的原假设。由表可知，对应的似然比检验统计量为21.114 5，比分检验统计量为18.562 4，Wald 检验统计量为14.441 0，并且对应的 P 值均小于0.000 1，故可以拒绝所有自变量均不显著的原假设。

表10-22　检验全局原假设：BETA = 0

检验	卡方	自由度	$P>$ 卡方
似然比	21.114 5	3	$<$.000 1
比分	18.562 4	3	0.000 3
Wald	14.441 0	3	0.002 4

表10-23 为采用逐步回归法筛选变量的结果。从中可知，第一步筛选得到的变量为 *age*，对应的 P 值为0.005 4；第二步得到的变量为 *sex*，P 值为0.007 3；第三步得到的变量为 *ecg*，其 P 值为0.019 0。至此，变量筛选已经完成，并且这三个变量均显著。

表10-23　变量向前选择的汇总

步骤	进入的效应	自由度	个数	比分卡方	$P>$ 卡方
1	*age*	1	1	7.733 6	0.005 4
2	*sex*	1	2	7.200 7	0.007 3
3	*ecg*	1	3	5.505 0	0.019 0

表10-24 给出了各系数的最大似然估计值、估计标准误差以及单个变量的显著性检验

的结果。常数项的估计值为 −5.641 8，标准误差为1.806 1，Wald 卡方检验统计量为9.757 2；变量 *sex* 的系数估计值为1.356 4，标准误差为0.546 4，Wald 卡方统计值为6.161 6；变量 *ecg* 的系数估计值为0.873 2，标准误差为0.384 3，Wald卡方统计值为5.161 9；变量 age 的系数估计值为0.092 9，标准误差为0.035 1，Wald 卡方统计值为7.000 3；并且在给定显著性水平 α 为0.05 的情况下，截距项和各自变量均显著。

表10-24　最大似然估计分析

参数	自由度	估计	标准误差	Wald 卡方	P > 卡方
intercept	1	−5.641 8	1.806 1	9.757 2	0.001 8
sex	1	1.356 4	0.546 4	6.161 6	0.013 1
ecg	1	0.873 2	0.384 3	5.161 9	0.023 1
age	1	0.092 9	0.035 1	7.000 3	0.008 1

因此，由表10-24 的最大似然估计结果可知，本案例对应的模型为

$$\text{logit}(\theta) = -5.641\,8 + 1.356\,4 \times sex + 0.873\,2 \times ecg + 0.092\,9 \times age$$

故由模型可知，对于男性 $sex=1$ 来说，其对应的 logit 模型为

$$\text{logit}(\theta_m) = -5.641\,8 + 1.356\,4 \times 1 + 0.873\,2 \times ecg + 0.092\,9 \times age$$

对于女性 $sex=0$ 来说，其对应的 logit 模型为

$$\text{logit}(\theta_f) = -5.641\,8 + 1.356\,4 \times 0 + 0.873\,2 \times ecg + 0.092\,9 \times age$$

故男性对于女性得冠心病的优势比为

$$\frac{\theta_m/1-\theta_m}{\theta_f/1-\theta_f} = \exp(1.356\,4) = 3.882$$

对于心电图检测结果为 ST 段压低小于0.1，即 $ecg=0$，对应的 logit 模型为

$$\text{logit}(\theta_{ecg0}) = -5.641\,8 + 1.356\,4 \times sex + 0.873\,2 \times 0 + 0.092\,9 \times age$$

对于结果为 ST 段压低大于等于0.1，且小于0.2，即 $ecg=1$，其对应的 logit 模型为

$$\text{logit}(\theta_{ecg1}) = -5.641\,8 + 1.356\,4 \times sex + 0.873\,2 \times 1 + 0.092\,9 \times age$$

对于 $ecg=2$ 的结果，其对应的 logit 模型为

$$\text{logit}(\theta_{ecg2}) = -5.641\,8 + 1.356\,4 \times sex + 0.873\,2 \times 2 + 0.092\,9 \times age$$

不难发现，*ecg* 的水平每提高一个档次，其对应的优势比均为2.395，即

$$\begin{aligned}\frac{\theta_{ecg2}/1-\theta_{ecg2}}{\theta_{ecg1}/1-\theta_{ecg1}} &= \frac{\theta_{ecg1}/1-\theta_{ecg1}}{\theta_{ecg0}/1-\theta_{ecg0}} \\ &= \exp(0.873\,2) \\ &= 2.395\end{aligned}$$

同理可得，对于年龄 *age*，每年长一岁，对应的优势比为

$$\frac{\theta_{age2}/1-\theta_{age2}}{\theta_{age1}/1-\theta_{age1}} = \exp(0.092\,9) = 1.097$$

表10-25 则给出了模型优势比的估计结果。可知表中的结果与通过模型计算得到的结果保持一致。

表10-25 优比估计

效应	点估计	95% Wald 置信限	
		下限	上限
sex	3.882	1.330	11.330
ecg	2.395	1.127	5.086
age	1.097	1.024	1.175

表10-26 给出在给定阈值为 $P=0.5$ 的情况下对应的混淆矩阵,并且由此可以计算得到对应的相关指标。

表10-26 混淆矩阵($P=0.5$)

实际值	预测值		合计
	0	1	
0	31	10	41
1	14	23	37
合计	45	33	78

根据表 10-26,可计算敏感度(sensitive) 和特异度(specificity) 等指标。如敏感度为

$$\mathrm{TPR}=\frac{\mathrm{TP}}{\mathrm{TP}+\mathrm{FN}}=\frac{31}{31+10}=0.756$$

特异度为

$$\mathrm{TNR}=\frac{\mathrm{TN}}{\mathrm{FP}+\mathrm{TN}}=\frac{23}{23+14}=0.622$$

模型的准确率为

$$\mathrm{Accu}=\frac{\mathrm{TP}+\mathrm{TN}}{\mathrm{TP}+\mathrm{FP}+\mathrm{FN}+\mathrm{TN}}=\frac{31+23}{31+10+23+14}=0.692$$

表10-27 则给出了在不同阈值条件下，该模型对应的分类表。从中可知，当概率为0.5时，这一结果与表10-26 的混淆矩阵中的结果相对应。根据表10-27 给出的不同阈值条件下该模型的真正率和假正率信息，可以绘制得到该模型的 *ROC* 曲线图，详见图 10-6。

表10-27 不同阈值对应的模型分类信息表

概率水平	正确		不正确		百分比				
	事件	非事件	事件	非事件	正确	灵敏度	特异度	阳性预测值	阴性预测值
0.080	41	1	36	0	53.8	100.0	2.7	53.2	100.0
0.100	40	2	35	1	53.8	97.6	5.4	53.3	66.7
0.200	38	7	30	3	57.7	92.7	18.9	55.9	70.0
0.300	36	13	24	5	62.8	87.8	35.1	60.0	72.2
0.400	33	18	19	8	65.4	80.5	48.6	63.5	69.2

（续表）

概率水平	正确		不正确		百分比				
	事件	非事件	事件	非事件	正确	灵敏度	特异度	阳性预测值	阴性预测值
0.500	31	23	14	10	69.2	75.6	62.2	68.9	69.7
0.600	26	28	9	15	69.2	63.4	75.7	74.3	65.1
0.700	16	32	5	25	61.5	39.0	86.5	76.2	56.1
0.800	11	36	1	30	60.3	26.8	97.3	91.7	54.5
0.900	4	36	1	37	51.3	9.8	97.3	80.0	49.3
0.940	3	37	0	38	51.3	7.3	100.0	100.0	49.3

注：由于篇幅所限，本表只展示部分数据。

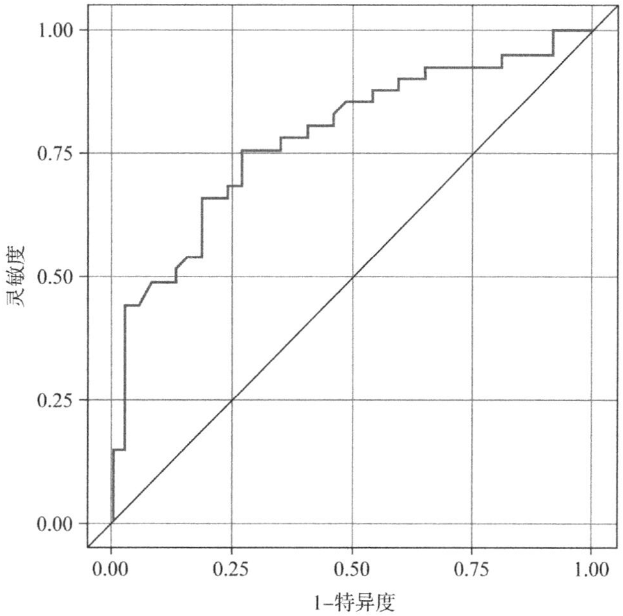

图 10-6　ROC 曲线

由图 10-6 可知，由于样本量较少的原因，该曲线并不是一条平坦的曲线，但是对应的 AUC 值为0.783 8，意味着该模型的拟合效果较好。

【课后练习】

一、简答题

1. 请阐述逻辑回归的基本思想。
2. 什么是混淆矩阵？如何计算？
3. 请读者自行推导使用牛顿法求解参数的过程。

4. 逻辑回归参数的求解方法都有哪些？都有什么区别和联系？

二、上机分析题

1. Kaggle 机器学习竞赛平台上给出了泰坦尼克数据集，具体数据见 EXE10_1。请尝试根据数据集建立逻辑回归模型，进而分析不同自变量(如性别、船舱等级、船票价格等因素)对因变量(是否存活)的影响。

2. 某调查机构想研究男生的社会经济状态、服兵役情况对犯罪记录是否会有影响[①]，对一部分男生进行调查，具体数据见 EXE10_2。请尝试建立逻辑回归模型，分析经济状态、服兵役情况是否对因变量有影响。

3. 在信用评分领域，银行总是希望给资质较好(如收入高、有固定资产、能按时还款、无违约记录等行为)的客户更高的额度，同时给资质较差的客户比较低的额度。这样就能将两类用户区分开来，从而将信用卡的违约率保持在一个较低的水平。德意志银行信用违约数据见 EXE10_3，试构建逻辑回归模型，并分析哪些变量会影响用户的违约行为。

① 本数据集来自宾夕法尼亚大学线上课程 STAT504：https://online.stat.psu.edu/stat504/node/154/。

参考文献

[1] 方开泰. 实用多元统计分析\[M\]. 上海：华东师范大学出版社，1989.

[2] 高惠璇. 实用统计方法与 SAS 系统\[M\]. 北京：北京大学出版社，2001.

[3] 高惠璇. 应用多元统计分析\[M\]. 北京：北京大学出版社，2005.

[4] 高惠璇，等. SAS 系统 Base SAS 软件使用手册\[M\]. 北京：中国统计出版社，1998.

[5] 高惠璇，等. SAS 系统 SAS/STAT 软件使用手册\[M\]. 北京：中国统计出版社，1997.

[6] 何晓群. 多元统计分析\[M\]. 北京：中国人民大学出版社，2015.

[7] 王学民. 应用多元统计分析\[M\]. 上海：上海财经大学出版社，2017.

[8] 理查德 · A. 约翰逊，迪安 · W. 威克恩. 实用多元统计分析\[M\]. 陆璇，叶俊，译. 北京：清华大学出版社，2008.

[9] 于秀林，任雪松. 多元统计分析\[M\]. 北京：中国统计出版社，1999.

[10] Agresti, A. An Introduction to Categorical Data Analysis \[M\]. 2nd ed. Hoboken. New Jersey：John Wiley & Sons, 2007.

[11] Agresti, A. Analysis of Ordinal Categorical Data \[M\]. 2nd ed. Hoboken. New Jersey：John Wiley & Sons, 2010.

附　录

矩阵代数

矩阵和行列式是多元统计分析的重要工具，本附录对书中需要用到的有关矩阵代数知识做一个简单的回顾与介绍。

一、向量与长度

（一）向量的定义及几何意义

由 n 个实数组成一个数组，x_1，…，x_n，排成一列称为 n 维向量，记为

$$\boldsymbol{X}=\begin{bmatrix} x_1 \\ x_2 \\ \vdots \\ x_n \end{bmatrix}$$

或 $\boldsymbol{X}=(x_1, x_2, \cdots, x_n)'$。$n$ 维向量在几何上表示为一个有方向的线段。向量可以进行数乘和加法运算。向量通过乘一个常数 c 来实现伸长或缩短，如向量 $\boldsymbol{Y}=c\boldsymbol{X}=(cx_1, \cdots, cx_n)'$。当 $c>1$ 时，向量 $\boldsymbol{Y}$ 是由 $\boldsymbol{X}$ 沿正方向伸长为原来的 c 倍得到的；当 $0<c<1$ 时，向量 $\boldsymbol{Y}$ 是由 $\boldsymbol{X}$ 沿正方向缩短为原来的 c 倍得到的；当 $c<0$ 时，向量 $\boldsymbol{Y}$ 是由 $\boldsymbol{X}$ 沿反方向伸长或缩短为原来的 c 倍得到的。

两个向量 $\boldsymbol{X}=(x_1, \cdots, x_n)'$ 和 $\boldsymbol{Y}=(y_1, \cdots, y_n)'$ 的和为

$$\boldsymbol{X}+\boldsymbol{Y}=\begin{bmatrix} x_1 \\ x_2 \\ \vdots \\ x_n \end{bmatrix}+\begin{bmatrix} y_1 \\ y_2 \\ \vdots \\ y_n \end{bmatrix}=\begin{bmatrix} x_1+y_1 \\ x_2+y_2 \\ \vdots \\ x_n+y_n \end{bmatrix}$$

（二）向量的长度和两向量间的夹角

向量 $\boldsymbol{X}=(x_1, x_2, \cdots, x_n)'$ 的长度 L_X 定义为 $L_X=\sqrt{x_1^2+x_2^2+\cdots+x_n^2}$。

若令 $\boldsymbol{Y}=c\boldsymbol{X}$，则 $L_{\boldsymbol{Y}}=L_{c\boldsymbol{X}}=|c|L_{\boldsymbol{X}}$。如果取 $c=1/L_{\boldsymbol{X}}$，则得到长度为 1 且与 $\boldsymbol{X}$ 同方向的

单位向量 $\boldsymbol{Y}=L_{\boldsymbol{X}}^{-1}\boldsymbol{X}$。

下面考虑两个向量 $\boldsymbol{X}$ 与 $\boldsymbol{Y}$ 之间的夹角 θ。当 $n=2$ 时，记向量 $\boldsymbol{X}=(x_1, x_2)'$，$\boldsymbol{Y}=(y_1, y_2)'$，记它们与横坐标的夹角分别为 θ_1 和 θ_2，则两向量的夹角为 $\theta=\theta_1-\theta_2$，并且

$$\begin{aligned}\cos\theta &= \cos(\theta_2-\theta_1) \\ &= \cos\theta_2\cos\theta_1+\sin\theta_2\sin\theta_1 \\ &= \frac{y_1}{L_{\boldsymbol{Y}}}\frac{x_1}{L_{\boldsymbol{X}}}+\frac{y_2}{L_{\boldsymbol{Y}}}\frac{x_2}{L_{\boldsymbol{X}}} \\ &= \frac{x_1y_1+x_2y_2}{L_{\boldsymbol{X}}L_{\boldsymbol{Y}}}\end{aligned}$$

为了推广到 n 维情形，我们引入两个 n 维向量 $\boldsymbol{X}$ 和 $\boldsymbol{Y}$ 的内积 $\langle\boldsymbol{X}, \boldsymbol{Y}\rangle$，其定义为

$$\langle\boldsymbol{X}, \boldsymbol{Y}\rangle=\boldsymbol{X}'\boldsymbol{Y}=\boldsymbol{Y}'\boldsymbol{X}=x_1y_1+x_2y_2+\cdots+x_ny_n$$

则向量的长度与两向量间的夹角都可以利用内积来表示：

$$L_{\boldsymbol{X}}=\sqrt{\boldsymbol{X}'\boldsymbol{X}}$$

$$\cos\theta=\frac{x_1y_1+\cdots+x_ny_n}{L_{\boldsymbol{X}}L_{\boldsymbol{Y}}}=\frac{\boldsymbol{X}'\boldsymbol{Y}}{\sqrt{\boldsymbol{X}'\boldsymbol{X}}\sqrt{\boldsymbol{Y}'\boldsymbol{Y}}}$$

当 $\boldsymbol{X}'\boldsymbol{Y}=0$ 时，$\cos\theta=0$，此时我们说向量 $\boldsymbol{X}$ 与 $\boldsymbol{Y}$ 相互垂直。

二、矩阵及基本运算

(一) 矩阵的定义

将 $n\times p$ 个实数 $a_{11}, \cdots, a_{1p}, a_{21}, \cdots, a_{2p}, \cdots, a_{n1}, \cdots, a_{np}$ 排列成一个如下形式的 n 行 p 列长方形表

$$\boldsymbol{A}=\begin{bmatrix} a_{11} & a_{12} & \cdots & a_{1p} \\ a_{21} & a_{22} & \cdots & a_{2p} \\ \vdots & \vdots & \vdots & \vdots \\ a_{n1} & a_{n2} & \cdots & a_{np}\end{bmatrix}$$

则称 $\boldsymbol{A}$ 为 $n\times p$ 阶矩阵，一般记为 $\boldsymbol{A}=(a_{ij})_{n\times p}$，其中 a_{ij} 是 $\boldsymbol{A}$ 中元素，本书中所考虑的 a_{ij} 均为实数，即实矩阵。当 $n=p$ 时，称 $\boldsymbol{A}$ 为 n 阶方阵；当 $p=1$ 时，则称 $\boldsymbol{A}$ 为列向量，记作

$$\boldsymbol{A}=\begin{bmatrix} a_1 \\ a_2 \\ \vdots \\ a_n\end{bmatrix}$$

当 $n=1$ 时，则称 $\boldsymbol{A}$ 为行向量，记作

$$\boldsymbol{A}'=(a_1, a_2, \cdots, a_p)$$

当 $\boldsymbol{A}$ 为 n 阶方阵，称 $a_{11}, a_{22}, \cdots, a_{nn}$ 为 $\boldsymbol{A}$ 的对角线元素，其他元素为非对角元素。若方阵 $\boldsymbol{A}$ 的非对角元素全为 0，称 $\boldsymbol{A}$ 为对角阵，可简记为 $\boldsymbol{A}=\mathrm{diag}(a_{11}, a_{22}, \cdots, a_{nn})$。

若 p 阶对角阵的所有对角元素均为1，则称 $\boldsymbol{A}$ 为 p 阶单位矩阵，记作 $\boldsymbol{A}=\boldsymbol{I}_p$ 或者 $\boldsymbol{A}=\boldsymbol{I}$。

若将矩阵 $\boldsymbol{A}$ 的行与列互换，这样得到的矩阵称为 $\boldsymbol{A}$ 的转置，记作$\boldsymbol{A}'$，是一个 $p\times n$ 阶矩阵，即

$$\boldsymbol{A}'=\begin{bmatrix} a_{11} & a_{21} & \cdots & a_{n1} \\ a_{12} & a_{22} & \cdots & a_{n2} \\ \vdots & \vdots & \vdots & \vdots \\ a_{1p} & a_{2p} & \cdots & a_{np} \end{bmatrix}$$

若 $\boldsymbol{A}$ 是方阵，且 $\boldsymbol{A}'=\boldsymbol{A}$，则称 $\boldsymbol{A}$ 为对称阵。

若方阵 $\boldsymbol{A}$ 的对角线下方的元素全为0，则称 $\boldsymbol{A}$ 为上三角矩阵。此时对任意 $i>j$，$a_{ij}=0$。

若方阵 $\boldsymbol{A}$ 的对角线上方的元素全为0，则称 $\boldsymbol{A}$ 为下三角矩阵。此时对任意 $i<j$，$a_{ij}=0$。

(二) 矩阵的运算

若 $\boldsymbol{A}$ 与 $\boldsymbol{B}$ 都是 $n\times m$ 阶矩阵，则 $\boldsymbol{A}$ 与 $\boldsymbol{B}$ 的和定义为

$$\boldsymbol{A}+\boldsymbol{B}=(a_{ij}+b_{ij})_{n\times m}$$

若 c 为一常数，它与 $\boldsymbol{A}$ 的积定义为

$$c\boldsymbol{A}=(c\,a_{ij})_{n\times m}$$

若 $\boldsymbol{A}=(a_{ij})$ 为 $n\times m$ 阶矩阵，$\boldsymbol{B}=(b_{ij})$ 为 $m\times r$ 阶矩阵，则 $\boldsymbol{A}$ 与 $\boldsymbol{B}$ 的乘积定义为

$$\boldsymbol{AB}=\left(\sum_{k=1}^{m}a_{ik}b_{kj}\right)_{n\times r}$$

一般情况下，$\boldsymbol{AB}\neq\boldsymbol{BA}$。

容易验证上述运算符合下面的运算规律：

(1)$(\boldsymbol{AB})'=\boldsymbol{B}'\boldsymbol{A}$。

(2)$(\boldsymbol{A}+\boldsymbol{B})'=\boldsymbol{A}'+\boldsymbol{B}'$。

(3)$\boldsymbol{A}(\boldsymbol{B}+\boldsymbol{C})=\boldsymbol{AB}+\boldsymbol{AC}$。

(4)$(\boldsymbol{A}+\boldsymbol{B})\boldsymbol{C}=\boldsymbol{AC}+\boldsymbol{BC}$。

(5)$\boldsymbol{AI}=\boldsymbol{IA}=\boldsymbol{A}$。

(6)$c(\boldsymbol{A}+\boldsymbol{B})=c\boldsymbol{A}+c\boldsymbol{B}$。

(7)$c(\boldsymbol{AB})=(c\boldsymbol{A})\boldsymbol{B}=\boldsymbol{A}(c\boldsymbol{B})$。

若 n 阶方阵 $\boldsymbol{A}$ 满足$\boldsymbol{A}'\boldsymbol{A}=\boldsymbol{A}\boldsymbol{A}'=\boldsymbol{I}$，则称 $\boldsymbol{A}$ 为正交阵。此时我们容易证明 $\boldsymbol{A}$ 的n 个列向量是相互正交的单位向量，n 个行向量也是相互正交的单位向量。

三、行列式、逆矩阵与矩阵的秩

(一) 行列式

p 阶方阵 $\boldsymbol{A}=(a_{ij})$ 的行列式定义为

$$|\boldsymbol{A}|=\sum_{j_1,j_2,\cdots,j_p}(-1)^{\tau(j_1,j_2,\cdots,j_p)}a_{1j_1}a_{2j_2}\cdots a_{pj_p}$$

这里 $\sum\limits_{j_1,j_2,\cdots,j_p}$ 表示对 1，2，…，p 的所有排列求和，$\tau(j_1,j_2,\cdots,j_p)$ 表示排列j_1，j_2，…，j_p 中逆序(一个排列中一对数的前后位置与大小正好相反，即排列中前面的数大于后面的数，则称这两个数组成一个逆序）的总数，称它为这个排列的逆序数。

如果我们将元素a_{ij} 所在的第i 行及第j 列划去，得到一个($p-1$) 阶矩阵，这个矩阵的行列式称为元素a_{ij} 的子式，记为$\boldsymbol{M}_{ij}$。$\boldsymbol{A}_{ij}=(-1)^{i+j}\boldsymbol{M}_{ij}$ 称为元素a_{ij} 的代数余子式。利用定义可以证明

$$|\boldsymbol{A}|=\sum_{j=1}^{p}a_{ij}\boldsymbol{A}_{ij}=\sum_{i=1}^{p}a_{ij}\boldsymbol{A}_{ij}$$

$$\sum_{j=1}^{p}a_{kj}\boldsymbol{A}_{ij}=0(k\neq i),\ \sum_{i=1}^{p}a_{ik}\boldsymbol{A}_{ij}=0(k\neq j)$$

直接通过行列式的定义计算行列式不太方便，因此通常利用行列式的一些性质来简化行列式的计算：

(1) 若 $\boldsymbol{A}$ 的某行(或列) 为零，则 $|\boldsymbol{A}|=0$。

(2) $|\boldsymbol{A}|=|\boldsymbol{A}'|$。

(3) 若将 $\boldsymbol{A}$ 的某行(或列) 乘以常数 c，所得矩阵的行列式等于 $c|\boldsymbol{A}|$。

(4) 若 $\boldsymbol{A}$ 的两行(或列) 相同，则 $|\boldsymbol{A}|=0$。

(5) 若将 $\boldsymbol{A}$ 的两行(或列) 互换，所得矩阵的行列式为 $-|\boldsymbol{A}|$。

(6) 若将 $\boldsymbol{A}$ 的某一行(或列) 的倍数加到另一行(或列)，所得行列式不变。

(7) 若 $\boldsymbol{A}$ 的某一行(或列) 是其他一些行(或列) 的线性组合，则行列式为 0。

(8) 若 $\boldsymbol{A}$ 为上三角矩阵或下三角矩阵或对角矩阵，则行列式为 $\boldsymbol{A}$ 的对角元素的连乘。

(9) 若 $\boldsymbol{A}$ 和 $\boldsymbol{B}$ 均为 $\boldsymbol{p}$ 阶方阵，则 $|\boldsymbol{AB}|=|\boldsymbol{A}||\boldsymbol{B}|$。

(10) 若 $\boldsymbol{A}$ 为 $p\times q$ 阶矩阵，$\boldsymbol{B}$ 为 $q\times p$ 矩阵，则 $|\boldsymbol{I}_p+\boldsymbol{AB}|=|\boldsymbol{I}_q+\boldsymbol{BA}|$。

(二) 逆矩阵

若方阵满足 $|\boldsymbol{A}|\neq 0$，则称 $\boldsymbol{A}$ 为非退化方阵或非奇异方阵；若 $|\boldsymbol{A}|=0$，则称 $\boldsymbol{A}$ 为退化阵或者奇异阵。

若 $\boldsymbol{A}=(a_{ij})$ 是 p 阶非退化阵，令

$$\boldsymbol{B}=\begin{bmatrix}\dfrac{A_{11}}{|\boldsymbol{A}|} & \dfrac{A_{21}}{|\boldsymbol{A}|} & \cdots & \dfrac{A_{p1}}{|\boldsymbol{A}|}\\ \dfrac{A_{12}}{|\boldsymbol{A}|} & \dfrac{A_{22}}{|\boldsymbol{A}|} & \cdots & \dfrac{A_{p2}}{|\boldsymbol{A}|}\\ \vdots & \vdots & \vdots & \vdots\\ \dfrac{A_{1p}}{|\boldsymbol{A}|} & \dfrac{A_{2p}}{|\boldsymbol{A}|} & \cdots & \dfrac{A_{pp}}{|\boldsymbol{A}|}\end{bmatrix}$$

其中，A_{ij} 是a_{ij} 的代数余子式。通过运算我们可以得到，$\boldsymbol{AB}=\boldsymbol{BA}=\boldsymbol{I}_p$，称$\boldsymbol{B}$ 为$\boldsymbol{A}$ 的逆，记为 $\boldsymbol{B}=\boldsymbol{A}^{-1}$。$\boldsymbol{A}^{-1}$ 是唯一的，且$(\boldsymbol{A}^{-1})^{-1}=\boldsymbol{A}$。

一般而言，这个求逆公式只在理论推导时有价值，在多元分析中求逆矩阵一般是通过消去变换实现的，这种方法同时还可以求得矩阵的行列式。消去变换在后面介绍。

逆矩阵的基本性质为：

(1) $\boldsymbol{A}\boldsymbol{A}^{-1}=\boldsymbol{A}^{-1}\boldsymbol{A}=\boldsymbol{I}$。

(2) $(\boldsymbol{A}')^{-1}=(\boldsymbol{A}^{-1})'$。

(3) 若$\boldsymbol{A}$和$\boldsymbol{C}$均为p阶非退化矩阵，则$(\boldsymbol{AC})^{-1}=\boldsymbol{C}^{-1}\boldsymbol{A}^{-1}$。

(4) $|\boldsymbol{A}^{-1}|=|A|^{-1}$。

(5) 若$\boldsymbol{A}$是正交阵，则$\boldsymbol{A}^{-1}=\boldsymbol{A}'$；若$\boldsymbol{A}$是非退化对角阵，即$\boldsymbol{A}=\text{diag}(a_{11}, a_{22}, \cdots, a_{pp})$，且$a_{ii}\neq 0$，$i=1, 2, \cdots, p$，则$\boldsymbol{A}^{-1}=\text{diag}(a_{11}^{-1}, a_{22}^{-1}, \cdots, a_{pp}^{-1})$。

(三) 矩阵的秩

设$\boldsymbol{A}$为$p\times q$阶矩阵，若存在它的一个r阶子方阵的行列式不为0，且$\boldsymbol{A}$的任意$r+1$阶子方阵的行列式均为零，则称$\boldsymbol{A}$的秩为r，记作$\text{rank}(\boldsymbol{A})=r$。秩有如下性质：

(1) $\text{rank}(\boldsymbol{A})=0$，当且仅当$\boldsymbol{A}=\boldsymbol{0}$。

(2) 若$\boldsymbol{A}$不为零矩阵，则$1\leqslant \text{rank}(\boldsymbol{A})\leqslant \min(p, q)$。

(3) $\text{rank}(\boldsymbol{A})=\text{rank}(\boldsymbol{A}')$。

(4) $\text{rank}(\boldsymbol{AB})\leqslant \min[\text{rank}(\boldsymbol{A}), \text{rank}(\boldsymbol{B})]$。

(5) $\text{rank}(\boldsymbol{A}+\boldsymbol{B})\leqslant \text{rank}(\boldsymbol{A})+\text{rank}(\boldsymbol{B})$。

(6) 若$\boldsymbol{A}$和$\boldsymbol{C}$为非退化方阵，则$\text{rank}(\boldsymbol{ABC})=\text{rank}(\boldsymbol{B})$。

四、特征根、特征向量和矩阵的迹

(一) 特征根与特征向量

设$\boldsymbol{A}$为p阶方阵，则方程$|\boldsymbol{A}-\lambda \boldsymbol{I}_p|=0$的左边是$\lambda$的$p$次多项式，因此该方程有$p$个根(允许重根)，记为$\lambda_1, \lambda_2, \cdots, \lambda_p$，这$p$个根称为$\boldsymbol{A}$的特征根或者特征值。

另一方面，如果λ_i是方程$|\boldsymbol{A}-\lambda \boldsymbol{I}_p|=0$的一个根，此时$\boldsymbol{A}-\lambda_i\boldsymbol{I}_p$是一个退化方阵，因此存在一个$p$维非零向量$\boldsymbol{x}_i$，使得$(\boldsymbol{A}-\lambda_i\boldsymbol{I}_p)\boldsymbol{x}_i=0$，则称$\boldsymbol{x}_i$为对应于$\lambda_i$的$\boldsymbol{A}$的特征向量。对特征向量，我们总假设$\boldsymbol{x}_i'\boldsymbol{x}_i=1$。

特征值与特征向量有以下常用性质：

(1) $\boldsymbol{A}$与$\boldsymbol{A}'$有相同的特征根。

(2) 若$\boldsymbol{A}$为$p\times q$阶矩阵，$\boldsymbol{B}$为$q\times p$阶矩阵，则$\boldsymbol{AB}$与$\boldsymbol{BA}$有相同的特征根。

(3) 若$\boldsymbol{A}$为实对称矩阵，则$\boldsymbol{A}$的特征根均为实数，p个特征值可以按大小排列为$\lambda_1\geqslant\lambda_2\geqslant\cdots\geqslant\lambda_p$；若$\lambda_i\neq\lambda_j$，则相应的特征向量$\boldsymbol{x}_i$与$\boldsymbol{x}_j$必正交。

(4) $|\boldsymbol{A}|=\prod_{i=1}^{p}\lambda_i$，即$\boldsymbol{A}$的行列式等于其特征根的乘积。特别地，若$\boldsymbol{A}$为三角阵(上三角或下三角)，则$\boldsymbol{A}$的特征根为其对角元素。

(5) 若$\lambda_1, \lambda_2, \cdots, \lambda_p$是$\boldsymbol{A}$的特征根，并且均不为零(此时$\boldsymbol{A}$可逆)，则$\boldsymbol{A}^{-1}$的特征根为$\lambda_1^{-1}, \lambda_2^{-1}, \cdots, \lambda_p^{-1}$。

(二) 矩阵的迹

若 $\boldsymbol{A}$ 为 p 阶方阵，它的对角元素之和称为 $\boldsymbol{A}$ 的迹，记为 $\mathrm{tr}(\boldsymbol{A})=\sum_{i=1}^{p} a_{ii}$。

若 $\boldsymbol{A}$ 为 p 阶方阵，它的特征根为λ_1，λ_2，…，λ_p，则 $\mathrm{tr}(\boldsymbol{A})=\sum_{i=1}^{p}\lambda_i$。

方阵的迹还有如下性质：

(1) $\mathrm{tr}(\boldsymbol{AB})=\mathrm{tr}(\boldsymbol{BA})$。

(2) $\mathrm{tr}(\boldsymbol{A})=\mathrm{tr}(\boldsymbol{A}')$。

(3) $\mathrm{tr}(\boldsymbol{A}+\boldsymbol{B})=\mathrm{tr}(\boldsymbol{A})+\mathrm{tr}(\boldsymbol{B})$。

(4) $\mathrm{tr}(c\boldsymbol{A})=c\,\mathrm{tr}(\boldsymbol{A})$。

其中，$\boldsymbol{A}$，$\boldsymbol{B}$ 是同阶方阵，c 是常数。

五、二次型、正定矩阵与非负定矩阵

设 $\boldsymbol{A}=(a_{ij})$ 是 p 阶对称矩阵，$\boldsymbol{X}=(x_1,\cdots,x_p)'$ 是一个 p 维向量，则称

$$\boldsymbol{Q}=\sum_{i=1}^{p}\sum_{j=1}^{p}a_{ij}x_i x_j=\boldsymbol{X}'\boldsymbol{A}\boldsymbol{X}$$

为 $\boldsymbol{A}$ 的二次型。

若方阵 $\boldsymbol{A}$ 对一切 $\boldsymbol{X}\neq 0$，都有 $\boldsymbol{X}'\boldsymbol{A}\boldsymbol{X}>0$，则称 $\boldsymbol{A}$ 是正定矩阵，记作 $\boldsymbol{A}>0$；若方阵 $\boldsymbol{A}$ 对一切 $\boldsymbol{X}\neq 0$，都有 $\boldsymbol{X}'\boldsymbol{A}\boldsymbol{X}\geqslant 0$，则称 $\boldsymbol{A}$ 是非负定矩阵，记作 $\boldsymbol{A}\geqslant 0$。

对同阶方阵 $\boldsymbol{A}$ 和 $\boldsymbol{B}$，$\boldsymbol{A}>\boldsymbol{B}$ 表示 $\boldsymbol{A}-\boldsymbol{B}>0$，$\boldsymbol{A}\geqslant\boldsymbol{B}$ 表示 $\boldsymbol{A}-\boldsymbol{B}\geqslant 0$。

正定矩阵与非负定矩阵的基本性质如下：

(1) 一个对称矩阵是正定的(或非负定的)，当且仅当它的特征根均为正(或非负)。

(2) 若 $\boldsymbol{A}>0$，则 $\boldsymbol{A}^{-1}>0$。

(3) 若 $\boldsymbol{A}\geqslant 0$，则 $\boldsymbol{A}>0$，当且仅当 $|\boldsymbol{A}|\neq 0$。

(4) 对一切矩阵 $\boldsymbol{B}$，$\boldsymbol{BB}'\geqslant 0$。

(5) 若 $\boldsymbol{A}>0$(或 $\geqslant 0$)，因为 $\boldsymbol{A}$ 是对称阵，所以存在正交阵 $\boldsymbol{\Gamma}$ 和对角矩阵 $\boldsymbol{\Lambda}=\mathrm{diag}(\lambda_1,\cdots,\lambda_p)$，使得 $\boldsymbol{A}=\boldsymbol{\Gamma\Lambda\Gamma}'$。由 $\boldsymbol{A}>0$(或 $\geqslant 0$)知，对所有的 $i=1,\cdots,p$，$\lambda_i>0$(或 $\geqslant 0$)。令 $\boldsymbol{\Lambda}^{1/2}=\mathrm{diag}(\sqrt{\lambda_1},\cdots,\sqrt{\lambda_p})$，$\boldsymbol{A}^{1/2}=\boldsymbol{\Gamma}\boldsymbol{\Lambda}^{1/2}\boldsymbol{\Gamma}$，则有

$$\boldsymbol{A}=\boldsymbol{\Gamma}\boldsymbol{\Lambda}^{1/2}\boldsymbol{\Lambda}^{1/2}\boldsymbol{\Gamma}'=\boldsymbol{\Gamma}\boldsymbol{\Lambda}^{1/2}\boldsymbol{\Gamma}'\boldsymbol{\Gamma}\boldsymbol{\Lambda}^{1/2}\boldsymbol{\Gamma}'=\boldsymbol{A}^{1/2}\boldsymbol{A}^{1/2}$$

因此，称 $\boldsymbol{A}^{1/2}$ 是矩阵 $\boldsymbol{A}$ 的平方根。

(6) 设 $\boldsymbol{A}\geqslant 0$ 是秩为 r 的 p 阶方阵，则存在一个秩为 r 的 $p\times r$ 矩阵 $\boldsymbol{B}$，使得 $\boldsymbol{A}=\boldsymbol{BB}'$。

六、消去变换

消去变换在解线性方程组、求矩阵的逆及行列式或进行某些逆推运算时是常用的方

法，在多元分析中的逐步回归与逐步判别中有巧妙的应用。

设 $\boldsymbol{A}=(a_{ij})_{n\times p}$，$a_{ij}\neq 0$，令

$$b_{\alpha\beta}=\begin{cases}a_{\alpha\beta}-a_{i\beta}a_{\alpha j}/a_{ij} & 当\alpha\neq i,\beta\neq j\\ -a_{\alpha j}/a_{ij} & 当\alpha\neq i,\beta=j\\ a_{i\beta}/a_{ij} & 当\alpha=i,\beta\neq j\\ 1/a_{ij} & 当\alpha=i,\beta=j\end{cases}$$

这样得到的矩阵 $\boldsymbol{B}=(b_{ij})$ 称为对矩阵 $\boldsymbol{A}$ 施行以 (i,j) 为主元（或枢轴）的消去变换后得到的矩阵。这个消去变换的过程我们一般记为 $T_{ij}(\boldsymbol{A})$，也即 $\boldsymbol{B}=T_{ij}(\boldsymbol{A})\boldsymbol{A}$，简记为 $\boldsymbol{B}=T_{ij}\boldsymbol{A}$。矩阵 $\boldsymbol{B}$ 的形式为

$$\boldsymbol{B}=\begin{bmatrix} * & \cdots & * & -a_{1j}/a_{ij} & * & \cdots & * \\ \vdots & \vdots & \vdots & \vdots & \vdots & \vdots & \vdots \\ * & \cdots & * & -a_{(i-1)j}/a_{ij} & * & \cdots & * \\ a_{i1}/a_{ij} & \cdots & a_{i(j-1)}/a_{ij} & 1/a_{ij} & a_{i(j-1)}/a_{ij} & \cdots & a_{ip}/a_{ij} \\ * & \cdots & * & -a_{(i+1)j}/a_{ij} & * & \cdots & * \\ \vdots & \vdots & \vdots & \vdots & \vdots & \vdots & \vdots \\ * & \cdots & * & -a_{nj}/a_{ij} & * & \cdots & * \end{bmatrix}$$

其中，$*$ 表示矩阵 $\boldsymbol{B}$ 中 (α,β) 位置元素为 $b_{\alpha\beta}=a_{\alpha\beta}-\dfrac{a_{\alpha j}a_{i\beta}}{a_{ij}}$。

消去变换的基本性质有：

(1) $T_{ij}(T_{ij}\boldsymbol{A})=\boldsymbol{A}$，即如果对 $\boldsymbol{A}$ 连续两次施行以 (i,j) 为主元（或枢轴）的消去变换，其结果仍然是 $\boldsymbol{A}$ 不变。

(2) 若 $i\neq k$，$j\neq l$，则 $T_{ij}(T_{kl}\boldsymbol{A})=T_{kl}(T_{ij}\boldsymbol{A})$，即消去变换满足可交换性。

七、矩阵的分块

有时为了方便处理，我们将一个高阶矩阵划分为若干块低阶矩阵。这是在处理阶数较高的矩阵时常用的方法。设 $\boldsymbol{A}=(a_{ij})_{p\times q}$，如果我们将它划分为 4 块，可以表示成

$$\boldsymbol{A}=\begin{bmatrix}\boldsymbol{A}_{11} & \boldsymbol{A}_{12}\\ \boldsymbol{A}_{21} & \boldsymbol{A}_{22}\end{bmatrix}$$

其中，$\boldsymbol{A}_{11}$ 是 $k\times l$ 阶矩阵，由 $\boldsymbol{A}$ 左上角的 $k\times l$ 个元素组成；$\boldsymbol{A}_{12}$ 是 $k\times(q-l)$ 阶矩阵，由 $\boldsymbol{A}$ 右上角的 $k\times(q-l)$ 个元素组成；$\boldsymbol{A}_{21}$ 是 $(p-k)\times l$ 阶矩阵，由 $\boldsymbol{A}$ 左下角的 $(p-k)\times l$ 个元素组成；$\boldsymbol{A}_{22}$ 是 $(p-k)\times(q-l)$ 阶矩阵，由 $\boldsymbol{A}$ 右下角的 $(p-k)\times(q-l)$ 个元素组成。

矩阵的分块是非常灵活的，可以根据需要进行调整。

分块矩阵满足平常矩阵的加法、乘法等运算规律。例如，若 $\boldsymbol{A}$ 和 $\boldsymbol{B}$ 有相同的分块，则

$$\boldsymbol{A}+\boldsymbol{B}=\begin{bmatrix}\boldsymbol{A}_{11}+\boldsymbol{B}_{11} & \boldsymbol{A}_{12}+\boldsymbol{B}_{12}\\ \boldsymbol{A}_{21}+\boldsymbol{B}_{21} & \boldsymbol{A}_{22}+\boldsymbol{B}_{22}\end{bmatrix}$$

若 $\boldsymbol{C}$ 为 $q\times r$ 阶矩阵，并且将其分块为

$$\boldsymbol{C}=\begin{bmatrix}\boldsymbol{C}_{11} & \boldsymbol{C}_{12}\\ \boldsymbol{C}_{21} & \boldsymbol{C}_{22}\end{bmatrix}$$

其中，$\boldsymbol{A}_{11}$ 是 $l\times m$ 阶矩阵，$\boldsymbol{A}_{12}$ 是 $l\times(r-m)$ 阶矩阵，$\boldsymbol{A}_{21}$ 是 $(q-l)\times m$ 阶矩阵，$\boldsymbol{A}_{22}$ 是 $(q-l)\times(r-m)$ 阶矩阵，那么

$$\boldsymbol{AC}=\begin{bmatrix}\boldsymbol{A}_{11}\boldsymbol{C}_{11}+\boldsymbol{A}_{12}\boldsymbol{C}_{21} & \boldsymbol{A}_{11}\boldsymbol{C}_{12}+\boldsymbol{A}_{12}\boldsymbol{C}_{22}\\ \boldsymbol{A}_{21}\boldsymbol{C}_{11}+\boldsymbol{A}_{22}\boldsymbol{C}_{21} & \boldsymbol{A}_{21}\boldsymbol{C}_{12}+\boldsymbol{A}_{22}\boldsymbol{C}_{22}\end{bmatrix}$$

分块矩阵的行列式与原矩阵也有以下关系：

若$\boldsymbol{A}_{11}$，$\boldsymbol{A}_{22}$ 是方阵且非奇异，则

$$|\boldsymbol{A}|=|\boldsymbol{A}_{11}|\,|\boldsymbol{A}_{22}-\boldsymbol{A}_{21}\boldsymbol{A}_{11}^{-1}\boldsymbol{A}_{12}|=|\boldsymbol{A}_{22}|\,|\boldsymbol{A}_{11}-\boldsymbol{A}_{12}\boldsymbol{A}_{22}^{-1}\boldsymbol{A}_{21}|$$

正定矩阵的分块还有以下性质：

若 $\boldsymbol{A}>0$，将 $\boldsymbol{A}$ 分块为

$$\boldsymbol{A}=\begin{bmatrix}\boldsymbol{A}_{11} & \boldsymbol{A}_{12}\\ \boldsymbol{A}_{21} & \boldsymbol{A}_{22}\end{bmatrix}$$

其中，$\boldsymbol{A}_{11}$和$\boldsymbol{A}_{22}$都是对称方阵，则

$$\boldsymbol{A}_{11}>0,\ \boldsymbol{A}_{22}>0,\ \boldsymbol{A}_{11}-\boldsymbol{A}_{12}\boldsymbol{A}_{22}^{-1}\boldsymbol{A}_{21}>0,\ \boldsymbol{A}_{22}-\boldsymbol{A}_{21}\boldsymbol{A}_{11}^{-1}\boldsymbol{A}_{12}>0。$$

八、矩阵的微商

设 $\boldsymbol{x}=(x_1,\cdots,x_p)$ 为实向量，如果 $y=f(\boldsymbol{x})$ 为 $\boldsymbol{x}$ 的一元函数，则称 $f(\boldsymbol{x})$ 关于 $\boldsymbol{x}$ 的偏导数向量

$$\frac{\partial f}{\partial \boldsymbol{x}}=\left(\frac{\partial f}{\partial x_1},\cdots,\frac{\partial f}{\partial x_p}\right)'$$

为 $f(\boldsymbol{x})$ 关于 $\boldsymbol{x}$ 的微商。

如果 $\boldsymbol{y}=(y_1,\cdots,y_q)'=f(\boldsymbol{x})$ 是 $\boldsymbol{x}$ 的q 元向量函数，此时规定 $\boldsymbol{y}$ 关于$\boldsymbol{x}$ 的偏导数构成的矩阵为

$$\frac{\partial(\boldsymbol{y})}{\partial(\boldsymbol{x})}=\left(\frac{\partial y_j}{\partial x_i}\right)_{p\times q}=\begin{bmatrix}\dfrac{\partial y_1}{\partial x_1} & \cdots & \dfrac{\partial y_q}{\partial x_1}\\ \vdots & \vdots & \vdots\\ \dfrac{\partial y_1}{\partial x_p} & \cdots & \dfrac{\partial y_q}{\partial x_1}\end{bmatrix}$$

称这个矩阵为 $\boldsymbol{y}=f(\boldsymbol{x})$ 关于 $\boldsymbol{x}$ 的微商。

如果 $\boldsymbol{X}=\begin{bmatrix}x_{11} & \cdots & x_{1p}\\ \vdots & \vdots & \vdots\\ x_{n1} & \cdots & x_{np}\end{bmatrix}$，$y=f(\boldsymbol{X})$ 为 $\boldsymbol{X}$ 的一元函数，此时规定 y 关于$\boldsymbol{X}$ 的偏导数构成的矩阵为

$$\frac{\partial f}{\partial \boldsymbol{X}}=\begin{bmatrix}\frac{\partial f}{\partial x_{11}} & \cdots & \frac{\partial f}{\partial x_{1p}} \\ \vdots & \vdots & \vdots \\ \frac{\partial f}{\partial x_{n1}} & \cdots & \frac{\partial f}{\partial x_{np}}\end{bmatrix}$$

称这个矩阵为 $y=f(\boldsymbol{X})$ 关于 $\boldsymbol{X}$ 的微商。

根据这些定义，容易得到以下一些常用公式：

(1) 如果 $\boldsymbol{A}$ 为 $q\times p$ 阶常数矩阵，$\boldsymbol{y}=\boldsymbol{A}\boldsymbol{x}$ 为 q 维向量，则 $\frac{\partial(\boldsymbol{y})}{\partial(\boldsymbol{x})}=\boldsymbol{A}'$。

(2) 如果 $\boldsymbol{B}$ 是 p 阶方阵，$\boldsymbol{x}$ 为 p 维向量，则 $\frac{\partial \boldsymbol{x}'\boldsymbol{B}\boldsymbol{x}}{\partial \boldsymbol{x}}=(\boldsymbol{B}+\boldsymbol{B}')\boldsymbol{x}$。特别地，如果 $\boldsymbol{B}$ 为对称矩阵，则 $\frac{\partial \boldsymbol{x}'\boldsymbol{B}x}{\partial \boldsymbol{x}}=2\boldsymbol{B}\boldsymbol{x}$。

(3) 如果 $\boldsymbol{X}$ 是 $n\times p$ 阶矩阵，$\boldsymbol{A}$ 为 $n\times n$ 阶矩阵，则

$$\frac{\partial \operatorname{tr}(\boldsymbol{X}'\boldsymbol{A}\boldsymbol{X})}{\partial \boldsymbol{X}}=(\boldsymbol{A}+\boldsymbol{A}')X$$

特别地，如果 $\boldsymbol{A}$ 为对称矩阵，则

$$\frac{\partial \operatorname{tr}(\boldsymbol{X}'\boldsymbol{A}\boldsymbol{X})}{\partial \boldsymbol{X}}=2\boldsymbol{A}\boldsymbol{X}$$